새로운 생물학

THE NEW BIOLOGY —— Discovering the Wisdom in Nature

Copyright © 1987 by Robert Augros and George Stanciu
Illustrations © 1987 by Michael Augros

This Korean language edition is published by arrangement with
Shambhala Publications, Inc., P.O.Box 308, Boston, MA. 02117

Translation copyright © 1994 by Publishing department,
a division of Pumyang Co., Ltd.

Printed in Korea

신과학 총서 43

새로운 생물학

자연 속의 지혜의 발견

로버트 어그로스·조지 스탠시우 지음
오인혜·김희백 옮김

(주) 범양사 출판부

The New Biology

Discovering the Wisdom in Nature

ROBERT AUGROS & GEORGE STANCIU

Illustrations by Michael Augros

Shambhala
Boston & London
1988

감사의 글

저자들은 이 책이 출간될 수 있도록 계속적으로 많은 연구비를 지원해 준 미시간 주 앤아버의 에르하르트재단에 감사한다.

역자 서문

　금세기에 들어 생물학은 세포학, 유전학, 분자생물학 등의 여러 분야에서 엄청난 발전을 하였다. 그럼에도 불구하고 생물학자들은 생물학의 연구 대상인 생명을 정의하거나 그 기원을 논의하는 것을 어려워 하고 심지어 무관심한 경향을 보이기도 한다. 이 책은 그 원인을 환원주의에 둔다. 생물학은 궁극적으로 물질 과학인 물리학으로 환원되므로 굳이 생명의 본질에 대한 논의는 필요가 없다는 것이다.
　환원주의는 모든 사물과 사건에 대한 설명을 기계적 과정의 서술로 환원된다고 주장함으로써 극단적인 기계론적 입장을 취한다. 이러한 기계론적 입장에서 진화 기작을 설명한 다윈 이론에 대해 이 책은 비판을 가하고 있다. 저자들은 '진화가 일어났다'는 사실은 인정하나 '어떻게 진화가 일어났는가'를 설명하는 데 있어서 다윈 이론이 실제 자연에서 관찰되는 바와 일치되지 않음을 지적한다. 예를 들어 개체군의 생장은 포식, 기아, 극단적 기후, 질병 등에 의해 조절되기보다는 암컷의 생식에 의해 조절되며, 치열한 경쟁보다는 협동과 조화가 자연에서 보편적으로 나타나며, 미세한 변이의 누적으로 새로운 종이 결코 생겨나지 않는다는 것이다. 더욱이 다윈 이론의 지지자들이 이론과 상반되는 관찰에 접하고 나서, 골자의 수정 없이 단지 이론을 재구성하여 관찰할 수 없는 영역으로 내보낸 데 대해 이 책은 실랄한 비판을 가한다.
　저자들은 물질주의로 생명의 기원과 진화를 설명할 수 없다고 결론짓고 '관찰자 중시 원리'를 그 대안으로 제시하였다. 물리학에서 상대론과 양자론이 대두되면서 뉴턴의 기계론적 사고는 한계성을 명백히 드러냈다. 이러한 물리학의 새로운 패러다임에서 관찰자는 중요한 역할을 담당한다. 저자들은 관찰자의 정신에 주목하고, 생물에서 나타나는 목적성과 인간을 정점으로 하는 자연의 위계구조에 모두 정신이 관여함을 지적한다. 인간이 만든 기계의 목적성을 인간의 정신이 부여하듯이 생물에서의 목적성이 나타나는 데에는 다른 정신이 필요함을 역설한다. 또한 자연은 물질, 식물, 동물, 인간의 순서로 위계구조를 보이는데, 인간이 비교적 최근에 출현한 종이면서도 정신적 측면에서 다른 동물과 현격한 차이를 보인다는 점에서 인간의 지성이 우연적이고 점진적인 진화의 산물이 아니라고 주장한다. 자연계의 정신은 궁극적으로 자신이 창조한 아름다운 자연을 관찰하고 함께 참여하는 존재로서 인간을 출현시켰다는 것이다.

또한 이 책은 자연에게 지혜와 조화를 부여함으로써 윤리학이 자연으로부터 원리를 이끌어내도록 하였으며, 정신을 인정하는 다른 분야의 학문과의 갈등을 해소하였다. 더욱이 이 책은 전문가들의 보고, 실험 결과, 야외에서의 관찰 사실들을 근거로 이러한 주장을 논리적으로 전개한다. 이 과정에서 데이터를 중시하는 저자들의 태도, 다윈의 전제에 대한 비판에서 나타나는 논리성, 새로운 패러다임을 추구하는 창의적 사고는 과학을 공부하는 모든 이에게 도움이 될 것이다.

이 책의 저자들은 수많은 문헌을 인용하여 자신들의 논리를 뒷받침하고 있다. 그러나 역자들은 이 문헌들을 두루 섭렵하지 않은 채 번역해 미흡한 점이 있으리라 생각한다. 하지만 기존의 생물학과 전혀 다른 새로운 관점을 소개하기 위해 역자들 나름대로 노력을 다하였다.

끝으로 번역에 많은 도움을 준 한국전력공사 기술연구원의 홍욱희 박사님과 이 책의 출판을 위해 애써 주신 범양사 출판부에 감사드린다.

1994. 6. 15

옮긴이

차 례

역자 서문·7
서 문·11

1. 패러다임으로서의 물리학 ················· 15
2. 생 명 ······························· 31
3. 동물과 인간 ························· 67
4. 협 동 ····························· 123
5. 조 화 ····························· 176
6. 기 원 ····························· 209
7. 목적성 ····························· 256
8. 위계질서 ··························· 284
9. 새 생물학으로 나아가며 ············· 299

주(註)·307
참고 문헌·333
찾아보기·347

서 문

 금세기 초 25년 동안, 상대론과 양자물리는 뉴턴역학의 한계를 증명했다. 이러한 중대한 혁신으로 말미암아 물리학은 영구히 변형되었다. 그러나 생명과학에서는 아직까지도 유사한 방향의 일들만 행해져 오고 있다. 이런 경향에 대해 생물학자인 시넛(Edmund Sinnott)은 현대 생물학의 발달에 감사하지만, "물리학을 그렇게 뒤흔들어 놓은 혁명이 생물학에서는 일어나지 않았다"[1]고 지적했다. 물리학자 마게노(Henry Margenau)도 다음과 같이 이에 동의한다 : "생물학자들은 아인슈타인이나 하이젠베르크가 물리학자들에게 불러일으켰던 범상한 생각을 뛰어넘는 탁월한 도약을 아직 경험하지 못했다."[2] 현재 대부분의 생물학은 아직도 뉴턴역학의 패러다임 내에서 연구가 진행되고 있다. 생물학자인 베르탈란피(Ludwig von Bertalanffy)는 이를 "오늘날의 생물학은 아직도 코페르니쿠스 이전의 시기에 머물러 있다"[3]고 표현했다.
 세기가 바뀌면서, 물리학의 가장 기본적인 가정이 뒤바뀌리라는 것을 누가 의심했겠는가? 즉 물질, 중력, 시간——어디에서나 당연시 여기고 거의 다시 생각해 보지 않는 것——의 개념이 급격하게 변화하리라고 누가 예상했겠는가? 오늘날 생명의 정의, 생물학이 어떻게 다른 과학과 연관되는가, 생물학에서 진화의 역할, 자연에서 인간의 위치, 과학적 설명에 의해 의미지워지는 것, 자연 자체에 대한 개념 등을 포함한 생명과학의 가장 기본적인 원리를 증거에 입각하여 살펴보면 이에 대한 변화가 필요함을 알 수 있다.

일부 학문에서는 새로운 패러다임을 추구하는 일이 이미 시작되었다 : 베르탈란피는 "오늘날 이론생물학의 근간을 찾으려고 여러 가지로 시도해 본 결과, 고전물리학에 바탕을 둔 관점이 한계에 달했기 때문에 이제 세계관의 기본적 변화가 일어나고 있음을 지적할 수 있다"[4]고 말한다. 최근에 진화론에서 일어난 대변화는 전통적인 다윈의 진화론이 공격받고 있다는 것을 말해 준다. 존스 홉킨스 대학교의 고생물학자 스탠리(Steven Stanley)는 "오늘날 화석 기록은 우리로 하여금 전통적인 관점을 바꾸도록 강요한다"[5]고 주장한다. 마이어(Ernst Mayr)와 다른 사람들에 의해 발달된 진화에 대한 통합설조차도 생물학 내부로부터 심하게 비판받고 있다. 하버드 대학교의 고생물학자 스티븐 제이 굴드(Stephen Jay Gould)는 "통합설이……교과서의 정설로 유지되고 있기는 하지만 실제로는 일반적 명제로서 그 생명을 잃었다"[6]고 천명했다. 진화가 모든 생물학을 통합하는 단 하나의 이론이라면, 진화론에서의 주된 변화는 어떤 것이라도 실제로 모든 생물과학에서의 조정과 생명과학의 전체 틀에 대한 재평가를 불가피하게 한다.

이 밖에도 과거 몇십 년 동안 몇몇 새로운 분야가 생물학에서 나타났는데, 그 중의 일부 분야는 뉴턴 프로그램에 들어맞지 않는다는 굉장한 발견이 이루어졌다. 예를 들면 1930년대에 로렌츠(Konrad Lorentz), 틴버겐(Nikolaas Tinbergen), 프리슈(Karl von Frisch) 등에 의해 이룩된 현대 동물행동학은 고전물리학의 기계적 모델에 근거하고 있지 않다. 이와 유사하게 심버로프(Daniel Simberloff)와 콜린버(Paul Colinvaux) 같은 몇몇 생태학자들은 자연이 경쟁적 투쟁을 한다는 데 반기를 들고 있다.

이런 맥락에서 메이어는 "이제는 새로운 생물 철학이 필요하다는 것이 분명하다"[7]고 단언했다. 이 책에서 우리는 새로운 물리학을 지침으로 삼아 이미 여러 분야에서 수행된 연구를 통합하고, 거기에 우리의 연구 결과를 보충함으로써 새로운 생물학의 형성에 기여하는 것을 목적으로 하고 있다. 상대론과 양자론의 개혁으로 말미암아 물리학은 좁은 범위에 국한된 역학으로부터 벗어나 성장했다. 현대 생물학의 일부 영역은 기계적 모델에 잘 부합하지만 다른 영역은 이 모델에 형편없이 들어맞지 않는다. 우리는 이 영역들을 조심스럽게 구분할 것이며, 필요한 곳에서는 기계적 접근 방식에 대한 대안을 제시할 것이다.

이 책은 독립적으로 쓰여진 것이기는 하지만 연속 출판물의 두번째 책이다. 우리는 물리학과 신경과학에서 새로운 세계관의 기원을 조사한 《과학의 새로운 이야기 The New Story of Science》를 이미 출간했는데, 그 연구물과 동일한 주제를 이 책에서 계속 다루고 좀더 발전시킬 것이다. 이 책은 일반 생물학을 포괄적으로 조사한 것이 아니며, 그렇다고 책에서 다루는 주제들을 철저히 분석하지도 못했다. 우리는 단지 실례나 논증 및 전문가의 보고를 통해 생물학을 위한 새로운 패러다임의 윤곽을 잡고, 몇몇 주된 영역에서의 관계를 설명하고자 의도했다. 우리는 이 책이 생물학자나 비전문가 모두에게 유용하기를 기대한다.

끝으로, 한 권의 책만으로는 생명의 광대함과 절대적 탁월성을 적절하게 지적할 수 없었다. 우리가 미약하게나마 제시한 것이 최소한 자연의 특성을 넌지시 나타내어 독자들의 놀라움을 불러일으킨다면, 이 책은 성공적이라 할 수 있을 것이다. 우리는 자연의 풍부함, 아름다움, 현명함을 제대로 다루지 못했기 때문에 우리의 어머니인 자연(Mother Nature)에게 사죄한다.

1

패러다임으로서의 물리학

 오늘날 대부분의 생물학자들은 생물학이 물리학의 연장이라고 생각한다. 생물학자인 메더워(Peter Medawar)는 "생물학은 물리학이나 화학이 아니라, 그 중에서 아주 독특하고 흥미 있는 극히 일부분이다. 또한 생태학과 사회학도 마찬가지다"고 썼다.[1] 생물학자인 머서(E. H. Mercer)도 "대부분의 과학자들은 편의적으로, 또는 지금까지의 관례에 따라 물리학과 생물학을 구별하지만, 실제로는 단 하나의 과학만이 있다고 믿는 듯하다"면서 이에 동의하고 있다.[2]
 이러한 견해는, 과학이라는 것은 곧 분석이며 분석이란 대상을 가장 단순한 요소로 분해하는 작업이라는 주장에 근거한다. 이에 의하면 그림 1.1에서와 같이 과학들은 상호 연관된다.[3] 이런 도식에서는 군중, 사람의 등급 그리고 사회를 지배하는 법칙이 개인의 성질과 특성에 기초한다. 개인적 행동은 해부학, 생리학 및 생화학적인 뇌의 작용에 근거하여 나타나며, 이러한 현상과 작용들은 다시 화학 및 물리학의 법칙에 따라 설명될 수 있다는 것이다. 최종적으로, 이런 분석의 과정은 입자의 근본을 연구하는 학문인 고에너지 물리학(high-energy physics)까지 도달한다.
 머서는 이런 도식의 기원을 과학으로 돌렸다 : "모든 과학이 한데 모여

서 뉴턴의 입자역학(particle dynamic)의 용어로 통합될 수 있다는 생각
이 불가피하게 퍼졌으며 여기에서 보편적인 과학적 물질주의가 출현하였
다."[4] 물질주의자들의 프로그램에 의하면, 일단 가장 단순한 입자에 도달
하게 되면 다른 모든 사항들은 그 입자들이 조립됨으로써 이해될 수 있
다. 물리학자 페이겔스(Heinz Pagels)는 다음과 같이 지적했다 :

"물질적 환원주의(material reductionalism)는 대략 일련의 단계가 있
다는 것을 인정한다. 가장 하부 단계가 소립자(subatomic particle)인데
그로부터 원자와 분자의 화학적 성질이 생긴다. 분자는 생물과 무생물을
형성하며, 분자와 세포의 행동으로부터 개인의 행동이 결정될 수 있다.
그리고 개인들은 사회질서와 제도를 만든다. 사다리의 최종 단계에서 역
사적 사건이 일어난다. 주장하건대, 원리적으로 따진다면 역사는 소립자
적 사건으로 환원이 가능하다."[5]

물리학적 원리들은 생물이나 무생물에게 모두 적용되므로, 다른 자연과
학들도 연역적으로 물리학과 연결되는 것으로 생각할 수 있다. 머서는
"생물학의 원리는 물리학과 화학의 기본 원리에서 연역되므로 생물학을
파생 과학(derived science)으로 보는 견해가 지배적이다"[6]고 말했다.

이런 도식은 현대 과학 그 자체만큼이나 오래 된 것이다. 데카르트는
모든 학문이란 실제로 하나의 연속적인 과학이라고 단언한다 : "철학이란
대체로 한 그루의 나무와 같다고 할 수 있다. 뿌리가 형이상학(metaphy-
sics)이고, 줄기는 물리학 그리고 줄기에서 나온 가지들은 여러 과학이라
고 할 수 있다. 이것들은 다시 세 개의 주요 과학, 즉 의학, 역학, 도덕으
로 분해될 수 있다."[7] 데카르트는 생물이 기계론적(mechanistic)이라고
고찰하여 이러한 과학의 개념을 제안하였다. 동물의 혈액 운동과 근육 운
동을 설명할 때, 그는 "기계론적 법칙은……자연의 법칙과 동일하다"고
하였다.[8] 또한 홉스(Thomas Hobbes)는 정치학과 심리학을 물리학으로
환원시켰다.[9] 그리고 이후에 똑같은 취지를 염두에 두고 영국왕립학회
(British Royal Society)가 창립되었다. 학회의 초대 사무총장이었던 올던

버그(Henry Oldenburg)는 스피노자에게 보낸 편지에서 학회를 다음과 같이 설명하였다 :

"이 철학 학회에서는 우리의 능력이 허락하는 한 실험과 관찰에 주력하며, 많은 시간을 할애하여 기계론의 역사를 이룩하는 데 이바지하겠습니다. 우리들은 사물의 형태와 질이 역학의 원리로 가장 잘 설명될 수 있으며, 자연의 제반 양상이 운동(motion), 모양(figure), 구조(texture) 등의 물리학적 속성과 그것들을 여러 가지로 조립함으로써 생긴다는 것을 확실히 믿고 있습니다."[10]

뉴턴은 기계론적 프로그램에 새로운 자극을 주었는데 물리학을 그것의 기초로 삼았다. 뉴턴의 운동 법칙이 없었으면 그러한 프로그램은 단지 꿈에 불과했을 것이다. 그는 자신의 저서인 《프린키피아 *Principia*》의 서문에서 자신의 기계론적 프로그램의 이상을 말하였다 : "나는 천체 현상의 관찰로부터 모든 물체가 태양과 몇 개의 행성들에게 다가가려는 중력을 생각해 냈다. 그리고 이 힘과 수학적인 여러 정리를 사용하여 행성, 혜성, 달, 해양 등의 운동을 연역하였다. 나는 같은 방식으로 자연계에서 나타나는 나머지 현상들도 역학의 원리들로부터 추론해 낼 수 있기를 희망한다. 왜냐하면 나는 여러 가지 점을 고려할 때 그것들이 모두 어떤 힘들에 의존하고 있다고 생각하기 때문이다. 그 힘들에 의해서 물질을 구성하는 입자들이 서로 이끌려 정형적인 형태를 만들기도 하고 또는 서로가 배척하기도 하는데 그런 현상들은 아직까지 여러 가지 이유들로 인해서 제대로 밝혀지지 못했다."[11]

수학자인 라플라스(Pierre Laplace)는 뉴턴의 이상을 추구하면서 원자론적 결정론(atomic determinism)이 낳은 논리적 결과를 설명하였다 : "어떤 순간에 자연을 움직이는 모든 힘과, 자연을 구성하는 존재들의 상대적 위치를 알고, 더 나아가 이런 자료를 분석할 역량이 있는 위대한 지성이 이룩되면, 우주라는 거대한 천체의 운동으로부터 가장 작은 원자의 운동에 이르기까지 모든 것을 하나의 공식으로 요약할 수 있을 것이다.

그러한 지성에게는 아무것도 불확실할 수 없으며 그의 눈앞에는 과거나 미래가 모두 드러날 것이다."[12]

이러한 기계론적 프로그램은 물리학뿐만 아니라, 생물학, 심리학 및 사회과학의 제반 분야에서 오늘날까지도 여전히 지속되고 있다. 이러한 분야의 특정 부문에까지 그것을 적용시키기가 어려운 것은 그 프로그램 자체에 문제가 있는 것이 아니라, 라플라스적 계산이 복잡하기 때문이라고 할 수 있다. 머서는 다음과 같이 서술하고 있다 : "환원주의자들의 논리가 복잡하다고 해서 그것이 타당하지 않다고 할 수는 없다 ; 사실 아무도 그러한 계산이 수행될 수 있을 것으로 믿지 않는다. 그것은 우리의 능력 밖에 있다. 다만 그것의 이론적 가능성을 보임으로써 그것의 진리성을 확립하는 데 충분하다고 보는 것이다. 모든 생물학, 심리학, 사회학 및 역사학이 결정론적으로 해석된다는 주장은 엄청난 양의 연구를 촉발시키고, 개인적, 과학적, 심지어는 국가적 정책에 지속적인 영향을 미치게 된다."[13]

기계론적 프로그램을 여러 학문 분야에 접목하려는 많은 시도가 있었다. 맬서스(Thomas Malthus)는 분명히 물리학에서 취한 기계론적 모델을 경제학에 이용했다. 그는 경제학에서 "사람은 필요에 의해서 강요되지 않는 한, 실제로는 무기력하고 게으르며 노동을 싫어한다고 간주해야만 한다"고 기록한 바 있다.[14] 이것은 "모든 물체는 어떤 상태에 힘이 주어져 강제로 그 상태를 바꾸려 하지 않는 한……계속 쉬고 있으려 한다"는 뉴턴의 운동 제1법칙을 알기 쉽게 바꾼 것이다.[15] 맬서스는 사람이 뉴턴적 물체(mass)의 행동을 따른다고 생각했으며 다음과 같이 덧붙였다. "정신을 가장 잘 일깨우는 것은 신체적인 요구인 듯하다. 원시인들은 굶주리거나 추위로 오그라들어 활동을 해야 할 필요를 느끼지 않는 한 나무 밑에서 잠만 잘 것이다." 그는 대부분의 사람들에게 "움직이게 하는 자극"이 필요하다고 지적했다.[16] 여기에서 인간의 모델은 분명히 기계론적 모델에서 유래하였다. 즉, 인간은 외부의 힘에 의해 활성화되는 불활성 물체인 것이다.

1. 패러다임으로서의 물리학 19

마르크스는 인간의 모든 활동을 설명하기 위해서 유사한 물질주의 도식을 채용하였다 : "인간이 수행하는 사회적 생산에서, 인간은 자신의 의지와는 상관없고 필수불가결한 특정한 관계로 들어간다. 이러한 생산 관계는 생산의 물질적 힘이 발달하는 특정한 단계와 일치한다. 이러한 생산 관계의 총합은 사회의 경제 구조를 구성하는 바, 그것은 사회의 실질적 기초이며 그 기반 위에서 제도적인 그리고 정치적인 상위 구조가 생겨나며, 그것이 특정한 유형의 사회적 의식을 형성한다. 물질 생활에서의 생산 양식은 생활의 사회적, 정치적 그리고 정신적 과정의 일반적인 성격을 결정한다. 인간의 의식이 인간의 존재를 결정짓는 것이 아니라, 그 반대로 인간의 사회적 존재가 인간의 의식을 결정짓는 것이다."[17]

프로이트는 기계론적 생물학에 근거하여 그의 심리학을 설계하였다. 그는 "정신적 작용(mental process)은 본질적으로 무의식적이다"라는 가정에서 시작하는데,[18] 무의식적인 존재를 통제할 수 없는 기계론적 힘으로 간주하였다. 따라서 "인간은 본능적인 욕구에 의해서 지배되는 낮은 지성의 창조물"로 인식되었다.[19] 프로이트가 "심리 분석의 근거로 삼는 전제(premise)인 무의식적 정신 작용의 존재, 그러한 작용들을 나타내게 하는 특별한 메커니즘, 그리고 그것들에 의해 표현되는 본능적인 추진력" 등을 피력하면서 기계론적 모델이 분명해졌다.[20] 그는 "사람도 생물의 속성을 갖는다"는 점을 들어서 "동물과 같이 공격적 본능이 있다"고 주장하였다.[21]

모든 인간의 행동을 생물학적인 요인 또는 조건화(conditioning)로 설명하려고 시도하는 행동주의(behaviorism)는 인간이 자율적인 행위자임을 가장 맹렬히 부정한다. 스키너(B. F. Skinner)는 다음과 같이 기술하였다 : "나는 인간의 행동을 과학적으로 분석하기 위해서는 그 행위가 개인의 자발적이고, 창조적인 것이라기보다는 그의 유전적·환경적 배경에 의해 조절된다고 가정해야 한다고 믿는다. 그러나 행동주의적 견해 중에서 이 부분만큼 격렬한 반대가 제기된 것도 없다. 물론 우리들은 인간의 행동이 전반적으로 결정론적으로 이룩된다는 것을 입증할 수는 없다. 그러나 점점 많은 사실들이 축적되면서 그러한 주장이 더 그럴듯하게 보여진다."[22]

비록 아직 논쟁의 여지가 있고 바로 증명될 수는 없으나, 결정론은 인간에 대한 유일한 과학적 탐구 방법으로 보인다. 이 때문에 스키너는 인간의 의식을 프로이트보다 더욱 철저하게 부정하였다 : "정신 활동과 정신 세계는 모두 가상적인 것이다. 그것들은 외부의 우발적 상황하에서 나타나는 외적인 행동으로부터 유추해낸 것이다. 사고(thinking)는 행동이다. 행동을 정신이라고 하는 것은 실수다."[23]

맬서스, 마르크스, 프로이트, 그리고 스키너는 인간이 '주체적으로 행동하는 존재가 아니라, 자신이 조절할 수 없는 내적, 외적인 힘에 의해서 행동하는 존재에 불과하다'는 한 가지 사실에 동의한다. 엄격한 기계적인 도식하에 존재하는 인간은 어떤 의식적인 목적을 지니고 행동할 수 없다는 것이다.

동물학자 에드워드 윌슨(Edward Wilson)은 사회생물학이란 "사람을 비롯한 모든 종류의 생물에서 나타나는 여러 유형의 사회적 행동에 대한 생물학적 기초를 체계적으로 연구하는 것"이라고 정의하고, 이 새로운 학문을 통하여 사회적 행동을 생물학적 원칙으로 설명함으로써, 그림 1.1의 도식을 부분적으로 보완하였다.[24] 에드워드 윌슨은 "앞으로 정신은 뇌의 뉴런적 구조의 부수(附隨) 현상으로서 더욱 정확하게 설명될 수 있을 것"이라고 예측하였다.[25] 그는 어떻게 기본 학문들이 파생 학문들을 병합할 수 있는지를 설명하였다 :

"학문(discipline)은 대응 학문(antidiscipline)과 인접한다. 대응 학문은 본 학문의 제반 현상을 보다 근본적인 법칙으로 환원시켜 재배치한다. 그러나 상호작용이 커짐에 따라 원리내에서 새로운 합성이 대응 학문을 크게 변형시킨다. 나는, 생물학 특히 신경생물학과 사회생물학이 사회과학의 대응 학문으로서 소용되기를 제안하였다. 그리고 더 나아가 생물학에

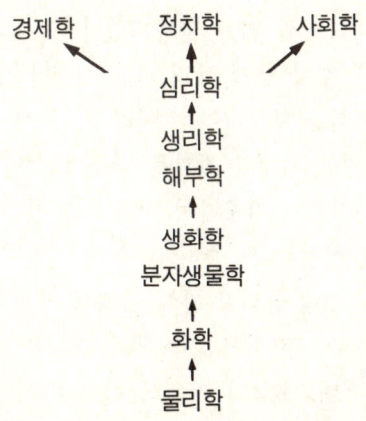

그림 1.1 과학의 물질주의적 도식. 과학은 물질의 여러 가지 구조와 성질을 연구하는 것이다. 생물학은 생명현상을 일으키는 물질의 특별한 배열을 연구한다. 심리학, 정치학 및 사회학은 사람의 뇌에서 물질이 배치된 결과로 나타나는 행동을 연구한다. 모든 과학은 최종적으로 물리학으로 환원될 수 있다고 생각한다.

서 구체화된 과학적 물질주의가 정신을 재검토하여, 사회적 행동의 기초를 마련해 인간에 대한 일종의 대응 학문으로서 소용되기를 제안한다."[26] 그래서 "새로운 신경생물학은 심리학을 개선하여, 사회학에서 소용되는 일련의 첫번째 원칙들을 만들어 낼 것이다."[27]

마침내 동물행동학자인 도킨스(Richard Dawkins)는 《이기적 유전자 The Selfish Gene》라는 책에서, 인간은 원인이 아니라 결과적인 산물이라 제시한다. 즉, 생명과 정신이란 단지 유전자에 의해 생겨난 산물인데, "유전자는 엄청난 규모의 집단으로 존재하면서, 자연의 거대한 파괴자인 인간과 생물의 몸 안에 안전하게 자리잡고서 외부세계와 철저히 격리되어 원격 조정(remote control)에 의해서 외부세계를 조작할 수 있는 존재다. 그것들은 여러분들과 내 속에도 있으며 우리의 몸과 정신을 만들어

낸다. 그리고 그것들을 보존하는 것이 우리가 생존하는 궁극적 이유다. 유전자들은 복제자로서 오랜 기간 영속되었다. 그것의 이름은 유전자로서, 사람이란 유전자를 살아 남게 하기 위한 기계다"고 제안하였다.[28]

과학의 기계론적 도식을 보충하려는 여러 가지 시도가 있었는데, 위에서는 그 프로그램에 대한 기대와 결과를 곁들여 설명하였다. 생물학자가 생물학을 물리학의 연장으로 간주하여 탐구하고 있다면, 그 시도가 과연 잘 되고 있는가를 판단하는 것은 물리학자들의 역할이라 해도 좋다. 그러나 물리학자들은 오래 전에 물리학 자체 내에서 기계적 도식에 대한 판결을 내렸다. 아인슈타인은 "과학은 기계론적 도식을 설득력 있게 수행하는 데 성공하지 못했으며, 오늘날 어떤 물리학자도 그것이 충족될 수 있는 가능성을 믿지 않는다"고 하였다.[29]

그럼에도 불구하고 생물학에서는 여전히 기계론적 도식을 따르고 있다. 물리학자인 마게노는 다음과 같이 지적하였다 : "물리학, 화학, 그리고 생물학의 지식이 완벽해지면 궁극적으로 생명현상이 설명될 수 있고, 의식과 정신도 설명될 수 있을 것이라고 여러 사람들이 믿고 있다. 모든 자세한 세목들이 이해될 때 후자는 전자로 '환원될' 것(의식과 정신을 물리학, 화학 및 생물학으로 설명할 수 있을 것)이라고 말한다. 환원주의는 이러한 견해를 확신하는 철학이다. 그리고 환원주의의 가장 단순한 형태가 물질주의인데, 물질주의에서는 모든 인간의 경험이 궁극적으로 물질의 물리학, 더 구체적으로는 양자론 이전의 물리학(prequantum physics)으로 이해될 수 있다는 원리다."[30]

이러한 신념은 현대 물리학과 생명과학 사이의 부조화를 야기했다. 동물학자 소프(William Thorpe)는 다음과 같이 말하였다 : "물리학자는 무생물조차도 근원적이고 전체적인 면에서 볼 때 기계적이지 않다고 주장하고 있다. 그 반면에 분자생물학자는 물질이 살아 있는 것으로 인식될 때마다 그것을 완전히 기계적 존재로 간주한다(즉, 물질은 피상적인 19세기의 물리화학으로 환원된다). ……물리학자 봄(David Bohm)은 19세기의 물리학 이론들이 현재의 분자생물학 이론보다 훨씬 광범위하고 정확하게 검증되었다는 사실을 분자생물학자들은 숙고해야 한다고 시의적절하게 경고하였다. 그럼에도 불구하고, 고전 물리학은 한정된 거시적인 영역에서나 가치가 있는 단순화되고 근사적인 형태로 남아 있을 뿐 모두 밀려나고 뒤엎어졌다. 분자생물학이 의심할 여지없이 현재 훌륭한 성과를 거두었다고 해도, 조만간 고전 물리학의 운명과 비슷한 길을 걷게 되리라는 것이 아주 불가능한 일만은 아니다."[31]

생물학에서 기계적 모델은 가장 기초적인 단계에서부터 철저히 적용된다. 물리학자 다이슨(Freeman Dyson)은 다음과 같이 설명하였다 : "분자생물학을 공부하는 모든 학생들은 플라스틱 공과 막대로 만든 모델로 공부한다. 이러한 모델은 핵산과 효소의 구조와 기능을 자세히 공부하는 데 필수불가결한 도구다. 실질적으로 그것들은 우리를 이루고 있는 분자들을 눈으로 볼 수 있게 해 준다. 그러나 물리학자의 관점에서 보면, 그 모델은 이미 19세기의 것이다. 모든 물리학자들은 원자가 실제로는 작고 딱딱한 공이 아니라는 것을 알고 있다. 분자생물학자들이 이러한 기계적 모델을 사용하여 눈부신 발전을 이루고 있는 동안 물리학은 훨씬 다른 방향으로 움직이고 있었다.

생물학자들에게 있어 크기가 한 단계 낮아진다는 것은 더욱 단순해지고, 기계적인 행동이 나타난다는 것을 의미한다. 따라서 세포는 세균보다 더 기계적이다. 그러나 20세기의 물리학에서는 크기가 작아지면, 오히려 그 반대의 효과가 있음을 보여 준다. DNA분자를 그 구성 원자로 나누면, 원자는 분자보다 더 기계적으로 행동하지 않는다. 원자를 핵과 전자로 나누면, 전자는 원자보다 더 기계적이지 못하다."[32]

물리학에서 기계적 도식의 실패는 새로운 세계관을 등장하게 하였다. 물리학자 파인먼(Richard Feynman)은 "만일 원자가 작은 태양계와 같다고 생각한다면, 당신은 1910년으로 되돌아간 것"이라고 단언하였다.[33] 그와 똑같은 심오한 변화는 오늘날 새로운 생물학의 출현 가능성을 제시한다. 전체적인 기계적 도식은 뉴턴에 근거하고, 확실한 물질의 개념을 전제로 한다. 뉴턴은 물질의 궁극적 입자(ultimate particle)는 "질량을 가지고 있고, 견고하고, 파괴할 수 없으며, 움직이는 입자이면서 크기와 모양이 다양하다"고 설명하였다. 그는 이러한 입자가 "크기(extension), 강도(hardness), 불투과성(impenetrability) 및 관성(inertia)을 갖는다"고 하였다.[34] 우리는 원자도 사과나 당구공 같은 식으로 존재한다고 상상한다.

물질에 대한 새로운 이해는 이와는 전혀 다르다. 가장 큰 혁명은 양자물리학에서 이루어졌다. 하이젠베르크(Werner Heisenberg)는 다음과 같이 설명하였다 : "양자물리학은 원자물리학의 단지 아주 작은 일부이고, 다시 원자물리학은 현대 과학의 아주 작은 일부라는 것은 사실이다. 그럼에도 불구하고 실체(reality)의 개념에서 가장 근본적인 변화가 일어난 곳은 양자론이고, 양자론 안에서 원자물리학의 새로운 아이디어가 최종적인 형태로 집약되고 결정화되었다."[35] 몇 년간의 실험과 분석을 거친 후에 위그너(Eugene Wigner)는 "양자역학의 법칙을 의식과 연관짓지 않고는 일관성 있게 공식화하는 것이 불가능하다"[36]는 점을 발견하였다. 이것을 '관찰자의 원리'라고 한다. 보른(Max Born)은 그것을 더욱 완전하게 정의하여, "원자 영역에서의 어떤 자연현상도 상대론에서 거론하는 관찰자의 속도뿐만 아니라 그것을 관찰하고 기구를 조립하는 것과 같은 관찰자의 제반 활동을 고려하지 않고 설명하기란 불가능하다"고 하였다.[37]

다이슨은 그 점을 다음과 같이 상세히 설명하였다 : "우리들이 원자나 전자같이 미소한 대상을 다룰 때에는 자연현상을 설명하는 데 있어서 관찰자 또는 실험자의 존재를 제외시켜서는 안 된다. ……심지어 아원자 물리학의 제반 법칙은 관찰자를 어느 정도 고려하지 않고서는 형상화(formulate)될 수 없다. 물리학의 법칙은 모든 분자를 기술하는 데 있어서 정신(mind)을 위한 자리를 남겨 놓고 있다."[38]

이러한 물질에 대한 새로운 이해가 범우주적인 냉소주의나 상대주의로 이끄는 것은 아니다. 왜냐하면 관찰자의 기여는 입자의 '관찰'이 반드시 그것에 어떤 행위가 가해지는 것을 의미하는, 그런 미시적인 상황에서만 중요하다고 여겨지기 때문이다. 바이츠제커(Carl von Weizsäcker)는 원자의 불확정성(indeterminacy)에 대하여 어떤 태도를 가져야 하는지를 다음과 같이 설명한다: "따라서 '원자는 입자다'라거나 또는 '그것은 파동(wave)이다'가 아니라 '원자는 입자일 수도 있고 파동일 수도 있다. 그리고 그것은 실험의 설정(disposition)에 따라 둘 중의 한 면이 나타나게 된다'고 말해야 한다."[39] 중요한 것은 우리가 원자의 불확정성을 이해하는 것이 아니라, 원자 자체에 본래부터 불확정성이 내재되어 있다는 사실이다.

원자는 사과나 당구공과 같은 식으로 존재하지는 않는다. 하이젠베르크는 다음과 같이 말하였다: "원자를 대상으로 하는 실험에 있어서 우리들은 물질(thing)과 사실(fact)을 다루어야만 하며, 마치 우리의 일상생활에서 나타나는 여느 현상들처럼 실재적인 현상들을 다루어야만 한다. 그러나 그 원자나 기본 입자들은 그 자체가 진정 실재적인 것은 아니다. 그것들은 물질이나 사실의 한 가지라기보다는 잠재성(potentiality)이나 가능성(possibility)의 한 세계를 형성한다고 보여진다."[40] 잠재성은 여기에서 가장 중요한 개념으로서, 실험 결과에서 보여지는 명백한 모순을 해결해 줄 수 있는 개념이다. 말할 것도 없이, 원자는 파동이면서 동시에 입자일 수가 없다. 그러나 실험자는 이러한 원자의 이중적 잠재성을 어느 방향으로든 형상화할 수 있는 것이다.

입자의 고유한 잠재력과 불확정성을 고려할 때, 입자를 공간에 떠돌아다니는 물체로 상상하는 것은 잘못된 일이다. 그렇게 하면 입자 자체가 지니지 않고 있는 속성을 그것에 부여하는 것이 된다. 마게노는 다음과 같이 예를 들었다: "궤도(orbit)라는 단어는 여전히 단순한 설명을 하기 위해 사용되지만, 물론 글자 그대로 받아들여서는 안 된다. 그것은 전자가 양성자 주위에서 분산된 링(ring)이나 조개껍질 모양으로 확률 분포를 갖는다는 것을 나타낸다."[41]

고전 물리학이 지각할 수 있고 상상 가능한 모형을 주장하는 것은 대단히 매력적이기는 하나, 동시에 심각한 한계점을 갖는다. 바이츠제커는 다음과 같이 기록하였다 : "19세기의 물리학적 세계관은……전통적인 물리학에서 벗어나지 않는 한, 우리가 지각할 수 있는 형태를 절대적인 것으로 받아들였다. 그래서 감지될 수 없는 과정은 지각될 수 있는 형태인 모형으로 구성되고서야 이해된다고 생각했다. 우리들은 세계가 하나의 통일된 그림이라는 관념에서 어떻게 이러한 개념이 유추되는지를 이해한다. 이런 세계관의 확립은 웅대한 시도였다. 그리고 물리학이 가능한 한 그것을 따르려고 했던 것은 자연스러운 일이다. 그러나 우리의 지식의 진보는 그것을 부정하는 쪽으로 나아갔다."[42]

페이겔스는 새로운 물리학이 비록 형상화될 수는 없어도 이해될 수는 있다고 설명하였다 : "양자의 실체를 이해하려면, 보여지고 느껴지는 실체로서가 아니라 오직 실험 장비로 검출하여 이성을 통해서만 인지될 수 있는 존재로 이해하는 것이 필요하다. 양자론에서 설명하는 세계는 옛날의 고전 물리학과는 달리, 즉각적인 직관에 잘 부합되지 않는다. 양자적 실체는 이성적인 것이지 가시적으로 볼 수 있는 것이 아니다."[43]

형상화할 수 있다는 것(picturable)과 형상화할 수 없다는 것(non-picturable)은 거시적 세계와 미시적 세계 사이의 차이를 구현하는 데 유용하다. 페이겔스는 커다란 물체에서는 양자의 불확정성이 무시할 수 있을 정도지만 아주 낮은 단계에서는 불확정성이 얼마나 중요한지를 다음과 같이 설명한다 : "정구공이 날아가고 있을 동안, 양자론에 의한 불확정성은 단지 약 10^{-34}의 확률에 불과하다. 따라서 가장 정확하게 말하면, 정구공은 고전 물리학의 결정론적 규칙을 따른다. 세균에서조차도 그 효과는 약 10^{-9}의 확률이므로, 실제로는 그 어느 것이나 양자론의 세계를 경험하지 않는다. 한 결정구조 속의 원자들에 대해서는 불확정성이 100분의 1의 확률로 나타난다. 원자 속에서 움직이는 전자에 대해서는 양자의 불확정성이 전적으로 지배한다고 보는데, 우리는 여기서 불확정성 원리와 양자역학이 지배하는 진정한 양자 세계로 들어가게 된다."[44]

데모크리토스의 시대로부터 오늘날에 이르기까지 원자 물질론(atomic materialism)은, 궁극적인 입자가 큰 규모의 물체와 같은 방식으로 존재한다고 가정해 왔다. 하이젠베르크는 "물질주의의 존재론은 우리들이 주위 세계에서 느낄 수 있는 직접적인 '실체(actuality)'가 원자의 영역에까지 그대로 확장될 수 있다는 착각에 입각한 것이다. 그러나 이러한 확장은 불가능하다"고 언급했다.[45] 이제까지 과학의 환원주의적 도식은 이러한 불가능한 확장에 전적으로 의존하여 왔다. 결국, 궁극적 입자에 적용되는 법칙으로부터, 동식물 또는 인간에게 적용되는 법칙을 유도해 낸다는 것은 원론적으로 불가능하다고 하겠다.

하이젠베르크의 다음과 같은 지적처럼, 우리는 양자론의 발달에 의해 결과적으로 우리가 경험하는 일상 세계가 우선적임을 재확인하였다 : "이전의 물리학은 우리에게 감각되는 과정을 2차적인 것으로 간주하고 그것들을 원자적 규모에서 나타나는 사건으로 설명하고자 했다. 이런 사건들은 '감추어진' 객관적 실체로 간주되었다. 그러나 이제 우리들은 (과학기구의 도움을 받거나 그렇지 않거나를 막론하고) 우리의 감각으로 인지할 수 있는 사건들을 '객관성'이 있다고 인정하고 있다."[46]

원자 물질론에서는, 물질은 모든 행동의 근원이고 정신은 수동적 부산물이었다. 새로운 물리학은 이러한 통찰을 역으로 하여 '정신은 행동의 근원인 반면에 물질은 수동적이며 잠재적이고 불완전하다'고 주장한다. 이러한 생각은 다이슨으로 하여금 "우리의 의식은 뇌의 화학적 사건에 의해 일어나는 수동적인 부수현상이 아니라, 능동적인 행위자"라고 선언하게 하였다.[47]

새로운 물리학에서는 행위자가 자유의지를 갖는다고 인식한다. 그래서 인간에게 자유로운 선택의지가 존재한다는 점을 인정하는 것은 '비과학적인 것'이 아니라 사물의 연구에 필요하고, 사실상 모든 실험 과학에서도 그렇게 요구된다. 바이츠제커는 다음과 같이 지적하였다: "실험에 있어서 독립성은 전제조건이다. 나의 행동과 사고가 주위환경이나 압력 또는 관습에 의해서가 아니라, 단지 내 자유선택에 의해서만 결정될 때 나는 실험을 할 수 있다."[48] 비록 우리들은 별로 깊이 생각하지 않고 자동적으로 행동하는 경우도 있기는 하지만, 자유로운 선택이 요구되는 부분은 항상 남겨져 있으며, 이것이 궁극적인 자료(ultimate datum)가 된다.

따라서 현대 물리학은 인간의 정신은 행위자이며 독립적이고, 환원시킬 수 없는 행동의 근원이라고 단언한다. 그러므로 우리들은 정신을 하나의 원인으로 인식하고 과학의 도식을 개정해야 한다. 역사적으로 기계론적 모델은 화학, 천문학 및 지질학과 같은 물리 과학에서 성과를 거두었다. 물론 이 분야에서 상대성 이론과 양자론에 의해 설정된 한계를 인식한다면 기계론적 도식이 가장 적합하게 적용되었다고 할 수 있다.

새로운 물리학에서는 인간의 정신과 선택이 환원될 수 없는 요소라고 인정한다. 그것들은 인간 행동의 실질적 원인이며 물질적 힘으로 분해될 수 없다. 즉, 인간은 이해력이나 의지처럼 물질들이 갖지 못한 속성들을 지닌 행동을 수행하기 때문에, 인간 과학(human science)은 그 고유의 것이며, 물리학이나 화학에서 얻어진 제1원리들을 거기에 적용해서는 안 된다. 하이젠베르크는 다음과 같이 경고하였다: "만일 생물학의 범위를 넘어서서 심리학까지 논의에 포함시킨다면, 물리학, 화학 그리고 진화론에 관련되는 개념을 모두 합하더라도 사실을 밝히는 데 불충분함은 거의 의문의 여지가 없다고 하겠다."[49] 인간의 이해력과 의지는 인간 과학의 독립된 영역인 심리학, 정치학, 윤리학 및 경제학에 속해 있다.

그림 1.2에서 보인 개정된 과학의 도식은 두 개의 궁극적 실체인 물질과 정신을 고려한다. 모든 과학은 비록 정도의 차이는 있지만, 이 두 실체를 통합하거나 인정하여야 한다. 지금까지 살펴보았듯이 물질은 정신을 개입시키지 않고서는 이해될 수 없다. 따라서 물질에 대한 과학인 물리학은 반드시 근본적 원리에 정신을 필수불가결한 전제조건으로서 포함시켜

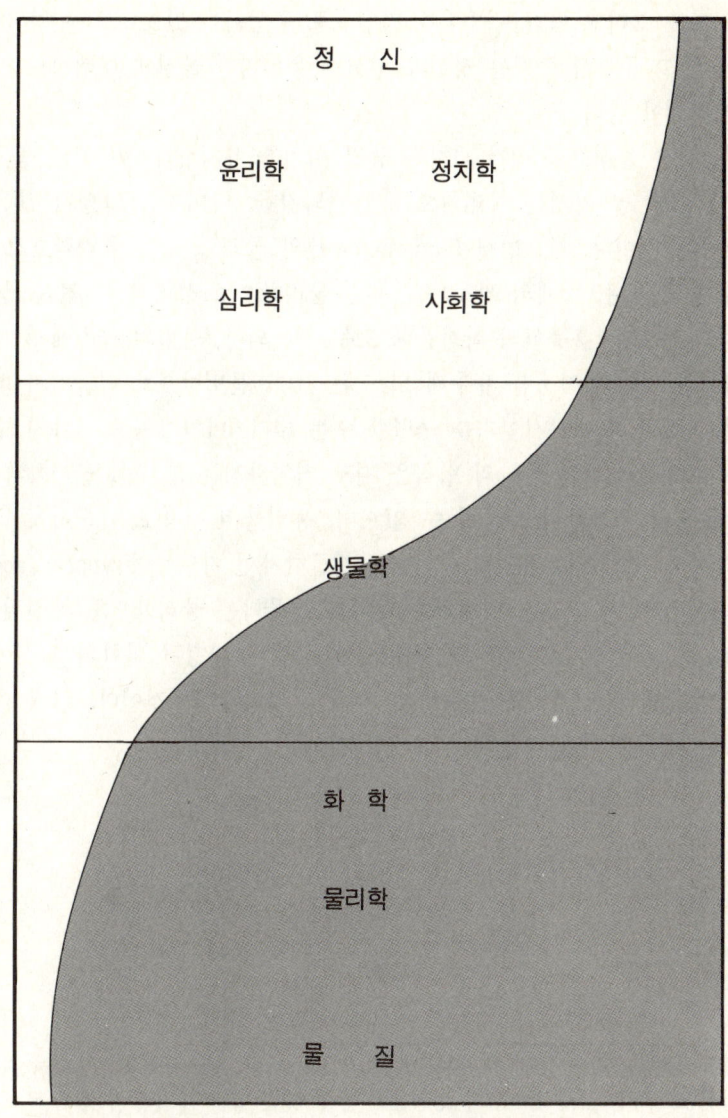

그림 1.2 과학의 새로운 도식. 두 개의 최종 실제인 물질과 정신은 모든 과학에서 어느 정도로 혼합되어 있다. 생물학은 물리학과 인간 과학의 중간 위치를 차지한다.

야 한다.* 그리고 인간은 물질과 정신으로 구성되어 있으므로, 인간 과학은 비록 그 중요한 주제는 정신과 정신 작용이지만 물질에 대해서도 반드시 고려해야 한다.

생물학은 물리학과 인간 과학의 중간 위치를 차지한다. 이 말은 생물학의 원리 중 몇 가지는 물리학으로 환원되지만, 나머지는 그렇지 않음을 제시하는 것이다. 즉, 벌새(hummingbird)의 골격 구조는 물리학으로 이해될 수 있으나, 벌새의 짝짓는 행동은 물리학으로 설명될 수 없다. 문법의 규칙은 모든 훌륭한 문학작품에 모두 적용되나, 문법의 규칙에서 셰익스피어나 밀턴의 작품을 유추해 낼 수는 없다. 문법만으로 비극인지 희극인지, 소설인지 서사시인지를 구별할 수는 없다. 마찬가지로 갖가지 생물들은 비록 물리학과 화학의 법칙을 결코 거역하지는 않지만, 물리학과 화학으로부터 생물학이 추론될 수 없으며, 동식물의 작용도 단순히 물리학과 화학의 법칙으로 환원될 수 없다. 생물학자인 자코브(François Jacob)는 다음과 같이 그것을 명백히 하였다 : "생물학은 물리학으로 환원될 수 없고, 또 물리학 없이 존재해서도 안 된다."50) 개정된 과학의 도식에서 생물학은 물질과 정신을 동등하게 함께 고려해야 할 것이다. 이에 대한 정확한 내용은 다음 장들에서 논의할 것이다.

＊ 예를 들면, 우리는 《과학의 새로운 이야기 *The New Story of Science*》 제4장에서, 정신(mind)은 상대성 이론과 양자론의 중심일 뿐 아니라, 우주의 정신(Mind)은 물질의 근원과 연관이 있다고 주장했다. 또한 인간의 정신을 우주의 목적으로 설정해야만이 달리는 설명하기 어려운 많은 물리적 상수——아핵(subnuclear)에서부터 우주적인 것에 이르기까지——를 설명할 수 있다.

2

생 명

　현대 생물학 교과서들은 생명에 대한 정의에 있어서 유독 침묵하는 특징을 보인다. 저온 상태의 생명현상에 대하여 전문가인 러브록(James E. Lovelock)은 다른 행성에 생명이 있는지를 알아낼 수 있는 실험기구를 만들기 위해 숙고하는 동안, 생물학자들이 '생명이란 무엇인가'라는 질문을 얼마나 회피하고 있는가를 알고 놀랐다:

　"제트추진연구소(Jet Propulsion Laboratories)를 방문한 후, 나는 시간을 내서 생명이 어디에 존재하든지, 외양이 어떤 것이든지간에 갖게 되는 실제적 속성과 생명을 인식할 수 있는 방법에 대해서 많이 읽고 생각해 보았다. 나는 과학 문헌의 어딘가에서 생명의 물리적 과정을 포괄적으로 정의한 것을 발견하여, 생명을 탐구하기 위한 실험을 디자인하는 데 기초로 삼을 수 있기를 기대하였다. 그러나 놀랍게도 생명 자체의 본질에 대하여 쓰여진 것이 너무 적은 것을 알고는 놀랐다. ……생물의 가장 외적인 부분에서 가장 내적인 부분까지, 상상할 수 있는 모든 측면에 대한 자료들이 많이 쌓여 있었지만, 거대한 분량의 백과사전을 다 뒤져 보아도 문제의 요점인 생명 그 자체는 거의 무시되고 있었다. 기껏해야 문헌들은 마치 다른 세계에 있는 일군의 과학자들이 텔레비전 수상기를 집으로 가지고 가서 그것에 대해 작성한 보고서처럼, 그렇게 생명을 기술하고 있었다. 화학자는 그것을 나무, 유리 그리고 금속으로 만들어져 있다고 하고, 물리학자들은 열과 에너지를 방출한다고 했다. 공학자는 그것이 편평한 표면을 부드럽게 달리기에는 지지하는 바퀴가 너무 작고 위치도 잘못되었다고 말했다. 그러나 어느 누구도 텔레비전이 정녕 무엇인지에 대해서는 말하지 않았다."[1]

많은 생명과학자들은 일반적으로 생명의 본질에 대해서 말하기를 꺼린다. 생물학자인 윌리엄 베크(William S. Beck)는 참고로 다음과 같은 우연한 일을 이야기했다: "나는 미국에서 가장 탁월하다고 하는 대학교의 생화학과 교수회의에 참석하여 차를 마시면서 논의했던 적이 있었지요. ……그런데 그 지역 철학 학회로부터 생명의 본질에 대하여 개최 예정인 다음번 학회 모임에 나설 수 있는 연사 한 분을 구할 수 있을지를 문의하는 전갈이 왔습니다. 그런데 그곳에 모였던 사람들 모두가 생화학, 유전학 그리고 유전자와 효소에 대해서는 잘 알고 있었으나, 어느 누구도 생명에 대해서는 별로 할 말이 없다고 느끼고 있었습니다. 그래서 그 요구는 정중히 거절되었습니다.

현대 생물학에서 놀랄 만한, 그리고 실망스러운 측면의 하나는 생물학이 너무 세분화되어 있어서 정녕 생명 그 자체의 문제에 대하여 제대로 말할 수 있는 자격을 갖춘 사람이 하나도 없다는 사실입니다. 생물학에는 분류학자, 식물학자, 세균학자, 생화학자들이 있는데, 그들은 자신의 영역에서는 각각 전문가입니다. 그러나 어느 누구도 모두에게 공통되는 단 하나의 가장 중요한 문제에는 부딪치려 하지 않습니다. 그러한 주제에 대해서 쓰여진 것은 많았으나, 다행인지 불행인지 연구 활동이 활발한 생물학자들에 의해 쓰여진 것은 거의 없었는데, 그들은 실험에 매달려서 별로 많은 생각을 못하는 형편입니다."[2]

자코브는 다음과 같이 주장하였다. "생명의 개념을 탐구하고자 하는 동기가 계속 감소되었으므로 생명의 개념에 대한 유추도 점차 감소하였다. 생물학자들은 오늘날 더 이상 생명을 연구하지도, 생명을 정의하려는 시도도 하지 않는다. 대신에 살아 있는 계(system)의 구조, 기능 및 역사를 조사한다."[3] 그러나 의아한 것은 어떤 계가 살아 있는지 아닌지를 인식하는 방법이 없는데, 그들이 어떻게 그러한 연구를 할 수 있는가이다.

어떤 생물학자들은 더 나아가 생명을 정의하기조차 불가능하다고 생각한다. 예를 들면, 켄드류(John Kendrew)는 바이러스가 살아 있는가 아닌가에 대한 논쟁에서 다음과 같이 논평하였다: "이러한 논쟁은 생물과 무생물 사이에 근본적 구별이 있다고 가정해야지만 중요할 뿐이다. 개인적으로 나는 생물과 무생물이 본질적으로 어떤 차이가 있거나, 또는 두 가지를 구별짓는 경계에 대한 증거가 있다고는 생각지 않는다. 그리고 대부분의 분자생물학자들은 나와 같은 견해일 것이라고 생각한다."[4] 일부 학자들은 생명(life)이라는 용어까지도 완전히 거부하였는데, 피리(N. W. Pirie)의 논문인 〈생명과 살아 있다는 것의 무의미성 The Meaninglessness of the Terms Life and Living〉에서는 이러한 회의주의가 극에 도달했다.[5]

그러나 어원상으로 '생명의 과학'이라는 생물학을 연구하는 사람이 생명의 개념에 대해 불만스럽게 생각하고, 생명에 대한 정의가 무의미하지는 않더라도 정의하기가 불가능하며, 생명의 개념까지도 완전히 포기하려고 한다는 점은 역설적이라 아니할 수 없다. 만일, 생물학자들이 이러한 회의주의에 빠진다면, 그들은 자신들의 연구 대상을 어떻게 확인할 것인가? 생물학자인 코머너(Barry Commoner)는 〈생물학을 변호하며 In Defense of Biology〉라는 에세이에서, 생명의 개념을 포기했을 때 어떠한 결과가 초래될 것인가를 지적하였다. 그의 책은 다음과 같이 시작하고 있다. "'현대 과학은 생명과 무생물의 경계를 거의 없애버렸다.' 생물학이 생명의 과학이라는 이유로 생물과 무생물을 구별하지 않는다면, 생물학은 독립된 과학이 될 수 없는 것이다. 만일 앞의 문장이 조금이라도 옳다면, 생물학은 공격 대상이 될 뿐만 아니라 폐지되어야 마땅할 것이다."[6] 현재의 생물학이 어떻게 그런 이상한 상태가 되었는가? 역사가 그 해답을 보여 준다.

기계 모델

생명과 생물에 대한 현대적인 개념은 데카르트의 철학에 뿌리를 두고 있다. 데카르트의 철학은 우주를 물질과 정신이라는 교류가 불가능한 두 범주로 나누는 데에서 시작한다. 그는 식물과 동물을 물질의 영역에 두었으며, 물질은 엄격한 기계적 법칙에 따라 행동한다고 하였다. "역학의 법칙은……자연의 법칙과 똑같다."[7] 그래서 그는 생물학에 기계 모델을 도입하였다: "기술은 자연의 모방이며, 인간은 아무런 생각 없이 가동되는 여러 가지 자동장치를 만들어 낼 수 있는 능력을 가지고 있다. 이런 사실에 비추어 자연이 그 자신보다 뛰어난 자동기계, 말하자면 모든 동물들을 만들어 냈다고 하는 것이 논리적이라고 하겠다." 데카르트는 심지어 '사람이라는 기계'라고 말하기도 하였다.[8]

데카르트 시대 이후로 기계 모델은 여러 가지 모습을 취하기는 했지만 꾸준히 지속되었다. 베르탈란피는 간단히 다음과 같이 몇 가지 유형을 추적하였다: "기술의 개념에 따라 그 모델은 다르게 해석되었다. 17세기에 데카르트가 동물을 기계라고 했을 때는 **역학적 기계**(mechanical machine)만이 존재하였다. 따라서 동물은 일종의 복잡한 시계장치로 간주되었다. ……나중에 증기기관과 열역학의 개념이 도입되면서 생물은 **열기관**(heat engine)으로 취급되었다. 칼로리 계산을 한 것이 그 예다. 그러나 후에 생물은 연료 에너지를 먼저 열에너지로 전환시키고 나서, 다시 기계적 에너지로 전환시키는 열기관이 아니라고 판명되었다. 그것은 이제 **화학적-역동적**(chemical-dynamic) 기계로서 연료의 화학적 에너지를 직접 효과적인 일로 전환시키는데, 근육 수축의 이론이 그 모델에 근거하는 것을 예로 들 수 있다. 최근에는 온도조절장치(thermostat), 목표물을 향하는 미사일, 현대의 기술공학인 자동위치제어장치(servomechanism) 등과 같은 자가조절하는 기계라는 개념이 등장하였다. 이런 추세에 병행해서 생물은 **사이버네틱 기계**(cybernetic machine)라는 개념으로 새로이 변화되었다. 가장 최근에는 분자 기계(molecular machine)라는 개념이 나타났다."[9]

이러한 전통은 오늘날까지도, 특히 분자생물학자들 사이에서 여전히 지속되고 있다. 예를 들면, 모노(Jacques Monod)는 데카르트를 완전히 신뢰하여 다음과 같이 단언하였다. "간단하고, 분명한 기계적 상호작용으로 환원될 수 없는 것은 없다. 세포는 기계다. 따라서 동물도 기계고 사람도 기계다."[10]

기계와 생물이 유사하다는 것은 분명하다. 생물과 기계는 모두 어떤 일을 성취하기 위해 물리적·화학적 법칙을 이용하는 조직화된 통일체다. 그러나 겉으로는 유사하게 보이지만 중요한 차이점이 있다. 자코브는 몇 가지 대조되는 바를 다음과 같이 지적하였다 : "시계에서는 그 각 부분들이 다른 부분을 움직이게 하는 기구이지만, 그렇다고 해서 바퀴가 다른 바퀴를 만들어 내는 원인은 아니다. 어떤 한 부분은 다른 부분에 의해서 존재하는 것이 아니라 다른 부분을 위해서 존재한다. 바퀴를 만들어 내는 원인은 바퀴 속에서 발견되는 것이 아니라 그 외부, 즉 그런 아이디어를 실재화할 수 있는 존재에서 발견된다. 시계는 자신의 부분품을 만들 수 없으며, 고장났을 때 운동을 바로 잡을 수도 없다. 따라서 조직된 존재(organized being), 즉 생물은 단순히 기계가 아니다. 기계는 단지 운동력만 있는 반면에 생물은 본질적으로 자신을 형성하고 조절하는 힘을 소유하고 있기 때문에 자신을 이루고 있는 물질과 연락을 한다."[11]

어떠한 기계도 그 자신의 부분품을 재생하지 못한다. 그러나 생물은 모두 자신의 조직과 세포, 적게는 분자까지 끊임없이 갱신한다. 그 극적인 예는 유충이 나비나 나방으로 변태하는 것이다. 곤충학자 파르브(Peter Farb)는 번데기에게서 진행되는 극적인 과정을 다음과 같이 묘사하였다:

"번데기가 마치 생명이 없는 듯이 보이지만, 그들은 자신의 조직을 맹렬히 재배열한다. 나방에서는 유충의 복부에 길게 나 있는 여분의 다리들이 사라진다. 가슴 부분의 몽톡한 다리가 있는 곳에서 가늘고 긴 성체의 다리가 새로 생겨난다. 입은 씹는 형에서 빠는 형으로 변한다. 네 장의 날개가 나타나면서 생식기관도 발달된다. 대부분의 근육계도 바뀐다. 낡은 구조가 파괴되고 새로운 구조가 생겨나는 어떤 단계에서는 번데기의 내용물이 주로 액체로 이루어지지 않았을까 의심스러울 정도다."[12]

성체의 나비에게서는 12개 이상이나 되는 새 기관이 생겨나 겉으로 보기에도 유생과 근본적으로 다를 뿐만 아니라 행동 습관도 달라지는데, 때로는 전혀 다른 환경에서 살기도 한다. 물론 이러한 놀라운 변화는 번데기에서 일어나는데, 유생이었던 몸체는 액체로 퇴화하여 식작용(phago-cyte)으로 사라지고 급속히 새로운 생물체로 형성된다. 큰사슴나비의 유충이 시속 12마일로 날 수 있는 나비로 변하는 데에는 불과 12일밖에 걸리지 않는다. 나비의 유충에 들어 있는 내용물은 한 마리의 나비를 탄생시키기에 충분하다(그림 2.1을 보라). 어떠한 기계라도 그런 일은 흉내조차도 낼 수 없다.

나아가 자코브가 언급했듯이, 기계는 자신을 수선하지 않는다. 그러나 모든 생물들은 어느 정도 자가-수선할 수 있다. 많은 동물들은 상처를 입거나 몸의 일부를 잃어버렸을 때, 자신의 일부를 새로이 자라게 할 수 있다. 어떤 종은 더욱 놀랄 만한 능력을 나타내는데, 불가사리나 지렁이를 반으로 자르면 각 부분은 완전한 새로운 개체가 될 수 있다. 어떤 기계가 그러한 솜씨를 발휘할 수 있겠는가? 물론 식물에게도 이런 능력이 충분히 있다. 생물학자인 시넛은 다음과 같이 말하였다 : "식물은 동물보다 더 대단해, 조직의 일부 또는 심지어 개체에서 분리된 단 한 개의 세포로부터 다시 완전한 개체가 만들어질 수 있다. 꺾꽂이에서 나타나는 잠재력은 원예학의 여명기 이래로 계속 사용되고 있다."[13]

또 다른 차이는, 기계는 씨나 알로부터 자라지 않고 불변의 부분품들로

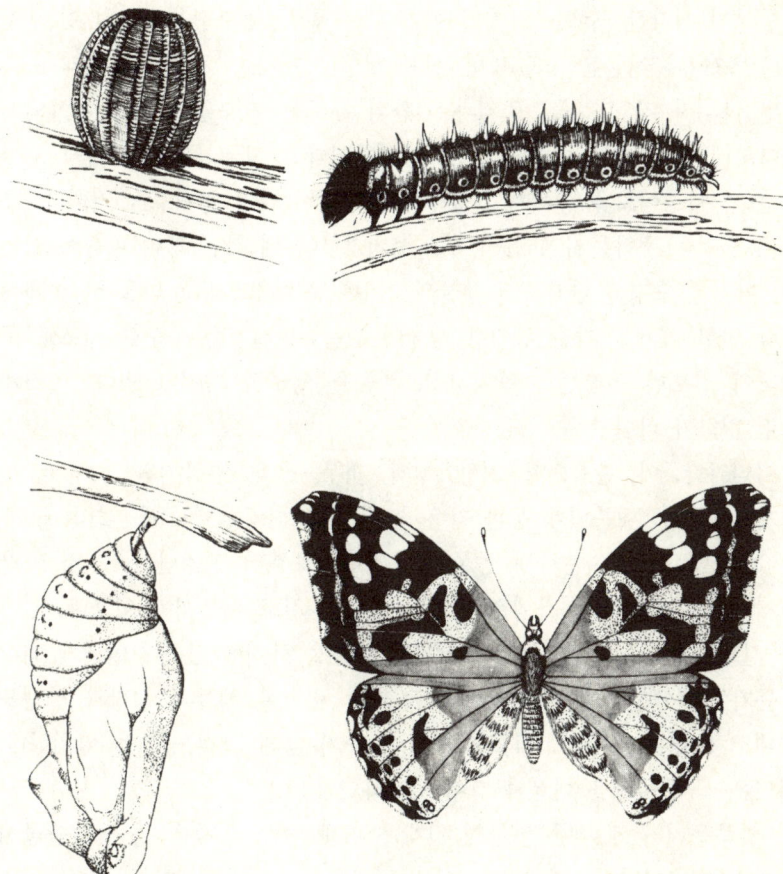

그림 2.1 나비의 일종인 작은멋쟁이의 완전 변태. 이 곤충의 네 가지 유형은 너무 다양하여 성체인 나비는 그 유충과 거의 다른 종인 것처럼 보인다. 제2의 알이라 할 수 있는 번데기에서 날개를 가진 성체가 생겨나지만, 성체는 습성이나 먹이에 있어서 느리게 움직이며 체절이 있는 유충과는 전혀 다르다. 유충이 나비로 변형되는 것과는 대조적으로 어떤 기계도 자신의 부분품을 재생하지는 못한다.

구성되는데, 그것은 외부로부터 조립된다는 것이다. 결과적으로, 기계가 작동하기 시작할 때에는 그것이 이미 모든 부분품들을 다 가지고 있는 것이다. 그러나 생물은 그렇지가 않다. 생물은 자라는 처음 순간부터 크기뿐만 아니라 각 부분들, 조직과 기관의 새로운 기능들이 계속 분화되어 간다. 베르탈란피는 다음과 같이 설명하였다 : "생물이 우리들에게 보여주는 모든 경이로움 중에서도 발생은 틀림없이 가장 경이로울 것이다. 그것이 무엇을 뜻하는지 한번 생각해 보자 : 한 손에 작은 젤리 방울이 있는데, 이것은 수정된 난자로서 생물의 기원이 된다 ; 그리고 다른 한 손에는 놀랄 만한 체계를 갖춘 완전한 생물이 있는데, 이것은 무수한 세포로 구성되어 있으며 복잡한 기관, 성질, 본능을 영구히 가지고 있다. 어떻게 그런 변화가 나타날 수 있을까?"[14]

머리카락, 이, 손톱, 뼈, 지방, 혈액, 피부, 근육, 감각기관, 소화계, 신경계, 순환계, 내분비계 등과 같은 놀랄 만큼 다양한 새로운 설비(equipment)들이 작고 미분화된 동물의 수정란으로부터 생겨난다. 그리고 각 조직과 각 기관 및 시스템은 제각기 다른 물질로 이루어져 있으나, 얼마나 절묘하게 조화를 이루며 여러 가지 작동을 하기에 얼마나 알맞게 되어 있는가! 제아무리 대단한 기계라도 가장 빈약한 생물의 성장과 발생을 흉내조차 내지 못한다. 식물도 동물에 못지 않게 그런 능력을 발휘한다. 시넛은 꽃의 발생을 다음과 같이 설명하였다 :

"꽃봉우리가 될 작은 반구형 덮개 주위에 잎이 될 듯한 둥근 돌출물이 원형으로 나타난다. 바깥쪽의 것은 꽃받침이 되고, 그 안쪽 것은 꽃잎, 더 안쪽의 것은 수술, 그리고 가운데에서는 씨방과 씨방의 부속물들이 생겨난다. 많은 종에서 이러한 꽃의 구조는 마치 낙하산처럼 포개지고, 접히고, 꼬여 있지만 그보다 훨씬 더 복잡하다. 붓꽃의 봉우리는 꽃이 피기 전에는 세 장의 꽃잎이 반시계 방향의 나선형으로 포개져 있고, 세 개의 수술과 세 개의 암술머리 열편(lobe)이 그 안에서 주름잡혀 있으며, 그 전체는 꽃받침으로 싸여져 있다. 꽃봉우리가 열릴 때는 이 모든 부분들이 펼쳐져서 붓꽃이 만개한다. 이에 비하면 우산이 펴지는 것은 간단하다. 조그맣게 시작할 때부터 이렇게 포개지고 접혀진 부분들이 얼마나 정확한지, 잎과 꽃이 피어날 때 잃어버리거나, 위치가 잘못되는 일이 전혀 없다는 것은 발생의 경이로움 중 하나다."[15]

또 다른 차이도 있다 : 기계는 질서(order)의 통일성은 이룩하지만, 물질(substance)의 통일성은 구축하지 못한다. 말(horse)은 성장을 통해서 그 자신의 모양과 구조를 결정한다. 그 결과 말의 기관, 조직, 세포만 보아도 그것이 말의 것이라는 것을 알 수 있다. 말은 그 자신이 갖는 거대분자, 즉 DNA, 헤모글로빈, 효소 및 단백질에 이르기까지 말의 독특한 특징을 갖는다. 한 개의 세포가 주어졌을 때, 훌륭한 세포학자는 그 세포가 어떤 생물의 것이며, 심지어 그 세포의 기능이 무엇인지를 알 수 있을 것이다. 그러나 볼 베어링이나 구리선을 기계로부터 떼어 놓으면, 그것들은 그 기계의 특징을 소유하지 못하기 때문에 그것이 어디에서 왔는가에 대해서 엔지니어에게 전혀 단서를 제공할 수 없을 것이다. 생물은 그 거대분자에 이르기까지 어느 부분에서나 그 생물의 특징을 지닌다.

생물학자인 홀데인(J. S. Haldane)은 생물에게서 구조의 통일성이 물질대사 기능의 통일성을 전제로 한다는 것을 관찰하였다 : "생물체의 구조는 분명히 조직화되어 있다. 즉, 생물의 모든 부분은 다른 부분에 대하여 명확한 관계를 갖는다는 것이다. 그런데 구조는 물질대사의 결과이므로, 생물의 물질대사 기능 또한 조직화되며 그 각각의 것은 다른 것들과 명확한 관계를 이룩한다. 최근 들어 생리학이 발달함에 따라 실제로 그렇다는 것이 더욱 분명해지고 있다."[16]

따라서, 생물체의 모든 부분은 심지어 분자 수준까지도, 생물의 작용에 협력한다. 생물학자 오파린(Aleksandr Oparin)은 동물의 운동에 관해 뚜렷한 예를 제시하였다 : "이런 작용을 하고 있는 동물의 근육에서는 단백질 섬유(fibril)들이 서로서로에 대해서 특별한 방식으로 관련되어 있다. 그러나 그러한 구조는 기계의 구조와는 어떤 방법으로도 비교할 수 없다.

기계에서 그 부분품은 에너지를 화학적으로 전환하는 데에는 아무런 역할도 하지 않는다. 만일 기계의 구성품들이 그 자신의 일을 하는 동안 어떤 화학적 변환을 하게 된다면 곧 전체 메커니즘이 파괴될 것이다. 반면에, 생물체를 구성하는 요소들은——이 경우에는 단백질 섬유인데——그 자체가 직접 물질대사 반응에 참여하여 기계적 운동을 일으키는 에너지 공급원으로 기여한다(그림 2.2를 보라)."[17]

먹이를 섭취하는 데 있어서도, 생물은 심오한 통일성의 증거를 보여 준다. "생물은 자신을 구성하는 물질은 끊임없이 변화시키지만 자신의 형태, 구조 및 화학적 성분은 변화시키지 않고 그대로 유지한다"고 오파린은 기록하였다.[18] 영양섭취(nutrition)는 한 물질을 파괴하여 다른 물질을 형성하는 과정이다. 생물은 외부물질을 성질이 다른 물질로 변화시키지 않고 자신의 물질로 전환시키는 놀라운 능력을 가지고 있다. 얼룩말을 먹은 사자가 얼룩말같이 되지는 않는다. 반대로, 먹이는 그 생물체로 된다. 식물은 심지어 무기물로부터 자신의 구성물질을 만들어 낸다. 노폐물의 유출과 영양물질의 유입이 끊임없이 진행됨에도 불구하고 생물은 통일성을 유지하는데, 이는 단순한 물리적·화학적 힘들의 평형이 아니다. 생물은 냉혹한 탈조직화(disorganization) 경향에 저항하기 위해서 끊임없이 에너지를 소비한다. 이것은 강, 폭풍, 또는 불 같은 무생물적인 유동적 시스템과는 구별된다. 오파린은 이를 다음과 같이 설명하였다: "생물체에서는 물질대사를 구성하는 수십, 수백, 수천 가지의 개별적 화학반응들이 시간적, 공간적으로 엄격히 조화되고, 일련의 자가 재생과정으로 조화롭게 협력할 뿐만 아니라, 이러한 일련의 과정 자체가 한 생명체로서 끊임없는 자가 보전과 자가 생식을 지향하며 질서정연하게 나아간다. 이러한 점에서 생물은 다른 모든 물질 운동, 특히 무기적인 유동적 시스템과 질적으로 구별된다."[19] 기계는 연료를 열, 운동 및 화학적 부산물로 전환시키지만 생물에서와 같이 자신의 물질로 전환시키지는 않는다.

오파린은 또한 생물체가 스스로의 에너지를 생성하는 데 있어서 사용

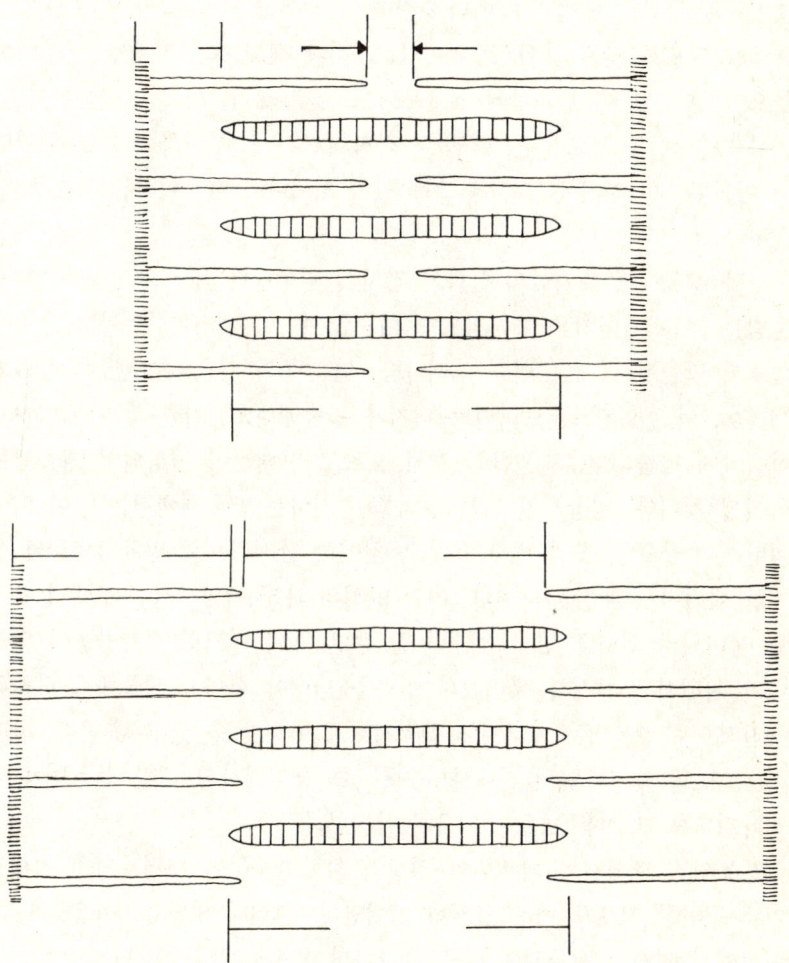

그림 2.2 이 모식도는 근수축 이전과 이후의 근조직내의 단백질 섬유들을 나타낸다. 단백질 섬유들은 대사작용에 참여하여 기계적 움직임을 위한 에너지를 생성한다. 기계를 구성하는 부분품들이 작동하면서 화학적 변형을 일으킨다면 그 기계는 망가지고 말 것이다.

하는 물리·화학적 법칙의 기이한 방식을 지적하였다 : "만일 생물체에서 열기관과 똑같은 방법으로 에너지 변환이 일어난다면, 그 이용 효율은 1퍼센트 정도로 낮은 값이 될 것이다. 그러나 실제로는 그 효율이 상당히 높으며, 오늘날 어떤 기관의 효율보다도 훨씬 높다. 이것은 생물에서 당이나 다른 호흡 연료가 단 한 번의 화학적 작용으로 산화되지 않고 일련의 화학반응이 시간에 맞추어 조화 있게 일어나기 때문이라는 것으로 설명된다.

만약 생물에서 유기물의 산화가 갑자기 일어난다면, 생물체는 이때 방출되는 모든 에너지를 합리적으로 이용할 수 없을 것이다. 특히 그것이 열로서 방출될 때에는 더욱 그러하다. 단 1몰의 당(180그램)이 산화되더라도, 약 700킬로칼로리의 에너지가 방출된다. 이러한 양의 에너지가 한순간에 방출되면, 체온이 급격히 오르고 단백질이 변성되어 생물체는 파괴될 것이다. 정상적인 저온 상태를 유지하는 생물체에서는 당이 이산화탄소와 물로 급속히 변하지 않고 천천히 단계적으로 변환됨으로써 이러한 에너지 효과를 나타낸다. 이런 방식의 과정은 일상적 온도에서 활성화 에너지의 언덕을 넘어서게 해 줄 뿐만 아니라(어떤 화학반응이 일어나기 위해서는 활성화 에너지의 언덕을 넘어야 한다), 생물체로 하여금 점진적으로 방출되는 에너지를 합리적으로 이용할 수 있게 해 준다. 따라서, 고도로 조직화된 물질대사일수록, 즉 물질대사의 개별 반응들이 잘 조화될수록 그 이용 효율은 더욱 높아진다."[20]

보통의 온도에서는 대부분의 일상적 화학반응들이 생명과정을 지탱하기에 곤란할 정도로 매우 천천히 일어난다. 그러나 만약 그 반응들을 가속시키기 위해서 생물체에 열을 가한다면 세포조직이 손상될 것이다. 그리고 그런 열의 생산은 생물에게 비싼 대가를 치르도록 할 것이다. 이 문제는 생물에 의해 생성되는 단백질 촉매제인 효소로 해결된다. 효소는 심지어 저온에서도 반응을 엄청나게 촉진시킨다. 예를 들면, 세포내에서 진행되는 여러 가지 필수적인 물질대사의 결과로 독성이 심한 부산물인 과산화수소(H_2O_2)가 생성되는데, 이것은 빨리 분해되지 않으면, 세포를 구성하는 중요한 유기화합물들을 산화시켜 버린다. 만약 촉매가 없으면 1몰(34그램)의 과산화수소가 분해되는 데 4만 4800칼로리의 열을 필요로 할 것이다. 만일 용액 속에 백금이 존재한다면, 그것이 분해되는 데 1만 1700칼로리 정도만이 요구된다. 그러나 **카탈라아제**(catalase)라는 효소가 존재하면, 같은 양의 과산화수소를 분해하는 데 2000칼로리 이하의 에너지만 있어도 가능하다. 보통 세포는 약 2000개의 효소를 생산하는데, 각각의 효소는 하나의 특정한 화학반응을 촉매하는 것에 특이성을 지닌다. 따라서 세포는 그 자신의 필요에 꼭맞는 완전한 화학적 도구를 지니는 것이다.

생물과 기계의 또 하나의 근본적인 차이점은 생물은 자연적인 데 반해 기계는 인위적이라는 점이다. 어떤 자연과학 분야에서도 시계나 기관차 또는 접시닦는 기계 같은 것을 연구하지는 않는다. 인공물은 사람이 만든 것이며, 생물은 자연에 의해서 만들어지며 그 속에서 발전된다. 모노는 "제아무리 완전한 인공물이더라도 생물과는 근본적으로 다르다"고 말하며 다음과 같이 설명하였다 :

"인공물은 (그것이 벌집이든, 비버에 의해 만들어진 댐이든, 구석기 시대의 자귀든, 우주선이든) 그 어느 것을 막론하고 모두 재료 물질에 **외부의 힘**이 가해져서 생겨난 것이다. ……생물체의 구조는 그와는 전혀 다른 과정의 산물이다. 거기에는 외부의 힘은 거의 작용하지 않고 그 전체적인 모양에서부터 가장 미세한 부분에 이르기까지, 모든 것이 그 대상과의 '형태형성적(morphogenetic)' 상호작용의 결과로 생겨난다. 따라서 그 구조는 자발적인 결정론(autonomous determinism)의 증거가 된다 : 그 과정은 정확하고, 엄밀하며, 외부의 행위자나 외부의 조건――외부 요인들은 실제로는 이러한 발달을 방해할 수는 있지만 그것을 지배하거나 유도할 수 없으며, 생물체에 조직적인 변형을 가할 수도 없다――과는 전혀 무관하다."[21]

외부 조건은 생물에게 단지 간접적인 효과만을 제공한다. 어린 묘목은 과도한 열을 가하면 시들 수 있고, 특정한 영양염류가 없으면 정상적으로 자라지 못할 수도 있다. 그러나 어떠한 외부 조건도 그것의 성장 패턴을 바꾸지는 못한다. 그것이 민들레가 될 것인지, 장미가 될 것인지는 내적으로 결정되는 것이다.

인공적인 것과 자연적인 것의 구분은 또한 생물체를 본떠서 만들어진 기계와 생물의 차이를 밝혀 준다. 오파린은 다음과 같이 그 점을 잘 지적하였다 : "현재 존재하는 모든 기계는 그 기계를 만든 사람의 특성, 즉 그의 지적·기술적 수준 및 그의 목적과 그 앞에 놓여진 문제를 푸는 방법 등을 반영한다.

이 점은 또한 현재 만들어진, 예컨대 월터의 '거북', 섀넌의 '쥐', 듀크 로크의 '여우', 애시비의 '호미어스태트'와 같은 여러 가지의 '사이버네틱스적인 장난감'에도 충분하게 적용되었는데, 그것들은 '아무런 유용한 목적에 이용될 수 없는 기계'라고 월터(Grey Walter)가 재치 있게 묘사했듯이 단지 생물을 모방했을 뿐이다."[22]

다른 한 가지 차이점은, 기계의 부분품들은 완전히 분해될 수가 있으며 또 재조립될 수도 있다는 것이다. 그러면 기계는 정상적으로 다시 작동한다. 그러나 동물의 기관들이 분리되면 비가역적으로 죽음에 이른다. 고생물학의 아버지 퀴비에(Georges Cuvier)는 한때, "우리의 연구 대상인 기계(즉, 생물)들은 파괴하지 않고는 해체될 수 없다"고 말하였다.[23] 생물학자인 샤스칼(J. Shaxel)은 다음과 같이 이에 동의하였다. "그러한 생물학적 과정(living process)과 생명 물질(living material)이 생물체의 한 부분으로서 단순히 존재하는 것은 아니다."[24]

세포는 역시 끊임없이 활동한다는 점에서 기계와는 근본적으로 다르다. 기계는 아무런 손상 없이 무한정 작동하지 않을 수 있다. 동력이 없으면 어느 부분품도 스스로 작동할 수 없다. 그러나 생물은 비록 동면하는 동물이라도 저장된 양분으로 물질대사를 계속해야 한다. 만일 그러지 않으면 죽게 된다. 말하자면, 그 동물이 살아 있는 한, 그 기관들은 항상 작동하고 있어야 하는 것이다. 동물이나 식물이 동결되어 일시적으로 물질대사를 중단하고 있을 때에는 단지 부분적으로만 살아 있다고 해야 마땅하다. 생물학자인 바이스(Paul Weiss)는 "행동하지 않는 생물체는 죽은 것이다. 생명이란 과정이지 물질이 아니다"[25]고 하였다.

오파린은 다음과 같이 말하였다 : "생명의 조직화는 근본적으로 규칙적인 일련의 물질대사 작용에 의존하며, 생물체의 모양과 구조는 그 속성상 유동적이다. 이런 이유 때문에 생물체는 끊임없는 화학적 변환의 결과로서 단지 일정 기간 동안만 존재할 수 있다. 화학적 변환은 생명의 진수이며, 그것이 멈추면 생물체는 죽게 된다."[26] 바이스는 생명의 핵심적인 역동성은 세포를 찍은 사진이나 세포의 모식도로서는 도저히 전달되지 않는다고 지적하였다 :

"인쇄된 그림이나 박물관의 모델로는 아무리 보충 설명을 하더라도 살아 있는 세포의 정확한 개념을 합리적으로 전달하기가 어렵다. 사실상, 그러한 교과서 그림의 정적인 기술은 어떠한 설명을 가하더라도 실제 세포가 어떤지를 보여 주기보다는 실제 세포가 아닌 것이 어떤지를 더 강조하는 것 같으며 오히려 살아 있는 세포를 잘못 이해하게 만든다. ……우리들이 정적인 형태로 인식하는 것은 영화필름 중에서 집어 낸 스틸 프레임 한 장에 비유될 수 있다. 그것만으로 모든 것을 판단하려 한다면, 정적인 사진은 진행되고 있는 과정의 한순간을 포착한 것인지 또는 영구적인 종결 상태를 포착한 것인지를 밝혀 주지 못한다. 만약 이러한 모호함을 항상 염두에 두고 있지 않는다면, 우리들은 세포의 정적인 사진을 보면서 그것이 모자이크식으로 완벽하게 구성된 구조물에 불과하다고 잘못 판단하는 위험에 빠질 수도 있다."[27]

보통의 세포는 매초 수백 개의 화학반응을 수행하며, 20분마다 자신을 번식시킬 수 있다. 그러나 이러한 모든 일은 극히 소규모로 진행되는 것이다. 500개 이상의 세균이 모여도 그 크기는 이 문장 끝의 마침표 크기 정도에 불과하다. 자코브는 세균 세포의 그 작은 실험실 규모를 인식하고 "그처럼 상상할 수 없을 정도로 좁은 공간에서 무엇과도 비교할 수 없는 놀라운 기술로 2000개나 되는 화학반응이 수행된다. 이 2000여 개의 반응은 최대속도로 진행되면서 서로 무관하게 또는 간섭하면서, 전혀 헝클어지지 않고 성장과 생식에 요구되는 분자들을 꼭 필요한 만큼 정확히 만들어 내는데, 그 효율은 거의 100퍼센트에 근접한다"[28)]는 사실에 대해 경악하였다.

생물체의 모든 세포들이 이처럼 놀라운 활동을 한다는 점에 비추어 보면, 생물학자인 폰 육스퀼(Jakob von Uexküll)이 "세포는 기계가 아니며, 바로 기계제작자(machinist)"라고 한 말이 우리의 결론이라고 하겠다.[29)] 세포에 대한 묘사를 설명하면서 바이스는 다음과 같이 세포를 공장과 대비시켜 보았다 :

"이제, 여러분이 이러한 정적인 표본을 보고 세포가 불변하다고 느끼는 환상을 부수기 위해서, 나는 실제로 이 그림에서 여러분이 바라보는 모든 것은 일시적이라는 점을 지적하고자 한다. 여러분이 보지 못하는 것 역시 그렇다. 세포는 마치 큰 공장처럼 작동하는데, 그 공장에서는 각기 다른 장소에서 각기 다른 제품을 만들어 주변의 조립공장으로 보내면, 그 곳에서 결합되어 반제품 또는 완제품이 된다. 중간단계의 시설을 거치거나 거치지 않거나를 막론하고 궁극적으로는 특정 세포의 각 부분에서 사용되거나 다른 세포로 전송되기도 하고, 또는 폐기물로 배출되기도 한다. 현대의 분자생물학과 세포생물학에서의 연구는, 그림에 나타난 세포의 다양한 구조들이 이러한 정교하고 통합적인 과정을 각각 어떻게 떠맡고 있는지를 밝히는 데 성공하고 있다. 그러나 이처럼 세포를 인간이 만든 공장에 비교하는 데에는 커다란 오류가 있을 수 있다. 후자의 경우 건물이나 기계류는 한 번 세워지면 영구적인 구조물이 되지만, 세포를 형성하는 많은 소단위들은 끊임없이 또는 주기적으로 해체되고 다시 만들어진다는 점에서는 찰나적인 조직이지만 그 각각은 자기 고유의 패턴을 유지한다.

기계와는 대조적으로 세포 내부는 항상 요동하고 움직인다. 따라서 세포 그림에서 과립이나 기타 세부 내용물들의 위치는 단지 순간적인 것에 불과하며, 낭(sac)이나 관(tubules)과 같은 구조물은 단지 그 순간에 어느 정도나 채워졌는지를 보여 주는 것에 불과하다. 세포질과 세포소기관(substructure)의 변덕스런 요동 중에 유일하게 예측 가능한 것은 전체적인 역동 유형으로, 그것은 세포소기관들의 활동이 잘 정리된 일정한 경계 내에서 일어나게 된다. 또한 이러한 경계는 기계적으로 고정된 구조로 볼 것이 아니라, 전체적으로 계의 역동성에 의해서 생긴 '경계 조건(boundary condition)'이라고 보아야 할 것이다."[30]

자코브도 세포와 생산공장이 유사하다고 하였으나 그보다는 두 가지의 근본적인 차이점이 있음을 더욱 강조하였다: "박테리아 세포는 분명히 축소된 화학공장을 모델로 간주하여 잘 설명할 수 있다. 공장과 박테리아는 외부로부터 받은 에너지를 사용해서만 가동할 수 있다. 그 둘은 모두 매질에서 취한 원료 물질을 일련의 과정을 통해 생산물로 변형시킨다." 그러나 그는 다음과 같이 덧붙였다. "만일 박테리아 세포가 공장으로 간주된다면, 그것은 특별한 종류의 공장이어야만 한다. 인간의 기술로 만들어진 제품은 그것을 생산한 기계와는 완전히 다르다. 따라서 그 제품은 공장 자체와도 완전히 다르다. 반면에, 박테리아 세포는 자신의 구성 성분을 만들며 그 최종 산물은 자신의 구성 부품과 똑같다. 공장은 생산하고 세포는 생식하는 것이다."[31]

지금까지 논의해 온 생물의 특성——그것의 놀랄 만한 일체성, 자신의 부분품을 조립하는 능력, 시간에 따른 분화의 진행, 자가 수선과 자가 재생의 기능, 다른 물질을 자신의 것으로 전환시키는 능력, 내부로부터 우러나는 자연적 행동, 그리고 끊임없는 활동성——은 모든 생물이 기계와 다르다는 것을 보여 줄 뿐만 아니라, 전체 자연 속의 특이성을 보여 준다. 베르탈란피는 "이러한 특징 때문에 우리는 무기물 계에서 생물에 비길 만한 것이 없다"고 썼다.[32] 생물은 비길 수 없을 정도로 독자적이다.

만일 그렇다면, 베르탈란피와 마찬가지로 우리는 "기계적 모델로서의 설명 방식은 원칙적으로 생물의 특별한 특징을 다루는 데에는 적당치 않다. 그리고 생물의 중요한 특징이란 바로 이처럼 기계적 모델로 설명할 수 없는 것들"이라고 결론지어야 한다.[33]

만일 기계적 모델이 기계와 생물의 차이점을 무시한다면, 이 모델은 생명을 이해하는 데 장애물이 될 것이 분명하다. 오파린은 생물학에서 기계론의 역사를 상기시켰다 : "오랜 기간 동안 생물을 기계와 동일시하려는 바램이 압도적인 탓으로 과학자들은 많은 사실적인 증거들을 무시하였으며, 또한 생명체 속에서 견고하고 변하지 않는 정적인 구조를 찾아 이러한 구조 자체가 생명을 유지시키는 특별한 것으로 간주하게 했는지 모른다."[34]

만일 우리가 생물이 기계라고 주장한다면, 기계는 제아무리 복잡하더라도 살아 있지 않음이 분명하므로, 생물에서만 나타나는 독특한 특징을 여기서 발견할 수는 없을 것이다. 똑같은 논리가 분자에 대해서도 같이 적용된다. 오파린은 "생명이란 가장 고등한 생물에서 가장 하등한 생물에 이르기까지 모든 생물이 갖는 속성이다. 그러나 자연에 존재하는 무기물은 제아무리 구조가 복잡하더라도 생명을 지닐 수 없다"고 하였다.[35] 이 장의 맨처음에서 논의했듯이 생명의 개념에 대해 거북해 하고 냉소적인 태도를 보인다거나, 그것을 정확하게 정의하지 못하는 것은 생물을 기계 모델로 주장하는 데서 불가피하게 나타나는 결과인 것이다.

그대신 생물과 기계를 대비시켜 본다면, 생명을 정의하기는 그리 어렵지 않다. 생명은 스스로 움직이는 능력이다. 영양섭취와 성장은 모든 생물들에게서 발견되듯이 양자가 모두 자가 개시적이고 자가 지향적인 변화다. 우리들이 지금까지 살펴보았듯이 모든 기계는 스스로 시작할 수 없으며 스스로 그러한 변화를 지향할 수도 없다. 물론, 고등생물은 단순한 영양섭취와 성장 외에도 보다 고단수의 완벽한 방식으로 자신을 이동시킬 수 있다. 예를 들면, 우리들이 고등동물들에게서 볼 수 있듯이 그들은 자신의 감각에 따라 방향을 잡고 자발적으로 위치 이동(local movement)을 수행할 수 있는 능력을 지닌다. 모든 생물은, 그리고 오직 생물만이, 자가 운동(self-movement) 능력을 가진다.

　이러한 논의는 생물 메커니즘을 추구하는 것이 언제나 잘못되었다는 것을 의미하지는 않는다. 베르탈란피는 "기계론을 논박하는 것이 생명 현상을 설명하는 데 모든 물리·화학적 설명을 배제하는 것은 결코 아니다"고 하였다.[36] 동물의 심장은 여러 면에서 펌프와 닮았으므로 유체에 관한 모든 법칙을 참작하여 심장이 물리학적 요구 조건을 어떻게 충족시키는가를 조사하는 것은 유용하다. 그러나 심장은 성장하고, 스스로 수선하고, 동물의 요구에 맞춰 박동을 조절하기 때문에 단순한 기계적 펌프와는 다르다. 한마디로 말하면, 그것은 살아 있는 것이다. 동물을 '기계'라고 부르거나 참나무를 '건축물'이라고 해도 우리가 그것이 은유(metaphor)라는 점을 알고 있는 한 그리 나쁠 것은 없다. 만약 우리들이 생물을 기계라고 간주하는 것이 은유임을 결코 잊지 않는다면 그러한 비유가 어떤 경우에는 유용하기도 하다.

　이러한 비유의 부적절함을 지적한다고 해서 그것이 생기론(vitalism)을 선호하게 하는 것은 아니다. 식물의 활발한 생명 활동을 명령하는 어떤 개별적이고, 비물질적인 실체가 있다고 주장할 필요는 없다. 식물도 지향하는 바를 갖는다. 생물의 활동, 적어도 무의식적 활동은 기본적으로 운동하고 있는 물질에 의한다. 따라서 그것을 설명하기 위한 자연적 원리를 찾는 것이 합리적이다. 자코브는 "살아 있는 세포가 행하는 두 종류의 합성——연속적인 재배열과 중합——은 근본적으로 유기화학자가 실험실에서 행하는 실험과 같다. 세포내에서 일어나는 화학적 변환은 특정한 비결이 있는 것도 아니고, 알려지지 않은 물질도 없으며, 실험실에서는 나타나지 않는 화학 결합이나 반응을 갖는 것도 아니다"고 주장하였다.[37]

　이상한 일이지만, 기계론과 생기론은 똑같이 잘못된 가정을 하고 있다. 기계론은 생물이 몸체를 가지므로 기계이어야만 한다고 주장한다. 생기론은 생물이 기계가 아니기 때문에 어떤 비물질적 원리에 따라 운영되어져야 한다고 주장한다. 양쪽 모두 몸체를 기계와 동일하게 간주한다. 이러한 개념은 17세기 물리학에 그 기원을 두었는데, 당시의 물리학에서는 자연 전체를 하나의 커다란 기계로 간주하였다. 그러나 과학적 설명으로 오직 기계론만을 채택하는 것은 20세기 물리학에서는 거부되고 있다. 따라서 생명이 자연의 나머지 부분과 어떻게 어울리는가를 찾아보기 위해서 현대 물리학을 살펴보는 일은 의미가 있을 것이다.

유기적 형태의 독특함

20세기 물리학은 인간에게 물질에 대해서 근본적으로 새로운 견해를 제시하였다. 물리학자인 슈뢰딩거(Erwin Schrödinger)는 수세기 동안 과학계를 지배해 왔으며 지금도 여전히 일반 대중의 상념을 지배하고 있는 과거의 견해를 다음과 같이 설명하였다 :

"데모크리토스와 19세기 말까지 그를 추종했던 모든 과학자들은, 비록 그들은 개별적인 원자의 운동을 결코 추적할 수 없었지만(그리고 아마도 그럴 수 있으리라고 기대하지도 않았지만), 원자는 개별적 존재이며, 구별이 가능하고, 또 우리의 주변에서 만져 볼 수 있는 조잡한 물체들과 같은 작은 물체(small body)라고 확신하였다. 그런데 인류가 원자와 소립자를 하나씩 추적하는 일에 성공을 거두었던 바로 그 시대에 그러한 입자가 원칙적으로 영원히 동일성을 유지하는 개별적 실체라는 생각을 깨끗이 버리도록 다방면에서 강요되었다는 것은 우스꽝스럽기까지 하다."[38]

우리들이 제1장에서 살펴보았듯이, 현대 물리학은 입자 단계에서 물질을 견고한 기계적인 구조물이 아니라 확률 파동과 잠재성으로 표현되는 존재로 간주한다. 슈뢰딩거는 원자와 작은 분자들에 대해 언급하면서 다음과 같이 대조시켰다 : "원자나 작은 분자의 개별성이 그 안에 내재하는 물질적 실체에서 비롯된다는 것은 낡은 사고다. ……새로운 사고는, 이러한 궁극적 입자들이나 소집합에서 영원한 것은 그것들의 모양과 조직이라는 것이다."[39]

형태(form)는 물질을 지배하며, 물질에 실체성을 부여하고, 그것을 완성시켜 특정한 속성을 지닌 특별한 종류로 만든다. 하이젠베르크는 물질이 획득할 수 있는 가장 단순한 형태에 대해 다음과 같이 이야기하였다: "실험에 의하면 물질은 완벽한 변환성을 지닌다는 것이 알려졌다. 모든 기본 입자(elementary particle)들은 충분한 고에너지가 제공된다면 다른 입자로 변형될 수 있으며, 또한 운동에너지로부터 간단히 생겨날 수도 있고 빛에너지와 같은 에너지의 형태로 소멸될 수도 있다. 따라서 실제로 여기에서 우리들은 물질의 통일성에 대한 궁극적인 증거를 지니게 된다. 모든 기본 입자들은 우리들이 에너지 또는, 보편적 물질이라 부르는 똑같은 본실체(substance)로 구성되는데 그것들은 물질에서 보여지듯이 각기 다른 형태들로 나타난다.

만일 이러한 상태를 물질과 형태에 관한 아리스토텔레스의 개념과 비교해 본다면, 아리스토텔레스의 물질은 단지 'potentia'로 요즘의 에너지 개념과 비유되는데, 에너지는 기본 입자가 생겨날 때 형태를 통해서 '실재'하게 된다.

현대 물리학은 물론 물질의 기본적 구조를 단지 질적으로만 설명하는데 만족하지 않는다. 물질의 '형태', 기본 입자 및 기본 입자들의 힘을 결정하는 자연 법칙을 수리적으로 형식화하기 위해서는 주의 깊은 실험을 통한 조사에 기초를 두어야만 한다."[40]

자연에서는 조직화의 각 단계에서 새로운 형태가 출현하여 그것을 지배한다. 예를 들면, 화학적 단계에서는 물이 단순히 수소와 산소 기체의 혼합물이거나 집합체가 아니라는 것을 우리들은 알고 있다. 그러한 혼합물은 굉장한 폭발성을 지닐 수 있는데, 이에 반해서 물은 그렇지 않다. 오히려 물은 불을 끈다. 두 기체가 단순한 혼합물에 불과하다면 플라스크에서 그것은 기계적으로 분리될 수가 있겠지만, 물은 그렇지 않다. 따라서 물은 두 물질의 단순한 집합체가 아니며 그것은 고유의 일체성(unity)을 지닌다. 수소와 산소가 갖는 독립적인 일체성은 사라지고 물이라는 형태의 상위 단계로 흡수되는 것이다. 이것은 단순히 기존 구성원들의 우연한 재배열이 아니라 전혀 새로운 물질의 탄생인 것이다. 엄격히 말하면, 수소와 산소 원소는 물의 실제적인 구성 성분이 아니라고 할 수 있다. 그것들은 물속에 단지 잠재적으로 존재할 뿐이며, 마치 물이 생성될 때 수소와 산소가 없어지는 것처럼 그렇게 물이 분해되면, 즉 물이 파괴되면 실제로 다시 회수될 수 있을 따름이다. 혼합물에 상응하는 다른 모든 종류의 고유한 일체성은 화합물에 대해서도 똑같은 논리가 적용된다. 소금에서는 염소와 나트륨이 자신의 고유한 일체성을 잃고 대신 새로운 일체성을 획득한다. $NaCl$의 물리적 성질은 염소나 나트륨의 것과는 전혀 다르다.

따라서 흔히 화합물의 '부분품'으로 간주되는 물질들은 벽돌이 건물의 부분품으로 간주되는 것과는 다르다. 건물에서 벽돌은 자신의 개별성과 본질을 유지하며 어떤 물질 변환의 과정도 거치지 않는다. 그러나 화합물에서의 일체성은 이러한 쌓아 놓음에서의 일체성이 아니다. 이와 대조적으로, 그 부분품들이 변환되면서 생겨나는 형태가 새로운 본질체이며 일체성을 제공하는 공급원이 된다.

하이젠베르크는 "물질의 '형태'를 결정하는 자연 법칙"에 대해 말하였다.[41] 화학에서는 어떠한 원소도 주어진 화합물의 형태로 다 변환될 수 있는 잠재성을 지니지 못한다고 우리들에게 일깨워 준다. 물은 수소와 질소의 결합으로 생겨날 수 없다. 나아가서, 바로 그 물질이라도 새로운 물질을 형성하기 위해서 아무 비율로나 결합해도 되는 것은 아니다. 물은 항상 부피로 따져서 산소 부피의 두 배가 되는 수소가 있어야만 생성된다. 산소와 수소가 똑같은 비율로 결합하면 물이 아니라 과산화수소가 만들어진다.

더 나아가서, 적절한 성분이 바른 비율로 결합되더라도, 만약 그것들이 바른 순서로 결합되지 않으면 바라는 대로의 물질이 생성되지 않는다. 둘 또는 그 이상의 물질이 똑같은 화학적 조성을 지니지만 구성 원소들의 배열은 다를 수 있다. 그러한 물질들은 '같은 부분'이라는 그리스어의 iso 와 meron에서 연유하여 이성체(isomer)라는 명칭으로 불리는데, 물리적, 화학적, 생물학적인 성질이 다르다. 예를 들어, C_2H_6O의 똑같은 분자식을 갖는 두 화합물질을 살펴보자. 그 하나는 에틸알코올로 우리가 알고 있는 알코올 음료이며 비등점이 섭씨 78.5도인 액체다. 다른 하나는 디메틸에테르로 비등점이 섭씨 -23도인 유독가스이며, 산업적으로 제조되어 냉각제로 이용된다. 그림 2.3에서 보듯이 같은 내용물이 두 가지로 결합될 수 있는데, 이 두 가지 방식으로만 탄소 4개, 산소 2개 그리고 수소 1개가 결합하여 화학가의 법칙을 따르고 있음이 명확해진다. 화학자인 하트(Harold Hart)와 슈츠(Robert Schuetz)는 "이 두 가지 배열만이, 그리고 오직 이 두 개의 물질만이 C_2H_6O의 분자식을 갖는다. 하나는 에틸알코올인데 상온에서 액체이며, 다른 하나는 디메틸에테르로 기체다. 분자내 원자의 배열이 다르기 때문에, 이 두 화합물들은 물리·화학적 성질이 다르다. 구조식 A와 B(그림 2.3을 보라)는 서로 다른 물질의 분자식이 C_2H_6O로 같다는 것을 보여 준다"고 논평하였다.[42]

이성체는 구조나 형태가 그것을 구성하는 물질의 성분에 의한 것이 아니라, 그 물질의 실체에 의해서 일차적으로 결정된다는 사실을 명백히 보여 준다. 부수적으로, 우리들은 화합물과 우리들로 하여금 화합물에 대한 이해를 도와 주는 모델 사이의 차이점을 잊어서는 안 된다. 모델에서 공과 막대는 그 자체가 변화되지 않고 재배열될 수 있는 반면에, 실제 화합물에서의 원자는 자신이 변형됨으로써만이 새로운 구조체를 만들 수 있기 때문이다. 만일 각 원자마다 그 개별성을 그대로 유지하려 한다면, 제 아무리 많이 재배열되더라도 새로운 물질을 형성하지는 않을 것이다. 따라서, 비록 이런 모델들은 분자를 가시적으로 보여 주는 데에는 매우 유

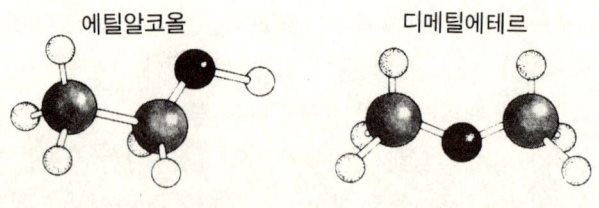

그림 2.3 에틸알코올과 디메틸에테르. 두 개의 탄소, 여섯 개의 수소, 한 개의 산소 원자는 화학가의 법칙에 따라 오직 두 가지 방식으로만 결합한다. 그 결과로 분자식(C_2H_6O)은 같지만, 구조나 성질이 다른 두 종류의 화합물이 생겨난다. 물질의 종류는 그 구성 요소가 아닌 구조에 따라 결정되는 것이다.

용하지만, 만약 그것들을 있는 그대로 받아들이면 잘못 이해하게 될 것이다. 물리학자 다이슨이 제1장에서 제시한 충고를 생각해 보라: "물리학자의 관점에서 보면, 모델들은 19세기의 것이다. 어느 물리학자라도 원자가 실제로 작고 딱딱한 공이 아니라는 것을 알고 있다."[43]

잠재성과 실재성 사이의 똑같은 관계는 소립자가 결합해서 원소를 형성하는 아원자 단계에서도 성립된다. 수소 원자는 단순히 양성자와 전자가 결합한 것이 아니다. 그것은 양성자와 전자에 부여된 새로운 형태의 일체화이며, 양성자와 전자는 각각의 고유한 실체를 잃는 것이다. 수소는 양성자나 전자가 갖는 속성과는 전혀 다른 성질을 갖는다. 이러한 새로운 일체화는 수소 원자의 질량이 전자 하나와 양성자 하나의 질량을 합친 것보다 적다는 점에서 찾아볼 수 있다. 따라서 수소를 양성자와 전자로 변환시키기 위해서는 에너지가 요구된다. 그런 과정은 수소 원자내에 잠재하는 입자들을 가동시키는 것이다.

여러 가지 다른 예를 더 들 수 있겠지만, 이상의 예들은 어떤 단계에서든지 일체성, 새로움, 능력의 근원이 형태라는 것을 보여 주는 데 적절하다고 하겠다. 물리학과 화학에서의 이러한 교훈은 생물학 분야에서 오랫동안 지속되었던 환원주의자들과 출현론자들 사이의 논쟁을 해결해 줄 수 있다. 제1장에서 논의했듯이 환원주의자들은 생명과 사람을 포함한 모든 현상을 기본 입자들에 적용되는 법칙으로부터 연역해 내기를 기대한다. 자신을 출현론자라고 부르는 사람들은 이러한 기대가 매우 소박하고 너무 단순화시킨 것이라고 생각한다. 마이어(Ernst Mayr)도 이에 동의하면서 다음과 같이 말하였다: "순수한 생물학적인 현상이나 개념을 물리학의 법칙으로 '환원'시키려는 시도가 우리들의 이해를 도와 주는 경우가 설령 있다고 하더라도 매우 드물었다. 환원주의는 기껏해야 공허하고, 보다 빈번하게 우리를 잘못 인도하거나 부질없게 만드는 접근법이다. ......시스템에는 항상 전체적 특성인 특이성(peculiarity)이 있다. 이 특성은 시스템의 구성분을 개별적으로 또는 다른 부분들의 조합으로 취하여 그것들에 대해서 완벽한 지식을 얻게 되더라도, 그것에서 연역될 수 없다(이론적으로조차도 될 수 없다). 이와 같이 전체성에서 새로운 특징이 출현하는 것을 출현(emergence)이라고 한다."⁴⁴⁾ 마이어는 환원 불가능한 생물학적 현상의 예를 다음과 같이 들었다: "종(specie), 경쟁, 세력권(territory), 이주(migration) 그리고 동면(hibernation) 등을 순전히 물리학적으로만 설명하는 것은 아무리 잘 해도 불완전할 수밖에 없다. 또한 생물학적으로는 부적절한 것이 일반적이다."⁴⁵⁾ 메더워도 이에 동의한다: "선거 개혁이나 외환적자와 같은 정치-사회적 개념을 '생물학 용어로 해석'할 수 있다고 말해 보았자 헛일이다. 만일 환원성의 원리가 옳고, 그러한 현상들이 환원성의 원리를 따르더라도 그 현상들이 물리학과 화학으로 해석될 수 있다고 말하는 것은 바보 같은 짓이다."⁴⁶⁾

긍정적으로 표현해서, 출현주의는 자연에서 조직화의 각 단계마다 진정한 새로움이 나타나는 것을 인정하고, 사물에는 진정한 차이가 있음을 확언하며, 자연의 존재들에는 계급 관계가 있음을 선호한다. 메더워는 그것을 다음과 같이 간단히 표현하였다: "각각의 상위 단계 주체들은 그 자신의 고유한 아이디어와 개념을 지니고 있다. 이것이 '출현' 속성이다."⁴⁷⁾ 생명, 지각, 정신 등은 그러한 출현 속성으로 생각된다.

그러면, 그러한 새로운 존재의 근원은 무엇인가? 만일 복잡한 것을 간단한 것으로 설명할 수만 있다면, 그것은 환원주의다. 만약 상위 단계의 속성에 대한 설명을 할 수 없다면, 그것은 불합리하고 인과론적이 아니다. 마이어 자신은 "출현이라는 것은 특히 매우 복잡한 시스템에 대해서 분석하기를 거역하는 기술적인 개념"이라는 것을 인정했다.⁴⁸⁾

환원주의자들은 각 단계들이 서로 연결되어 있거나 또는 상호 설명이 가능하다고 믿기 때문에, 상위 단계에서라도 새로이 나타나는 것은 진정 아무것도 없다고 간주한다. 출현주의자들은 새로움이 진정 존재하기 때문에 어느 한 단계는, 그 자신이 출현했던 그 앞의 단계와는 아무런 연결도 있을 수 없다는 견해를 갖는다. 환원주의자들은 사물들 사이의 차별성을 타파하며, 출현주의자들은 환원주의자들의 그러한 간단명료함을 타파하고자 한다.

그러나 이 두 학파들은 모두 각 단계가 서로 어떻게 연관되는지에 대해서 잘못된 모델을 가정하고 있다. 그들은 자연의 실체들이 완전히 실제적인 가장 작은 압자들의 응집체일 뿐이라고 가정한다. 그러나 만일 각 단계의 구성분들이 실제적인 것이 아니라 잠재적인 것임을 우리들이 이해한다면, 자연히 새로움과 합리성의 양쪽을 모두 견지할 수 있다. 상위 단계의 유형은 새롭고 이질적인 것으로, 단순히 하위 단계 유형들의 혼합이거나 조합은 아니지만, 적어도 식물단계까지는 하위 단계들에 적용되는 개념을 사용해서도 이해가 가능하다. 상위 단계의 유형은 하위 단계 유형의 잠재력을 실제화시킨다. 예를 들면, NaCl의 형태는 Na 형태와 Cl 형태를 참고로 하여 이해될 수 있다. 식염은 나트륨과 염소가 갖는 속성과 똑같은 속성을 갖지 않는다. 그러나 식염의 속성은 나트륨과 염소의 속성에 기초를 두고 있으며, 그것으로부터 식염의 출현은 공허하지도 비합리적이지도 않다. 식용 소금은 완벽하게 새로운 물질이며, 또한 충분히 이해될 수 있는 물질인 것이다. 마찬가지로 나트륨의 형태는 양성자, 중성자 및 전자가 지니는 잠재성의 용어로 이해될 수 있다. 훌륭한 원자물리학자라면 나트륨이 어떻게 그러한 물리적·화학적 속성을 가질 수 있는지를 당신에게 설명할 수 있을 것이다. 파인먼은 "이론 화학의 기본은 순전히 물리학이다"[49]고 간파했다. 이러한 발견이 나트륨이나 식용 소금의 독특성을 감소시키는 것은 절대 아니다.

이러한 원리들은 생물에게도 그대로 적용된다. 생물을 자연 형태들의 아주 길다란 계층 구조에서 그 정점에 위치하는 존재로 간주하면 가장 잘 이해된다. 소립자에서 원소로, 분자로, 화합물과 무기물로, 바이러스로, 그리고 생물체에 이르기까지 일련의 과정에서 우리들은 작은 것에서 큰 것으로 갈수록 더욱 실재성, 안정성, 완벽한 기능성, 종류의 다양성 등이 더욱 증가한다는 사실을 관찰할 수 있다.

예를 들면, 소립자의 단계에서는 단지 여섯 개의 아원자만이 존재하는데, 광양자, 양성자, 전자, 중성자, 그리고 두 종류의 중간자(neutrino)*들이 그것이다. 그것들은 자라거나 생식하지 않는다. 그것들은 '내부 구조'를 갖지 않으며, 모든 무생물들과 마찬가지로 외부에서 힘이 주어져야만 작용한다. 소립자들은 비록 그 내부에 엄청난 힘을 보유하지만 활동 능력은 극도로 제한된다. 별들은 이러한 동력원을 이용하여, 열핵 연소(thermonuclear combustion)를 통해 빛과 열을 발생시키며 부산물로 무거운 원소들을 생산한다. 천문학자들은 별들의 '일생(life cycle)'이라고 말하지만, 그 별의 '생명'은 그것이 시작될 때의 질량에 의해 엄격히 결정된다. 태양 질량의 1/20 또는 그 이하인 수소 구름은 서로 응집할 수는 있지만, 열핵 연소를 개시할 만큼의 충분한 압력을 발생시키기에는 내부 중력이 너무 미약하다. 이러한 결과는 목성처럼 '거의 항성에 가까운' 행성을 만들게 되는데, 목성은 태양으로부터 받는 에너지 양보다 많은 에너지를 자체에서 생성하지만 핵반응을 일으키기에 충분한 압력을 조성하는 데에는 크게 모자란다. 별은 진정 그 자체가 성장한다거나 생식한다고 할 수 없다. 그것은 일체성을 갖는다기보다는 집단성(aggregate)을 갖는 존재라고 할 수 있다.

 소립자들의 상호작용은 양성자, 전자, 중성자, 중간자들보다 훨씬 다양하고 융통성을 갖는 100여 개 정도의 자연적으로 나타나는 원소들을 만든다. 우리는 보다 높은 단계로 조직화된 화합물, 유기분자, 광물질 등을 발견하는데, 그것들은 각각 자신의 고유한 속성과 능력을 갖는다. 따라서 규모가 증대하면 양자역학의 불확실성이 사라지는 대신 안정성은 증가한다.

 구조에 의하여 복잡해진 유기물 분자는 일종의 '내부'를 가질 수 있게 되었지만, 그것은 자신의 실체를 잃지 않고서는 어떤 것과도 반응할 수

---

* 엄격히 말하자면, 자유로운 중성자는 안정하지 않으며, 그 평균 수명은 약 16분이다.

없다. 이 단계의 분자는 다양한 활동 영역을 가지지만 그 분자 자체는 가용한 것을 발달시키기 위해 필요한 기구를 아직 지니지 못한다. 오파린은 다음과 같이 지적하였다 : "어느 유기물질도 여러 가지 다양한 방식으로 반응할 수 있으며, 따라서 무궁한 화학적 가능성이 있다. 그러나 생물체의 몸 밖에서는 분자들이 그러한 가능성을 추구하는 데 극히 '태만'하거나 또는 느리다."[50]

결정체는 외부로부터 단순한 첨가만 있어도 크기가 증가하지만 동식물 성장에서 나타나는 것과 같은 물질 변형을 수반하지는 않는다. 자코브는 유기체의 기능을 결정체에 비유하여 다음과 같이 설명하였다 : "그러한 비유는 아주 오래 된 것으로 이미 2세기 전부터 유기체의 형태, 성장 그리고 생식을 설명하기 위해 인용되었다. 그러나 일단 결정형 고체의 완벽한 구조가 알려진 다음에는 그런 비교를 하지 않게 되었다. 그러한 결정체는 3차원적으로 똑같은 형태가 반복되어야 한다. 그것은 중심부에서 표면까지 원자가 규칙적으로 배열된 것이다. 이러한 구조에서는 그 내부에 접근하는 것이 불가능하기 때문에 내부 구조는 어떠한 기능도 수행하지 않는다. 따라서 결정체는 그 구성분들이 표면에 첨가됨으로써 발달할 수 있다. 그것은 생식이 아니다."[51]

더욱이, 불이 '번져가는' 예에서 알 수 있는 것처럼 어떠한 내적인 원리도 결정체의 성장을 제한하지 않는다. 결정을 연구하는 우드(Elizabeth Wood)는 다음과 같이 지적하였다 : "결정체는 유별나게 작은 구조적 단위들로 구성되는데, 그것들은 모든 방향으로 일렬지어 무한정 반복된다. 완벽한 결정체는 **균질체**(homogeneous body)다. 그것의 어느 한 조각도 모두 다 똑같다."[52] 만약 결정체 속의 각 부분들이 한결같이 다르지 않다면, 어떤 한 부분이 다른 부분에 작용할 수 없다는 것은 명백하다. 마지막으로, 결정체는 외부로부터 형성되기 때문에 그 구조는 수적으로 제한되며 기하학의 법칙을 따르게 된다. 수학에서는 결정체의 대칭 구조가 단지 32가지만이 가능하다고 한다. 자연계에서 나타나는 230가지 유형의 결정체 구조는 모두 그 중의 하나에 속하게 된다.

바이러스는 훨씬 상위 수준의 조직을 대표한다. 보통의 바이러스는 대략 일반적인 단백질 분자의 1000배 크기인데, 전자현미경을 통해서만 볼 수 있다. 바이러스는 어느 정도 생명으로서의 기능을 보여 주고 있으며, 일부 학자들은 가장 초보적인 생물로 간주한다. 그러나 자세히 조사해 보면 그렇지 않다는 것을 알 수 있다. 바이러스는 진정한 생명 활동을 수행하지 않는다. 폴링(Linus Pauling)은 다음과 같이 설명하였다 :

"그 입자들은 일단 모양이 형성된 후에는 성장하지 않는다. 그것들은 먹이를 섭취하지도, 물질대사를 수행하지도 않는다. 전자현미경을 사용하거나 다른 연구 방법을 이용해 조사하면 바이러스의 개별 입자들은 서로가 똑같으며, 시간이 지나도 변하지 않는다——노화현상의 자취가 없는 것이다. 바이러스 입자들은 아무런 이동 수단도 없는 듯하며, 다른 큰 생물체들이 반응하는 것처럼 외부 자극에 반응하지도 않는 듯하다."[53] 바이러스에는 외부물질을 선택적으로 받아들이는 세포막도 없으며, 먹이를 동화하는 수단도, 에너지를 생산하는 방법도 가지지 않는데, 이런 것들은 가장 간단한 세포에서도 모두 나타나는 일반적인 기능인 것이다. 따라서 바이러스는 그 자신에게 폐쇄되어 있는 것이다.

폴링은 바이러스가 가진 유일한 생명 활동으로 생식을 지적하였다. 그러나 이것도 여느 동식물에게서 나타나는 그러한 순수한 생식은 아니다. 보통의 생물에서는 마치 짚신벌레가 둘로 나뉘어지듯이 자신의 모양을 바꾸거나 또는 씨나 알을 생성하여 그것들이 똑같은 모습을 갖는 성체로 된다. 이처럼 보통의 생물은 어버이 자신은 파괴되지 않고 자신과 같은 개체를 만들어 내는데 비해 바이러스는 씨나 알을 갖지 않으며, 분열에 의하여 증식하지도 않는다. 따라서 바이러스는 기생성일 수밖에 없다. 바이러스는 물질대사를 하지 않으므로 그 자신을 조절할 필요가 없으며, 따라서 살아 있는 세포를 떠나서는 자신을 복제할 수 없다. 바이러스는 세포를 먹어 치우고, 그 내용물을 더 많은 바이러스로 변화시키는 방식으로

복제하지 않는다. 그와는 달리, 바이러스는 또는 적어도 바이러스의 핵산은 다른 세포 속으로 흡수되는데, 그 외부 핵산이 세포의 내용물과 에너지원을 제멋대로 사용하는 것이다. 여느 동식물의 생식과는 달리, 바이러스의 생식에서는 '어버이' 바이러스의 해체를 요구한다. 폴링은 바이러스가 살아 있는 것이 아니라고 시사하였다 : "만일……우리들이 생물을 몇 가지 물질대사 반응을 수행해야 하는 존재라고 가정한다면……식물성 바이러스는 적절한 배지(培地)에서 화학반응을 촉매하여 자신과 똑같은 분자를 합성해 낼 수 있는 분자 구조를 갖는 분자(분자량 1000만)라고 단순하게 설명될 수 있다."[54]

바이러스가 무생물이라는 데에는 또 다른 증거가 있다. 바이러스는 해체되고 재조립되더라도 아무런 손상도 받지 않는, 마치 기계 같은 특성이 있다. 1955년, 캘리포니아 대학교의 생화학자 프렝켈코트(Heinz Fraenkel-Court)와 윌리엄스(Robley Williams)는 담배 모자이크바이러스(담배잎에 반점을 나타냄=역주)의 구성 성분을 화학적 방법으로 RNA와 단백질로 분리하였다. 그처럼 분리된 상태에서 단백질은 완전히 활성이 없었고, 핵산의 활성은 크게 저하되었다. 그러나 그 두 성분을 한 용기 속에 함께 투여하자 그것들은 다시 결합하여 원래의 것과 구조가 유사한 활성이 있는 바이러스를 형성하였으며, 따라서 담배잎에 반점을 나타낼 수 있었다.

바이러스는, 마치 기계처럼 외부로부터 조립된다. 그러나 자코브가 지적하였듯이 생물은 가장 간단한 박테리아도 내부로부터 형성된다 : "앞으로 박테리아 세포에 들어 있는 수천 가지의 화학물질들이 차례로 합성될 것이라고 충분히 상상할 수 있다. 그러나 이러한 모든 화합물들이 시험관 내에서 정확히 조립되어 그 결과, 모든 기능을 갖춘 세균이 시험관 속에서 출현되기를 기대하기는 아마 어려울 것이다."[55]

똑같은 이유로, 바이러스의 형태는 물리학과 화학 법칙에 의해서 결정될 수 있으나 진정한 동식물의 성장은 물리학적 법칙만으로는 결코 설명될 수 없다. 분자생물학자인 루리아(Salvador Luria)는 다음과 같이 대비

하였다 : "여러 바이러스들의 외피 구조를 전자현미경으로 정밀히 조사해 보면 잘 알려진 고체 기하학 원리에 따라서 만들어진다는 것이 증명된다. 즉, 그들의 단백질 분자는 마치 건축공이 지붕을 만들 때 균일한 건축 재료로 가장 단단한 구조를 갖도록 구형에 유사한 모양을 이루어내듯이 배열된다. 바이러스의 외피(shell)는 풀러(Buckminster Fuller)가 고안한 돔(dome) 형태와 매우 닮았다고 할 수 있다.

바이러스 외피의 완벽한 기하학적 모양은 불가사리나 성게의 대칭적인 모양만큼이나 놀랍다. 그러나 그런 동물을 포함한 모든 고등생물들의 모양은 정교한 발달과정을 통해서 이룩된다. 발달과정에는 세포들 사이의 상호작용이 포함되는데, 그 복잡한 기작은 아직도 충분히 밝혀지지 않았다. 바이러스의 모양은 모든 물질 구조들에서 보여지는 것처럼, 단순히 단백질 분자들이 최소 에너지 상태에 도달하기 위해 결집됨으로써 나타난 결과다."[56]

불가사리와 성게에서 발견되는 5방향 대칭성이 내부로부터 성장한 존재만이 유일하게 갖는다는 점은 쉽게 인정할 수 있다. 그러한 대칭은 외부로부터 성장하는 존재에서 생겨날 수 없다는 것이 기하학적으로 알려져 있다.

바이러스는 수학적으로 예측가능한 형태를 갖는다. 머서는 다음과 같이 논평하였다 : "기하학의, 그리고 에너지론의 측면에서 본다면 똑같은 입자로 구성된 바이러스 외피는 오직 두 가지 배열 방식을 가질 수 있는데 그것은 나선형 대칭을 갖는 원통형이나 자가 폐쇄형이다."[57] 따라서 사람의 호흡기관을 감염시키는 아데노바이러스(adenovirus)는 정 20면체의 모양을 하고 있으며, 담배 모자이크바이러스는 약 2000개의 똑같은 단백질 소단위로 둘러싸인 RNA 나선구조를 갖는다(그림 2.4를 보시오).

그러므로, 바이러스는 생물에게는 미치치 못한다. 바이러스는 생물의 기능을 나타내기에는 너무 작으며, 충분히 다양한 구조를 갖지도 않는다. 그래서 물리학에서와 마찬가지로 생물학에서도, 양자론의 원리가 적용될

2. 생 명 63

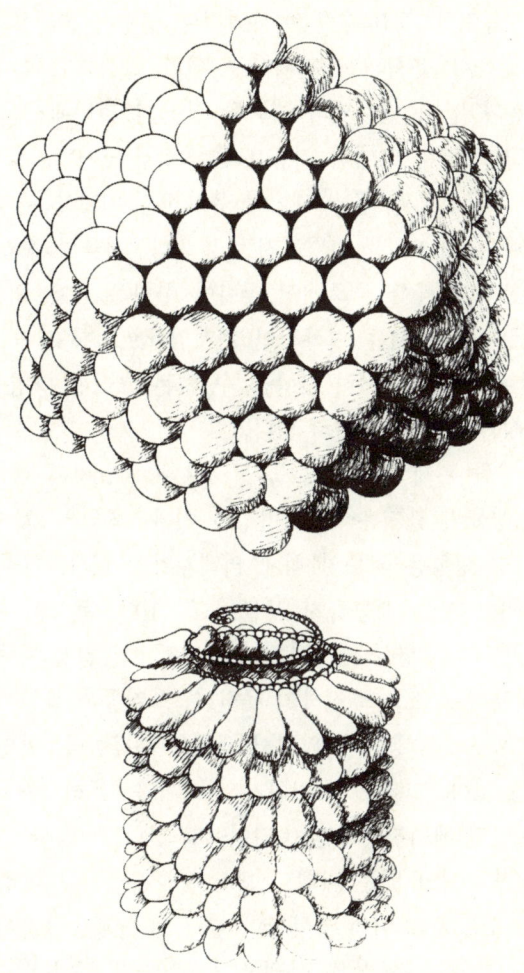

그림 2.4 아데노바이러스와 담배 모자이크바이러스의 3차원 모델. 이들은 상호 전환이 가능한 동일한 단위로 구성되어 있다. 모든 분자 구조에서와 같이 바이러스의 완전한 기하학적 형태는 최소 에너지 상태가 되려는 단백질 분자의 조립 결과로 나타난다. 식물이나 동물의 진정한 생장과는 달리 바이러스는 외부로부터 자란다.

수 있다. 즉, 특정한 조직 수준 이하에서는 생명이 존재할 수 없는 것이다. 생명은 독특한 유형의 조직체라고 널리 인식되고 있다. 보어(Niels Bohr)는 다음과 같이 말하였다 : "화학 분야의 경험에서 얻어진 비유는 생물을 불에 비교하는 고대의 비유보다는 조금 낫지만, 시계처럼 고도로 정교한 기계적 구조물과 생물 사이의 유사점을 비교하는 것보다, 그러한 경험이 생물에 대해 더 잘 설명하지는 않는다. 생물의 주요한 특징을 이해하려면 생물의 독특한 구조에서 찾아야 한다는 것은 의심할 수 없다. 그런데 그러한 구조에서는 일상적인 기계역학으로 분석될 수 있는 특징들이, 무생물에게서는 도저히 찾아볼 수 없는 그러한 방법으로 전형적인 원자론적 속성과 긴밀하게 얽혀 있다."[58]

구조는 활성을 위해 존재하므로, 구조보다는 활성이 생명의 진수라고 할 수 있다. 생물의 관건은 그 기민성에 있다. 생물은 그 자신을 변화시킬 수 있다. 또 생물은 외부의 힘에 의해서가 아니라, 자발적 의사에 의해서 행동하거나 또는 행동하지 않을 수도 있다. 동물이나 식물은 비록 먹이가 충분하더라도 항상 성장하거나 생식하지는 않는다. 무생물은 자신의 활동에 대해서 스스로 조절하지 못한다. 그것들은 항상 행동중에 있거나 또는 외부로부터의 통제에 의해서 행동을 시작한다. 어떤 기계라도 스스로 켤 수는 없다. 그것은 스위치가 켜지거나, 플러그를 접속시키거나, 또는 적어도 어떤 에너지원과 접촉되어야만 한다. 심지어 온도조절장치계와 타이머가 부착되어 있는 기계도 제조자나 사용자가 미리 그것이 제대로 작동할 수 있도록 준비해 놓아야만 한다. 동물행동학자인 틴버겐은 다음과 같이 말하였다 : "생물의 탁월한 능력 중의 하나는 그들이 필요한 정도 이상의 일은 하지 않는다는 것이다. 대부분의 기계들과는 달리 생물은 외부의 조작자에 의해서 스위치가 켜지거나 꺼질 필요가 없다. 적절한 시간에 작동하도록 하는 그 어떤 것이 이미 내부적으로 만들어져 있는 것이다."[59]

생물은 제아무리 외적인 환경 조건에 의해서 통제된다고 하더라도, 결국은 내부로부터의 의사에 의해서 행동의 여부가 결정된다. 생물은 자발적으로 이동하는데, 부분들의 국지적 운동에 의해서가 아니라 그 부분들에서 질적인 변화가 발생함으로써 나타나는 것이다. 일례로, 생물은 동물뿐 아니라 식물도 깜짝 놀랄 정도로 온도에 대해서 자가 조절의 기능을 보인다. 예를 들면, 야외 및 실험실에서의 실험에 따르면 기온이 섭씨 30도 이하일 때에는 물꽈리아재비(monkey flower) 잎의 온도가 주위의 온도보다 따뜻하였다. 그러나 대기가 섭씨 30도 이상일 때는 그 잎의 온도가 주위보다 낮았다. 다른 식물들도 비슷한 결과를 나타냈다.[60] 무생물은 단순히 주위환경과 같은 온도를 나타낸다. 그 반면에, 생물은 자신의 요구에 맞추어 물질대사에 의한 열방출과 증발에 의한 냉각이 균형을 이루는 자율성(autonomy)을 지닌다. 생물은 무생물 세계에서는 결코 찾아볼 수 없는 방식으로 자신을 변화시키고, 또 자신의 행동을 통제한다. 시넛은 자가 조절(self-regulation)의 기능을 생명의 대표적 특징으로 인정하였다 : "통제력을 갖는 자가 조절의 능력은 화학적·물리적 과정과의 궁극적 관계가 어떠하든지간에 독특한 생물학적 현상이며, 나는 우리들이 그것을 이해하는 것은 생명 그 자체의 특성에 대한 실마리를 얻는 것이라고 믿는다."[61]

생물체의 독특한 통일성, 조직성 그리고 활성은 그것의 특이한 형태로부터 나타난다. 이러한 자연적인 형태는 결코 허무맹랑한 것이 아니다. 식물에서는 그러한 형태가 반드시 물질의 물리적·화학적 속성 안에서, 그리고 그것을 통해서 나타나며, 결코 물질과 분리될 수는 없다. 자연스런 형태는 생물체의 통일성이나 구조가 파괴되면 함께 사라진다.

요약하면, 생물은 자신을 파괴시키지 않고 다시 자신을 만들어 낼 수 있다. 즉, 생식할 수 있다. 생물은 자신의 특징적인 형태를 유지하면서 성장할 수 있다. 즉, 양적으로 성장할 수 있는 것이다. 심지어 그것은 다양한 형태로 각 부분을 성장하게 할 수도 있다. 그것은 자신의 실체를 잃지 않으면서 다른 물질들을 자신의 물질로 변화시킬 수 있다. 이러한 생식, 성장, 자가 조절, 영양섭취 등과 같은 것은 생물의 기민성을 입증한다. 아주 실제적인 현상이지만, 식물은 자신의 목적을 이루기 위해서 물리학적 법칙과 무기적 능력을 이용하는 물질 세계의 대가다. 이런 여러 가지 이유로 인해서 생물은 모든 자연적 존재 가운데에서 최고다.

3

동물과 인간

동물이 식물에 비해서 우월하다면, 동물은 식물로서의 기능을 능가하는 어떤 새로운 능력을 가져야만 한다. 그러한 능력으로서 감각 인식(sense perception)을 들 수 있다. 그러나 기계론적 모델에서는 동물의 감각 인식이나 의식 감지(conscious awareness)의 능력을 인정하지 않는다. 생물학자인 그리핀(Donald Griffin)은 다음과 같이 지적하였다. "대부분의 생물학자들과 심리학자들은 분명히 또는 묵시적으로 이 세상 대부분의 동물들을 기계, 더 확실히 말하자면 복잡한 기계로 논하지만 그럼에도 불구하고 사고력이 없는 로봇으로 취급하는 경향이 있다."[1] 데카르트는 동물을 아주 정교한 기계로 제안한 최초의 사람이었는데, 그는 동물의 행동을 설명하는 데에 의식 감지의 필요성을 전혀 느끼지 않았다. "기술(art)이란 자연의 모방인 까닭에 그리고 사람은 아무런 생각 없이도 작동할 수 있는 여러 가지 자동기계를 만들 수 있는 까닭에 자연이 최고의 기술을 발휘하여 이보다 완벽한 자신의 자동기계, 즉 짐승을 만들어 냈다는 것은 합리적인 것처럼 보인다."[2] 데카르트는 그의 《인간론 *Treatise on Man*》에서 동물의 행동을 설명하는 순수한 기계론적 이론을 전개하였다. 그는 동물 정령(animal spirit)이라는 눈으로 볼 수 없는 유형의 입자가 감각에 의해 홍분되면 작은 구멍을 통해 뇌로 스며들고, 그곳에서 신경을 통해 근육 수축을 일으킴으로써 동물의 운동이 나타난다고 했다. 그리고 이 모든 것이 기계론의 법칙에 따르며, 동물 쪽의 의식은 개재되지 않는다[3]고 설명하였다. 그는 동물의 몸을 파이프 오르간이나 분수에 비유하였는데, 수력학적(hydraulic) 메커니즘으로 작동하여 마치 스스로 움직이는 기계처럼 간주하였다.[4]

데카르트는 〈신체에 대한 기술 *Description of the Body*〉이라는 논문에서 "시간을 알려 주기 위해 시계 속에 영혼"[5]이 필요하지 않는 것처럼 동물의 운동을 설명하기 위해서 동물에게 영혼이 존재한다고 주장할 필요는 없다고 하였다. 동물의 모든 작용은 신체 각 부분들의 배열과 정돈에 의해 일어난다. 데카르트는 오직 인간에게만 감정, 감각, 정서의 존재를 인정하였는데, 그는 영혼을 지성과 동등하게 간주하였다.[6]

데카르트의 이론은 동물의 행동을 연구하는 생물학 프로그램의 기본이 되었다. 1874년에 생물학자 토마스 헉슬리(Thomas Huxley)는 데카르트의 가설을 지지하는 논평을 썼다:

"짐승들은 이성뿐 아니라, 어떤 유형의 의식도 갖지 않는 기계 또는 자동장치에 불과하다. ……데카르트의 주장은 매우 완벽하다. 그는 사람의 반사작용으로부터 논의를 시작한다. 즉, 우리 자신들에게 있어서 어떤 의식이나 결단력이 개재되지 않고도, 또는 의식이나 결단력에 역행하더라도 조화롭고 목적 지향적인 행동이 일어날 수 있다는 것이 의심할 수 없는 사실이라는 데서 출발한다. 비교적 간단한 행동이 단순한 메커니즘에 의해서 일어난다면, 복잡한 행동은 보다 정밀한 메커니즘의 결과라고 할 수 있지 않겠는가? 아무런 즐거움도 없이 먹고 마시며, 아무런 고통도 없이 울고, 아무런 욕망도 없고, 아무것도 모르지만, 마치 벌이 수학자를 흉내내듯이 오직 지성만을 흉내낼 수 있는 정교한 꼭두각시와 비교할 때, 짐승이 더 낫다고 말할 수 있는 증거가 있을까?"[7]

데카르트와 토마스 헉슬리는 감각, 기억, 정서, 심상 등과 같은 우리 자신의 내적인 경험이 동물의 행동을 과학적으로 이해하는 데 적당치 않다고 생각하였다. 만일 동물들이 우리들과 같은 내적인 경험을 전혀 할 수 없다면, 우리 자신의 경험은 그들의 행동을 설명하는 데 아무런 도움도 될 수 없을 것이다.

 토마스 헉슬리는 설령 동물에게 의식이 존재한다 하더라도 그것은 단지 메커니즘의 부수적 영향일 뿐이며, 동물에게 어떠한 행동도 유발시키지 못할 것이라고 생각한다: "짐승의 의식은, 마치 증기기관이 작동할 때 나는 날카로운 기적 소리가 그 기계적 운동에는 아무런 영향도 미치지 않듯이 그렇게 신체 운동에 영향을 미칠 만큼 힘을 발휘하는 것은 전혀 아니며, 단순히 활동의 부산물로서 신체 메커니즘에 관계하는 것처럼 보인다. 그들에게 혹시 의지가 있다면, 그것은 신체적 변화를 나타내는 정서(emotion)이지, 그러한 변화를 야기하는 원인은 아니다."[8]

 그리고 만일 동물의 모든 행동이 의식에 대한 고려 없이 설명 가능하다면, 왜 사람만이 예외가 되어야 하는가? 토마스 헉슬리는 우리 자신들을 제외시켜야 할 만한 이유를 찾지 못했다: "내 최선의 판단으로는 짐승에게 적용되는 논리가 사람에게도 똑같이 적용된다고 생각된다 ; 따라서 ······우리들의 의식 상태는 언제나 뇌 물질의 분자적 변화에 의해서 즉각 야기되는 것이다. 짐승과 마찬가지로 사람의 경우에도 어떤 의식 상태가 생물이나 물질의 운동 변화를 야기시키는 원인이 된다는 증거는 없는 듯 하다. ······우리가 의지라고 부르는 감정은 자발적 행동의 원인이 아니라, 그러한 행동의 직접적인 원인이 되는 뇌의 상태를 상징하는 것이다."[9]

 여기서 우리들은 행동주의(behaviorism)의 시작을 목격하게 되는데, 이러한 사조는 오늘날까지 심리학과 동물학 연구의 주류가 되고 있다. 이런 견지에 비추어 볼 때, 우리들은 많은 현대의 심리학자들이 의식의 존재를, 심지어는 우리 자신의 의식까지도 불확실하게 느끼는 이유를 이해할 수 있다. 예를 들면, 헤브(D. O. Hebb)는 "의식이라고 부르는 어떤 것의 존재는 단지 존엄한 가정에 불과한 것이지 자료로 이해할 수 있는 것도, 직접 볼 수 있는 것도 아니다"고 하였다. 큐비(Lawrence S. Kubie)는 "비록 우리들은 의식의 개념 없이 매사를 진행시킬 수 없지만, 실제로 그런 것이 존재하는 것은 아니다"고 천명하였다. 그리고 래슐리(K. S. Lashley)는 "자아 경험에 대한 직접적인 이해는 없다. ……인간 내부에서 인식 작용을 하는 어떤 실체가 있다고 가정할 필요는 없다"고 천명하였다.[10] 이러한 언급은 또한 심리학자 올포트(Gordon Allport)의 관찰에 다음과 같은 설득력을 제공한다. "지난 두 세대 동안 심리학자들은 자아가 있다는 가정 없이 인간의 결속력, 조직성, 투쟁성 등을 설명할 수 있는 갖가지 방법들을 다 강구하였다."[11] 이런 말은 기계론에서 신의 역할에 관한 나폴레옹의 질문에 대하여 라플라스가 "전하 그런 가설은 필요없습니다"고 반박했던 예를 생각나게 한다. 다만 현대에 있어서 우리들의 마음이라는 것이 과학적으로 잉여의 존재라고 말해지는 점만이 다를 뿐이다. 이러한 관념이 생명에 대한 고려 없이 생물학을 출현시켰듯이, 기계론적 모델은 마음과 자아 인식에 대한 특별한 고려 없이 심리학을 출현시켰다.

사람과 동물에 대한 기계론적 접근은 물질주의를 전제로 한다. 심지어 환원주의를 부인하는 출현주의자라 할지라도 마음의 본성에 대해서는 물질주의적 선입관을 가지고 있다. 예를 들면, 그라니트(Ragnar Granit)는 다음과 같이 지적하였다: "다른 많은 생물학자들과 마찬가지로 나는 정신이나 의식을 생물의 진화과정에서 나타나는 출현적 속성이라고 생각한다. 이 말은 인슐린 분자나 DNA의 이중나선이 그런 것처럼, 정신이나 의식도 물질의 속성 속에 존재함을 암시하는 것이다."[12] 그리고 마이어도 "출현주의도 완전히 물질주의 철학이다"고 하였다.[13]

따라서 동물 행동에 관한 연구에서 가장 중심적인 주제는 물질주의이며, 모든 행동을 이것으로 설명한다. 물질과 그것의 속성은 정말로 의식적 경험, 즉 감정과 지각 인식, 기억과 정서 등을 설명할 수 있을까? 뇌와 신경계를 평생 동안 연구한 현대 신경심리학의 창시자인 셰링턴

(Charles Sherrington) 경은 그렇지 않다고 생각하였다 : "따라서 근본적인 차이점은 생명과 정신 사이에서 생겨난다. 생명은 물리학과 화학에서 다룰 수 있으나, 정신은 물리학과 화학의 영역에서는 다룰 수 없다."[14] 제2장에서 보았듯이, 비록 식물이 다른 무생물에게서는 나타나지 않는 독특함과 자가-조절성을 지니기는 하지만, 그들이 갖는 영양섭취, 성장, 세포대사 등과 같은 식물적 과정은 단순히 물질의 물리·화학적 성질에 의해서 나타난다고 할 수 있다. 그러나 셰링턴 경은 의식적 감지는 물리학과 화학의 법칙으로는 설명할 수 없다고 주장하였다.

교과서들은 전형적으로 감각 인식 자체와 그것을 설명하는 데 필요한 생리적인 면 사이에 놓인 커다란 차이점을 그럴싸하게 얼버무리고, 감각적 지각을 설명하는 데는 감각기관의 구조와 물리-화학적 작용을 설명하는 것만으로도 충분하다는 인상을 주는 것이 보통이다. 그러나 분자생물학자인 스텐트(Gunther Stent)는 다음과 같이 지적하였다. "생리학적 연구에서는 시각 인식(visual perception)이라는 중요한 문제를 사실상 전혀 다루지 않고 있다. ……우리가 아무리 시각 전달경로를 면밀히 조사한다고 하더라도, 결국에는 시각적 이미지를 시각 인상으로 변형시키는 몸 속의 '내부인(inner man)'을 설정할 필요가 있다."[15] 사람이 감지하는 감각적 성질이 두뇌에서도 똑같이 나타나는 것은 아니다. 설령 사람이 귀를 막아야 할 정도로 요란한 제트 엔진의 굉음을 듣는다고 하더라도, 뇌 그 자체는 완전한 침묵 속에 침잠되어 있다. 마찬가지로, 사람이 눈부신 태양 섬광을 바라본다고 하더라도 뇌는 두개골에 싸여 어둠에 덮여 있고, 단 한 줄기의 빛도 내지 않는다. 우리들이 차가운 눈을 만진다고 해서 우리의 뇌가 더 차가워지지 않으며, 단단한 철을 만진다고 해서 그것이 더 단단해지지도 않는다. 뇌는 두개골 바깥에 존재하는 냄새, 소리, 향기, 질감, 온도 및 색깔 등과 화학적, 물리적으로 격리되어 있다. 입속에 초콜릿 사탕이 있어도 그 중의 단 한 분자도 대뇌 피질에 있는 미각 인식 부분으로 이동되지는 않는다. 그러나 그럼에도 불구하고 우리들은 설탕의 단맛을 인식하는 것이다. 뇌 조직 자체는 레몬의 신맛이나 스컹크가 방출하는 방귀 냄새의 그 어느 것도 받아들이지 않는다.

감각기관의 구조를 연구한다고 해서 감각의 신비가 풀리는 것은 아니며, 오히려 의문은 더 깊어진다. 예를 들어서 우리가 어떤 소리를 들을 때, 음파는 외이(外耳)에서 포착되고, 1인치 길이의 좁은 통로를 지나 귀청으로 전달되며, 거기서 내이(內耳)의 작은 뼈로 진동을 전달한다. 그 다음에 이러한 진동은 액체로 채워진 와우각(cochlea)에서 수압파로 바뀌며, 그곳에서 이러한 압력의 차이가 극히 예민한 털에 의하여 감지된다 (그림 3.1을 보라). 이 털은 원자 크기 정도의 미세한 운동에도 반응하여 그것을 전류로 바꾸면, 그것이 털 아래쪽의 세포를 가로질러 약간의 화학물질을 청신경에 방출한다. 청신경은 충격을 뇌로 보내고, 그 결과 뇌에서 생기는 시공의 패턴(spatiotemporal pattern)이 소리의 인식이 되는 것이다. 자극이 이렇게 여러 번 기계적, 전기적, 그리고 화학적인 전환을 거친 후에야 우리가 비로소 외부세계의 어떤 것을 감지하게 된다는 것은 놀라운 일이다.

그러므로, 뇌는 외부 대상의 그 어떤 감각적 성질도 물리적 또는 화학적인 방법으로 전달받지 않는다. 감각기관으로부터 뇌로 들어가는 것은 오직 신경 충격뿐이다.[16] 만일 우리가 신경세포의 크기 정도로 자신을 축소시켜 뇌 속을 조사한다면, 우리들은 뇌에서 무엇을 볼 수 있을까? 여행 안내인은 우리들에게 한 뉴런에서 다른 뉴런으로 신경 충격의 전달을 가능하게 하는 시냅스에서의 정교한 화학적 전환을 보여 줄 것이다. 우리들은 어쩌면 각 세포에서 일어나는 전자 전달, 이온들의 상호작용, 효소들의 활발한 화학적 작용 등을 볼 수 있을지도 모른다. 그러나 아무리 여행 안내인이 외부 자극과 관련해 특별한 전기적 충격이 어느 곳에서 일어나고 있다고 지적하더라도, 우리들은 뇌의 어느 곳에서도 그 뇌의 소유자가 즐기고 있는 상큼한 샴페인의 맛도, 냄새도 찾아볼 수 없을 것이다. 뇌의 어디에도 우리들이 어릴 때 등교하던 첫날의 기억이라든지, 베토벤의 제

3. 동물과 인간 73

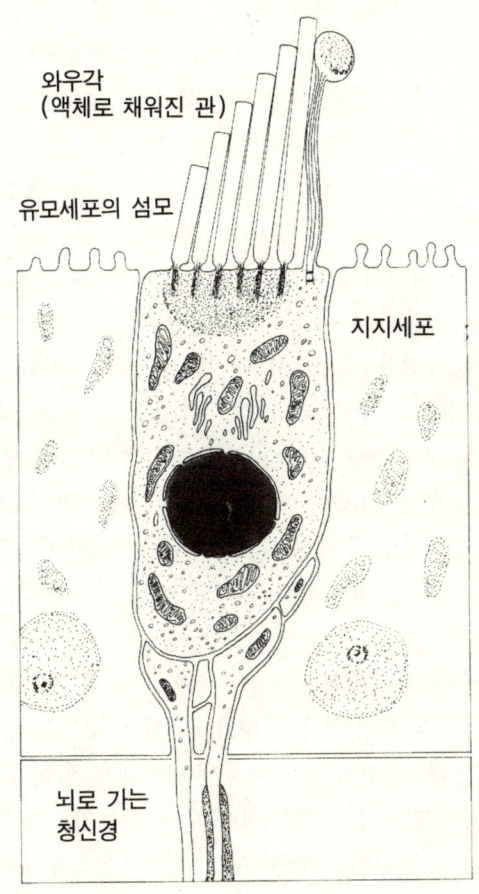

그림 3.1 귀의 와우각 안에 있는 유모세포. 윗부분의 털이 흔들리면 전류가 아래로 전달되며, 세포의 아랫부분에서는 화학물질이 신경 말단으로 분비된다. 이러한 여러 가지 기계적, 전기적, 화학적 변화만으로 소리를 감각할 수는 없다. 사람이 감지하는 감각의 성질이 뇌에서도 같은 방식으로 나타나는 것은 아니다. 뇌 자체는 침묵에 싸여 있다.

7교향곡 제2악장을 들을 때 연상되던 일각수의 행진 모습 등의 기억을 찾아볼 수 없는 것이다. 뇌에서는 그 어떤 감정도 서로 구별할 수 없다. 우리들은 어떤 특별한 뉴런의 시공적 유형이 교통위반 딱지를 받았을 때의 노여움인지, 또는 어떤 복잡한 전기적 패턴이 즐거움, 공포, 또는 절망에서 생겨난 것인지 알 수 없는 것이다. 어느 수준에서나 우리들은 단지 감각과 정서의 물리적인 연계성만을 관찰할 수 있을 뿐이지 경험 그 자체를 마주할 수는 없는 것이다.

　물리학자인 슈뢰딩거는 해부학이나 생리학에서는 의식적 행동이나 무의식적 행동을 동등하게 취급하기 때문에 결코 감각 인식 작용을 설명할 수 없다고 주장하였다 : "뇌에서 일어나는 신경 작용이 모두 의식을 수반하는 것은 아니다. 그것들 중의 많은 부분은 구심성 충격에 이어서 원심성 충격이 나타나는 경우가 많다는 점에서, 또한 부분적으로는 그 시스템 속에서, 그리고 부분적으로는 변화하는 환경에 대해서 표출하는 시기적절한 반응의 생물학적인 중요성 면에서 비록 생리학적으로나 생물학적으로 '의식적인' 것과 많은 유사성이 있지만 결코 의식에 의해 일어나는 것은 아니다."[17]

　같은 맥락에서, 슈뢰딩거는 "광파장에 대한 물리학자의 객관적인 묘사만으로는 색깔에 대한 인식을 설명할 수 없다"고 지적한 후에, 그는 다음과 같이 덧붙였다 : "만약 생리학자가 망막에서 일어나는 작용이나 뇌와 시신경 다발에서 일어나는 신경 작용에 대해서 지금 알고 있는 것보다 훨씬 더 많이 알게 되었다고 해서, 그가 색의 인식에 대해 제대로 설명할 수 있겠는가? 나는 그렇지 않다고 생각한다. 우리들은 기껏해야 어떤 신경섬유가 어느 비율로 흥분되는가에 대하여 피상적으로 알 수 있을 뿐이며, 우리 마음이 시계의 특정 방향이나 영역에서 노란색을 감지할 때마다 뇌의 특정 부분에서 진행되는 작용에 대해 완전히 알 수 있을 뿐이다. 그러나 그러한 상세한 지식이 있더라도 색깔에 대한 지각, 더욱 특별하게는 특정 방향으로부터 오는 노란색에 대해서 아무것도 설명하지 못할 것이다. 아마도 달콤한 맛이나 그 외의 다른 감각들도 똑같은 생리학적 작용을 나타낼 것이다."[18]

위에서 설명한 이유들로 인해서 신경과학자인 에클스(John Eccles) 경은 "의식적 경험은……신경계에서 진행되는 기계적인 작용과는 다른 종류의 것이다. 그렇지만 신경기관에서 일어나는 기계적 작용들은 의식적인 경험이 일어나기 위한 충분조건은 아닐지라도 필요조건"이라고 하였다.[19] 어떤 수준에서도 물리학이나 화학적 지식으로는 감각 인식이나 정서를 설명할 수 없다. 특히 후자의 것은 완전히 새로운 차원의 실존이다. 그리고 여기에서 물질의 출현 속성은 아무런 도움이 되지 못한다. 예를 들면, 열핵연소(핵분열)는 어떤 임계질량에 도달해서야 비로소 나타나는 물질의 출현 속성이라고 할 수 있다. 그러나 그러한 반응에 필요한 압력을 생기게 하는 중력은 심지어 전자, 양성자, 중성자와 같은 최소의 차원에서도 존재한다. 열핵반응의 단계에서는 비록 중력이 어느 면에 있어서도 무시할 수 있을 정도로 작지만, 그럼에도 불구하고 존재한다. 별의 용광로를 발화시키는 데 필요한 중력은 단순히 정도의 문제에 불과하다. 이러한 모델을 동물에게 적용시키면, 감각적 인식은 분자, 원자, 신체 전기에서도 어느 정도는 존재하지만 동물의 신경계에서 완숙되어 나타난다고 가정할 수 있다. 그러나 분자, 원자, 신체 전기는 감각적 인식을 전혀 갖지 않는다. 그것들은 감각적 인식과는 무관하다. 따라서 감각적 인식은 물질의 출현 속성이라고 할 수 없다.*

우리들은 또한 수소와 산소의 잠재성 속에 물이 포함되어 있지 않듯이 동물도 하등한 물질의 잠재성 속에 포함된다고 주장할 수 없다. 화학물질이나 금속에 있어서는 상위 단계에서 나타나는 새로운 성질이라 해도 그것들은 같은 종류의 것이다. 물의 속성은 수소와 산소의 것과는 다르지만, 물은 수소와 산소에서 나타나는 비등점, 빙점, 밀도, 화학적 활성과

---

* 감각적 인식에서 나타나는 비물질적 요소에 대해 좀더 알아보려면 《과학의 새로운 이야기》, 9~17, 109~112쪽을 참조하라.

같은 속성을 그대로 지닌다. 그러나 감각 인식, 연상 작용, 기억, 정서 등은 물리적·화학적 속성의 범주에 포함되지 않는다. 따라서 그것들을 물질의 속성으로 설명하려는 시도는, 점성가가 별과 혹성에 근거하여 인간의 행동을 설명하려는 것과 같다고 할 수 있다.

우리는 제2장에서 식물은 무생물의 위에 서지만, 그것에서 일어나는 모든 작용은 물리학 법칙과 화학의 법칙을 따르고 심지어는 그것들을 이용한다는 것을 알았다. 식물체에게서 일어나는 화학반응은 어느 것이나, 적어도 원리적으로는 시험관에서 재현될 수 있다. 식물에게서 진행되는 모든 작용은 결국 물질의 운동인 것이다. 그렇지만 생물 그 자체는 무(無)로부터 조립될 수 없다. 따라서 식물이 무엇을 생산해 내는가가 특이한 것이 아니라, 그것을 식물이 어떻게 생산해 내는가 하는 점, 즉 통일되고 조화로운 그리고 자가 조절적인 실체로부터 나타나는 물리적, 화학적인 결과로서 그것이 특이한 것이다.

동물은 두 가지 점에서 식물보다 우위에 선다. 첫째, 동물이 생산하는 어떤 것, 즉 지각력(sensation)은 운동하는 물체의 차원을 초월하는 것이다. 감각 인식과 감정은 원칙적으로 동물의 외부에서는 재현될 수 없다. 둘째, 동물은 세계를 인식하는 수단으로 그 자신을 의식적인 방법으로 통제할 수 있으므로 식물보다 우월한 종합력, 조화력 그리고 자가 조절 능력을 갖는다. 그것이 우월한 능력임은 명백하다. 식물은 비록 특정한 물리적 자극에 대해서 반응하고 굴성——예를 들면 태양이 비치는 방향으로 식물체가 굽어 자라는 것처럼——으로서 지각력을 흉내낼 수는 있지만 세계를 진짜로 인식하는 것은 아니다.

따라서 지각력은 물질로 환원될 수도, 물질로부터 생겨날 수도 없다. 결국, 느끼고 지각하는 동물의 특성은 오직 영양적인 활동만 있는 식물의 특성보다 훨씬 우월한 것이다.

이러한 결론들은 우리를 데카르트 학파의 이원론으로 이끌지는 않는다. 감각 인식과 정서에서 발견되는 탁월성에도 불구하고, 이러한 모든 활동이 동물에게서 나타나기 위해서는 여전히 신체기관의 존재가 필수불가결하다. 눈과 시신경 그리고 시각피질(visual cortex)이 없으면 동물은 볼 수가 없다. 전기적·화학적 활동들은 그 자체가 지각력이 아니다. 그러나 그것들은 지각할 수 있게 해 준다. 에클스가 지적했듯이 지각의 필요조건이지 충분조건은 아닌 것이다. 이 점은 약을 잘못 복용했을 때나 뇌가 손상되었을 때 우리들이 왜 일시적, 또는 영원히 감각 능력을 저해받는지를 설명할 수 있게 한다.

 동물의 지각에 대해 이야기할 때, 우리는 모든 종들이 똑같은 정도의 지각 능력을 가질 수 없다는 것에 주의해야 한다. 분명히 어떤 종은 다른 종들보다 감각 능력이 뛰어나다. 따개비에 내재된 능력은 정녕 침팬지의 능력에 비하여 극히 낮은 수준임에 틀림없다. 그리고 같은 분야의 감각기능을 가진 동물들 내에서도 감지력에는 많은 차이가 있을 수 있다. 예를 들면, 많은 벌레들과 조개류는 표피를 통해서 스며드는 빛을 감지한다. 그럼으로써 그것들은 대상을 실제로 볼 수 있는 것이 아니라, 마치 우리들이 피부로 따뜻함을 느끼듯이 그렇게 피부로 빛을 감지하는 것이다. 이에 비하여 척추동물의 눈은 대상의 이미지를 3차원적으로, 그리고 색깔까지 선명하게 인식하기 위해서 초점을 맞출 수 있는 렌즈를 장착하고 있다. 이와 같은 두 극단의 사이에 제각기 다른 정도의 시감각을 지니는 많은 동물들이 놓이게 된다.

동물의 행동

 만약 동물이 의식을 경험한다면 동물은 기계가 아니며, 그들의 행동을 단지 기계론적 원인으로 환원시키기는 곤란하다. 동물이 경험하는 바를 연구하기 위해서 많은 방법이 이용될 수 있다. 고등동물은 분명히 지각력을 갖는다. 우리가 가진 눈의 구조와 거의 똑같은 한 쌍의 눈을 가진 동물들은 분명히 일종의 시감각(vision)을 경험한다. 이러한 결론은 동물들의 시력, 색깔 감지력, 원근 감지력, 형태 감지력, 야간 투시력 등의 갖가지 예민성 실험에서 미묘한 차이로 나타날 수 있다. 실험적 기술은 동물의 눈을 가리고 결과를 체크하는 것뿐만 아니라, 미세한 전극(electrode)을 외과적으로 동물의 시신경에 집어넣는 것도 포함한다. 동물이 사물을 볼 때 발생하는 전기 충격을 오실로스코프 화면에 나타나게 하면 우리들은 눈이 어떤 자극을 뇌로 보내며, 그것이 얼마나 강한지를 더욱 직접적으로 관찰할 수 있다. 그런데 동물의 눈이 우리 사람의 눈과 상당히 다르고, 또 사람에게 없는 감각기관을 가지기 때문에 문제는 더욱 복잡해진다. 벌은 편광(polarized light)을 인식할 수 있을까? 박쥐는 사람의 가청 범위를 넘어서 소리를 들을 수 있을까? 그러한 질문은 반드시 실험에 의해서 설명되어야 한다.

    척추동물의 지각 능력은 우리들의 것과 유사하기 때문에 분명히 인정할 수 있다. 그러나 무척추동물 또한 자기들의 생존에 필요한 것들을 인식한다. 이에 관한 예로 동물행동학자인 틴버겐은 나나니벌(digger wasp)이 먹이인 꿀벌을 인식하고 사냥하는 데에 후각, 시각 및 촉각으로 느끼는 단서를 이용한다는 것을 실험적으로 밝혔다.[20] 그는 또한 이 벌이 자신의 영역 주변의 표식을 기억해서 사냥 후에 쉽게 찾아온다는 것을 밝혔다. 그 실험의 일부가 그림 3.2에서 보여지는데, 이 실험은 나나니벌이 기억 능력을 갖고 있으며 형태를 인식한다는 것을 분명히 보여 준다.[21] 벌, 낙지, 어류 및 조류들도 기억 능력이 있으며 형태를 분별한다는 유사한 증거들이 있다. 가장 고등한 동물들은 우수한 감각기관을 가질 뿐만 아니라, 그것을 이용하는 방법도 더욱 정교하다. 어떤 영장류는 시각적 이미지를 촉각적 이미지로 바꿀 수 있는데, 이를 교차양식 인식(cross-modal perception)이라고 부른다. 쾰러(Otto Koehler)는 침팬지에게 그가 볼 수는 있으나 만질 수는 없는 대상을 보여 주고 나서 이것을 가방 속에 넣어 보이지 않게 했을 때, 침팬지는 촉각을 이용하여 그 대상 물체를 가

그림 3.2 곤충이 형태를 인식한다는 증거. 나나니벌은 자기 둥지를 쉽게 찾아서 되돌아오기 위해 그 주변의 두드러진 모양을 항상 기억한다. 한 실험에서 틴버겐은 둥지 주변에 솔방울을 둥글게 놓고 벌이 이를 인식하도록 학습시켰다(왼쪽 위). 틴버겐이 둥글게 배열된 솔방울 안의 둥지를 치웠을 때에도 벌은 원의 중심부에서 자기 둥지를 찾았으며, 불과 30센티미터 떨어진 곳에 있는 자기 둥지를 찾지 못했다(오른쪽 위). 틴버겐이 둥지 주변에 솔방울을 세모 모양으로 배열하고 그 근처에 돌을 둥글게 배열했을 때, 벌은 원 안에서 자기 둥지를 찾았다. 이것은 벌이 솔방울이 아닌, 형태를 인식함으로써 행동한다는 것을 증명한다(아래). (틴버겐, 1965)

방 속에서 선택해 낼 수 있었다고 보고하였다.[22] 대븐포트(Richard Davenport)와 찰스 로저스(Charles Regers)는 "오랑우탄과 침팬지를 대상으로 그 동물들이 전혀 몰랐던 여러 가지 입체적인 물체들을 제시했을 때, 촉각에 의존하여 두 물체를 구별해 낼 수 있었고, 만지지는 못하고 눈으로 보기만 했던 물체와 같은 대상을 가려 낼 수 있었다"고 실험적으로 증명하였다.[23] 교차양식 인식은 두 가지 서로 다른 외부적인 감각을 지각해서 얻어진 자료를 비교해야 하는 것으로 많은 동물들은 그러한 능력이 없다. 예를 들면, 낙지는 보기만 해서는 자신의 다리를 제대로 조절할 수 없다. 생물학자인 커티스(Helena Curtis)는 다음과 같이 설명하였다 :

"만일 낙지가 유리로 된 칸막이 뒤에 있는 게를 보았다면 낙지는 흥분해서 그곳으로 직접 달려가지만, 유리에 다다르면 다리로 유리를 세게 누르는 데 그친다. 다리 중의 하나가 우연히 유리 꼭대기를 넘어서 게에 닿을 수도 있으리라. 그러나 낙지는 게를 감지하는 시각적 자극에만 계속 반응해 마치 먹이를 계속 쫓는 것만이 능사인 양 흥분하여 유리를 계속 누르기만 할 것이다. 분명히 낙지에게 있어서는 자신의 다리에서 얻어진 접촉에 의한 자극과 눈에서 얻는 시각적 자극을 한 데로 통합할 수 없음이 명백하다. 또한 그 다리의 움직임은 낙지가 다리와 먹이를 모두 볼 수 있다는 사실에 전혀 영향을 받지 않는다는 것도 분명하다."[24]

보다 고등한 동물은 분명히 감정을 경험한다. 생물학자인 콜러(Wolfgang Kohler)는 침팬지에게서 얻은 경험을 다음과 같이 말하였다 : "침팬지의 몸짓과 행동에 의한 표현 범위는 매우 넓고 다양하며, 보다 하등한 영장류뿐만 아니라 오랑우탄과도 비교할 수 없을 정도로 우수하다. 침팬지가 몸짓과 행동으로 나타내는 분노, 공포, 절망, 슬픔, 탄원, 욕망, 쾌활함과 기쁨의 감정은 인간의 것과 동일하게 생각된다."[25]

일부 동물들은 상상력의 증거를 보인다. 벌과 개미는 자신의 위치를 바로잡기 위해서 내부적 지도(map)를 이용한다.[26] 그리고 어떤 동물들은 상상의 작용이라고 알려진 꿈을 꾸기까지 한다고 할 만한 증거들도 있다.

동물행동학자인 그리펀은 다음과 같이 설명했다 : "잠자고 있는 개가 마치 때때로 꿈을 꾸고 있는 것처럼 움직이거나 소리를 내는 경우를 관찰할 수 있다. 그들의 움직임은 먹고, 달리고, 물어뜯고 심지어 교미의 행동까지도 연상시킨다. 그들은 때때로 으르렁거리거나 짖기도 한다. 자고 있는 동물들을 연구했던 관찰자들은 그 동물들이 최근의 경험과 연관된 꿈을 꾸고 있었기 때문에, 그러한 행동과 소리를 보였다고 결론지었다. 잠을 자는 사람은 두 가지 뚜렷한 유형의 뇌전도(EEG 전위: electroencephalogram)를 나타낸다. 첫째는, 비교적 낮은 주파수(low-frequency)형으로 깊은 잠의 특징이다. 둘째는, REM(rapid eye movement)이라고 하는데, 주파의 형태가 보다 불규칙적이고 보통은 급박한 눈 움직임을 동반한다. 이러한 눈 움직임은 눈 가까이에 설치한 전극으로써 별도로 기록할 수 있다. 실험중인 사람을 이 두 가지 유형의 잠에서 깨어나게 할 때, 그들은 REM 수면 동안 꿈을 꾸고 있었다고 말하는 경우가 많다. ……수면중의 조류와 포유류에게서도 REM 수면과 매우 유사한 유형이 발견된다. ……이 사실은 포유류와 조류도 꿈을 꿀 수 있다는 것을 나타낸다."[27]

동물은 또한 주위의 여러 가지 자극 중에서 어느 것을 의식으로 기록할 것인지를 선택할 수 있다. 우리들은 시끄러운 방에서 한 목소리에 주의를 집중시키면, 효과적으로 다른 산만한 소리들을 무시할 수 있었던 경험을 모두 지니고 있다. 그림 3.3은 우리들이 전극을 이용하여 동물의 인식 대상이 한 종류에서 다른 종류로 이동될 때, 동물이 무엇을 어떻게 능동적으로 인식하는지를 알아내는 과정을 보여 준다. 동물은 자신이 받아들이는 감각 정보를 의식의 일부로 받아들여서, 그것이 행동에 영향을 미치도록 결정할 수 있는 탁월한 능력이 있다. 동물은 자율적인 행위자다. 데카르트가 생각한 것처럼 짐승은 그렇게 단순히 외부의 힘에 의해 움직이는 존재가 아닌 것이다.

이 점은 우리에게 하나의 연관된 의문을 제기한다. 동물이 듣고, 보고, 기억하고, 상상하고, 감정이 있음을 인정하는 것과 동물이 무엇을 보는

그림 3.3 동물은 들어오는 자극 중에서 가장 적절한 것만을 선택한다. 고양이가 조용히 앉아서 메트로놈의 똑딱거리는 소리를 듣고 있다. 고양이의 뇌 안에 전극을 삽입하고 이를 계기에 연결시켜 놓으면, 고양이의 소리 인식을 그래프로 기록할 수 있다. 그러나 고양이가 쥐를 발견하면, 온통 쥐에 주의를 집중하고 메트로놈 소리는 무시해 버린다(단조로운 그래프로 나타난다). (틴버겐, 1965)

지, 또한 동물의 지각세계가 어떠한지를 이해하는 것은 별개다. 동물이 경험하는 세계는 감각기관 그 자체의 능력만으로 알 수 없으며, 그보다는 본능과 이전의 경험에 근거하여 동물이 갖는 지각을 해석함으로써 알 수 있다. 틴버겐은 동물에 대하여 "그들은 모두 비록 하나의 세계에 살고 있지만, 각각 서로 다른 세계에 살고 있다. 그것은 각자가 자신이 성공하는데 필수적인 부분적 환경만을 최대로 지각하기 때문이다"고 하였다.[28] 동물행동학자인 폰 육스퀼은 동물 지각의 놀랄 만한 특이성을 최초로 증명한 연구자 중의 한 사람인데, 그는 새들을 예로 들었다:"갈가마귀는 움직이지 않는 메뚜기를 전혀 볼 수 없다. ……갈가마귀는 단지 움직이지 않는 메뚜기의 모양을 모르는 것뿐이며, 움직이고 있는 형태만을 인식하도록 되어 있다. 이 점이 바로 많은 곤충들이 죽은 체하는 습성을 설명해 준다. 만일 그들이 꼼짝하지 않음으로써 적들의 시계 안에서 존재하지 않는 것으로 간주된다면, 그들은 죽은 체함으로써 그 세계로부터 완벽하게 이탈되는 것이며, 적들의 철저한 수색에서도 발견될 수 없는 것이다."[29]

그러저러한 눈으로 동물이 무엇을 볼 수 있는가 하는 문제는 이차적인 것이다. 정말로 중요한 점은 동물이 실제로 무엇을 보며, 무엇을 찾으려 하고, 그러한 눈으로 어떻게 찾을 수 있는가 하는 것이다. 동물은 한 상황에서는 어떤 특정한 자극에 대해 반응하지만, 상황이 달라지면 그렇지 않을 수도 있다. 틴버겐은 그 잠재적 자극과 실제적 자극을 다음과 같이 구별하였다:

"단순히 감각기관의 잠재적 능력을 안다고 해서 그 어떤 경우에도 반응을 유발하는 원인이 되는 복잡한 실제 자극이 무엇인지를 알 수는 없다. 감각 능력에 대한 연구로부터 우리들은 다만 동물이 환경의 변화를 지각할 수 있는지의 여부를 추론할 수 있을 뿐이지 실제로 무엇이 관찰된 반응을 유발시키는지에 대한 긍정적인 대답을 얻기는 불가능하다. 이 점은 동물이 감각기관을 통해 받아들일 수 있는 모든 환경적 변화에 전부 반응하는 것이 아니라, 그 중의 일부에만 반응한다는 특별한 사실에 주의

를 환기시킨다. 이것은 본능적 행동의 기본적 속성인 바, 이것의 중요성
은 특히 강조되어야 한다. 예를 들면, 육식성 물방개(water beetle)의 일
종인 물방개붙이(*Dytiscus marginalis*)는 완벽한 겹눈을 가지고 있는데
……시각적 자극에 반응하도록 훈련시킬 수 있다. 그렇지만 물방개는 올
챙이 같은 먹이를 잡을 때 시각적 자극에 전혀 반응하지 않는다. 유리관
안에서 움직이는 먹이는 어떠한 반응도 유발시키지 않는다. 물방개의 먹
이 포획 반응은 오로지 화학적이고 촉각적인 자극에 의해서만 유발된다.
……예를 들면, 묽은 고기 액을 어항에 주입하면 물방개는 즉시 사냥에
나서며 접촉하는 것은 어떤 고체라도 모두 잡아들인다…….

그러한 '실수'나 '잘못'은 선천적인 행동에서 나타나는 가장 뚜렷한 특
징 중의 하나다. 이것은 동물의 감각기관이 전체 환경조건을 완벽하게 감
지할 수 있을지라도(필경 그렇게 할 것이다), 동물이 전체 환경조건 중
에 극히 일부에만 '맹목적으로' 반응하고, 나머지 다른 부분들을 무시한
다는 사실 때문에 생겨나는 현상이다. 그리고 우리 인간 관찰자들에게는
그것들이 대단치 않게 보일지라도 현상은 그러한 것이다."[30]

MIT에서 행해진 한 연구에서는 살아 있는 개구리의 시신경에 가느다
란 전극을 집어넣어 개구리의 뇌로 전해지는 충격을 측정하였다. 이러한
기술을 이용하여, 연구자들은 개구리가 무엇을 보는지 그리고 어떻게 그
것을 보는지에 대해 좋은 아이디어를 얻었다. 그 예로, 작은 물체가 개구
리의 시야에 들어와 움직이지 않고 있을 때, 개구리의 눈은 몇 분 동안
전기 충격을 뇌로 보내지만 그것으로 그만이었다. 조금 지난 후에 적어도
개구리에게 있어서 그 물체는 더 이상 그곳에 있는 것이 아니었다. 개구
리의 눈은 몇 분이 지나서 움직이지 않는 물체를 지워버리도록 타전했던
것이다. 연구자들은 다음과 같이 보고하였다 : "개구리는 주변의 세계에
서 움직이지 않는 부분은 보지 않거나, 또는 적어도 일일이 상관하지 않
는 듯하다. 만일 먹이감이 움직이지 않는다면, 개구리는 먹이에 둘러싸여
굶어 죽을 것이다. 개구리가 먹이를 선택하는 방법은 전적으로 크기와 움

직임에 의해 결정된다. 개구리는 그것이 곤충이나 벌레 정도의 크기이면, 그리고 벌레처럼 움직이기만 하면, 그 어떤 것이라도 잡으려 뛰어오를 것이다. 개구리는 흔들거리는 작은 고기 조각뿐만 아니라 그 크기 정도의 어떤 물체에 의해서도 쉽게 우롱당할 수 있다."[31]

나아가서, 개구리는 지속적인 대비(sustained contrast), 요철(net convexity), 움직이는 가장자리(moving edge) 및 어둠침침해짐(net dimming)을 측정하는 네 종류의 특별히 분화된 신경섬유에 의해서 대상을 시각적으로 특징짓는다. 개구리는 눈으로 오직 '내 포식자'와 '내 먹이'의 두 범주만을 볼 수 있을 뿐이다. 개구리의 성생활은 오로지 청각과 감촉에 의해서만 이루어지며, 시각은 전혀 사용되지 않는다.[32]

이런 방식으로 연구한 동물은 모두 자신의 생활방식과 밀접히 관련된 각기 다른 지각 범주를 나타냈다. 그래서 1930년대에 폰 프리슈, 로렌츠 및 틴버겐 등에 의해 성립된 동물행동학은 동물이 무엇을 경험하는지, 그들의 인식 정도는 어떠한지, 동물이 의도하는 바는 무엇인지, 그리고 동물의 지각이 어떻게 동물의 행동에 관련되는지를 발견하기 위해서 시작되었다. 그러한 학문은 동물의 본능, 즉 배우지 않고도 아는 것은 무엇이며 배워서 아는 것은 무엇인지, 동물이 자신의 동료들과 어떻게 의사소통을 하는지, 동물이 경험하는 감정은 무엇이며 그것이 어떻게 유발되는지, 그리고 어떤 영향을 낳는지를 추구한다. 물리과학은 동물의 이동에 대해서 기계론적인 설명을 해줄 수 있는 반면, 동물 행동을 연구하는 과학은 그 행동의 궁극적인 원인을 알게 해 준다. 생물학자인 러셀(E. S. Russell)은 이런 분야의 동물학을 다음과 같이 기계론과 대조시켰다:

"그러한 연구에서는 동물을 특징적인 활동을 하는 하나의 살아 있는 존재로 받아들인다. 그러한 활동을 정확히 관찰하고 기록할 수 있으며, 실험적으로 변화시킬 수 있으므로, 이것을 과학적인 연구로 제출할 수 있다. 여기에서 채택된 관점이 물리학 연구자들과 크게 다른 것이 사실이다. 동물은 살아 움직이는 존재이며, 살려고 노력하는 행위자라는 사실이

액면 그대로 받아들여진다. 그리고 심리학자는 동물이 자기 고유의 지각세계를 지니고 있으며, 동물의 행동으로부터 그 지각세계를 연역할 수 있다고 인정하는 것을 서슴치 않는다. 동물에 대해서 그가 갖는 개념은 기계론자들의 것보다 훨씬 풍요롭고 덜 추상적이다."[33]

이것은 물리학과 화학이 동물을 연구하는 데 아무런 도움이 되지 않는다고 말하는 것이 아니다. 오히려 그 반대로 물리학과 화학은 크게 기여하였다. 트리부치(Helmut Tributsch)의 《생물은 어떻게 사는 법을 배우는가 How Life Learned to Live》라는 책은 물리학과 화학이 어떻게 생물학 일반에 적용되며, 특히 동물 행동을 설명하는 데 얼마나 훌륭하게 적용되는지를 잘 설명하고 있다. 트리부치는 그의 책에 다음과 같이 기술하였다. "역학, 동역학, 열역학, 광학, 음향학 등 거의 모든 기본원리들은 사람이 그 기능을 이해하고 숙달하기 전에 이미 수백만 년 동안 생물들을 위해 봉사했다."[34] 예를 들어서, 신천옹(albatross)은 어떻게 날개를 퍼덕이지 않고 수 시간 동안이나 날 수 있을까? 트리부치는 "공기와 파도 사이의 마찰에 의해 생기는 기체 역학적 부양을 이용해서" 그 새가 어떻게 정확한 순간에 수면을 미끄러지다가 솟아오르는지를 설명하였다.[35]

어류는 어떻게 그렇게 수영을 잘 하는가? 어류는 모양이 유선형일 뿐만 아니라, 체표면에 점액을 분비하여 물과의 마찰을 66퍼센트나 감소시킨다.[36]

물에서 사는 생물들은 오징어와 같이 제트 추진력을 이용하여 움직이는데, 육상 동물이나 하늘을 나는 생물들은 왜 그러한 것을 이용하지 못하는가? 물리학은 방출되는 매질의 무게에 비례해서 반동력이 생긴다고 말한다. 따라서 이런 작용이 물에서는 잘 나타나지만, 그 질량이 물보다 훨씬 작은 공기 속에서 충분한 반동을 일으킬 정도로 공기를 추진시키게 되면, 생물이 그 조건을 견뎌내지 못한다.[37]

모기는 어떻게 근육을 피로하게 하지 않으면서 쉬지 않고 날개를 바쁘게 퍼덕일 수 있는가? 트리부치는 그것을 다음과 같이 설명하였다. "곤충의 날개는 흉강의 주기적인 탄성 변형(elastic deformation)에 의해서 계속 퍼덕일 수 있다. 레실린(resilin)은 매번 날개를 퍼덕일 때 역전되는 순간에 나타나는 운동에너지의 손실을 방지한다. 이러한 탄성적 특성 때문에 곤충의 비행 메커니즘은 고무공이 튀는 작용과 같다고 할 수 있다. 고무공은 땅으로부터 되튀어 오를 때마다 비록 방향은 바뀌지만, 운동에너지는 그대로 보유한다."[38] 모기도 한 방향으로 날개를 움직일 때만 에너지를 소비하며, 그 반대 방향으로 움직일 때에는 탄성적인 되튀김에 의해서 에너지를 더 이상 소모하지 않는다.

어류의 비중이 물보다 크다면 어떻게 그것이 바닥에 가라앉지 않으며, 또 물보다 비중이 작다면 어떻게 물 위로 떠 오르지 않을 수 있을까? 부력이나 중력의 힘에 대항하여 계속 투쟁을 해야 한다면, 어류는 매우 많은 에너지를 소모해야 할 것이다. 따라서 그 대답은 자연의 에너지 경제학에서 찾아야 한다. 모든 경골 어류의 절반 정도는 부양(flotation) 부레를 갖는데, 어류의 필요에 따라 물질대사로 생긴 기체가 많거나, 적게 부양 부레에 채워진다. 다른 어류들은 그들의 조직에 부력이 큰 지방을 많이 저장하여 이 문제를 해결하기도 한다.[39]

트리부치는 동물의 행동을 설명하는 데 물리학의 원리를 적용시킬 수 있었던 십여 가지 사례를 제시하였다. 이런 연구 방법의 가치에 대해서는 의심의 여지가 없다. 다만 한 가지 문제점은 그러한 연구로 동물 생활 전체를 남김없이 다 연구할 수 있을까 하는 것이다. 만일 동물의 행동을 전적으로 물리학과 화학의 관점에서만 연구한다면 무시되어 버리는 점은 없을까? 그러한 연구 방식으로는 동물의 가장 핵심 부분, 즉 내적인 생명 활동, 동물의 감각인식, 학습, 의사소통 및 감정문제 등에 대해서는 설명하지 못한다. 물리학과 화학으로 동물이 어떻게 움직일 수 있는지는 설명할 수 있으나, 왜 저쪽이 아닌 이쪽으로 움직이는지는 설명할 수 없다. 그것을 이해하기 위해서는 동물이 무엇을 지각하고 있는가에 대해서 어느 정도 알아야만 할 것이다.

심지어 본능적인 활동도 동물의 지각에 의해서 유발되고 조절되는 의식적인 작용이다. 어떤 사람들은 동물이 정상적인 환경에 변화가 생겼을 때 어리석은 실수를 하는 것을 관찰하고는 동물은 무의식적으로 행동하는 것이 분명하다고 주장한다. 그들은 개똥쥐바퀴의 어버이가 자신의 새끼를 내쫓고 대신 둥지를 차지한 뻐꾸기 새끼에게 충직하게 먹이를 먹인다거나, 제비갈매기가 자신의 알 하나와 바뀌어진 전구를 품는 예를 지적한다. 그러나 의식적인 행동도 속임을 당할 가능성을 배제하지는 못한다. 설령 사람이 10달러짜리 위조 지폐에 의해서 속임을 당한다고 할 때, 우리들은 그 사람의 행동을 기계적이거나 무의식적인 것으로 간주할 수 없다. 위의 예는 움직이지 않는 곤충에 둘러싸여 굶어 죽는 개구리의 예처럼 우리들로 하여금 동물들이 지니는 자신의 먹이, 적, 또는 새끼를 인식하는 고도로 분화된 방법에 대해서 많은 것을 알게 해 주지만, 그렇다고 해서 그들의 무의식성을 입증해 주지는 않는다. 그 반대로 뻐꾸기 새끼의 벌린 입 모양은 개똥쥐바퀴 어버이에게 가장 커다란 자극이 되기 때문에, 그들이 자신의 새끼 대신에 뻐꾸기 새끼를 먹이기를 좋아한다고 이해되어야만 하는 것이다. 새들이 감지했던 신호가 비정상적인 상황에서는 잘못될 수 있다는 사실이 동물은 무의식적으로 행동한다거나 그들이 어리석다는 증거가 되지는 못한다.

더구나 제비갈매기는 비행 후에 먼저 자신의 둥지를 발견하고 나서 자신의 알을 발견한다. 따라서 그들에게는 둥지에 있는 것이 당연히 자신의 알일 수밖에 없다고 하겠다. 둥지 없이 알을 낳는 바다오리 같은 조류는 자신의 알을 더 예민하게 지각하며, 단지 둥글다고 해서 다른 물체를 알로 잘못 알지는 않는다. 제비갈매기나 갈매기들은 통상 그런 일이 필요하지 않으므로 알을 구별하는 데 정확성이 없는 것이다. 따라서 어떤 종이 실수로 지각하지 못하는 것은 보편적인 현상이라 할 수 없다. 다만 '동물이 지각하지 않는 것은 동물이 알 필요가 없는 것'이라는 일반적인 규칙은 통용된다.

동물은 기계처럼 융통성 없이 행동하지 않는다. 심지어 절지동물이라 해도 그들의 행동은 상당한 융통성이 있다. 틴버겐은 나나니벌(말벌의 일종＝역주)에 대하여 "이 동물의 행동은 내가 기대했던 것보다 훨씬 더 유연성이 있다"⁴⁰⁾고 하였다. 동물행동학자인 브리스토(W. S. Bristowe)는 거미집을 짓는 거미가 새로운 환경에 적응하기 위해서 일상화된 행동을 어떻게 변화시키는가를 설명하였다.⁴¹⁾ 이러한 자가 통제는 고등동물의 행동에서 가장 뚜렷이 나타난다. 고등동물의 세력권 확보를 위한 영토는 일반적으로 산란기 동안 수컷에 의해서만 지켜진다. 예를 들면, 영양(wildebeest)의 그러한 행동은 수컷 호르몬인 테스토스테론(testosterone)에 의해서 야기된다. 그러나 포유류 동물학자 에스터스(Richard Estes)는 세력권이 단순히 화학적인 기작으로 환원될 수는 없다고 지적하였다 : "세력권 투쟁에서 가장 놀라운 점은 영토 소유자가 자신의 세력권을 떠날 때에는, 의례히 모든 성적 상징물이나 공격적 특성을 없애 버린다는 사실에서 증명되듯이 세력권 행위는 생리적일 뿐만 아니라 심리적인 것이다."⁴²⁾ 물을 마시기 위해 자기의 세력권을 떠나는 수컷의 영양은 다른 수컷의 세력권을 통과할 때에 아주 온순하고 비공격적이다.

사람들은 보통 같은 종의 동물들은 각 개체들이 모두 똑같으며 특별한 개성이 없다고 생각한다. 이 말은 그 대상이 기계라면 그대로 적용될 수 있지만, 경험이 많은 동물행동학자들의 증언에 의하면 적어도 고등동물은 그 말에 해당되지 않는 듯하다. 예를 들면, 동물연구가 포시(Dian Fossey)는 아프리카 고릴라를 5년 동안 연구하면서 각 개체들을 습관과 기질에 따라 구분할 수 있게 되었다고 하였다 : "나는 많은 고릴라들을 각각 특별한 개성을 지닌 개체로서 인식하였다. 그래서 주로 관찰일지에 기록하기 위해서였지만 그들에게 이름을 붙여 주었다."⁴³⁾ 구돌(Jane Goodall)은 야생 침팬지와 2년을 같이 보낸 후에 똑같은 말을 하였다 : "침팬지는 사람만큼이나 개별성을 지닌다."⁴⁴⁾

동물의 행동을 조건화된 반응으로 보는 학자들도 동물의 의식을 부정하려고 한다. 행동주의는 데카르트적인 사고에서 그 원리를 취하는데 파블로프(Both Pavlov)의 실험에서 커다란 자극을 얻었다. 파블로프와 데카르트는 모두 동물의 행동을 의식이나 지각 없이 일련의 반사작용으로 환원시키는 데 기계론적 모델을 이용한다. 만일 여러분이 우연히 아주 뜨거운 물체나 전류가 통하고 있는 전깃줄을 만졌다면, 신경을 통과해서 척수에 이른 에너지가 신경궁을 자극하여 손을 움추리기에 적당한 근육을 수축시킬 것이다. 이러한 과정은 무의식 상태에 놓인 사람에게도 똑같이 나타난다. 반사행동(reflex act)은 자동적이고 기계적이어서 지각, 의식, 자발성 등을 필요로 하지 않는다. 뇌를 제거한 개구리도 여전히 산(acid)에 적신 거즈를 등에 대면 달아나기 위해서 적절히 다리를 움직인다. 따라서 데카르트, 헉슬리, 파블로프는 동물의 행동을 설명하기 위해서 왜 그들에게 의식이 있어야 한다고 주장하는지를 묻는다.

만일 동물이 전류가 흐르는 전선에 닿거나, 망치로 무릎관절을 맞거나, 다른 과다한 자극을 받을 때에만 반응한다면 반사이론은 동물 행동에 대한 보편적 설명으로서는 그럴듯하다. 그러나 동물은 그보다는 훨씬 자율성이 많은 듯하다. 반사작용에서 물리적 자극은 그로 인해 나타나는 행동의 충분하고 적절한 원인이다. 감전되었을 때 손을 통해서 흐르는 전기량은 신경궁을 건너뛰어 근육을 수축시키기에 충분하다. 만약 비교적 강력하지 않다면 그것은 반사작용을 일으키지 않을 것이다. 그러나 만일 우리들이 의식적 행동을 이해하고자 한다면, 그러한 모델은 별로 소용없을 것이다. 예를 들어서 큰가시고기(three-spined stickleback)의 수컷은 왜 산란기에 그의 둥지로 접근하는 붉은색 물체가 무엇이든지간에 공격하는 것일까? 겨우 몇 제곱센티미터에 불과한 붉은색 물체로부터 어류의 눈에 와닿는 소량의 에너지는 그것을 공격하도록 근육수축을 일으킬 만큼 신경궁을 자극하지 못한다. 그래서 순전히 기계론적 입장에서 보더라도 어류의 움직임을 단순한 반사작용으로 환원시키려는 시도는 실패할 수밖에 없다. 수컷은 자신의 산란 지역을 다른 수컷으로부터 방어하기 위해 붉은 물체는 무엇이나 공격하는데, 그것은 큰가시고기의 수컷에게만 있는 특별한 표식인 하복부의 붉은색으로서 다른 수컷임을 파악하기 때문이다. 그것을 지각함으로써 큰가시고기는 침입자를 쫓아버리기 위해 운동기관을 적절히 움직이도록 조절한다. 이것은 외부 자극이 아닌 동물 자신이 바로 자율적인 행위자라는 점을 일깨워 준다. 붉은색 반점이 공격의 원인은 아니지만 공격을 유발시키는 것이다. 틴버겐은 반사작용을 유발할 수 있는 측정가능한 전기적·화학적 자극과 동물의 본능적 작용을 유발하는 표식자극의 차이를 구별할 수 있었다.[45]

마찬가지로 벌의 춤도 다른 일벌들이 풍부한 먹이를 얻기 위해 벌집을 떠나 특정한 방향으로 일정한 거리까지 날아가도록 하는 물리적 원인은 되지 못한다(먹이가 벌통으로부터 가까운 거리에 있으면 벌은 원무를, 먹이가 먼 곳에 있으며 8자 춤을 추어서 다른 벌들에게 정보를 전달한다=역주). 벌들의 행동은 춤을 통해서 실제적인 정보가 서로 전달된다고 할 때에만 의미를 갖는데, 그것은 춤추는 벌과 동료 일벌들이 어느 정도의 의식을 지닌다고 전제해야만 가능한 것이다. 벌들은 무의식적으로 움직이는 로봇이 결코 아니다. 이와 똑같은 원리는 동물체에서 일어나는 물질대사적, 기계적, 무의식적인 활동들과는 대조되는 동물의 모든 기본적 행동, 예를 들어서 동물의 이동, 구애 표시, 어린 새끼 돌보기, 사냥, 먹이를 먹는 습관, 자기방어, 의사소통 및 싸움 등에도 그대로 적용된다. 그러한 모든 행동들은 의식적인 자가 통제를 필요로 하는 것이다. 우리들이 위에서 보았듯이 만일 감각인식 그 자체가 물질을 초월하는 것이라면, 동물의 행동도 그럴 것이 분명하다. 동물의 행동을 DNA 해석이나 반사행동, 또는 생리학 등으로 해석하려는 시도는 단순히 어려운 작업이 아니라 불가능한 일인 것이다. 모든 동물의 진정한 행동은 그 근본적인 원인을 의식에서 찾아야 한다.

동물의 의식을 부정함으로써, 행동주의는 동물의 모든 자율성을 논리적으로 배제한다. 이 이론은 동물에게 본능이 있음을 배격하고 동물의 행동은 전적으로 외부의 자극에 의해서 일어난다고 인정하는 것이다. 그들의 이론에 의하면, 우리들은 어떤 동물이라도 우리가 원하는 특별한 행동을 하도록 통제할 수 있고(다만 그 동물이 신체적으로 그런 행동을 할 수 있다는 가정하에), 또 어떤 자극에 의해서 그런 행동을 유발시킬 수도 있다는 것이다(다만 그러한 자극이 그 동물에게 영향을 미칠 수 있다는 가정하에). 즉, 어떤 동물이라도 일정한 자극을 주면 우리가 원하는 반응을 하게 된다는 것이다. 행동주의는 동물이 어떤 천성을 지니고 있는 것이 아니라, 순전히 융통성을 가질 뿐이라고 간주하는 것이다.

동물이 자율적인 행위자라는 것에 대한 부정은 실험적으로 평가될 수 있다. 동물행동산업(Animal Behavior Enterprise)이라는 기업의 소유자이며 심리학자인 브릴랜드 부부(Keller Breland & Marian Breland)는 순록, 앵무새, 돌고래 및 고래 등을 포함해서 약 38종의 동물 6000여 마리를 여러 가지 상업적 목적으로 14년 이상 훈련시킨 경험이 있다. 브릴랜드 집안의 사업은 그들이 열렬한 행동주의자의 관점에서 시작하였으므로 완벽한 시험 케이스가 될 수 있다.[46]

브릴랜드 부부는 시작부터 "계속되는 실패로 인한 불만스러움……등에 직면하였다."[47] 예를 들면, 미국너구리(raccoon)가 즉각적인 먹이 보상을 위해 동전 두 개를 집어서 금속상자에 넣도록 조건화시키는 과정에서 브릴랜드 부부는 어려움에 빠졌다: "너구리는 비단 동전이 있는 쪽으로 가려 하지도 않았을 뿐만 아니라, 수초 또는 수분 동안이나 동전들을 문지르고……그러고 나서야 상자 안에 떨어뜨렸다. 너구리가 이러한 행동을 계속했기 때문에 우리들이 실제로 생각하고 있었던 일, 즉 저금통에 동전을 넣는 미국너구리를 보여 주는 것은 완전히 불가능했다. 아무런 보상이 주어지지 않았는 데도 시간이 지남에 따라 너구리의 동전을 문지르는 행동은 점점 더 악화되었다."[48] 구경꾼들에게 작은 장난감을 넣은 캡슐을 배달하도록 훈련된 닭들은 몇 번의 성공 후에는 캡슐을 부리로 쪼고 그것으로 닭장 바닥을 두드렸다. 커다란 나무 동전을 저금통에 넣으면 즉각적인 먹이 보상을 받도록 훈련된 돼지는 처음 몇 주일 동안은 잘 하였으나 이후에는 동전을 반복해서 떨어뜨리고, 헤집고, 공중으로 던지고, 다시 무한정 헤집기 시작하였다. 브릴랜드 부부는 처음에는 그들이 배가 덜 고파서 그런 이상하고 조건화되지 않은 행동을 한다고 생각하였다 : "그러나 먹이를 주지 않고 배를 더욱 심하게 고프게 하였음에도 불구하고 그들의 행동은 계속되고 더욱 나빠졌다. 결국 돼지는 성공률이 너무 낮아 하루 종일 노력해도 충분한 먹이를 얻을 수 없었다. 결국 돼지는 네 개의 동전을 약 6피트(180센티미터 정도) 거리만큼 운반하는 데 10분씩이나 걸리게 되었다. 이런 문제적인 행동은 다음 돼지에게서도 반복되었다."[49]

이와 비슷한 문제가 다른 동물들에게서도 발견되었다. "마니풀란다(manipulanda : 공과 고무 튜브)를 삼키는 돌고래와 고래들, 먹이 주는 사람을 떠나지 않으려는 고양이, 먹이 주는 사람에게 다가가지 않으려는 토끼들이 문제가 되었으며, 먹이 보상으로 여러 종의 동물들이 합창하도록 훈련시키는 데에도 커다란 어려움이 있었다. 발로 차도록 소를 조건화시키는 것도 실패하였다. 그들에 대한 유인을 더욱 강화해도 동물들은 제대로 된 행동을 보여 주는 데 있어서 다소의 개선도 보이지 않았다."[50] "어떤 동물에게서든지 특정한 자극으로 기대하는 반응을 얻을 수 있다"는 가정은 확실히 실패하였다. 동물들에게서는 배고픔도 반응을 일으키는 유일한 자극이 아닌 듯하다. 브릴랜드 부부는 이러한 장기적인 실험 결과로부터 "조건화 이론이 명백히 그리고 전적으로 실패했다"고 결론짓고, 본능이 우선한다는 점을 지적하였다 :

"동물들은 특별히 학습된 반응을 나타내도록 조건화된 후에, 점진적으로 처음에 조건화된 행동과는 전혀 다른 행동을 나타냈다. 더욱이 동물들이 학습된 행동 대신에 지향하는 특정한 행동은 그 종의 동물이 자연에서 먹이를 얻을 때 행하는 본능적인 행동과 명백히 닮았다는 것을 쉽게 알 수 있었다……

캡슐을 부리로 쪼는 닭은 분명히 열매를 쪼아 내용물을 꺼내 먹거나 곤충이나 유충 등을 쪼아먹는 본능적인 행동과 관련된 행동을 보이는 것이다. 미국너구리는 소위 씻는 행동을 보여 주었다. 예를 들면, 동전을 문지르고 씻는 반응은 가재 껍질을 제거했던 경험에서 연유하는 것이다. 돼지의 헤집거나 흔드는 행동은 이 종에 뿌리 깊게 박혀 있는 습관으로 그것은 먹이를 찾는 방법과 관련된 것이다."[51]

본능이 얼마나 근본적인 역할을 하는가——그것은 조건화를 압도할 수 있다. "동물이 조건화된 반응 영역에서 강력한 본능적인 행동을 나타내는 경우에는 언제나 행동의 횟수가 증가하면서 점진적으로 조건화된 행동 대신에 본능적인 행동 쪽으로 치우치며, 먹이 보상을 늦추거나 아예 먹이를 주지 않더라도 그렇게 된다."[52] 브릴랜드 부부는 이러한 관찰의 결과로 행동주의의 가정을 다음과 같이 비난하였다 :

"행동주의가 근거하는 암묵적인 가정 중에서 가장 중요한 세 가지는 첫째, 동물은 전적으로 백지 상태로서 실험실에 오며, 둘째, 종들 사이의 차이는 미미하고, 셋째, 반응은 무엇이든지 다 자극으로써 똑같이 조건화시킬 수 있다는 것 등이다.

그런데 우리들은 앞의 예처럼 그러한 가정은 더 이상 유지될 수 없음을 확실히 느끼게 되었다. 14년 동안 수천 마리의 동물들을 계속 조건화시키고 관찰한 후에 우리들은 동물의 어떤 행동이라도 그 동물의 본능 유형, 진화의 역사와 자연의 생태적 지위에 대하여 제대로 알지 못하고서는 그것을 적절히 이해하거나, 예견하거나, 통제할 수 없다는 인정하기 싫은 결론에 도달하였다."[53] 브릴랜드 부부는 자신들이 조건화 학습을 수행했던 실험실의 보고보다도 로렌츠와 틴버겐 같은 동물행동학자들에게서 더욱 유용한 정보를 얻었다고 말하였다.[54] 그들의 경험은 동물이 자율적인 행위자라는 것을 확신적으로 주장하는 것이다.

동물은 지적 능력을 지니는가?

　동물은 분명히 의식적인 행위자지만 그렇다고 해서 의식이 지능과 똑같은 것일까? 동물이 감각인식, 감정, 본능에 따라 행동한다는 것은 부인할 수 없지만, 동물이 추론하거나 심사숙고한다고 할 수 있는가? 동물이 지적인 이해력을 소유하고 있는가? 일부 관찰과 실험들은 이런 질문에 대해서 긍정적인 답을 시사하는 듯한데, 특히 영장류에 대한 연구에서 그러하다. 어떤 동물행동학자와 심리학자들은 다음과 같은 세 가지 이유에서 동물들에게는 적어도 어느 정도의 지적 능력이 있다고 결론짓는다.

　첫째, 많은 종들은 일반 개념을 이끌어내는 능력이 있는 듯하다. 헤이스(Keith Hayes)와 니쎈(Catherine Nissen)이 실행한 실험에서는 가정에서 기른 침팬지가 사진을 이용해서 수십 개에 달하는 물건들을 구별할 수 있었고, 그것들을 크기, 모양, 색깔 등에 따라 분류했다.[55] 니쎈은 "인간보다 하등한 영장류의 이러한 능력은 우리들의 개념화로 알려져 있는 능력과 거의 같은 것이다"고 논평하였다.[56] 그리핀은 원숭이가 세 개의 물체 중에서 두 개와 닮지 않은 나머지 하나를 잘 골라냈다는 실험 결과를 보고하였다. 그것은 마치 동물이 '비유사성(dissimilarity)'이라는 추상적 개념을 제대로 파악하고 있는 것처럼 보인다.[57]

　둘째, 많은 동물들은 자신이 감지한 것을 논리적으로 생각하여 결론을 이끌어내는 듯하다. 예를 들면, 콜러의 고전적인 실험에서는 침팬지가 추론하는 능력과 통찰력이 있음이 입증되었다. 천장에 매달린 먹이에 닿기 위해서 원숭이들은 막대기를 이용하였으며, 다른 원숭이들은 그 문제를 해결하기 위해서 상자를 쌓기도 하였다. 심지어 어떤 원숭이는 실험자를 바나나 아래로 이끌어서 그의 어깨로 뛰어올라 그 과일을 잡아채기도 하였다![58] 구돌은 야외에서 민첩하지 못한 침팬지들이 나뭇가지에서 잎들을 떼어 내고 그것을 흰개미 집에 집어넣었다가 꺼낸 후, 거기에 달라붙어 있는 개미를 포식하는 것을 관찰하였다.[59] 그런 동물들은 수단과 목적의 관계를 이해하는 것처럼 보인다. 일본에서는 야생의 암컷 원숭이가 쌀과 모래가 섞인 쌀을 물에 던지는 것이 관찰되었다. 그러면 모래는 가라앉고 쌀은 물 위에 뜨는데, 이때 원숭이들은 쌀을 건져서 먹는다. 이처럼 명백히 사려 깊은 행동은 다른 원숭이들에 의해 모방되었으며, 그래서 집단 행동의 한 부분으로 영원히 남게 되었다.[60]

셋째, 일부 영장류는 학습을 통해 초보적 기호를 사용한 의사소통을 할 수 있었다. 여러 심리학자들은 두 가지의 서로 다른 전략, 즉 신호언어(sign language)와 부호체계(symbol system)를 사용하여 이 분야에 대한 다섯 가지 주요한 프로젝트를 수행했다. 1969년에 비어트리스 가드너(Beatrice Gardner)와 앨런 가드너(Allen Gardner)는 워쇼(Washoe)라는 이름의 침팬지를 미국 수화협회에서 훈련시켰다. 침팬지는 3년간 훈련을 받은 후에 85개 이상의 수신호를 할 수 있었다.[61] 프란신 패터슨(Francine Patterson)도 이 방법으로 암컷 고릴라 코코(Koko)를 훈련시켰다.[62] 테러스(Herbert Terrace)는 수컷 침팬지에게 수화를 훈련시켰다. 그가 훈련시켰던 침팬지인 님(Nim)은 4년 후에 125단어를 습득하였다.[63] 프리맥(David Premack)은 다른 전략을 사용했는데, 그는 침팬지가 융통성 있는 손짓을 이용하여 문장을 구사할 수 있도록 훈련하였다.[64] 그리고 럼보(Duane Rumbaugh)가 지도하는 연구팀은 다른 침팬지 라나(Lana)에게 컴퓨터 키보드의 단추를 눌러서 자신의 욕구를 표현하도록 훈련시켰는데, 이 훈련에서는 침팬지를 위해서 특별히 고안된 인공언어인 여키시(Yerkish)라는 언어가 사용되었다.[65] 이러한 다섯 가지 프로젝트에서 동물들은 정확한 언어 구사력을 획득하였으며, 따라서 어떤 사람들은 그러한 동물들이 언어의 의미와 일반적 개념을 파악할 수 있는 능력을 갖는 것이 분명하다고 주장한다.

이러한 실험과 관찰이 과연 동물들에게 지적 인식력이 있음을 보여 주는 것일까? 개념화에 관한 실험에서 동물들은 눈에 비치는 외형적인 차이나 그 물체들이 다른 감각에 미치는 각기 다른 영향에 따라서 물체를 구별할 뿐이다. 비단 원숭이뿐만 아니라 포유류, 조류, 연체동물과 곤충을 비롯한 여러 동물들도 모양과 유형을 구별할 수 있다.[66] 만일 잠자리가 큰 물체와 작은 물체, 움직이는 것과 움직이지 않는 물체를 구별할 수 없다면, 잠자리의 시력이 무슨 소용이 있겠는가? 그러나 이런 모든 판단은 지각적인 것이지, 지적인 것은 아니다. 나나니벌이 실험하는 동안 원의 모양을 다른 형태와 구별할 수 있었다고 해서 그 벌이 원에 대한 정의를 이해한다고 상상하는 것은 합리적이지 못하다(그림 3.2를 보라). 같은 모양을 찾아낸다고 해서, 그것이 개념화할 수 있는 능력이 있다거나 지적 능력을 가졌다고 입증하는 것은 아니다. 그것은 단지 감각 수준에서 자극을 분별하는 능력이 있음을 나타낼 뿐이다. 심지어 앞에서 논의된 원숭이의 교차양식 인식도 감각 지각 수준 이상을 초월하는 것은 아니다.

  추상적인 보편적 개념에 대해서 혼란이 생기는 원인 중의 하나는 감각력도 어느 정도 보편성을 갖기 때문이다. 소크라테스의 눈은 바로 눈앞의 붉은색 물체뿐만 아니라 어떤 붉은색 물체라도 볼 수 있으며, 꼭 붉은색이 아닌 어떤 색깔이라도 볼 수 있다. 이러한 종류의 보편성이 없으면 감각력은 아무 쓸모가 없는데, 이것을 지적 개념의 보편성과 혼동해서는 안 된다. 단지 시각만으로 붉은색 물체를 보고 붉은색을 다른 색깔과 구별할 수 있다고 해서, 붉다는 것에 대해 정의한다든지 또는 모든 색깔이 공통적으로 지니는 속성을 이해하는 것은 아니다. 그것은 눈이 할 수 없는 어려운 일이다.

  지적인 개념과 감각 이미지 사이의 차이점은 어떤 감각인식으로도 문제를 해결할 수 없을 때, 더욱 뚜렷이 나타난다. 40년 이상 어린이의 인지 발달을 연구했던 심리학자 피아제(Jean Piaget)는 이와 관련해서 많은 실험 방법을 고안해 냈다. 그는 아주 기발하고 매우 간단한 실험법 한 가지를 설명하였다: "나무로 만든 약 20개의 갈색 구슬과 두세 개의 흰 구슬을 뚜껑이 없는 상자에 넣고 잘 섞은 후에 그것을 피실험자에게 제시한다. 피실험자가 구슬을 충분히 가지고 놀게 한 후에 그 속에 나무 구슬이 많은지, 아니면 갈색 구슬이 많은지를 묻는다. 일곱 살 이하의 어린이의 대부분은 '갈색 구슬이 더 많아요'라고만 말할 수 있었다."[67] 갈색 구슬이 더 많다고 대답한 어린이는 보편적 카테고리들 사이에서 논리적 관계를 이끌어내기보다는 감각 이미지와 지각에 근거하여 결정하였다. 이 실험과 유사한 몇 가지 실험은 다른 몇 종류의 동물들에게도 손쉽게 적용될 수 있다.

   사실, 귀중한 분별력과 유용한 원리가 담겨 있는 피아제의 탁월한 업적을 동물심리학의 영역에 적용시키면 아주 큰 이익을 기대할 수 있을 것이다. 어떤 사물의 본질이나 원인을 이해하는 능력이 없이, 오직 감각인식, 운동 습관, 기억, 연합에 국한된다고 간주했던 정신에 대하여 새로운 견해를 얻기 위해서는, 우리들이 연구해 왔고 또 가장 잘 알고 있는 동물, 즉 바로 어린애로부터 검토를 시작하는 것이 합당할 것이다. 피아제는 생후 6개월 이전의 어린애를 다음과 같이 묘사하였다 : "지각의 관점에서 보아 어린애가 웃기 시작할 때면(생후 5주 이후부터), 어린애는 특정한 사람을 다른 사람과 구별할 수 있다. 그러나 이때 우리들은 어린애가 어떤 사람이나 사물을 개념화하고 있다고 가정해서는 결코 안 된다. 사람과 사물은 만질 수 있으며, 어린애는 그것을 움직이는 환영으로 인식한다. 그러나 어린애들의 그러한 인식이 대상물의 본질에 대해서 이해한다거나 또는 자아와 외부세계를 구별한다는 것을 입증하는 것은 아니다."[68]

   피아제는 이 단계의 어린애는 물체를 지각하지만, 그것의 불변성이나 소위 그가 말하는 본성을 지각하지는 않는다는 것을 발견했다. 그는 생후 7개월 된 그의 아들로부터 관찰한 한 가지 사건을 자세히 이야기하였다 : "내가 그 아이에게 우유를 먹이기 위해 우유병을 줄 때, 우유병을 감추어 보았다. 내가 우유병을 치켜 올려 내 팔 뒤로 감추었을 때, 만일 그 병이 부분적으로 아이의 시야에 남아 있었다면 아이는 그것을 잡으려고 내 팔을 우회해서 팔을 뻗쳤을 것이다. 그러나 우유병이 내 팔의 뒤에 있어서 보이지 않게 되자, 아이는 마치 그것이 완전히 사라져버린 것처럼 울기 시작하였다!"[69] 다른 한 경우에 피아제는 방을 돌면서 공을 잡으려는 어린애를 관찰하였다 : "공이 안락의자 아래로 굴러갔을 때 어린애는 쉽게 공을 찾았다. 그러나 공이 소파 밑으로 굴러 들어가서 보이지 않게 되자, 어린애는 이내 소파 밑에서 찾기를 멈추고 대신 안락의자 아래에서 공을 찾으려고 하였다! 여기에서 우리들은 어린애는 아직 물체의 불변성에 대한 개념이 없다고 결론지어야 한다. 어린애에게 있어서 공은 단지 일종의 반물체(semi-object)로서 인식과 실재의 중간에 위치했던 것이다. 어린애는 국지성(localization)을 이해하기 시작했는데, 그것은 물체의 불변성을 이해하는 데 필요한 것이다. 그러나 국지성은 아직 대상물 그 자체와는 연결되지 못하고, 어린애가 공을 찾는 데 성공했던 바로 그 장소와 연결되었다."[70]

이와 유사하게 동물들은 물체의 본질 또는 그 물질의 실체를 이해하지 못하면서 행동한다. 그렇지만 동물의 행동은 잘못 해석하기가 대단히 쉽다. 예를 들면, 새떼가 자신들 중의 한 마리를 포획했던 고양이를 습격하는 것을 관찰했던 사람이라면, 누구나 새들이 그 상황을 이해해서 적절한 행동을 취했던 것이라고 가정하기 십상이다. 그러나 그렇지는 않다. 로렌츠는 어느 날 수영을 끝내고 집으로 돌아갈 때 자신의 집 지붕 위에 둥지를 틀고 사는, 평상시에는 친숙했던 갈가마귀떼로부터 갑자기 공격을 받은 적이 있다고 보고하였다. 새들은 날카로운 금속성 소리를 지르며, 로렌츠의 손을 필사적으로 습격하였다. 로렌츠는 단순히 자신의 주머니에서 검은색의 수영복을 꺼내 보인 데 불과했다. 그런데 이것이 갈가마귀의 습격본능을 유도하는 데 충분했던 것이다. 로렌츠는 "갈가마귀의 입장에서는 적을 인식하는 것에 관련된 모든 반작용들 중에서 오직 한 가지는 타고났던 것이다. 그것은 검은 부분을 소지한 살아 있는 물체, 흔들리는 것 또는 퍼덕거리는 것은 무엇이라도 지독한 공격의 대상이 되었던 것이다"고 말하였다.[71] 로렌츠는 자신의 크고 낡은 카메라가 검은색이었지만 갈가마귀들에게 어떤 반응도 유발시키지 않았다고 지적하였다: "그러나 내가 필름 꾸러미를 꺼내어 그 조각이 미풍에 이리저리 퍼덕거리게 하자마자 갈가마귀들은 사납게 외치기 시작하였다. 설령 그 새들에게는 내가 해롭지 않은 존재이며, 심지어 자신들의 친구라는 것이 알려져 있다고 해도 그 반응에는 조금도 차이가 없었다. 내가 손에 어떤 검은색의 움직이는 물체를 지니기만 해도 나는 곧 '갈가마귀를 잡아먹으려는 존재'가 되는 것이다."[72]

로렌츠가 손에 아직 깃털이 없는, 갓 깬 갈가마귀 새끼를 지니고 있을 때 그 어떤 새들도 공격하거나 특별한 주의를 기울이지 않았다. 그러나 새끼의 깃털이 자라서 새가 검은색을 띠게 되었을 때, 그가 어린 새를 잡으려고 하면 그 어버이 새들은 로렌츠의 손을 광폭하게 공격하였다.[73] 이것은 그 새들이 비슷한 상황에서 사람처럼 행동하지 않는다는 점을 나타낸다. 이를테면 사람은 그것이 먼저 어떠한 위험인지를 이해하고 대처할 방식을 결정한다. 새들의 반응은 비록 감각인식에 의해 유발되기는 했지만 엄격하게는 본능에 의해서 결정되었던 것이다. 갈가마귀들은 검은색을 인지하고 퍼덕거림을 지각한다. 그러나 놀라운 것은 로렌츠의 실험이 증명했듯이 새들은 그 물체가 수영복인지, 필름인지, 심지어 갈가마귀 새끼인지를 인지할 수 없었던 것이다.

동물은 대상의 본질 또는 그 실체에 대한 인식이 없으므로 그들의 타고난 반응은 몇 가지 외부 자극에 맞추어 나타나게 된다. 귀머거리인 칠면조 암컷은 새끼들이 알에서 부화하자마자 어린 새끼들을 모두 쪼아 죽인다. 삐약거리는 소리를 내는 새끼만이 유일하게 둥지를 방어하려는 암컷의 본능적 공격을 유발시키지 않는다. 새끼들의 삐약거리는 소리가 그것만으로 암컷의 모성 본능을 불러일으키는 것이다. 어린 칠면조가 삐약 소리를 내지 않으면, 본능적으로 어린 칠면조는 적이라고 판단되어 공격당하는 것이다. 소리를 낼 수 없는 헝겊으로 만든 병아리를 끈으로 묶어서 둥지로 밀어 넣으면, 정상적으로 소리를 들을 수 있는 암컷 칠면조는 헝

3. 동물과 인간 101

겊 인형을 공격할 것이다. 이와 반대로 칠면조 새끼의 삐약거리는 소리를 낼 수 있도록 스피커를 부착한 헝겊으로 만든 족제비에 대해서는 암컷 칠면조가 모성을 발휘할 것이다.[74]

쾰러는 침팬지도 이와 비슷한 반응을 나타낸다고 보고하였다 : "나는 침팬지에게 가장 원시적인 헝겊 장난감——받침대에 묶은 나무 틀 위에 헝겊을 씌우고, 그 안에는 지푸라기를 넣어 꿰맸으며 검은색 단추를 달아서 눈처럼 보이게 하였다——으로 실험하였다. 그것은 높이가 대략 40센티미터였고 대단히 부자연스럽게 실물처럼 보이지 않았지만, 그래도 황소나 당나귀를 어설프게 흉내낸 것 같았다. 내 손에 이끌려서 밖으로 나온 술탄(Sultan)이라는 이름의 침팬지는 그 어떤 동물과도 닮은 점이 거의 없는 이 작은 물체에 도무지 접근하려 하지 않았다. 그는 거의 공포에 사로잡혀서 내가 그를 장난감 쪽으로 끌고 가려 했을 때에는 버둥거리며 뒤로 물러났으며, 내게 그렇게 하면 큰 벌을 받는다는 것을 잘 알고 있으면서도 내 손가락을 물려고 으르렁거렸다. 어느 날 나는 이 장난감 하나를 팔에 끼고 침팬지의 방으로 들어갔는데, 그들의 반응은 그야말로 순간적이었다. 모든 침팬지들은 철사지붕의 가장 먼 쪽 구석에 한 데 매달려서 서로서로 옆으로 밀치며 자기 머리를 그들 사이로 깊숙히 밀어 넣으려 하였다."[75]

영장류들이 헝겊 인형의 모양, 크기, 색깔과 디자인은 인식하지만 그것이 진정 무엇인지——해가 없는 헝겊과 나무로 되어 있다는 것——를 인지할 수 없다는 것은 얼마나 놀라운 일인가. 심리학자 프란신 패터슨은 암컷 고릴라를 훈련하는 동안 똑같은 사실을 발견했다 : "고릴라 코코는 진짜 악어를 본 적이 없었으나, 이빨이 나 있는 헝겊이나 고무로 만든 모사품을 보면 돌같이 굳어진다. ……나는 코코가 지니고 있는 파충류에 대한 비이성적인 공포심을 역이용해서 트레일러에 코코의 손이 닿아서는 안 되는 부분에 이 장난감 악어를 두곤 하였다."[76]

따라서 동물은 그 대상이 진정 무엇인지를 파악하는 것이 아니라, 물체의 외형에 대해서만 반응한다. 동물은 물체의 감각적 성질과 그것이 진정 무엇인가를 구별하지는 못한다. 따라서 동물은 사물의 원인을 이해할 능력을 갖지 못한다. 기억에서 어떠한 일을 다른 일에 연결시키는 것이 그 사물의 원인을 이해하는 것과는 다르다. 어린애에 대한 피아제의 연구는 다시 한 번 이 점에 대해서 시사해 준다. 어린애는 생후 약 4개월 반이 되면 물건을 집어서 탐색하기 시작한다. 어느 한 실험에서 피아제는 자기 아들의 침대 지붕을 투명한 덮개로 덮고 그 위에 딸랑거리는 장난감을 몇 개 두었다. 그리고 덮개의 중앙에 연결된 끈이 어린애 침대로 늘어지게 하였다(그림 3. 4를 보라). 어린애는 우연히 끈을 발견하고 이내 자기 머리 위에서 장난감이 춤추자 점점 더 세게 끈을 잡아당겼다. 이것은 명백히 어린애가 끈과 덮개 위의 장난감과의 관계를 이해한 것처럼 보인다. 그러나 피아제는 다음과 같이 질문하였다 : "이 나이의 어린애가 끈과 침대 지붕 사이의 물리적인 연결을 인식하고 물리적인 인과관계를 이해하는 것일까? 아니면 어린애가 단순히 보다 일반적이고 주관적으로——그러한 이해는 당연히 현상적이고 자아중심적인 것이다——'끈을 잡아당기는 행동'과 장난감이 춤추면서 내는 소리와 광경으로 얻어지는 재미있는 감각적 결과 사이의 연결을 이해하는 것일까?"[77]

이 질문에 답하기 위해 피아제는 딸랑거리는 장난감을 치우고 난 후, 숨어서 긴 막대기에 매달은 장난감을 덮개 위로 드리우고 그것을 흔들어 어린애를 즐겁게 하였다. 어린애는 장난감을 보면서 웃고, 까르르 소리를 내며 좋아하였다. 그리고 나서 피아제가 동작을 멈추자 잠시 후에 어린애는 끈을 잡아당겼다! 그리고 다른 한 실험은 이 결과를 확인해 주었다 : "어린애는 심지어 멀리에서 나는 소리에도 똑같은 방식으로 반응을 나타냈다. 나는 방 구석의 장막 뒤에 숨어서 어린애가 흥미를 느껴 머리를 돌려 내가 있는 구석을 쳐다볼 때까지 일정한 간격으로 여러 번 휘파람을 불었다. 그리고 나서 나는 휘파람을 멈추었다. 어린애의 눈은 잠시 내가 있는 곳을 주시하더니, 이윽고 어린애는 자기의 침대에 늘어져 있는 끈을

3. 동물과 인간   103

그림 3.4 어린애 침대의 투명한 덮개 중앙에 붙은 끈이 침대 안으로 늘어져 있다. 어린애는 덮개 위의 딸랑거리는 장난감 소리가 재미있어서 그 끈을 반복해서 잡아당겼다. 그러고 나서 실험자는 딸랑거리는 장난감을 치우고 어린애의 주의를 끌기 위해 보이지 않는 곳에서 휘파람을 몇 차례 불었다. 실험자가 휘파람 불기를 멈추었을 때, 어린애는 줄을 잡아당기고 나서 휘파람 소리가 나는 곳을 바라보았다. 이것은 어린애가 인과관계를 인지적으로 파악하여 행동한다기보다는 감각 동작의 연합에 의해서 행동한다는 것을 증명한다. 동물도 같은 원리에 따라 행동한다.

당기면서 눈은 휘파람 소리가 나던 구석을 돌아보았다!"[78]

따라서 어린애는 아직 원인과 결과의 인과관계나 목적과 수단의 관계를 있는 그대로 파악한 것이 아니었으며, 다만 (끈을 잡아당기는) 행동과 연장된 재미있는 경험을 연합시키는 데 혼돈을 일으키고 있을 뿐이다. 이러한 모든 일은 역학, 거리, 접촉점 등에 대해서 아무런 이해 없이도 발생할 수 있는 것이다.

유인원들도 접근할 수 없는 거리에 놓인 먹이에 끈이 연결되어 있을 때 비슷하게 행동하였다. 쾰러는 우리 밖에 있는 먹이를 얻기 위해서는 올바르게 끈을 잡아당겨야만 하는 한 실험에서, 침팬지가 주위를 제대로 관찰하지 않고 그저 무엇인가를 움켜 잡아당기는 것을 목격하였다. 쾰러는 이렇게 보고하였다. "배가 고플 때 침팬지는 줄을 잡아당겨야만 했다. 침팬지는 대상을 주시하여 먹이와 줄이 전혀 연결되어 있지 않다는 것을 **충분히 알았더라도** 배가 고프면 줄을 잡아당겼던 것이다."[79] 여기서 동물은 인과관계나 수단과 방법을 이해해서가 아니라, 단순히 줄을 잡아당기는 행위와 먹이를 얻는 일 사이의 연합 작용을 근거로 행동하였음이 분명하였다. 심리학자 허버트 버치(Herbert Birch)의 실험에서도 똑같은 사실이 확인되었다. 여섯 마리 침팬지에게 한 개의 줄을 주고 그 줄을 잡아당기는 기술을 습관들였다(30회씩 시행하였다). 그리고 난 후에는 먹이가 연결된 줄 하나와 먹이가 연결되지 않은 다른 한 개, 즉 두 개의 줄을 아주 잘 볼 수 있게 하여 제시하였을 때, 먹이와 연결된 줄을 유의할 만한 확률로 보다 빈번히 더 잘 잡아당기는 침팬지는 없었다.[80] 쾰러는 영장류에게서조차 연결이라는 '개념'이 시각적 근접성 이상으로 대단하게 여겨지는 것이 아닐 것이라면서 회의적이었다.[81]

쾰러는 아무리 좋은 도구라도 동물이 동시에, 또는 거의 동시에, 원하는 물체를 보지 못하면 그 동물이 이 도구를 적절히 이용하지 못하는 사례를 몇 가지 더 제시하였다. 쾰러는 먹이를 얻기 위해서 침팬지에게 막대기가 필요했던 경우에, "체고(Tschego)라는 침팬지의 주의를 우리 뒤쪽에 있는 막대기로 돌리기 위해서 내가 할 수 있는 모든 방법을 모두 다 동원하여……체고는 마침내 막대기를 바로 쳐다볼 수 있었다. 그러나 그렇게 했음에도 불구하고 체고는 막대기에 등을 돌렸으며 더 이상 그것에 관심을 두지 않았다"고 보고하였다.[82] 허버트 버치도 유사한 관찰을 하였다.[83] 이것은 동물이 수단과 목적에 대해서 있는 그대로 이해하지 못한다는 것을 충분히 입증한다. 이러한 문제는 전적으로 동물의 감각적인 측면에 있는 것이다. 영장류는 어떤 도구가 목적 달성에 불충분했음에도 불구하고 그것을 이해하지 못함을 여러 번 드러냈다. 허버트 버치는 한 동물이 너무 짧은 막대기로 먹이에 닿으려고 부질없는 시도를 26번씩이나 했던 사례를 기록하였다. 예닐곱 번 격렬하게 화를 낸 후에 우연히 그 동물은 충분히 긴 막대기로 연결된 끈에 닿을 수 있었다.[84]

그렇지만, 동물에게 지적 능력이 없다는 사실은 동물들이 저지르는 실수에서 가장 잘 나타난다. 쾰러는 자신이 기르는 침팬지에게서 소위 말하는 '조악한 실수(crude stupidity)', 즉 동물이 상황을 잘 파악하지 못해서 실수를 저지르는 현상을 목격했다.[85] 예를 들면, 침팬지 술탄은 현재 과일이 매달려 있는 바로 그 아래가 아니라, 이전에 과일을 따려고 시도했을 때 과일이 매달려 있던 장소 아래에 상자를 쌓았다.[86] 이는 피아제의 어린애가 공을 잃어버렸을 때 그것을 잃었던 곳이 소파 밑이 아니라, 이전에 그가 공을 발견했던 안락의자 아래에서 공을 찾았던 예와 유사하다. 또 다른 경우에 쾰러는 천장에 매달린 먹이를 얻기 위해 그 아래에 상자를 쌓도록 하는 훈련을 술탄에게 4주 동안 시킨 후, 먹이를 우리 밖에 놓고 그것을 잡을 수 있는 막대기를 침팬지의 손이 닿을 수 있는 위치에 두었다. 그 결과는 다음과 같았다 : "술탄은 상자 한 개를 먹이가 있는 곳과 마주하는 창살 쪽으로 가지고 가서 우둔하게도 그것을 이쪽으로 굴려 보고 또 저쪽으로 굴려 보곤 하였다. 그리고 더 많은 상자를 가지고 가 마치 그것을 포개 놓으려 하는 것 같았다(그림 3. 5를 보라)."[87]

다른 원숭이들도 똑같은 종류의 '조악한 실수'를 저지른다.[88] 또 다른

그림 3.5 침팬지는 상자 쌓기와 바나나 얻기를 연합시켜 높은 곳의 바나나를 얻기 위해 상자를 쌓았다. 그러나 우리 밖의 바나나를 얻기 위해 창살에 붙여 상자를 쌓는 행위에서 나타나는 바와 같이 침팬지는 인과관계를 이해하지 못한다.

침팬지인 그란데(Grande)도 과일을 얻기 위해서 돌을 발판으로 이용하는 실험을 반복시킨 후, 과일을 창살 밖에 놓으니 그것을 얻기 위해서 돌을 끌어왔다.[89] 1978년에 행해졌던 새비지럼보(E. Sue Savage-Rumbaugh), 럼보 및 보이센(Sally Boysen) 등의 실험에서도 이러한 동물들의 실수가 기록되었다. 영장류들이 몇 가지 도구의 사용법을 완전히 익힌 후일지라도, 도구상자에 들어 있는 도구들을 마음대로 이용하게 했을 때 그들은 계속해서 도구를 제대로 이용하지 못했다: "먹이라는 미끼를 얻기 위해서 그들은 열쇠를 긴 튜브에 끼워 넣기도 하고, 막대기로 자물쇠를 찌르기도 했으며, 스폰지를 빗장에 대고 비틀기도 했다."[90]

만일 영장류들이 인과관계를 지성적으로 이해할 수 있다면, 그들은 이런 종류의 실수를 저지르지 않을 것이다. 그러나 만약 그들의 이러한 행동이 단순히 운동 습관이나 획득 연합(acquired association)에 의해서 일어난다고 한다면, 그들의 행동은 완전히 이해될 수 있다. 예를 들면, 수동변속기가 달린 자동차를 자동변속 자동차로 교체한 사람은 얼마 동안 그 이전의 습관대로 수동변속을 시도하려는 경향이 있음을 확실히 느낄 것이다. 어떤 점에서 이런 경향성은 판단력이 없기 때문에 실제로 실수가 아니라고 할 수 있다. 이성은 경향성의 근원이 아니다. 오히려 이성은 경향성과 모순된다. 똑같은 방식으로 침대 위의 어린애는 딸랑거리는 소리를 듣기 위해 끈을 당기고, 원숭이는 우리 밖의 먹이를 얻기 위해 철창 앞에 상자를 쌓는 것이다. 만약 콜러와 다른 실험자들이 새로운 일련의 실험을 시작하기 전에 별로 관련이 없는 도구들을 놓였던 자리에서 정리했다면, 동물들이 저지른 '실수'의 그 어느 것도 주목을 끌지 못했을 것이라는 점은 주의할 만하다. 콜러의 설명에서도 관련성의 요소는 분명히 드러난다: "상자를 발판으로 삼는 실험이 자주 진행되었을 때에는 내가 정해진 시간에 문을 열기만 하더라도 침팬지는 그것들을 자신에게 익숙해진 장소에 끌어다 놓곤 했다."[91] 이런 모든 예는 영장류들이 때때로 도구를 사용하기는 하지만 도구를 이해하지 못한다는 것을 나타낸다.

비록 이런 종류의 동물 실험들을 관습적으로 '문제해결(problem solving)' 실험이라고 부르기는 하지만, 우리는 동물들 자체가 어떤 지적인 문제도 해결하려 하지 않는다는 것을 알아야 한다. 단지 그들은 먹이나 원하는 대상을 얻으려는 것뿐이다. 결과적으로, 동물들은 자신의 행동에는 전혀 주의를 기울이지 않는 일이 빈번하며, 심지어는 불과 몇 분이 지나지 않아 자신이 과거에 수행했던 성공적인 '해결책'을 제대로 반복하지 못하는 경우가 많았다.[92] 실험자는 지적인 문제를 해결하려고 노력한다 : 그는 동물의 행동에 대한 유용한 견해를 얻을 수 있도록 실험을 배치하려고 한다. 그 반면에 침팬지는 '문제' 자체에 관심을 보이지 않는 동물로 악명이 높다. 그러므로 동물에게 있어서 '학습'이란 습관과 연상의 습득을 의미하는 것이지, 이유나 원인을 이해하는 것은 아니다. 훈련을 받고 조건화된다고 해서 그것이 지적인 이해력의 습득과 동등한 것은 아니다.

전형적으로 영장류는 원하는 대상에 도달하기 이전에 여기저기에서 상당히 많은 실수를 저지른다. 그러다가 때로는 그들의 행동이 우연히 문제를 '해결'하기도 한다. 그러나 쾰러와 여키스(Robert Yerkes)[93]를 비롯한 많은 실험자들은 꼭 우연적인 행동이 아니라, 동물들이 진정한 통찰력에 의해서 일부 문제들을 해결한다고 주장하기도 한다. 우리들이 이제까지 보아 온 결과들이 그러한 가능성을 완전히 배제하는 것은 아니다. 피아제는 운동 습관이 새로운 대상이나 상황에 적용될 수 있으므로 어느 정도 응용성을 갖는다고 설명한다.[94] 어린애는 어떤 새로운 물체를 대했을 때 그것을 똑같이 판에 박힌 방법, 즉 그것을 쥐어 보고, 흔들고, 떨어뜨리고, 입에 넣어 봄으로써 살펴보는 것이다. 그렇게 함으로써 어린애는 순전히 감각운동적인 방법으로 새로운 성질을 발견하게 되며, 궁극적으로는 그것을 이용해서 새로운 과제를 해결할 수 있게 된다. 마찬가지로, 도구를 이용하기 이전의 영장류는 틀림없이 먼저 자발적으로 그것을 다루거나 또는 훈련에 의해서 그것에 대한 감각운동적 경험을 얻었을 것이다. 동물행동학자인 벤저민 베크(Benjamin Beck)는 비비를 이용한 실험에서 그 과정을 설명하였다 : "도구의 사용은 시행착오를 통해서 이루어졌는데, 그것을 이리저리 조작하다가 우연히 그 이용법을 알게 되었다."[95] 일단 이용법을 알게 되자 동물들은 새로이 습득한 운동기술을 새로운 상황에 적용시킬 수 있었다. 도구의 이용에 어떤 지적인 이해도 필요 없다는 것을 우리들이 인정하는 한 그것을 '통찰력'이라고 부르는 데 반대할 여지는 없다고 하겠다.

운동 습관의 응용이 이해에 있어서 보편성과 혼동되어서는 안 된다. 어떤 물체를 이해한다는 것과 그와 관련된 운동기술을 습득한다는 것은 전혀 다른 세계인 것이다. 자전거타기를 배우는 것은 지적인 문제가 아니라 운동기술을 배우는 문제인 것이다. 이러한 기술을 습득하는 데에 반드시 이해해야만 하는 어떤 원인이나 이유를 들먹일 필요는 없다. 사람은 곡마단의 곰에게 자전거를 타도록 훈련시킬 수는 있으나, 왜 그 자전거가 안전한 탈 것인지를 그 곰으로 하여금 이해시킨 것은 아니다. 실제로 자전거를 타는 사람의 대부분도 자전거를 작동시키는 복잡한 물리학적·역학적 원리를 모른다. 존스(David E. H. Jones)는 자전거의 물리학에 관한 그의 매혹적인 논문을 이렇게 시작한다: "거의 누구나 자전거를 탈 수 있으나, 어느 누구도 그것이 어떻게 작동하는지는 제대로 모른다. …… 겉으로 보기에는 자전거타기가 간단하고 쉽기 때문에 그 속에 숨겨진 많은 교묘함을 인식하지 못하는 것이다. 나는 자전거가 왜 안전한지 그 이유를 발견하려고 상당히 많은 노력을 기울였다."[96] 존스는 타는 사람의 기술, 돌고 있는 바퀴에 의해 생기는 자이로스코프(gyroscope) 효과, 토크(torque)를 적게 하는 중력의 중심, 캐스터링력(castoring force) 등을 비롯한 자전거에 숨겨져 있는 여러 가지 비밀들을 설명한 바 있다.[97] 그러나 이런 것들을 일단 이해하게 되면, 예를 들어 자이로스코프의 원리를 이해하면, 자동차 바퀴가 돌아가는 것, 어린이가 돌리는 팽이가 안정되는 것, 그리고 심지어 지구가 돌 때 자전축의 세차 운동으로 수천 년을 주기로 해서 북극성의 변화를 가져오는 현상들을 설명할 수 있다. 일단 정신이 그 원인을 이해하게 되면 그 응용 범위는 거의 무한정이다. 그러나 자전거타는 기술을 익혔다고 해도 그것은 단지 다른 자전거를 탈 수 있게 하는 데 불과하다.

위의 경우에 비추어 볼 때, 동물의 언어 학습 능력에 대해서 우리들은 무엇을 기대할 수 있겠는가? 첫째, 우리들은 기구 사용 능력이나 '통찰력'을 포함한 동물의 모든 행동을, 말하기 이전의 어린애에게서 발견되는 원리들로 설명할 수 있다는 점을 주지해야 한다. 둘째, 만일 동물들이, 심지어 영장류까지도, 사물의 본질과 존재 이유를 제대로 이해하지 못한다면, 그들이 어떻게 진정한 언어를 사용할 수 있는지를 알기는 어려울 것이다. 셋째, 비록 야생의 침팬지가 먹이를 원하거나 서로를 간지르는 행동을 하지만, 그들은 단지 소리와 체계적이지 못한 몸짓만 이용할 뿐이다.[98] 만일 동물들이 기호를 이용한 의사소통 능력을 가진다면 동물들이 야생 생활에서 어떠한 자극이나 훈련이 없이도 언어를 사용하는 것으로 기대될 것이다. 영장류 동물학자인 멘젤(Emil Menzel)은 훈련받지 않은 침팬지는 들판에 감추어진 먹이의 위치를 어떠한 몸짓이나 소리로도 동료 영장류들에게 전달할 수 없음을 실험을 통해서 발견하였다.[99]

이런 점들을 생각한다면, 우리들이 동물들에게 언어를 가르치려 했던 많은 시도들이 왜 번번이 실패로 끝나고 말았는지를 보다 잘 이해할 수 있다. 산책을 원하는 애완용 강아지는 설령 훈련을 받지 않더라도 자신의 가죽끈을 주인에게 가져갈 것이다. 이것은 언어가 아니고 연상 작용이고 기억이다. 마찬가지로 침팬지는 플라스틱 동전이나 키보드의 단추를 자기가 원하는 물체나 행위에 연결짓도록 배울 수 있을 것이다. 심지어 그들은 제한적이지만 일련의 행동을 습관적으로 수행할 수도 있다. 그러나 다시 한 번 강조하지만 이것은 언어가 아니다. 영어를 사용하는 사람에게는 바나나라는 단어가 '달콤한 것을 먹기 위해서 내가 해야 하는 어떤 것'을 의미하지는 않는다. 그러나 침팬지 사라가 훈련을 받을 때, 그가 글자 맞춤판 위에 알파벳 글자 하나를 놓기 전에는 바나나를 얻을 수 없었다.[100]

이때 그가 집어들었던 글자는 침팬지에게 어떤 특정한 과일을 의미하는 단어나 상징이 아니다. 그 반대로, 글자를 집어 맞춤판 위에 올려놓는 행위는 침팬지가 과일 한 조각을 얻기 위해서 반드시 해야만 하는 행동에 불과하다.

 신호언어를 배우는 동물들을 위해, 심리학자 테러스는 매우 정교한 프로젝트 하나를 구성하였다. 테러스와 60여 명의 교사들은 4년 여에 걸쳐 25만 달러 이상을 들여 수컷의 침팬지 새끼를 미국 수화협회에서 훈련시켰다. 이 프로젝트는 지금까지 수행되었던 유사한 프로젝트들 중에서 가장 잘 정리된 것이었는데, 침팬지 님이 어떻게 수화를 익혔는지는 40여 시간 동안의 비디오 테이프와 교사들이 작성한 2000개 이상의 보고서로 정리되었다.[101] 님이 보여 주었던 1만 9000개에 달하는 갖가지 기호 행동들을 면밀히 분석했던 테러스는 "어휘가 규칙적이라는 증거"를 발견할 수 없었으며, 어떠한 문장이나 문법도 없었음을 발견하였다.[102] 역시 님은 구문에 대한 개념이 없고 심지어 형용사를 명사에 연결시키지도 못했다. 테러스는 가드너 씨 소유의 침팬지 워쇼가 백조를 보고 '물새(water bird)' 라고 수화로 나타냈던 것은 두 단어 사이의 구문적 연결이 없이 단지 자신이 목격했던 물을 수화로 나타내고 다시 새를 수화로 표현한 것에 불과하였다고 지적하였다. 님의 수화를 정밀 분석한 후에 테러스는 "문법적인 가능성을 보였다고 처음에 예상되었던 예들은 언어학적 설명이 없이도 쉽게 설명될 수 있는 것들이었다"고 결론지었다.[103]

 게다가 님은 항상 새로운 정보는 거의 없고, 단지 심하게 중복되기만 하는 수화를 반복하는 것이었다. 예를 들면, 그가 한 가장 긴 수화는 "Give orange me give eat orange me eat orange give me eat orange give me you"였다. 또한 님이 표현한 수화 중에서 오직 10퍼센트 정도만이 자발적이거나 또는 교사로부터 요구받지 않은 행동들이었는데, 이것은 어린이의 언어 구사 중 80퍼센트 이상이 자발적으로 행해지며 어린이가 성장함에 따라서 문장의 길이가 길어지고, 어휘가 풍부해지며 더욱 복잡해지는 것과는 상당히 대조적이다.[104] 테러스는 "어린이는 세 살이 되면 더 이상 부모의 발음을 모방하지 않는데, 님은 네 살이 되어서도 모방이 더욱 심해져서 54퍼센트나 되었다"고 보고하였다.[105]

더욱 심각한 것은 님에게 동기유발(motivation)을 시키는 일이었다. 테러스는 다음과 같이 말하였다: "몇 가지 예외는 있었지만, 님은 어린이가 발견하는 '단어 구사의 힘'을 발견하지 못하는 것처럼 보였다. 그 예외는 단 한 가지, 무엇인가를 요구하는 기능에 관계된 어휘 구사만이 예외였다. 껴안다, 놀다, 더럽다, 졸리다, 먹다 등과 같은 단어들은 님에게 있어서 필요로 하는 요망 사항이었다."[106] 님이 동시에 세 가지를 표현하는 수화를 21번 행하면 그 중 20번은 반드시 'Nim'이나 'me'라는 단어를 포함하는 것이 결코 우연은 아니었다.[107] 침팬지에게 있어서 수화는 단어가 아니라 단지 그가 원하는 것을 얻는 수단일 뿐인 것이다. 그러한 아주 놀라운 한 예로, 님은 변기를 이용하고 싶을 때뿐만 아니라, 그러한 필요성이 전혀 없지만 단순히 지루하거나 새로운 선생을 좋아하지 않을 때, 또는 즐겁지 않은 상황에서 빠져 나가고 싶을 때 더럽다는 수화를 이용했다. 그는 이 수화를 행하면 언제든지 훈련자가 즉각적 조치를 취한다는 것을 익혔던 것이다. 같은 방식으로 님은 심지어 매우 정신이 또렷하여 전혀 졸리지 않을 때에도 **졸리다**는 수화를 사용했다.[108]

어떤 특정 대상이나 행동과 관련하여 얻어지는 운동 습관은 단어가 아니다. 만일 언어가 단순히 운동 연합의 광대한 목록에 불과하다면, 동물이 말할 수 없다고 할 이유가 없게 된다. 피아제가 구별했던 한 살난 어린애의 감각운동적 이해와 그 후에 나타나는 진정한 지적인 개념의 차이는 동물들의 언어에 대한 전체적인 논의에 있어서 시사하는 바가 크다고 하겠다: "감각운동적 지능은 실제적인 적용성만을 추구한다. 즉, 그것은 오직 성공과 실용성만을 목표로 하는 데 반해서, 개념적 사고는 그러한 지식으로 유도함으로써 진리의 규범을 낳는다. 심지어 어린이가 새로운 대상을 탐구하거나 일종의 '알아 보기 위한 실험'에서의 자리바꿈을 학습

할 때 감각운동적 동화(sensorimotor assimilation)가 일어나는데, ……
여기서는 실용적인 결과가 얻어지기를 기대한다. ……그 어린이가, 소위
말하는 확실한 증거 또는 적절한 판단에 도달하는 능력을 과연 지닐 수
있는가 하는 것을 따지는 것은 중요하지 않다. 그보다는 이때의 판단이란
'누구는 그 물체를 가지고 이런 것을 할 수 있다'거나, 또는 '누구는 그러
한 결과를 얻을 수 있다'고 말하는 것과 같은 것이다. ……유일한 문제점
은 원하는 목표에 도달하는 것이며, 따라서 그 목적을 달성하느냐 실패하
느냐가 가장 중요한 문제가 된다. 어린이에게 있어서 그 자체의 진실을
찾아야 한다거나, 또는 희망하는 결과를 얻을 수 있도록 관련성을 숙고하
는 것이 전혀 중요한 문제가 아니다. 감각운동적 지능은 목표를 달성하거
나 또는 실제적인 적응을 이룩하는 데 국한되는 반면, 어휘적 사고나 개
념적 사고는 진실을 알고 그것을 기술하기 위해 사용된다."[109]

테러스는 침팬지에게서도 똑같은 점을 발견하였다: "영장류의 어휘에
서 상징성의 기능은 물체를 인지하거나 또는 정보를 전달하는 것과는 크
게 관련이 없는 듯하였다. 그들은 어떤 보상을 얻기 위하여 수화를 사용
하는 것으로 만족하는 듯 여겨졌다."[110] 그들에게는 문법이나, 문장 그리
고 단어라고 할 만한 것이 없었다. 동물들은 기계적으로 그리고 운동신경
적으로 수화나 상징물을 이용할 수 있었지만, 그것들의 의미를 이해하지
는 못하였다. 이것을 세 살짜리 보통 어린이와 비교해 보라. 어린이는
1000개의 단어를 구사하며, 세상에 대해 탐구하고, 경탄하며, 그것을 설
명하기 위해서 매일매일 문장이 풍부해지고, 그들은 임금님놀이에서 하는
것처럼 그 자신과 자신 주위의 사물들을 공상의 영역으로 전이시킬 수도
있다. 자신의 그림과 작품을 통해서 실제적인 것과 가상적인 것 모두를
나타낼 수도 있다. 어린이의 이런 모든 활동들은 지성이 작용한다는 증거
가 되는 것이다. 이에 반해서, 침팬지가 결국 동물에 불과할 뿐이라는 판
단을 내리더라도 우리들은 결코 놀라서는 안 된다.

언어학자인 셔보크(Thomas Sebeok)와 우미커셔보크(Jean Umiker-

Sebeok)는 많은 증거들을 철저히 조사한 후에 다음과 같이 결론내렸다 : "인간과 영장류 사이에 의사소통을 할 수 있는 돌파구가 열릴 것이라는 기대는 완전한 허구다."[111] 그리고 현대 언어학의 창시자인 촘스키(Noam Chomsky)는 "영장류에게 언어 능력이 있음을 기대하는 것은 섬 어딘가에 날지 못하는 새가 있어, 사람에게 나르는 방법을 가르쳐 주기를 기대하는 것과 같다"고 첨언하였다.[112]

지능이 우수하다고 알려진 돌고래에 대해서도 똑같은 견해가 적용된다. 돌고래 연구자 기시(Sheri Lynn Gish)는 수많은 실험과 관찰 후에, 돌고래에 대한 대부분의 연구들이 정량적이 아니고 서술적이었으며, '엄청난 기대'를 지닌 채 수행되었다고 주장하였다. 그리고 그는 돌고래가 복잡하고 상징적인 '인간과 유사한' 언어를 가졌다는 생각은 깨끗이 지워버려야 한다고 주장하였다.[113] 동물은 분명히 기계가 아니다. 그러나 동물은 또한 축소된 인간도 아니다. 인간을 제외한 그 어떤 동물에게서도 일말의 지적인 이해력을 찾아볼 수 없다. 사물의 존재와 그 존재의 원인을 이해하는 인간의 능력은 동물계에서 유일한 것이다. 이 능력에 있어서 인간은 정도의 차이로 동물과 다른 것이 아니라, 전적으로 다른 종류라 할 수 있다. 영장류와 다른 동물들은 똑같은 능력을 가졌으며, 다만 그 정도에서 차이를 보일 따름이다. 그러나 인간과 영장류 사이의 차이는 영장류와 다른 동물들 사이의 차이보다 훨씬 더 크다.

동물들에 관한 현재의 많은 문헌들은 지능과 의식을 혼동하고 있다. 그 결과, 어떤 학자들은 동물이 의식적으로 사물을 인식할 수 있기 때문에 지능을 갖는 것이 틀림없다고 주장한다. 그 반면에 어떤 학자들은 동물들이 지적 이해력을 소유하지 못하기 때문에 무의식적인 로봇에 불과하다고 주장한다. 양쪽 모두는 일말의 진실을 포함하고 있다. 동물은 의식을 지니지만, 심지어 고릴라와 같은 고등 영장류들도 지적 이해력을 갖지는 못한다. 지능과 이해력이라는 단어의 의미를 어떤 목적적이고 의식적인 활동에 적용시키려 한다는 점을 우리들이 깨닫고 있는 한, 그 단어들을

(충분한 검증 없이) 동물들에게 적용시킨다고 해도 특별한 부작용은 없을 것이다. 이 점에 있어서 피아제는 한 살 난 어린애의 감각운동적 지능을 다음과 같이 이야기하였다. "그것은 대상물의 조작에 근거한 전적으로 실용적인 지능이다. 단어와 개념 대신에 지각과 동작이 놓여져서 '동작 스키마타(action schemata)'를 구성한다."[114] 이런 유형의 지능이 동물을 특징짓는 것이다. 그러면 영장류는 원리적으로 한 살난 어린애가 하는 짓과 다른 일은 할 수 없게 된다.

비기계론적 모델

행동주의와는 대조적으로 로렌츠, 틴버겐, 프리슈 등에 의해 시작된 현대 동물행동학은 비환원주의 과학의 좋은 예다. 환원주의는 너무 편협한 모델을 이용하는 데에 기인한다. 동물의 행동을 밝히는 것이 인간의 행동을 규명하는 데 적당치 않는 것과 마찬가지로 기계론적 모델은 동물을 규명하기에 적당치 않다. 환원주의의 편협성을 피하는 방법은 아무것도 결핍되지 않은 모델을 발견하는 것이다. 모든 것을 포함하는 모델은 그 대상을 규명하는 데 부족한 점이 없으며, 따라서 그 대상을 환원시키거나 설명을 피할 필요가 없다.

그러한 모델이 과연 존재하는가? 만일 17세기의 기계론적 물리학에서 도입된 모델이 생물학에 부적당했다면, 아마도 20세기에 발달된 비기계론적 물리학이 새로운 모델을 발견하는 데 좋은 안내자가 될 수 있을 것이다. 현대 물리학에서 두 가지 커다란 혁명은 상대성 이론과 양자론이다. 이 두 이론은 모두 관찰자의 구심성(centrality)을 반영한다. 물리학자 보른은 다음과 같이 설명하였다: "관찰자에 대한 언급이 없이는 원자 영역에서의 어떠한 자연현상에 대한 설명도 불가능하다. 즉, 관찰자의 상대적인 비교에서 속도뿐만 아니라 그가 관찰을 수행하는 방법, 예컨대 어떻게 실험기구들을 장치했는지 등과 같은 것을 알아야만 한다."[115] 물리학자 휠러(John Wheeler)는 다음과 같이 논평하였다 : "관찰자는 이제 '관찰자'의 입장에서 '참여자'의 입장으로 격상되었다. 오래 전에 철학에서 제시되었던 것, 즉 양자역학의 중심적 개념이 오늘날 우리들에게 아주 인상 깊게 전해지고 있는 것이다. 이제 우리들은 참여 우주(participatory universe)를 논의하고 있다고 하겠다."[116] 또한 물리학자 위그너는 다음과 같이 덧붙였다 : "의식에 대한 고려 없이 양자역학의 법칙을 충분히 일관되게 규명하기는 불가능하였다."[117]

따라서 관찰자의 구심성이 현대 물리학의 핵심적인 요소가 된다. 이 원리를 생물학에 적용하면 관찰자인 우리 자신이 바로 생명과 생물을 이해하는 핵심이 된다는 것을 시사한다. 자연의 모든 단계——지능과 의지, 감정과 정서, 자발적 운동, 식물적 기능과 물질대사 기능, 물질 등——가 인간에게 그대로 반영되어 있기 때문에 인간을 생물학의 표본으로 삼는 것은 추천할 만하다. 사람은 동물이 소유하는 모든 기관을 다 지니고 있지는 않으나, 동물에게 있는 것이 대체로 우리 몸의 각 부분과 유사하기 때문에 우리 자신의 경험으로부터 유추하여 동물의 능력을 이해할 수 있는 것이다. 그리고 인간은 자신이 선택한 목적을 위해 행동하는 자발적 존재로서 감정을 충분히 만끽한다. 동식물에게서 나타나는 보다 낮은 수준의 자발성도 역시 인간에게서 발견된다. 따라서 오직 물질적인 기초 위에서 모든 것을 이해하려 하는 것보다 인간에게서 보여지는 자연의 나머지 부분을 관찰하는 것이 훨씬 더 논리적이라고 하겠다. 더 많이 지닌 존재는 더 적게 지닌 존재를 포용할 수 있지만, 그 역은 성립되지 않는다.

관찰자의 구심성은 물리학에서보다 생물학에서 더 중요한 원리가 된다. 물리학자 러셀은 다음과 같이 설명하였다 : "생물학은 과학의 모든 분야 중에서 아주 독특하고 특별한 위치를 차지한다. 왜냐하면 그 대상물인 생물이 감각적 인식을 통해서 우리들에게 객관적으로 이해됨과 동시에, 어떤 경우에는 즉각적 경험의 바로 그 주체로서 직접적으로 이해되기 때문이다. 따라서 우리 자신의 개인적인 삶을 통해서 생물의 내면적인 견해를 취하는 일이 가능할 수 있다. 삶을 직접 경험하여 얻은 직관적 이해가 객관적 과학인 생물학의 주제가 될 수 없음은 당연하다. 그러므로 우리들은 다른 동물의 행동을 자신 속에서 발견하는 경험의 동기와 유형으로 해석하는 데 매우 신중해야만 한다. 그럼에도 불구하고 자기 관찰적인 지식은 다른 방법으로는 획득하기 어려운 생물의 실체에 대한 통찰력을 우리들에게 제공하였으며, 또한 생물에 대한 우리들의 사고를 검증할 수 있게 하는 기준을 제공하였다."[118]

바이츠제커는 생물체로서의 우리 자신에 대한 지식이 다른 생물들에 대한 통찰력을 제공한다는 데에 동의한다: "나는 활동과 지각을 동시적으로 수행해야만 하는 살아 있는 창조물이다. 이런 맥락에서 살펴보면, 나는 생물계 상호작용의 네트워크에 포함되어 다른 생물들과 밀접하게 연결되어 있기 때문에 다른 생물들이 보이는 행동의 일부는 이미 그 의미가 나에게 전달되어 있다. 돌멩이는 오직 대상물로서 내게 인식되지만, 인간에 대한 나의 인식은 어쩔 수 없이 '인간 동지(fellow man)'로서 받아들여질 수밖에 없다. 나도 사람이기 때문에 다른 사람의 의사 표시는 나에게 의미가 있는 전달매체가 되는 것이다. 그리고 내가 그 의사표시를 단순한 대상물로서 받아들이지 못하고, 그것을 이해하는 데 최선을 다해야 한다는 것은 내 마음에서 자발적으로 생겨나는 실용적인 필요성과 윤리적인 의무감에서 비롯된다. 이제 생물학의 영역은 이 두 가지 해석 방법을 모두 받아들이고 있는 바——즉, 생물을 단순한 대상물로 간주하는 사고와 인간의 연장물로서 간주하는 사고——그것 중의 어느 하나를 제외해서는 안 되게 되었다. 내게 있어서 아메바는 기이한 대상물 이상의 존재가 아니다. 그러나 나의 애마는 사냥할 때는 나의 가장 가까운 동반자며, 내가 그 말과 통하는 내적인 교류는 다른 사람들과의 연대감보다 더 강할 수도 있다. 이 두 극단적 사고 사이에 매우 많은 중간 단계가 존재한다."[119]

우리들이 살아 있다고 느끼는 확신은 우리가 보고, 맛보고, 듣고, 기억하고, 상상하고, 감정을 느끼고, 자발적으로 행동하고, 이해하고, 추론하며, 선택하는 우리 자신의 내적인 경험에서 온다. 만약 우리가 먼저 그런 것들을 경험하지 않았다면, 다른 사람이나 동물에게서의 그러한 기능을 생물의 기능으로 결코 인식할 수 없었을 것이다. 만일 우리 자신이 꿈을 꾸지 않는다면 우리들은 동물들이 자고 있는 동안 그들이 어떤 행동을 보이더라도, 그리고 REM에 대하여 제아무리 많은 자료를 모았을지라도 동물이 꿈을 꾼다는 것을 전혀 생각하지 못할 것이다. 만일 우리들이 가진 지식의 정도에 따라 스스로 행동을 통제하지 않는 존재라면, 우리들은 동물에게서 보이는 의식적 행동과 무의식적 반사작용을 구별할 하등의 이유가 없었을 것이다.

1981년에 개최된 '동물정신-사람정신(Animal Mind-Human Mind)'이라는 주제의 국제워크숍에 참석했던 연구자들은 인간의 경험이 동물들을 연구하는 데 기초가 된다는 점을 인식하였다. 그리핀은 다음과 같이 보고하였다: "많은 참석자들은 우리 자신의 사고, 주관적 감정, 의식에 대해 우리들이 아는 바를 먼저 숙고하고 나서 다른 동물들도 유사한 경험을 하는지를 탐구하는 것이 좋은 출발점이라는 데에 동의하였다. 이러한 연구 방법은 한때 신인동형론(anthropomorphism)으로 잘못 이해되기도 했다. 그러나 의식적인 사고가 오직 인간의 전유물이라는 전제를 우리가 가정할 때에는, 그러한 관점에 반대할 수 있다는 점을 많은 사람들이—— 전부는 아니지만—— 인정하고 있는 듯하다. 그러면 신인동형론이라는 비판은 단지 이전의 혐의를 반복하는 것에 불과하다(신인동형론은 원래 신과 인간을 동격으로 삼는 논리를 지칭하는 것이지만, 여기에서는 인간과 동물을 유사한 존재로 보는 견해를 의미한다＝역주)."[120] 물론 인간의 이해력, 사색력, 자유의지 등이 동물에게도 있다는 것은 잘못이지만, 그렇다고 극단적인 반대 입장으로 동물을 기계로 간주해서도 안 된다. 로봇모르피즘(Robotomorphism : 생물이 로봇과 같은 기계라고 생각하는 논리＝역주)은 신인동형론만큼이나 잘못된 것이다.

역사적으로 현대 생물학이 내적인 경험을 무시했던 이유는 생물학이 관찰과 측정에 근거하는 물리학을 부분적으로 모방했기 때문이라고 설명할 수 있다. 그러나 그러한 모델은 정신이 아무런 고유의 역할도 하지 못했던 뉴턴 물리학에서 온 것이다. 이제까지 살펴보았듯이 현대 물리학은 정신의 실재성과 관찰자의 필수적인 참여를 확신하고 있다.

어떤 사람들은 우리 자신이 생활에서 체험하는 내적인 경험을 '주관적'이라고 반박하면서, 과학의 목적으로서는 신뢰성을 가지기 어렵다고 주장한다. 환각작용(hallucination)이나 그와 유사한 현상처럼 다른 사람들이 접할 수 없는 완전히 개인적인 현상에 관해서는 그들의 주장이 어느 정도 타당할 것이다. 그러나 여기에서 우리들이 이야기하는 활동이라는 것은 감각하고, 기억하고, 공포나 즐거움을 느끼고, 이해하고, 선택하는 것처럼 어느 누구라도 그 자신이 실증해 보일 수 있는 활동을 의미한다. 이러한 경험은 보편성을 띠는 것이므로 그러한 활동의 의미를 사람에게나 동물에게서 추구하고자 할 때에는 항상 지침서와 규범으로 적용되어야만 하는 것이다. 다른 사람들이 붉다고 느끼는 감각을 특정한 사람이 경험할 수 없다면 그것이 왜 중요하겠는가? 그것은 그 사람의 경험일 뿐이다. 단백질의 분자 구조나 쥐의 미로 학습이 생물학이나 심리학의 사실인 것처럼, 각자의 내적인 경험에서 실증할 수 있는 것은 무엇이든지 생물학과 심리학의 사실이라 할 수 있다.

우리 자신을 생물학 연구의 출발점으로 간주하는 것을 데카르트의 "나는 생각한다, 고로 나는 존재한다"의 관념과 혼동해서는 안 된다. 전자에서는 우리 자신의 능력이 동물의 능력과 기본적으로 유사하다고 가정한다. 그 반면에 데카르트적 관념은 동물에게 감각과 정서가 있음을 부정하고, 동물을 무의식적인 기계로 간주한다. 만일 이러한 견해가 옳다면, 인간의 내적인 경험은 우리들이 동물의 행동을 이해하는 데 있어서 아무런 통찰력도 제공해 줄 수 없을 것이다. 나아가서 데카르트의 자아에 대한 심사숙고는 회의적인 이유에서 비롯되었다. 그는 자신의 감각을 믿을 수 없다고 생각했기 때문에 감각을 통해서 받아들인 세계의 존재 또한 의심했으며, 따라서 자신의 주관성 속으로 철수해야 한다고 느꼈다. 이와는 대조적으로, 동물에 대한 연구에 있어서 우리 내적인 경험의 유용성을 인정하는 것은 우리의 감각이나 세계에 대한 회의를 우리들이 가질 필요가 없음을 의미하는 것이다. 마지막으로, 데카르트는 자신의 이데아로부터 세계를 연역하려고 시도했던 반면, 관찰자를 중시하는 원리는 동물에게서 나타나는 현상을 연역하지 않고 우리 자신의 경험을 도구와 지침으로 삼아서 탐구하려는 것이다.

 내적 경험을 지침으로 삼으면 우리는 생물들에게서 발견되는 여러 가지 자율성을 구분할 수 있다. 자연의 창조물 중에서 우리 인간은 최대한으로 자율성을 발휘하는 존재다. 우리들은, 만약 우리가 원한다면 다른 목표로 바꿀 수도 있다는 것을 알면서 특정한 목표를 스스로 정하고, 그 목표를 달성하기 위해서 자유로이 적당한 수단을 선택한다. 마음속으로 여러 가지 있음직한 결과들을 유추해 보고 거기에 맞추어서 적절한 결정을 내린다. 우리가 이해할 수 있는 능력을 지님으로써 우리들은 자신이 자율적인 존재임을 충분히 인정하게 된다. 왜냐하면 이해함으로써 그것이 우리의 행동에 반영되고, 그 점 또한 이해할 수 있기 때문이다. 우리의 선택할 수 있는 능력, 즉 의지는 가장 중요한 작인(作因/agent)으로서 기타의 능력들을 작동하게 한다. 즉, 사람은 선택에 의해서 그의 지능으로 하여금 이것저것을 생각하게 하고 그의 감각력을 이 대상 저 대상에 집중시키고, 또는 그의 수의근을 움직이게 하는 것이다. 우리의 의지는 필요하다면 감정을 유린할 수도 있다. 그러나 의지는 그 자신이 선택하도록 움직인다.

 우리 자신을 규범으로 삼으면 동물의 행동을 연구할 때 상당한 이득을 얻을 수 있다. 우리는 지능, 감각, 의지, 정서 등의 네 가지 능력을 모두 가지고 있기 때문에 지능과 감각을 구별할 수 있으며, 의지와 정서를 구별할 수도 있다. 우리는 우리 자신 속에서 이성에 근거하는 지각연합을 경험할 수 있기 때문에, 동물이 대상을 지적으로 이해하지 못하면서도 그것을 지각한다는 것이 어떤 것인지를 어느 정도 이해할 수 있다. 우리들은 동물이 감정에 의해서 어떤 것에 이끌리거나 또는 그것을 피하려 하는 데 대해서도 이해할 수 있는데, 비록 동물들이 지능이나 감성을 압도하는 의지는 갖지 않았지만, 이는 적어도 우리들과 고등동물들이 정서 감각을 공유하기 때문이다. 우리는 어떤 대상에 대해서 언어적 사고(verbal thought)나 심사숙고 없이 충동적으로 반응할 때가 있는데, 이 경우에 과연 동물의 본능적 행동과 무엇이 유사한지 그 감을 잡는다. 우리에게는 동물 정도의 행위를 나타내게 하는 부분도 있다. 술취한 사람이나 화가 난 사람이 동물처럼 행동한다고 말하는 것과 같이 만약 우리에게서 정상적인 사고와 의지가 중지된다면 이 부분은 자동적으로 기능을 발휘하게 된다.

우리가 조각그림맞추기에 몰두하거나 또는 아무 말 없이 마음속에서 방 안의 가구를 재배치해 볼 때, 우리들은 이러한 비언어적 사고를 경험한다. 그러한 사고는 인식을 수용하는 것이지 개념을 수용하는 것은 아니다. 정의(definition)가 아니라 상념(image)을 수용한다고 하겠다. 또한 우리들은 동물에게서 발견되는 비이성적 연합을 경험하는데, 예를 들면 연필을 깎으면서 맡는 향냄새로, 예기치 않게 어렸을 적 국민학교 시절을 생각할 때가 그런 경우다. 분명히 인지적인 측면에 국한되기는 하지만 이러한 비자발적인 기억연합은 정서를 불러일으킬 수 있다. 어떤 직업적인 간호사가 어떤 환자에 대해서 여느 환자와는 다른 유별난 동정심을 가지는 경우가 있는데, 그 간호사는 나중에야 비로소 그 환자가 자신의 아버지와 나이도 같고 외모도 비슷하다는 사실을 발견한다.[121] 비록 이성이 그러한 연합작용에 반영될 수 있고 또 그러한 연합의 원인을 발견하게 할 수도 있으나, 그 연합작용이 이성에 근원하는 것은 아니다. 우리 자신에게서 발견되는 비언어적 사고와 비자발적 기억연합은 우리들에게 동물의 의식성에 대하여 어느 정도 시사해 준다.

  이와 유사하게 우리들은 우리 자신 속에서 성장과 물질대사가 무의식적으로 진행되기 때문에 식물도 아무런 의식 없이 그런 작용을 한다고 추측할 수 있다. 어린이는 성장하고, 상처난 팔은 고쳐지며, 몸의 세포는 분열되고 분화된다. 이러한 활동 중 그 어느 것도 어린이의 지시나 선택에 의해서 진행되지 않으며, 내부로부터의 감각적 인식에 의해서 지각되지도 않는다. 그러한 일들은 모두 어린이의 몸이 수행하는 활동이라는 점을 부인할 수 없는 바, 그것은 내부에서 일어나는 것이지 외적인 힘의 결과가 아니다. 그러나 그런 모든 과정과 결과는 자연에 의해서 결정되며, 자연에 의해서 설정된 목표를 향하고 있다. 이러한 식물적인 능력(vegetative agency)은 식물체뿐 아니라 우리 인간에게서도 나타난다.

  마지막으로, 우리들은 물질적 특성을 지닌 능력이 우리 내부에 존재함을 발견한다. 우리가 절벽에서 떨어지면, 우리는 마치 돌맹이처럼 떨어진다. 운동과 운동의 한계는 외부로부터 결정된다. 살아 있지 않은 것은 자신이 스스로 움직이지 못하지만 다른 것을 움직이게 할 수는 있다. 당구공 A는 스스로 움직일 수 없지만, 당구공 B에 부딪치면 그것을 운동하게 한다. 오직 이러한 정도의 능력만이 무생물에게서 가능한 것이다. 무생물은 완전히 외부(outside)에서 다른 것을 움직이게 할 뿐이다.

  명백히 물질은 생물에게서 나타나는 수준 높은 능력을 지니지 못하므로 매우 불완전한 정도의 능력만을 나타낸다. 따라서 만일 모든 자연을 이해하는 기초로 물질을 취한다면 필연적으로 환원주의가 그 귀결이 된다. 아직까지 물질주의는 여전히 자연의 모든 존재, 즉 식물, 동물 및 사람의 능력을 분석하는 데에 기계론적 모델을 이용한다. 그러나 오직 비기계론적 모델──관찰자를 중시하는 원리──만이 자연에서 발견되는 모든 능력을 다 망라할 수 있다. 생장, 생식, 감각, 정서, 지능, 의지 등과 같이 중요한 요소들은 모두 인간에게서 나타나는 것이다.

4

협 동

　현대 생물학의 패러다임은 자연을 상반된 힘들 사이의 잔인한 투쟁(ruthless struggle)으로 설명한다. 1858년 다윈(Charles Darwin)은 최초로 일반 대중들에게 진화론을 공개하기 위해 린네학회에 전달한 논문에서 그런 논조를 취하였다. 다윈은 자연의 경직된 모습을 강조하면서 자신의 논문을 시작하였다 : "자연계의 모든 구성원은 다른 생물 또는 외부의 자연과 전쟁중에 있다고 할 수 있다. 일견 아늑한 듯이 자연을 바라보면, 처음에는 이런 지적이 의심스럽게 보일 수도 있지만, 잘 관찰하면 그것이 사실임이 증명될 것이다."[1] 다윈과 함께 자연선택 이론을 발표했던 월리스(Alfred R. Wallace)도 거의 동시에 발표한 논문에서 똑같은 견해를 표명하였다. 그는 동식물들이 늘 생존을 위한 투쟁 상태에 놓여 있어서 "가장 약하고 불완전한 종류는 생존경쟁에서 항상 굴복해야만 한다"고 설명하였다.[2] 다윈의 친구며 그의 지지자인 생물학자 토마스 헉슬리도 똑같은 맥락으로 설명하였다 : "동물의 세계는 검투사의 시합과 똑같다. 가장 강하고, 가장 빠르며 가장 솜씨 있는 것이 또 하루를 살아 남게 된다. ……그들에게 휴식시간은 존재하지 않는다."[3] 이러한 자연의 무자비함을 일컬어서 테니슨(Alfred Tennyson)은 "먹이를 물어 뜯느라 이와 발톱이 붉게 물들여진 자연"이라는, 이제는 유명해진 문구를 만들어 냈다.[4] 다윈은 《종의 기원 The Origin of Species》에서 "모든 생물은 치열한 경쟁 상태에 놓여 있어서 생존을 위해 항상 투쟁한다"고 단언하였다. 그는 자원은 제한적인 반면에 생물 개체수는 무제한적으로 성장하기 때문에 생물들의 이러한 투쟁은 불가피하다고 주장한다.[5]

이러한 패러다임은 다윈 시대 이래로 생물학계를 지배해 왔다. 그러나 역설적이게도 이러한 관점은 자연에서 관찰되는 사실과 잘 부합되지 않는다. 실험실에서는 생물 종들 사이의 무자비한 투쟁이 인위적으로 유도될 수 있다. 그러나 인간에 의해 방해받지 않는 자연 상태에서는 생물 종들이 서로 상대방에게 해를 끼치고 있다는 뚜렷한 예를 지적하기가 어렵다. 많은 생태학자들과 야외에서 일하는 동물관찰자들은 이론적인 예상이 실제의 관찰과 부합되는 경우가 드물다는 것을 솔직하게 인정하고 있다. 심버로프는 다음과 같이 기술하였다: "고기 조각 하나를 놓고 두 마리의 동물, 특히 다른 종의 동물이 서로 먹으려고 티격태격하는 일은 드물다. 심지어 경쟁이 관찰되는 경우라 하더라도 그것이 때때로 대수롭지 않게 나타나는 일이 많다. 집게(fiddler crab)는 해변에서 허둥지둥 자기 구멍을 찾아 달려가지만, 만약 다른 생물이 그 구멍을 이미 점유하고 있다면 집게는 그 생물에게 쫓겨 나와 다시 허둥지둥 다른 구멍으로 달려가는 데 불과하다. 따라서 종들 사이의 경쟁——종간경쟁(interspecific competition)——이란 지엽적이고 일시적인 불편보다 조금 더 심할 뿐이라고 하겠다."[6]

북아메리카 평원과 관목 숲에서 번식하는 조류 집단에 대해서 3년에 걸친 연구를 수행했던 웨인(John Weins)과 로텐베리(John Rotenberry)는 다음과 같이 기술하였다. "어떤 지역에서 한 종의 개체군 크기의 변화는 다른 종의 출현 유무나 서식지 속성의 변화와는 대체로 무관하다. 공존하는 종들은 다소 기회주의적으로 자원을 이용하는 것처럼 보인다. 우리들은 그들이 서로 다른 종들과의 경쟁에 특별히 관심을 많이 가진다거나, 또는 과거 경쟁의 결과로 현재와 같은 질서 있는 군집 구조가 형성되었다는 증거를 거의 발견할 수 없었다."[7] 그들은 "많은 생태학자들이 믿고 있는 만큼 경쟁이 그처럼 일반적인 현상은 아니다"고 결론지었다.[8] 웨인과 로텐베리는 자연 군집이 어떻게 하여 공존하는지를 결정하는 주된 요인이 종간 투쟁이라는 전통적인 가정에서 그들의 관찰을 시작하였다. "그러나 연구가 진행되면서 이러한 기대는 너무 순진했다는 것이 증명되었다"고 고백하였다.[9]

또 곤충학자인 메신저(P. S. Messenger)는 "자연에서는 실질적 경쟁관계를 찾아보기 어렵다"고 하였다.[10] 생태학자인 코먼디(E. J. Kormondy)도 자연에서 실제적인 경쟁은 관찰하기 어렵다고 주장하였다.[11] 또한 생물학자 앨리(W. C. Allee), 에머슨(Alfred Emerson), 올랜도 파크(Orlando Park), 토마스 파크(Thomas Park), 슈미트(Karl Schmidt) 등이 공동으로 집필한 교과서에서 "종들 사이에서 서로 직접적으로 해를 미치는 예는 아직까지 알려진 바 없다"고 단언하였다.[12]

공인된 패러다임과 실제로 자연 군집에서 관찰되는 사실이 이처럼 서로 상반되기 때문에, 경쟁에 대한 생물학에서의 논의는 혼란과 모순으로 가득 차 있다. 경쟁적 투쟁의 전제와 어긋나는 증거가 바로 경쟁적 투쟁의 결과로 제시되기도 한다. 어떤 사람들은 동물들이 경쟁을 회피하는 바로 그 메커니즘을 통해 경쟁이 진행되고 있는 것을 목격할 수 있다고 주장한다. 생태학자 리클레프(Robert Ricklefs)는 이를 가리켜서 "경쟁은 모든 생태학적 현상 중에서 가장 설명하기 곤란한, 논란의 여지가 많은 현상이다"[13]고 하였다.

자연이 경쟁을 피하는 수단들

자연이 경쟁을 회피하기 위해 채용하는 많은 전략들을 주의 깊게 살펴보면, 그러한 논쟁으로부터 유익한 단서를 발견할 수 있어서 어쩌면 그 혼란을 물리치는 데 도움이 될지도 모른다(현재 자연에서 나타나고 있는 협동관계가 이전의 경쟁관계*로부터 야기된 결과가 아닌지에 대해서는 제6장에서 다룰 것이다).

두 종류의 생물이 서로 해를 끼치지 않도록 하는 가장 쉽고 편리한 방법은 지리적 격리다. 만약 한데 몰려 있다면 비교적 단기간에 다른 종들을 제거시킬 수 있는 많은 생물 종들이 지구 전체에 골고루 흩어져 있다. 그러나 그들은 서로 다른 대륙에 서식하기 때문에 다른 종을 제거시키는 일이 드물다. 1876년에 월리스는 지구를 여섯 개의 생물구(biological land realm)로 구분하였는데, 각 생물구에는 자연적으로 다른 어느 곳에서도 나타나지 않는 독특한 동식물들이 분포하고 있다(그림 4.1을 보라). 월리스의 여섯 개의 생물구는 대략 대륙의 구분과 일치하는데, 지금도 유효하며 생물학자들에 의해서 오늘날도 여전히 인정되고 있다. 수백 마일의 대양이나 넓은 사막, 또는 히말라야 같은 거대한 산맥은 여섯 개의 생물구를 상호 격리시켜서 생물들 사이의 경쟁을 효과적으로 피하게 하여 대륙이 서로 떨어지기 이전보다도 동식물의 다양성을 더 풍부하게 하였다. 이런 이유로 해서, 자연 상태에서 그 종이 서식하지 않는 지역에 인위적으로 새로운 종을 도입하면, 생태적 재앙이 발생하거나 때로는 토착종이 멸종되는 경우가 발생하는 것이다.

그러면 같은 서식처에 사는 생물들은 어떠한가? 식량과 다른 자원의 공급이 제한되었을 때, 유사한 생물들은 어떻게 서로의 경쟁을 피할 수 있을까? 같은 지역에 살고 있는 유사한 종들은 서식처(habitat)를 생태적 지위(ecological niche)로 나누어서 경쟁을 회피한다. 서식처는 생물이 사

---

* 콜린버는 "'경쟁'은 영어 용법에서는 뜻이 분명한 단어다. 둘 또는 그 이상의 개체나 그룹이 공급이 부족한 것에 대해 '서로 싸울(라틴어 어원의 글자 그대로의 의미)' 때마다 경쟁이 일어난다. 사람은 상을 타기 위해 다투며, 다투고 있는 그룹 중의 한 그룹만이 상을 탈 수 있다"고 지적하였다.[14]

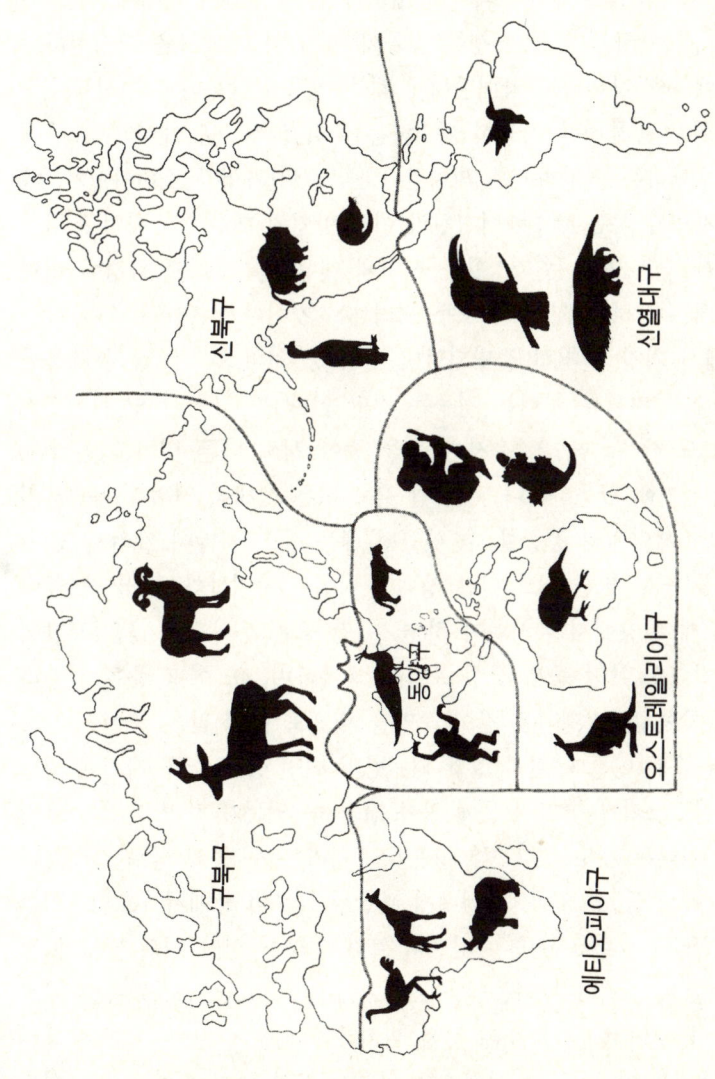

그림 4.1 월리스의 여섯 개의 생물구와 각 지역에 사는 독특한 동물의 예. 자연적인 지리적 장벽이 경쟁을 막으며, 동식물의 다양성이 지구상에서 풍부해지도록 한다.

는 장소이고, 생태적 지위란 생물의 본업(profession)이라고 할 수 있다. 로렌츠는 "같은 마을에 사는 의사의 업무가 다른 직인의 영업에 해를 끼치지 않는다"는 비유를 들어 생물 종들이 각기 다른 역할을 담당한다면 같은 장소에 서식하더라도 상대방에게 해를 끼치지 않는다고 지적했다.[15] 생태적 지위는 동물이나 식물이 지지하는 물리적 공간뿐 아니라, 그들이 군집에서 수행하는 역할까지를 의미한다. 즉, 생산자인가 소비자인가, 아니면 분해자인가 하는 것 ; 에너지원의 이용 방법에 대한 것 ; 어떤 포식자와 피식자를 갖는가 하는 것 ; 활동 시기에 대한 것 ; 그리고 환경에 어떤 영향을 미치는가 하는 것 등을 모두 고려하는 것이다.[16]

생태학에서 가장 철저히 증명되었던 원리 중 하나로 "두 종의 생물이 똑같은 생태적 지위를 누리는 경우는 결코 없다"는 금언이 있다(가우스의 원리라고도 한다 = 역주). 유사한 동물 종이 서로 다른 먹이를 찾거나, 서로 다른 시기에 활동하거나, 아니면 서로 다른 생태적 지위를 차지하기 때문에 같은 지역에서 공존할 수 있었던 예는 무수히 많이 알려져 있다. 각각의 식물 종도 또한 서로 다른 생태적 지위를 차지한다 : 예를 들면 어떤 종은 모래 토양에서만 사는가 하면, 어떤 종은 부식질이 많은 토양에서만 서식한다 ; 어떤 종은 산성 토양을 좋아하며, 또 어떤 종은 알칼리성 토양을 좋아한다 ; 지의류 같이 토양을 필요로 하지 않는 종이 있는가 하면, 어떤 종은 이른 계절에 성장하는 반면 어떤 종은 늦은 계절에 성장기를 맞는다 ; 크기가 작기 때문에 살아 남을 수 있는가 하면 몸집이 크기 때문에 잘 지내는 것도 있다. 한 들판에서 자라는 두 종의 클로버에 대한 실험을 그 예로 들 수 있다. 실험에서 관찰된 클로버 중에서 "트리폴리움 레펜스(*Trifolium repens*) 종은 성장이 보다 빨라서 일찍 잎의 밀도가 정점에 도달한다. 그러나 트리폴리움 프라기페룸(*T. fragiferum*) 종은 엽병(葉柄)이 더 길어서 잎이 높은 곳에 위치하기 때문에 보다 일찍 자라는 종을 뒤덮을 수 있다. 특히 레펜스가 최고 성장기를 지난 후에 프라기페룸이 번성하기 때문에, 서로 상대방에 의해 그림자가 지는 것을 예방할 수 있다."[17] 초본류와 잔디류는 비가 조금만 내려도 그 물을 모두 흡수하기 위해서 뿌리를 얕게 뻗는다. 따라서 그것들은 땅 속 깊이 영원히 존재하는 지하수를 얻기 위해 뿌리를 깊게 뻗는 참나무와 같은 수목과 경쟁하지 않는다. 또한 낙엽수림에서 자라는 많은 식물들은 나무들이 잎을 충분히 형성시켜서 자신들이 필요로 하는 태양광선을 차단하기 전에 일찍 꽃을 피우고 열매를 맺어 연간의 성장을 완료한다. 그런가 하면 어떤 식물들은 수관이 제공하는 그늘과 높은 습도를 필요로 한다.

식물 생리학자 벤트(Frits Went)는 "식물들 사이에는 격렬한 투쟁이 없으며 전쟁처럼 서로 죽이는 일은 더더구나 없다. 다만 '서로 분점한다(share-and-share)'는 기초 위에서 조화롭게 성장한다. 경쟁의 원리보다는 협동의 원리가 훨씬 더 강력한 것이다."[18]고 하였다. 벤트는 이러한 원리를 묘목 생장의 예로 설명했다. 묘목들은 1제곱야드(0.914미터×0.914미터)당 수천 그루가 같이 자라더라도 서로 죽이지는 않는다. 그들은 이용 가능한 물, 양분 그리고 광선을 서로 나누면서 자랄 수 있는 데까지만 자랄 뿐이다. 또한 그는 때때로 잡초가 정원에서 화초를 밀쳐 내는 경우가 있는데, 이것은 화초를 제철에 심지 않았거나 아니면 기후가 맞지 않았기 때문이라고 지적하였다. 협동의 원리는 거친 환경에서도 작용한다: "사막에서는 물의 부족이 모든 식물에게 가장 심각한 장애가 되는데, 그럼에도 불구하고 강한 식물 종이 보다 약한 식물 종을 밀쳐 내는 그런 격렬한 경쟁은 찾아볼 수 없다. 오히려 그 반대로 이용 가능한 공간, 광선, 물, 먹이 등을 모든 식물이 똑같이 분점한다. 만일 모든 종이 다 크고 강하게 자랄 수 있을 만큼 자원이 충분치 않다면, 그들 모두는 키가 작은 상태로 남아 있는다. 이러한 사실에 근거한 설명은 지금까지 우리가 지니고 있던 '자연계의 법칙은 생물들이 생존하기 위해서 살벌한 경쟁을 벌인다'는 개념과 상당히 동떨어진다."[19] 밀림에서도 사정은 마찬가지다: "큰 나무들은 발밑에 사는 어린 나무들을 죽이지 않는다. 오히려 그들은 자신의 성장을 더디게 하면서 더 이상 발아하지 않는다. 자바의 삼림에서는 거대 수목의 어린 개체들이 그 발밑에서 40년 이상 성장을 멈추었지만 여전히 생존하고 있다."[20] 따라서 정원, 사막, 삼림 등의 식물에 대한 패러다임은 경쟁이 아니라 평화스런 공존이다.

동물이 경쟁을 피하는 가장 간단한 방법 중의 하나는 먹이의 분점이다. 중앙아프리카의 므웨루(Mweru) 호에서는 호 안을 따라 세 종의 노랑 피리새(weaver)들이 사이좋게 살고 있음을 볼 수 있다. 그들 중의 한 종은 오직 딱딱한 검은 씨앗만을 먹고, 다른 종은 부드러운 녹색 씨앗만을, 그리고 세번째 종은 곤충만을 섭취하기 때문에 그들은 먹이로 인해 싸우는 법이 없다.[21] 많은 나비 유충들은 오직 한 종류의 식물만을 먹이로 취한다. 어떤 경우에는 식물체가 갖는 독소 때문에 한 종류의 초식동물만 제외하고 다른 동물들은 전혀 그것을 먹이로 삼을 수 없는데, 인주솜풀(Asclepidaceae)과 왕족나비에서 그 예를 찾을 수 있다(인주솜풀은 독소가 있어서 다른 나비들은 먹을 수 없으나 왕족나비만은 먹을 수 있다=역주). 북아메리카산 백송에 의지하여 사는 곤충들은 20종이나 되는데 그들 중의 다섯 종은 오직 잎만을 먹고, 세 종은 새순에만 모이고, 세 종은 가지에 그리고 두 종은 목질부에, 두 종은 뿌리에, 한 종은 수피에, 네 종은 형성층에만 모이기 때문에 경쟁하지 않는다.[22] 한 실험에서, 새로이 부화되어 아무런 예비 경험이 없는 누런 줄무늬뱀(garter snake)은 귀뚜라미 냄새보다 벌레류의 냄새를 더 좋아한다는 것을 보여 주었다. 그런데 같은 지역에 서식하는 녹색뱀(green snake)의 새끼는 그 반대 성향을 나타냈다. 이 두 종류의 뱀들은 사실 두 가지 먹이를 모두 섭취할 수 있었음에도 그 선호도가 달랐던 것이다.[23]

영국에서 발견된 두 종의 가마우지(cormorant)는 모양이 매우 흡사하며, 똑같은 해안선 지역에서 살고 유사한 먹이와 보금자리를 꾸미는 것이 관찰되었다. 따라서 경쟁 패러다임에 의하면, 이 두 동물은 서로 격렬히 투쟁하면서 상대방을 밀어 내려 할 것으로 예측된다. 그러나 자세히 조사해 보면, 그 한 종류는 주로 모래뱀장어(sand eel)나 작은 청어류(sprat)

를 먹이로 취한다. 다른 한 종류는 이것저것 다양한 먹이를 취하지만, 모래뱀장어와 청어류는 먹지 않는다는 것을 알 수 있다. 한 종은 바다로 나가서 물고기를 잡지만, 다른 종은 얕은 강어귀에서 먹이를 잡는다. 한 종은 벼랑 위 높은 곳이나 넓은 바위 턱에 보금자리를 만들지만, 다른 종은 벼랑 위 낮은 곳이나 좁은 바위 턱에 보금자리를 튼다.[24] 따라서 아무런 투쟁이 있을 수 없고, 경쟁도 일어나지 않는다. 새들은 사실상 서로 다른 생태적 지위를 차지하고 있다.

먹이의 크기는 먹이 선호성(preference : 특정한 동물이 특정한 먹이를 선호하는 경향＝역주)을 결정짓는 주요인이다. 예를 들면, 육식동물은 싸워 이길 수 있을 정도로 크기가 작은 것을 먹이감으로 삼지만, 사냥하는 데 소모되는 시간과 에너지에 비교해서 그 크기가 너무 작아서도 안 된다. 오직 사람만이 크기에 구애받지 않고 먹이를 취하는 유일한 동물이다. 카펜터(G. D. Carpenter)는 아프리카의 빅토리아 호수 지역에서 체체파리(수면병을 일으키는 원생생물을 옮겨 주는 매개자＝역주)에 대한 연구를 수행하였는데, 그 파리는 혈구세포의 직경이 7 내지 18미크론인 포유류와 조류의 혈액은 빨 수 있지만 직경이 41미크론인 폐어의 혈구세포는 너무 커서 파리 주둥이를 통과할 수 없었다.[25]

때로는 서식처의 공간적 분할이 경쟁을 예방하기도 한다. 원추꼴의 껍질을 가진 육식성의 달팽이 다섯 종이 하와이 군도의 해변을 따라 다섯 개의 평행한 스트립(좁고 긴 땅 모양＝역주)에 서로 격리되어 살고 있는데, 각 스트립에는 한 종의 달팽이만이 살기 때문에 같은 먹이를 취하면서도 경쟁을 피할 수 있다.[26] 많은 담수어류의 생태적 지위는 그들의 산소 요구량에 의해서 주로 결정된다. 메기는 산소를 적게 요구하므로 물이 얕고 흐름이 느린 개울에 서식하며, 송어는 용존 산소를 많이 요구하기 때문에 급류와 폭포처럼 산소 공급이 용이한 장소에서만 서식할 수 있다. 그림 4.2는 하구에 사는 동물들의 염분에 대한 내성이 어떻게 다른지를 보여 준다. 이를 보면, 대합조개(calm)와 홍합(mussel)은 같은 곳에서

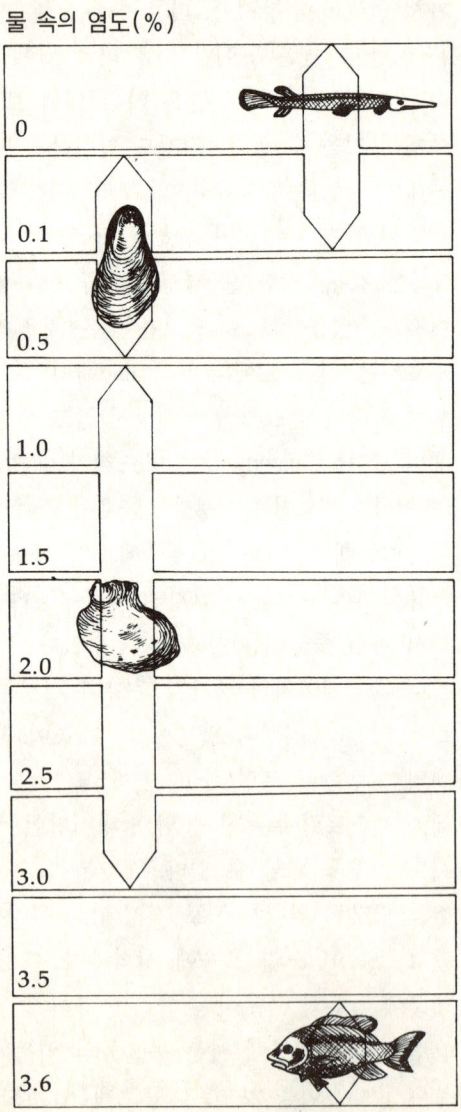

그림 4.2 염도의 차이가 눈에는 보이지는 않으나 강 하구에 사는 동물들에게는 분명한 경계가 된다. 염도가 0.5퍼센트 이상인 물에서 살 수 없는 홍합은 굴과는 절대로 경쟁하지 않는다. 왜냐하면 굴은 염도가 0.5퍼센트 이하인 물에서는 살 수 없기 때문이다. 동갈치(gar)는 같은 이유에서 물통돔(snapper)의 생태적 지위를 침해하지 않으며, 물통돔도 마찬가지다. 이런 방식의 공간적 분리에 의해 비슷한 종의 동물들이 경쟁을 피한다.

살 수 없으므로 대합조개는 홍합과 경쟁하지 않음을 알 수 있다. 생태적 지위를 규정하는 공간은 그 규모가 특별히 크거나 다른 종으로부터 너무 멀리 떨어져야 할 필요는 없다. 진드기의 세 종류는 동일한 꿀벌의 몸에 기생하면서 각기 다른 부분을 자기들의 생태적 지위로 차지한다.[27]

서식처를 각기 다른 시간에 이용하는 것도 자연이 채택하는 경쟁을 피하는 전략이다. 대부분의 서식처에는 주행성과 야행성의 두 가지 유형의 생태적 군집이 있을 수 있다. 낮에는 벌, 나비, 족제비, 대부분의 도마뱀류와 조류들이 활동한다. 해질 무렵이 되면 그것들은 잠자리에 들고 바퀴, 나방, 쥐, 박쥐류 및 올빼미 등과 같은 야행성 생물들과 교대한다. 나방은 밤에만 피는 흰색 또는 담황색 꽃을 먹고 사는데, 그렇게 함으로써 벌이나 나비류와의 경쟁을 회피한다. 생태학자 엘턴(Charles Elton)은 주행성 동물과 야행성 동물이 서로 경쟁하지 않고 같은 서식처를 이용하는 것을 보고 다음과 같이 설명하였다: "그러한 시간적 교대현상은 한 종의 동물이 다른 종으로 대치되는 정도가 아니라, 일련의 먹이연쇄가 다른 양식의 먹이연쇄로 대치되기도 하며, 낮 동안에는 아무 동물도 차지하지 않은 생태적 지위가 밤에는 채워지기도 한다. 족제비-들쥐의 먹이연쇄는 황갈색 올빼미-수풀쥐의 먹이연쇄로 바뀐다. 밤에는 딱따구리-개미의 연결에 해당하는 것이 없는 반면, 나방-쏙독새나 나방-박쥐의 연결관계와 같은 유형을 낮에는 찾아보기 어렵다. 사실상 하나의 먹이연쇄가 사라지고 전혀 다른 먹이연쇄가 그 자리를 차지한다고 할 수 있다. 새벽이 다가오면, 전체 사이클은 다시 원래의 모습으로 되돌아간다."[28] 엘턴은 남아프리카 초원에 서식하는 게르빌루스쥐(gerbille)의 색다른 예를 제시하였다. 게르빌루스쥐는 종종 육식성의 몽구스와 지하터널을 공유하지만 몽구스의 공격을 받지는 않는다. "게르빌루스쥐는 전적으로 밤에만 활동하기 때문에 해질녘부터 터널을 떠났다가 새벽이 되어야 돌아온다. 반면 몽구스는……단지 낮에만 먹을 것을 찾아다니고 밤에는 땅속으로 들어간다."[29]

생물학자 리하우젠(Leyhausen)과 울프(Wolf)는 고양이에 대한 연구에서 다음과 같은 관찰을 하였다. "시골의 넓적한 장소에 살고 있는 집고양이 몇 마리를 대상으로 조사했더니, 그들 각자는 일정한 시간표에 따라 같은 사냥터를 사용했기 때문에 서로 경쟁을 피할 수 있다는 것을 알 수 있었다. ……그들은 반갑지 않은 만남을 피하기 위한 안전장치로서 그들이 어디를 가든지 일정한 간격으로 냄새 나는 배설물을 두어 표시하였다. 그들의 이러한 행동은 두 열차의 충돌을 예방하기 위해서 철로변에 신호등을 설치하는 것과 같다. 사냥터를 더듬다가 다른 고양이의 흔적을 발견한 고양이는 그것이 얼마나 오래 되었는지를 추정하여, 만일 그것이 오래 되지 않은 것이면 행진을 멈추거나 다른 길을 선택한다. 만일 그 흔적이 몇 시간이 지난 것으로 판단되면 고양이는 망설이지 않고 그 길로 조용히 진행한다."[30]

때로는 유사한 종들이 주기적인 이주를 함으로써 한정된 자원을 놓고 경쟁하는 양상을 회피하기도 한다. 예를 들면, 아프리카에서 월동하는 백황새와 흑황새는 1년의 나머지는 유럽에서 보낸다. "그들은 그렇게 함으로써 열대지방의 비슷한 조류들과의 경쟁을 회피할 수 있는데, 비단 먹이 사슬에서의 독특한 위치를 찾아 사방으로 이주하는 것뿐만 아니라, 그 지역을 비워 주기 위해서 이주하는 것"이라고 동물학자인 칼(M. Philip Kahl)은 말한다.[31] 북미산 순록(caribou), 박쥐, 고래, 조류, 잠자리, 나비, 어류, 뱀장어 및 바다거북 등은 이주를 하는데, 어떤 동물은 무려 1만 2000마일 이상이나 이동하기도 한다.

물론 식물은 이주 전략을 동원할 수 없다. 극지방, 온대지역, 열대지역 등에서 흔히 나타나듯이 현화식물은 각 종류들이 차례로 개화함으로써 수분을 매개하는 동물들에 대한 종간 경쟁을 회피한다.[32] 이러한 식물들의 개화시기 차별화는 박쥐, 벌새(hummingbird), 곤충 등과 같은 수분 매개 동물들이 활발히 활동하는 시기와 일치한다. 리클레프는 영국에서 나타나는 네 종의 꿀벌 중에서 봄부스 프라토룸(*Bombus pratorum*) 종은 봄부스 아그로룸(*Bombus agrorum*) 종과 평화롭게 공존할 수 있는데, 그 이유는 전자가 후자보다 계절에 앞서서 활동하기 때문이라고 역설한다. 다른 두 종도 똑같은 꽃을 차지하려고 싸우지 않는데, 그것은 그들이 탁트인 들판보다는 숲속에 국한해서 먹이를 찾기 때문이다. 봄부스 호르토룸(*B. hortorum*) 종은 주둥이가 매우 길어서 그보다 짧은 주둥이를 갖는 다른 세 종이 찾지 않는 긴 화관을 가진 꽃만을 찾는다.[33] 유사한 방식으로 서인도제도의 트리니다드(Trinidad) 섬에 몇 종의 미코니아(miconia) 나무들은 각기 열매 맺는 시기를 달리해서 그 과실을 먹고 씨를 퍼뜨리는 조류들이 경쟁하지 않도록 한다.[34]

그렇지만 한 잔디밭에서 잎과 잎을 서로 맞대고 자라며, 똑같은 물과 양분을 이용하는 초본류들은 어떻게 경쟁을 피할 수 있을까? 그들은 생태적 지위를 여러 가지로 나누어 가질 만한 여유가 없는 것처럼 보인다. 이 문제에 대한 해답은 다윈에 의해 설명된 바 있는 수확의 원리(cropping principle)다 : "만일 전에 주기적으로 목초를 베었던 풀밭을 오랫동안 그대로 놓아 둔다면──이때 목초로 사용하기 위해서 풀을 베는 것은 네 발 달린 짐승이 목초를 다 먹어 치우는 것과 마찬가지의 결과를 낳는다──성장이 왕성한 초본류는 비록 다 자란 풀이라고 하더라도 성장이 그리 왕성하지 못한 초본류들을 점차로 죽일 것이다. 그래서 아주 좁은 목초 재배용 풀밭(넓이가 3피트×4피트에 불과한)에서 본래 자라고 있던 20종 중 아홉 종의 초본류는 사라지고, 나머지 종들만 자유스럽게 자랄 수 있었다."[35] 이를 우회적으로 표현한다면, 주기적으로 벌초를 해 주면 그렇게 하지 않았을 때보다 아홉 종이나 더 많은 초본류가 번성하는 것이다. 이때 잔디밭에서 풀을 뜯는 벌초자(초식동물)의 경쟁에 의해 몇 종의 초본류가 제거되는 것을 방지하는 역할을 한다. 또한 초식동물은 또한 자신들이 특별히 좋아하는 초본류가 있는데, 그것들을 선택적으로 취함으로써 일종의 협력의 관계를 조성하는 것이다. 산악지대의 초지에서는 염소들이 자신이 가장 좋아하는 먹이만을 취함으로써 그 식물 종의 개체

수를 감소시킬 것이다. 그러나 그 결과 다른 식물 종들은 더 잘 자랄 수 있는 환경이 조성되는데 이렇게 성장한 다른 종들은 큰 사슴이나 산양 등이 선호하게 되어, 결국 모든 식물 종이 더 풍부해지고 동물들은 별로 경쟁이 없이도 먹이를 취할 수 있게 된다. 초지에서 생태적 지위를 갖는 초본류의 일부는 전혀 먹을 수 없거나, 또는 오직 특정한 초식동물에게만 먹이로 이용될 수 있다. 식물은 가시를 가지고 있거나 또는 니코틴, 디기탈리스(digitalis), 하이퍼신(hypercin) 같은 독소를 생산함으로써 그렇게 할 수 있다. 일반적인 원리로는, 초식성 포유류는 크기가 클수록 자신이 먹이로 취하는 식물 종의 종류가 많아지는데, 이렇게 각 식물 종을 조금씩 섭취함으로써 독소의 피해를 적게 하는 동시에 모든 식물 종을 골고루 먹음으로써 자연의 평형을 유지할 수 있다.

초식동물들은 또한 똑같은 먹이를 가지고 서로 다투지 않도록 특별한 습관과 능력을 지닌다. 콜린버는 어떻게 아프리카의 사바나에서 세 종류의 초식동물이 공존할 수 있는지를 다음과 같이 설명하였다 : "얼룩말은 말과 같은 앞니를 가지고 있어서 길고 건조한 풀을 먹는데 아주 능숙하다. 야생 소는 초본류의 곁순을 먹는데, 소처럼 자신의 혀로 그것들을 훑어서 앞니에 대고 찢는다. 톰슨 영양(Thompson's gazelle)은 다른 동물들이 이미 지나간 곳에서 풀을 뜯는데, 포복식물과 다른 동물이 미처 뜯어먹지 못했던 풀을 골라 먹는다. 이들과 다른 대형 초식동물들도 같은 지역을 배회하지만, 그들은 섭취하는 먹이의 종류를 달리하여 경쟁을 피한다."[36]

얼룩말, 야생 소, 영양 들은 또한 사자, 표범, 치타, 하이에나, 들개 등과 같은 육식동물의 먹이가 된다. 동물행동학자인 제임스 굴드(James Gould)에 의하면 이러한 포식자들은 "세 종류의 먹이감에 의존해서 살지만 직접적인 경쟁을 회피하면서 공존할 수 있도록" 다섯 가지 방법을 채택하고 있다고 한다. 그는 다음과 같이 설명하였다 : "육식동물들은 기본적으로 서로 다른 시간과 장소에서 각기 다른 방법으로 사냥하면서 피식

4. 협 동   137

자 개체군의 각기 다른 부분을 취함으로써 경쟁을 회피한다. 치타는 날쌔게 먹이감을 뒤쫓는 전략을 특징으로 하는데, 그 결과 몸집이 작은 영양에게 집착한다. 오직 표범만이 잠복 전략을 이용하는데, 그것이 어떤 특별한 먹이감을 선호하지 않게 하는 듯하다. 하이에나와 들개의 먹이감은 유사하지만 그들은 각기 다른 시간대에 사냥한다. 그리고 사자는 억센 힘을 갖고 있다는 이점을 이용하는데, 여러 마리가 교대로 단거리를 힘차게 돌격하여 억센 앞발로 먹이감을 약탈한다."[37] 그럼으로써 이 다섯 종류의 포식자들은 세 종류의 피식자들 중 어느 것도 그 수가 특별히 격감되지 않도록 한다. 이런 연유로 동부아프리카의 세렝게티-마라(Serengeti-Mara) 지역에서는 약 17만 마리의 얼룩말, 24만 마리의 야생 소 그리고 64만 마리의 톰슨 영양이 서식할 수 있는 것이다.[38]

생태적 지위에 따라 서식처를 분할함으로써 경쟁을 회피하는 일이 동물계나 식물계를 막론하고 매우 일반적으로 행해지기 때문에 그것은 야외 조사의 예측과 발견의 원리로 자리잡았다. 콜린버는 다음과 같이 설명하였다: "야외에서 유사한 동물들이 공존하는 것을 발견할 때마다 연구자들은 이빨과 발톱에 의한 경쟁을 생각하는 대신, 그 동물들이 어떻게 경쟁을 회피하는지를 찾아보려 애쓴다. 여러 동물들이 그것을 명백히 분점하는 광경을 발견할 때 우리는 생존을 위한 투쟁을 떠올리지 않는다. 우리는 오히려 동물들이 어떤 수법으로 평화롭게 공존할 수 있는지를 발견하고자 노력한다."[39]

생태학자 매카서(Robert MacArthur)는 한 고전적인 연구에서 크기와 모양, 먹이에 대한 선호도가 유사한 다섯 종류의 솔새(warbler)들이 어떻게 메인(Maine) 주의 침엽수림에서 함께 서식할 수 있는지를 살펴보았다. 어떤 요인에 의해서 한 종류를 제외한 나머지 종들은 경쟁에서 도태되지 않을 수 있을까? 몇 달 동안의 면밀한 관찰 후에 매카서는 각 종류들이 주로 행동양식에 근거해서 자발적으로 생태적 지위를 미묘하게 조정한다는 점을 발견했다: "그 새들은 각기 다른 종류의 먹이에 접할 수 있도록 행동한다. 그들은 서로 다른 높이에서 먹이를 찾으며 각기 다른 활동 영역을 가진다. 숲속을 관통하는 방향도 각기 다르며 행동성향은 민첩하거나 우둔하는 등 판이하다. 그리고 각기 산란기를 달리 하므로 필경 먹이를 가장 많이 필요로 하는 시기도 각기 다를 것이다. 그러나 이런 차이들은 모두 통계적인 것으로, 어떤 두 종류의 솔새가 그 활동에 있어서 어느 정도 중복될 수도 있다(그림 4. 3을 보라)."[40] 콜린버는 "자연은 경쟁적 투쟁을 회피할 수 있는 방향으로 조절되어 있는 듯하다"고 결론을 내린다. 그는 "투쟁이 아니라 평화로운 공존이 자연계의 법칙이다"고 덧붙였다.[41]

먹이와 다른 일용품들을 충분히 얻을 수 있는 곳에서는 여러 종들이 충돌하지 않고 공존할 수 있을 것이다. 로스(Herbert Ross)는 일리노이 주의 한 수목에서 여섯 종의 멸구(leafhopper)들이 경쟁하지 않고 번성하는 것을 관찰하였다.[42] 유사한 종들의 그러한 집합을 조합이라 한다. 많은 유사한 종들이 서로 간섭하지 않고 공존하는 예가 수백 가지나 알려져 있다. 한 장소에 공존하고 있는 14종의 벌새들을 조사한 결과 서로 약간은 중첩되지만 꽃의 밀도, 꽃의 높이, 화밀의 재생 시기 등에 따라서 먹이를 취하는 양상이 달랐음을 알 수 있었다.[43] 또 하나의 예로 숲속의 한 통나무에서는 일곱 종의 노래기가 각기 다른 생태적 지위를 차지하고 있는 것이 관찰되었다.[44] 리클레프도 다음과 같이 보고하였다 : "플로리다 주의 걸프 만 얕은 물속에는 생태적 특징이 유사한 포식성 대형 달팽이가 여덟 종이나 살고 있다. 아프리카의 말라위(Malawi) 호수에는 생태적 특징이 유사한 키클리드어(cichlid fish)가 200종 이상 살고 있다."[45] 자연은 생물 종들 사이의 투쟁을 저지하는 기술을 발달시키는 데 최선을 다하고 있는 것처럼 보인다. 그러므로 사려 깊고 경험 많은 조사자가 아무리 경쟁의 패러다임을 기록해 보려고 애를 써도 실망스런 결과를 얻을 뿐이라는 사실은 전혀 놀랄 일이 아니다. 앤드루서(H. G. Andrewartha)와 버치(L. C. Birch)는 랙(David Lack)의 논문 〈피식자 조류들의 먹이에 대한 경쟁

그림 4.3 이 그림은 생태학자 매카서의 고전적 연구에서 얻은 결과로서, 크기와 모양이 비슷한 다섯 종의 솔새가 나무순을 갉아 먹는 해충을 잡아먹으면서 어떻게 같은 가문비나무에서 살고 있는지를 보여 준다. 이들은 미묘하게 서로 다른 생태적 지위를 차지함으로써 경쟁을 피한다. 어둡게 칠해진 부분은 각종의 새가 반 이상의 시간을 보내는 곳이다. 또한 이 새들이 먹이를 잡는 방법도 각기 다르다. 이와 같은 비경쟁 양상은 자연적으로 공존하는 종들에서 전형적으로 나타난다.

Competition for Food by Birds of Prey⟩⁴⁶⁾에 대해서 다음과 같이 논평하였다: "이 연구는 매우 잘 기록되어 있으므로 우리들은 이에 대해 자세히 논의하였다. 그러나 우리들은 이 흥미로운 연구 결과가 자연계에서 조류들끼리의 '경쟁'이 일상적이고 흔한 일이라는 점을 보여 주지 못했다고 결론지을 수밖에 없었다. 그 반대로 그의 연구 결과는 경쟁이 거의 일어나지 않음을 보여 주는 듯하다. 그가 여러 종들의 공존 장소로 발견한 곳에는 먹이가 어디에나 있든지, 또는 각 종들이 서로 다른 먹이를 취한다는 증거가 있었다. 그 새들이 서로 격리되어 있을 때에도 그들이 상대편의 세력권을 침범한다는 증거는 없었다."⁴⁷⁾

각 생물 종들은 자기 고유의 생태적 지위와 각자의 역할이 있으므로 다른 동물 종들이 서로 싸우는 일이 비록 전혀 없다고는 할 수 없어도 상당히 드문 편이다. 로렌츠는 오랫동안 어류를 연구한 후에 "나는 서로 상당히 공격적인 물고기들이라 하더라도 어느 두 종이 상대방을 습격하는 것을 본 적이 없다"⁴⁸⁾고 보고하였다. 사자는 때때로 치타가 잡아 놓은 동물을 훔치지만 사자와 치타가 그 때문에 서로 싸우는 법은 없다. 치타는 자신의 몸무게의 두 배가 넘는 대상을 공격할 만큼 우둔하지 않기 때문에 사자에게 대항하지 않고 먹이를 주고마는 것이다.⁴⁹⁾ 다른 예로서, 대왕독수리가 자신보다 몸매가 작은 독수리가 선점한 썩은 고기를 빼앗는 경우에도 점잖은 양보가 뒤따른다. 작은 독수리는 아무런 저항 없이 대왕독수리가 먹이를 충분히 먹을 때까지 기다린다. 앞에서 말했듯이 앨리와 그의 동료들은 "생물 종들 사이에는 서로 직접적으로 해를 끼치는 경우"가 없다고 하였다.⁵⁰⁾ 콜린버는 이것을 가리켜 "적자(fit animal)란 싸움을 잘하는 동물이 아니라 언제든지 싸움을 회피하는 동물"⁵¹⁾이라고 간결히 표현하였다.

또한 포식은 투쟁이 아니라 오히려 일종의 균형 잡힌 공존을 위한 기작으로 해석할 때 가장 잘 이해될 수 있다. 자연집단에서 포식자는 피식자들을 완전히 멸종시키지 않는다. 만약 어떤 피식자 동물이 매우 희귀해지면 포식자는 보다 그 양이 풍부한 대체 피식자에게 의존한다.

이리는 순록과 경쟁하는 것이 아니라 그것에 의존한다. 마찬가지로 순록은 자신이 먹는 지의류와 투쟁하는 것이 아니라 그것에 의존해서 생명을 이어간다. 피식자의 번성은 곧 포식자의 관심사다. 앤드루서와 버치는 "포식자와 피식자 사이에는 경쟁이 존재하지 않는다"고 단호하게 말하였다.[52] 오덤(Eugene Odum)은 다음과 같이 요약하였다 : "기생자와 숙주, 포식자와 피식자의 관계가 오랫동안 유지되었을 때, 그 상호관계를 장기적인 관점에서 평가한다면 특별히 손해가 될 것이 없으며 대체로 중립적이거나 또는 양쪽에 모두 이롭기까지 하다."[53] 포식은 잡혀 먹히는 개체에게 이익을 준다고 말할 수는 없으나, 나머지 피식자 집단에게는 여러 면으로 이익을 제공할 수 있다. 미국 슈피리어 호에 있는 아일로열 섬(Isle Royale)에서 이리집단을 3년 동안 연구했던 메치(L. David Mech)는 다음과 같이 말했다 : "이리들은 큰사슴(moose)떼의 수를 자신들의 식량으로 이용할 수 있을 정도로 유지시키는 것처럼 보였는데, 바람직하지 않은 개체는 제거시키고 전체 집단의 번식은 촉진시켰다. 필경 이리와 큰사슴은 동적 평형(dynamic equilibrium)을 유지하면서 생존할 것이다."[54] 머리(Adolph Murie)는 알래스카 주의 매킨리 국립공원에서 이리에 대한 유사한 연구 끝에 그 지역에 고유한 달양(Dall's sheep)에 대해 다음과 같이 말하였다 : "이리의 포식은 아마도 한 종으로서의 양에게 유익한 효과를 미치는 듯하다. 현재로서는 양과 이리가 평형 상태에 놓여 있는 것처럼 보인다."[55]

포식의 한 가지 이로운 점은, 어떤 경우에 있어서는 '경쟁에 의한 배제(competitive exclusion)'를 방지하는 효과를 낳기 때문에 포식이 없을 경우보다 있을 때 피식자의 종 수가 더욱 다양해질 수 있다는 것이다. 포식자 한 마리를 새로 투여하면 주어진 서식처에서 피식자의 종수가 증가되는 효과를 얻을 수 있다. 예를 들면, 생물학자 커크(David Kirk)는 다음과 같이 지적한다 : "포식자-피식자 상호작용에 기인하는 가장 중요한 효과의 하나는 같은 포식자에게 잡아 먹히는 피식자들 사이에서 경쟁이 감소된다는 것이다. 그 예로 피사스테르(Pisaster) 속의 불가사리는 조간대에 착생하는 연체동물과 따개비의 중요한 포식자다. 그런데 만일 그 군집 속에서 불가사리가 제거되면 한두 종류의 피식자들만이 먹이 섭취와 번식에 있어서 우위를 차지하기 때문에 그들만이 밀생하여 다른 종들을 축출시킨다. 그러나 이렇게 단순화된 군집에 다시 불가사리가 유입되면 그 동안 성공적으로 번식했던 종의 개체수가 상당히 감소되어서 다른 종의 개체들이 자리를 잡을 수 있도록 여유 공간을 둘 수 있게 한다. 다른 말로 한다면, 한 종의 포식자가 유입됨으로써 피식자의 종류는 상당히 증가될 수 있는 것이다."[56] 슬로보드킨(L. B. Slobodkin)도 실험실에서 배양한 히드라로 비슷한 연구 결과를 얻었다.[57] 똑같은 방법으로 특정한 씨앗과 싹을 먹는 곤충들은 수목들 사이의 경쟁을 예방하거나 감소시킨다.

 포식자가 피식자를 혐오하거나 피식자에게 성을 내지 않는다는 점에서 볼 때 포식자는 피식자의 적이라고 할 수 없다. 로렌츠는 그 관계를 분명히 하였다 : "포식자와 피식자 사이의 투쟁은 말 그대로의 의미로 진짜 투쟁이 아니다. 엽총과 라이플총이 외견상 서로 닮은 것과 같이 사자가 피식자를 죽이려 할 때, 앞발의 일격은 사자가 자신의 경쟁자를 공격할 때와 닮았다. 그러나 사냥자(hunter)의 내적인 동기는 근본적으로 투쟁자(fighter)와는 다르다. 식품 저장실에 매달려 있는 맛있는 칠면조고기가 나에게 전혀 적개심을 불러일으키지 않듯이 사자가 넘어뜨린 들소도 사자로 하여금 거의 적개심을 불러일으키지는 않는다. 이러한 내적 충동에 있어서 차이점은 분명히 동물들이 표현하는 움직임에서 찾아볼 수 있다. 사냥물인 토끼를 막 잡으려 하는 개는 마치 그가 주인을 맞이할 때나, 또는 어떤 갈망하던 것을 기다릴 때처럼 행복감에 넘친 자세를 보인다. 사자가 먹이를 덮치기 위해 뛰어오르는 순간의 극적인 장면을 찍은 많은 사진에서 어느 모로 보더라도 사자가 결코 분노하고 있지 않음을 보여 준다."[58]

생물들은 투쟁을 피할 수 없는 경우에도 그 투쟁을 최소화시킨다. 메치는 이리에게 잡혀 죽은 51마리의 큰사슴들을 조사해 본 결과 그것들이 아주 어리고, 늙고, 병든 개체들뿐이었다고 보고하였다. 그들 중의 어느 것도 혈기 왕성한 것은 없었다.[59] 이리떼는 가장 투쟁에 약한 개체를 민감하게 찾아내는 것이다. 머리는 이리가 포식한 달양에게서도 같은 사실을 발견하였다.[60] 마지막으로, 포식자는 아무런 이유 없이 살상을 하지는 않으며, 심지어 죽게 되는 경우라 하더라도 거기에 따르는 고통을 최소화하는 듯하다. 뱀의 공격을 받은 설치류는 잡혀 먹히기 직전에 기절하는 것이 보통이다. 사자의 무리에게 둘러싸여 공격 받게 된 야생소는 저항은 커녕 기절해 버리고 만다.

이러한 원리는 동식물에게서 흔히 발견되는 기생자에 대해서도 마찬가지로 적용된다. 전문가들은 기생(parasitism)이 숙주에게 해로운 경우가 드물다는 데 동의한다. 쳉(Thomas Cheng)은 "기생자가 유해한 경우는 극히 예외적이다"고 기록하였다.[61] 예를 들어 기생충학자인 베어(Jean G. Baer)에 의하면, "중앙아프리카의 열대림에 사는 오카피(okapi)라는 동물은 다섯 종류의 기생충을 동시에 지니기도 하는데, 그 중의 일부는 수백 개체나 되기도 한다. 그렇지만 숙주는 그러한 기생충을 갖는다고 해서 특별히 해를 입는 것처럼 보이지는 않으며 오히려 자신의 먹이뿐 아니라, 그 기생충들이 필요로 하는 먹이까지도 섭취하여 그들을 부양하는 듯하다."[62]

어떤 기생자들은 한 개 이상의 2차 숙주를 필요로 하는 복잡한 생활사를 갖는다. 흰꼬리사슴에 기생하는 뇌벌레(brain worm)의 유충은 괄태충(slug)과 달팽이 몸에 살다가 나가서, 사슴이 풀을 뜯을 때 부지불식간에 섭취된다. 그러면 그 유충은 사슴의 위를 뚫고 나가, 척주(脊柱)에 침입하여 마침내는 뇌를 둘러싸고 있는 공간으로 이동한다. 여기서 그들은 짝을 짓고 알을 낳는데, 알은 혈관을 타고 사슴의 허파로 가서 그곳에서 다시 가래로 뱉어 내어진다. 그리고 사슴이 그것을 다시 삼키면 배설물에

섞여 나와 다시 다른 달팽이를 감염시킨다. 그러나 그것이 숙주에게 미치는 피해는 극히 적다. 생태학자 로버트 스미스(Robert L. Smith)는 "대부분의 기생자와 숙주 관계에서처럼 사슴과 뇌벌레는 서로를 관용하는 능력을 키워 왔으며, 따라서 사슴은 뇌벌레에게 감염되어도 크게 고통받지 않는다"[63]고 설명하였다.

숙주가 건강하고 행복한 삶을 지속할 수 있는가는 분명히 기생자의 중요한 관심사다. 이 점이 바로 최근 들어서 숙주-기생자 관계의 속성을 평가하는 데 있어서 "여러 유형의 공생관계와 구별하기 위한 기준으로서, '손해를 입힘'이라는 표현을 기생관계에 적용하지 않으려는" 이유가 된다고 쳉은 지적하였다.[64] 손해는 단지 기생자의 수가 너무 많을 때에만 나타난다. 실상 잘 계획된 몇몇 실험에 의하면, 어떤 기생자들은 숙주에게 양분을 공급하거나 또는 숙주의 물질대사를 변형시킴으로써 숙주의 활동과 성장을 촉진시키는 것으로 밝혀졌다.[65]

실험실에서는 인위적으로 종들 사이의 경쟁을 유발시킬 수 있다. 그러나 가우스(G. F. Gause)[66]와 다른 사람들의 실험에 의하면 그러한 경쟁은 안정적으로 지속될 수 없다고 한다. 경쟁 상태에 놓인 두 종은 생태적 지위를 미묘하게 다르게 하여 경쟁을 회피하거나 또는 한 종이 소멸의 길을 걷는다. 이러한 실험 결과는 자연에서 발견되는 '한 종은 하나의 생태적 지위를 차지한다'는 원리를 확증하는 것이다. 수학적 모델, 실험실에서의 실험, 야외 조사 연구 등의 결과들은 종들 사이의 경쟁이 오래 지속될 수 없음을 보여 준다. 어항 속에서 일어나는 두 종의 짚신벌레 사이의 경쟁이나 유리병 속에서 일어나는 바구미의 종들 사이의 경쟁은 경쟁 회피 수단인 이주가 방해받고 있으므로 자연스러운 현상이 아니다. 나아가서, 이러한 실험실에서의 실험은 만일 모든 자연이 전쟁중에 있으면, 즉 한 생물이 다른 생물과 끊임없이 전쟁을 한다면 결국은 오직 한 종만이 살아남을 수밖에 없다는 논리를 은연중에 시사할 수 있다. 그러나 생물이 자신을 멸망시키지 않으려면 경쟁을 회피해야만 한다. 따라서 경쟁은 올

바른 패러다임이 아닌 것이다.

생물 종들 사이의 협동

자연 상태의 동물이나 식물들이 평화스럽게 공존하고 있음을 아는 것은 전체의 겨우 절반을 인식하는 데 불과하다. 경쟁과 전투를 근간으로 하는 다윈의 관점은 많은 생물학자들로 하여금 도처에서 경쟁을 찾는 한편, 협동관계는 무시하거나 경시하도록 하였다. 생물학자 해밀턴(William Hamilton)은 "생물학자들은 본질적으로 협동에 대해서는 그리 주의를 기울이지 않았다"[67]고 기록하였다. 동물학자 메이(Robert M. May)는 "야외나 실험실에서, 그리고 이론적으로 또는 교과서에서 공생관계(mutualism)는 비교적 무시되고 있다"[68]고 하였다. 그리고 마굴리스(Lynn Margulis)는 "공생관계가 비록 생물학 책에서는 이질적인 현상으로 취급되는 경우가 많지만, 실제로 자연에서는 공생관계가 매우 풍부하며, 그들 중의 상당수는 전체 생태계에 영향을 끼친다"[69]고 기록하였다. 자연은 단지 평화스럽게 공존하는 것만이 아니라 서로 협동하고 있는 것이다. 커크는 "적어도 한 종류 이상의 다른 생물 종과 공생하지 않고 사는 동물이 있는지 의심스럽다"[70]고까지 단언하였다. 몇 가지 예를 살펴보면 생물계에서의 상호 의존성이 어느 정도나 대단한지를 알 수 있을 것이다.

한 생물체는 여러 가지 면에서 다른 생물체에게 도움을 줄 수 있다. 즉, 먹이를 제공해 주거나, 포식자로부터 지켜 주거나, 살 장소를 제공해 주거나, 이동 수단을 제공하거나, 다른 생물의 해충을 제거해 주거나, 또는 다른 생물의 생존이나 번식에 필요한 조건을 조성해 줄 수 있다. 서로 다른 종들 사이의 무수히 많은 협동적 관계는 자연과학에서 가장 흥미 있는 주제 중의 하나가 될 수 있다. 생물들 사이의 상호 의존성이 얼마나 다양하고 미묘한지 모른다.

한 생물이 다른 생물에게 제공할 수 있는 가장 간단한 서비스는 머물 장소를 제공하는 것이다. 캘리포니아 연안의 개펄에 서식하는, 학명이 우레키스 카우포(Urechis caupo)인 연체동물의 일종은 '여관지기'라는 별명을 갖고 있는데, 그것은 자신이 만든 U자 모양의 관이 여러 가지 어류, 연체류, 절지동물과 환형동물들――무려 13종이나 된다――의 은신처로 이용되기 때문이다. 우레키스의 몸을 은신처로 이용하는 종들은 혼자서도 살 수 있으나 자신의 보호를 위해서 그 관에 머무르는데, 어떤 은신자들은 우레키스가 끌어들이는 먹이를 먹기도 하지만 그것을 결코 다 먹어 버리지는 않는다.[71] 어떤 게는 성게의 직장에서, 또 어떤 것은 산 굴의 껍질 내에서 산다.[72] 투구게도 또한 많은 생물이 머무르는 숙주다. 클라크(George Clarke)는 "뉴잉글랜드 연안의 얕은 바다에서 성숙한 투구게(Limulus polyphemus)를 잡아 본 적이 있는 사람은 누구나 다 그 껍질에 연체동물, 따개비류, 서관충(tube worm) 등이 붙어 있으며 '아가미'와 여러 다른 부분들에서도 보다 활동적인 공생생물(commensal)들이 매우 많이 살고 있다는 것을 쉽게 발견할 것이다"[73]고 설명하였다. 사실상 껍질을 갖거나 또는 약간이나마 빈 구석을 지닌 바다 동물이라면 무엇이나 다 다른 종들의 서식처가 될 수 있다. 파르브는 "작은 구멍이 많은 해면동물(sponge)의 몸은 매우 다양한 바다 생물들의 서식처가 된다. 플로리다 주 산호초 연변에서 자라던 대형 해면은 무려 1만 3500마리나 되는 동물의 서식처로 이용되었는데, 그 중 약 1만 2000마리는 작은 새우류였지만, 나머지 1500마리는 18종에 이르는 벌레류, 요각류(copepod), 심지어 작은 어류들로 구성되어 있다"[74]고 첨언하였다. 착생식물(epiphyte)로 불리는 식물들은 다른 정착성 식물체를 서식하는 장소로 이용한다. 열대성 난 종류, 이끼류, 파인애플과의 식물류와 덩굴식물들은 나무의 평평한 가지에 자리를 잡거나 또는 가지에 매달려서 자란다. 이렇게 하여 착생식물은 햇빛을 받을 수 있는 장소를 얻음과 동시에 자신의 키를 크게 하는 데 요구되는 지지조직에 투자할 필요가 없게 된다.

은신처와 산란 장소로 식물체의 몸을 이용하는 동물을 모두 열거하기는 어려울 것이다. 그러나 일부 동물들은 특정한 식물과 밀접한 공생관계를 유지한다. 커크는 중앙아메리카의 아카시아(Acacia) 나무에 대해 "프세우도미르멕스(Pseudomyrmex) 속의 개미들은 그 식물의 부풀어 오른 가시에서 사는데, 잎의 수액에서 당을 얻고, 단백질과 스테로이드가 풍부한 변형된 소엽의 끝부분을 애벌레에게 먹인다. 이 아카시아는 건기에도 녹색의 잎을 지니고 있으므로 지속적인 식량 공급원이 될 수 있다(그러나 개미가 살지 않는 다른 아카시아들은 그렇지 못하다). 그 반대 급부로 개미는 아카시아에게 침범하는 곤충을 몰아 내고 아카시아를 둘러쌀 수 있는 넝쿨과 덩굴들을 밀어 낸다. 이렇게 하면 아카시아가 강인하고 건강하게 유지될 수 있기 때문에, 풍부한 식량원이 되어 즉각적인 이익이 된다. 개미군집이 커질수록 그것이 아카시아에게 제공하는 방어효과는 보다 지속적이고 보다 효과적이다. 따라서 개미와 아카시아는 이런 밀접한 공생관계를 통해서 자신들의 생산력을 최대로 증진시키게 된다(그림 4.4를 보라)."[75] 다른 많은 수목들, 관목류 및 초본류 들은 개미와 협동적인 연합관계를 맺고 있다. 로키 산맥 지역의 애스펀 해바라기(aspen sunflower)라는 식물은 당이 풍부하고, 개미가 필요로 하는 18종의 아미노산을 함유하는 화밀을 꽃 바깥쪽에 분비한다. 개미는 화밀을 먹고 자라면서 파괴적인 기생자들로부터 꽃씨를 보호해 준다.[76]

다른 개미들은 먹이로서 곰팡이나 진디류를 양육하기도 한다. 나무에 구멍을 뚫고 사는 딱정벌레들은 나무를 연화시키는 균류와 연합하여 생활한다. 딱정벌레의 암컷은 다음 세대에서도 그러한 연합관계가 유지되도록 하기 위해서 자신이 낳은 알을 균류로 세심하게 문지른다.

많은 동물들은 먹이를 얻기 위해 다른 종의 도움을 받는다. 새의 일종인 푸른 어치(blue jay)는 도토리를 깰 수 있지만 메추라기(bobwhite)는 그것을 깰 수 없다. 그런데 푸른 어치는 먹이 습성이 모질지 못해서 도토리를 엉성하게 먹기 때문에 깨진 껍질 속에는 아직도 먹지 않은 부분이

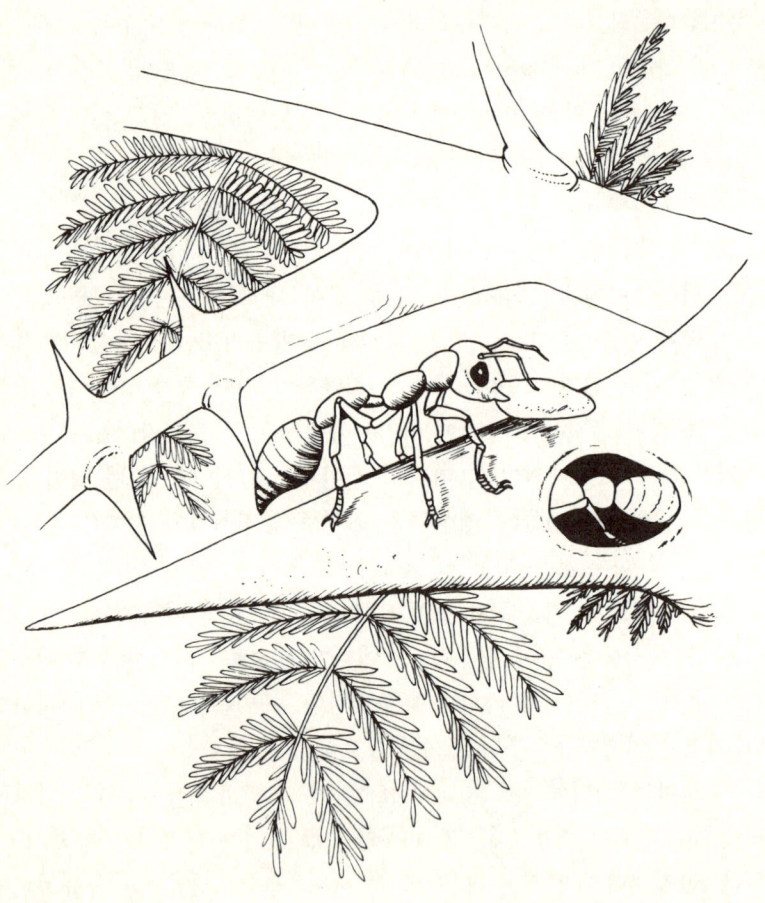

그림 4.4 중앙아메리카의 아카시아와 개미 프세우도미르멕스 사이의 공생관계. 개미는 속이 빈 식물의 가시 속에서 살면서, 그 즙을 먹는다. 그 반대로 개미는 식물을 먹는 다른 곤충을 쫓아내 주며, 아카시아를 빽빽이 둘러쌀 수 있는 덩굴을 제거한다.

많이 남는다. 그러면 메추라기는 스스로 얻을 수 없는 이 부분을 먹을 수 있다. 다른 동물이 남긴 것을 먹는 일은 모든 생태계에서 흔히 이용되는 생태적 지위다. 하이에나는 사자가 죽인 것을 먹는데, 그 먹이감 중에는 하이에나 혼자로는 도저히 죽일 수 없는 것이 있다. 북극산 여우는 주로 북극곰이 죽인 것을 먹이로 취한다.

파르브는 꿀안내자(honeyguide)라고 불리는 작은 아프리카산 조류와 오소리의 일종인 라텔(ratel) 사이에서 보여지는 놀랄 정도의 상호협력을 다음과 같이 설명했다 : "라텔은 꿀과 꿀 속에 있는 유충을 얻기 위해, 그리고 꿀안내자는 밀납을 먹기 위해 모두 벌집을 찾는다. 그러나 꿀안내자 새는 벌집에 침입해서 부수어 열 수가 없으므로 라텔과 같은 파트너를 필요로 한다. 라텔은 그의 몸에 헐겁게 나 있는 단단한 모피 같은 피부 때문에 벌침에 무감각하다. 그 반대 급부로 꿀안내자 새는 숲속에서 라텔을 돕는데, 시끄러운 소리를 내서 라텔의 주의를 끌면, 라텔은 자신이 바로 뒤쫓아 가고 있다고 꿀안내자 새를 안심시키려는 듯 그르렁거리며 따라간다. 일단 벌집의 위치까지 도달하면 라텔은 벌통을 찢어 헤치는데 그동안 화가 난 벌들은 노해서 침을 마구 쏜다. 꿀안내자 새는 옆에서 기다렸다가 라텔이 먹이를 다 먹은 후에 밀납으로 된 빈 벌집을 만족해 하며 먹는다."[77]

생물 종이 다른 종을 위해 할 수 있는 또 다른 일의 하나는 그 생물체나 또는 그 씨앗을 이동시켜 주는 것이다. 고착생활을 하는 생물은 자신의 종족을 퍼뜨리기 위해서 기동 가능한 동물을 이용하는 데 놀라운 재간을 보인다. 민물 홍합의 일종인 람프실리스 벤트리코사(*Lampsilis ventricosa*)의 외각은 작은 물고기처럼 보이도록 변형되어 있다. 클라크는 "진짜 물고기가 이 모양에 이끌려 홍합 위로 헤엄쳐 가면, 홍합은 그 그림자를 감지하여 갈고리가 달린 자신의 유충을 방출한다. 이 유충의 일부는 물고기의 아가미나 지느러미에 부착하여 기생하면서 성체로 변태할 때까지 그 곳에서 생활한다. 이렇게 기생자를 지닌 물고기가 상류까지 이동하면, 여기에서 어린 홍합은 물고기의 몸을 벗어나 독립적인 개체로 새로운 생활을 시작한다. 이런 식으로 스스로 이동할 수 없는 생물 종도 물의 흐름을 거슬러 상류 지역으로 퍼져나갈 수 있다"[78]고 말했다.

고래에 부착하는 따개비와 게에 부착하는 말미잘은 자유롭게 이동하여 혼자서는 도저히 얻기 어려운 먹이를 취할 수 있다. 말미잘은 필경 게를 위장시켜 문어에게 포식당하는 것을 막아줄 것이다. 보다 나은 서식처로 이동하기 위해서, 또는 생활 영역을 확대하기 위해서 다른 생물을 운반수단으로 이용하는 곤충과 벌레류는 대단히 많다. 수반이동(phoresis : 어떤 종이 다른 종에 실려 운반되는 관계＝역주)이라 불리는 이러한 편승관계는 적어도 지난 2500만 년 동안 지속되어 오고 있는데, 그 증거는 다양한 종류의 진드기와 선충류가 붙어 있는 딱정벌레와 장수말벌의 호박 화석에서 발견된다.[79]

현화식물은 잡종교배(cross-fertilization)를 하기 위해 벌, 나방, 벌새 및 박쥐를 이용하는데, 그 보답으로 영양분이 풍부한 화밀을 제공한다. 이런 많은 연합들은 동물과 식물 사이의 필연적인 공생관계로 발달해 왔기 때문에 이제는 그것을 예측하는 일이 가능하다. 예를 들어, 다윈이 마다가스카르 섬에서 처음으로 30센티미터나 되는 튜브 모양의 밀관을 가진 난을 발견했을 때, 그는 난들이 단 한 종의 곤충에 의해서 수분된다는 사실을 경험적으로 알아냈다. 그런데 이 난의 채찍처럼 생긴 밀관의 맨 아래쪽에 있는 화밀에 도달하기 위해서는 믿을 수 없을 정도로 긴 주둥이를 가진 곤충이 있어야 할 것이다. 그래서 다윈은 "마다가스카르 섬에는 주둥이가 12인치나 되는 곤충이 존재할 것이다!"라는 대담한 예견을 하였다.[80] 곤충학자들은 그런 곤충이 있으리라는 생각에 코웃음을 쳤다. 그러나 몇 년이 지난 후 그때까지 알려지지 않았던, 주둥이의 길이가 30센티미터가 넘는 나방인 산토판 모르가니 프라에딕타(*Xanthopan morgani praedicta*)가 나비채집가의 포충망에 날아들었을 때 그들은 입을 다물어야만 했다. 이 이야기가 역순으로 반복되기도 하였다. 남아메리카에서는

4. 협 동 151

처음에 12인치의 주둥이를 가진 나방이 발견되고, 그 한참 뒤에 30센티미터나 되는 밀관을 가진 꽃이 발견되었다.

식물이 동물의 도움으로 자신의 씨를 분산하는 또 하나의 방법은 과실을 맺게 하는 것이다. 동물은 과실을 먹고 난 후 어느 정도 지나서 약간 떨어진 장소에 소화되지 않은 씨를 배설하는데, 그렇게 함으로써 자연히 씨에 풍부한 비료가 공급된다. 과실은 변을 부드럽게 배설되게 하므로 씨앗이 동물의 소화관을 통과해 나오는 데 어느 정도 도움이 된다. 예를 들면, 아멜란키에르(*Amelanchier*), 로사(*Rosa*), 굴테리아(*Goultheria*) 씨의 일부는 검은 꼬리사슴의 소화관을 통과해 나와야만 발아된다는 것이 입증되었다.[81] 일단 소화의 과정을 거쳐야만 발아되는 씨도 있다. 인도양의 마리터스(Maritius) 섬의 칼바리아(*Calvaria*)나무는 한때 그 섬에 서식했던 도도(dodo)새가 소멸된 후로는 300여 년 동안이나 발아할 수 없었다. 도도새가 칼바리아 과실을 먹으면 강력한 모래주머니에 의해 씨껍질이 갈아져서, 그것이 배설되었을 때 씨앗이 그 껍질을 뚫고 발아할 수 있다. 도도새의 도움이 없으면 칼바리아 씨는 그 껍질을 뚫을 수 없다. 지금 마리터스 섬에는 약간의 칼바리아나무만이 남아 있는데, 그것들은 모두 300년 이상된 수명이 거의 다한 것들이다(그림 4. 5를 보라).[82]

매우 다양한 조류(藻類/algae)들은 광범위한 종류의 동물들―― 원생동물, 달팽이류 및 기타 연체동물, 적충류(infusorian), 강장동물(히드라 포함), 윤충류와 여러 종류의 벌레류 등―― 과 동료관계를 맺고 있다. 예를 들어서, 산호는 특정한 조류와 협동적 연합을 하여 성장률을 크게 증가시킨다. 그 두 파트너는 서로의 배설물을 이용하는데, 조류는 산호가 배출하는 이산화탄소와 질소 배설물을 얻고 산호는 조류가 생성하는 산소를 취한다. 그 사이의 균형이 매우 잘 유지되므로 조류와 산호 폴립을 해수로 채워진 밀폐된 어항에 넣어 주어도 거의 2주 동안이나 살 수 있다.[83] 짚신벌레와 같이 섬모가 있는 원생동물의 일부 종은 세포 내에 해를 끼치지 않고 사는 작은 조류 세포들을 지니고 있는데, 그 조류는 짚신

그림 4.5 도도새와 칼바리아(*Calvaria*)나무 사이의 협동관계. 칼바리아 나무는 도도새에게 열매를 제공하며, 도도새는 칼바리아 씨앗이 발아할 수 있도록 단단한 껍질을 마모시킨다.

벌레에게 광합성 산물을 제공하며 자신은 짚신벌레내에서 성장한다. 많은 종의 편충에서도 비슷한 관계가 발견되는데, 심지어 어떤 종은 조직내에 조류 세포를 너무 많이 가지고 있어서 몸 색깔이 녹색으로 보이기도 한다.[84] 큰 대합조개는 덮개의 가장자리에 조류를 양육한다. 남아메리카산 나무늘보(sloth)의 길고 홈이 있는 우툴두툴한 털에 녹조류가 자라서 그 동물이 녹색으로 보이기까지 하는데, 나무늘보가 숲속에서 잠잘 때에는 어느 정도 위장망의 역할을 한다.[85]

조류는 많은 균류(fungi)와 친밀한 공생관계를 형성하여 새로운 생물체, 즉 지의류를 만드는데, 지의류는 그 각각의 생물체가 홀로는 살 수 없는 환경에서 자랄 수 있다. 전세계에 걸쳐서 발견되는 지의류는 지구 식물상의 중요한 부분을 차지한다. 마굴리스는 다음과 같이 기록하였다 : "균류 종의 1/4인 약 2만 5000종이 지의류와 공생한다! ……지의류는 공생관계에서 출현하는 새로운 것의 아주 놀라운 예다. 지의류는 조류와 균류가 단독으로 자랄 때에는 나타나지 않는 특이한 형태적·화학적·생리적 특성들을 지닌다. 이러한 연합에서 얻어지는 혜택은 그 부분들의 합보다 훨씬 더 크다."[86]

또 하나 식물과 식물 사이의 협력은 소나무, 참나무, 히코리 및 너도밤나무 같은 대부분의 삼림 수목 뿌리와 관련하여 생활하는 균근(mycorrhizal fungi)이다. 오덤은 이러한 관계를 다음과 같이 명시하였다 : "많은 나무들은 균근이 없이 자랄 수 없다. 삼림 수목을 프레리 토양에 이식하거나 다른 지역으로 도입할 때, 그 나무에 균류 공생체를 공급해 주지 않으면 때로는 잘 자라지 못한다. 전통적인 농업의 기준에서 볼 때, 건강한 균류와 연합된 소나무는 옥수수나 밀을 재배할 수 없는 척박한 토양에서도 왕성하게 성장한다. 균류는 식물체가 '이용할 수 없는' 인(phosphorus)과 다른 무기염류들을 이용할 수 있도록 한다."[87]

식물들에게 봉사하는 또 하나의 예는 질소-고정 박테리아에 의한 것이다. 이 박테리아는 앨팰퍼, 클로버, 콩과 식물의 뿌리 속에서 공중 질소를 고정하여 질산염과 아질산염을 생성할 수 있으므로 토양을 비옥하게 한다. 커티스는 다음과 같이 설명하였다 : "질소-고정 박테리아가 토양의 비옥도를 증진시킨다는 분명한 예를 미국 오하이오 주 애선스(Athens) 시 부근의 미국 삼림청(U. S. Forest Service)의 시험장에서 행해진 실험에서 볼 수 있었다. 매우 척박한 토양에 히말라야 삼나무(cedar)가 식수되었다. 그 지역 일부에서는 삼나무 사이에 아카시아가 많이 있었다. 아카시아는 콩과 식물로 뿌리에 질소-고정 박테리아를 갖는다. 11년 후에 삼나무만 심어졌던 곳의 수목은 평균 30인치로 자랐으나, 아카시아 사이에 심었던 것은 평균 7피트로 자랐다."[88] 전세계적으로 해마다 1억 톤의 질소를 고정하는 콩과 식물은 약 500속 1만 3000종이 있다. 이런 지속적인 양분의 보충이 없었더라면, 지표의 토양은 너무나 척박해져서 지금 우리들이 보는 것처럼 다양한 초본류, 수목, 관목 등을 키워 내는 것이 불가능했으리라.

다른 세균들과 원생동물들도 코끼리, 소, 양, 염소, 낙타, 기린, 사슴, 영양 등과 같은 수백 종류의 초식성 포유동물과 공생관계를 유지하고 있다. 반추동물로 불리는 이들은 새김질을 하며, 3, 4개의 위가 있는 복잡한 소화계를 갖는다. 예를 들면, 집에서 기르는 소는 먹이의 주된 구성분인 섬유소를 소화시키는 데 필요한 효소를 스스로 만들지 못한다. 그런데 소의 첫번째와 두번째의 위 속에는 특별한 세균이 있어, 이 세균이 섬유소를 소가 소화시킬 수 있는 지방산으로 분해시킨다. 세번째와 네번째 위에서는 그 세균들이 20시간이 지난 후 자연적으로 죽으면서 소화되어 소에게 필요한 단백질을 제공한다. 이러한 세균은 산소가 있는 상태에서 죽는다. 그 세균들은 혐기적 환경과 섬유소를 필요로 한다. 따라서 그것들은 첫번째와 두번째 위에서만 따뜻하게 보호되고 충분히 먹으면서 성장할 수 있다. 소는 그 세균의 도움이 없으면 먹이를 소화시킬 수 없으므로, 전세계 소떼들의 생존은 전적으로 미생물의 활동에 달려 있는 셈이다. 소의 먹이에서는 발견되지 않는 비타민 B가 우유에서는 발견되는 이유를 이러한 미생물의 활동으로서 설명할 수 있다. 마찬가지로 사람에게 무해한 장내 세균이 그 숙주에게 비타민 B_{12}를 제공한다.[89] 어떤 흰개미와 바퀴벌레는 그 소화기관에 서식하는 편모를 가진 원생동물의 도움으로 나무의 목질부를 소화시킬 수 있다. 그 관계는 양자에게 서로 이로우며 필수적이다. 장 속에 원생동물을 갖지 않는 흰개미는 설령 목재섬유를 필요한 만큼 섭취하더라도 이내 굶어 죽는다.

생물이 다른 생물에게 해줄 수 있는 또 다른 기여는 보호다. 그 한 가지 전략은 위험한 포식자와 밀접한 관계를 갖는 것이다. 어릿광대어(clown fish)는 말미잘의 침에 대한 면역성을 키우고 말미잘의 촉수 안쪽에 살면서 미끼처럼 보여서 다른 어류들을 유인한다. 그러면서 그 물고기는 다른 포식자로부터 안전하게 보호받는다. 말고등어(horse mackerel)는 위험한 고깔해파리(Portuguese man-of-war)의 촉수곁에 살고, 새우어(shrimp fish)는 성게의 바늘 사이에서 산다. 많은 새들은 그들의 둥지를 벌통 가까이에 짓는다. 알제리의 어떤 식용식물은 가시가 있어 먹을 수 없는 식물과 근접하여 서식한다. 그럼으로써 식용식물이 이익을 보더라도 가시 있는 식물은 아무런 손해도 보지 않는다.[90]

많은 생물 종들은 다른 종들로부터 위험을 알리는 경고를 받는다. 모든 피식자 조류에서의 비상 신호(alarm call)는 매우 유사하여, 한 생물이 신호를 보내면 그 지역내의 모든 종들에게 경고가 된다. 비비원숭이는 자주 아프리카산 영양과 연합하는데, 비비원숭이는 아프리카산 영양의 예민한 냄새 감각에서 혜택을 입는 반면 아프리카산 영양은 비비원숭이의 우수한 시력의 도움을 받아 포식자의 위치를 알아낸다. 똑같은 이유로 타조는 자주 얼룩말과 떼를 짓는다.

한 동물이 다른 동물에게 제공할 수 있는 또 하나의 서비스는 세정(cleaning)이다. 이것은 특히 해부학적으로 자신의 몸을 스스로 씻을 수 없는 동물에게 중요하다. 이 일은, 세정되는 생물은 기생충이 제거되어서 이롭고, 세정하는 생물은 먹이를 얻기 때문에 양자가 다 이익을 얻는다.

육상동물 중에서는 촉새가 코뿔소의 몸을 깨끗하게 해 주며, 해오라기 (egret)는 여러 가축들을 씻겨 주고, 악어새(plover)는 악어의 입 속으로 들어가 아무런 해도 입지 않고 거머리(leeches)를 먹고 나온다. 생물학자 비비(William Beebe)는 붉은게가 갈라파고스 섬의 해양성 이구아나에게서 진드기를 제거하는 것을 관찰했다.[91] 해양동물들에게서 세정 공생이 존재한다는 것은, 스킨 다이빙(특별한 장비 없이 장기간 물 속에서 지탱하는 기술=역주)에 의해 해양동물을 자세히 관찰할 수 있게 된 이후에 밝혀졌다. 해양생물학자 림보(Conrad Limbaugh)에 의하면, 고객-세정의 관계는 "해양의 생물군집에서 보여지는 중요한 일차적 관계의 하나"다.[92] 이러한 세정자들에는 42종의 어류, 여섯 종의 새우, 그리고 비비게(Beebe's crab) 등이 있다. 세정자들은 일정한 장소를 설정하기도 하는데 무수히 많은 어류들이 그 곳에 몰려드는 경우도 있다. 림보는 "나는 바하마 군도의 한 장소에서 낮 6시간 동안 300마리나 되는 물고기들이 세정되는 광경을 목도하기도 했다"[93]고 보고하였다. 고객 어류가 그 장소에 접근하여 휴식을 취하면, 세정자는 아무런 위험도 느끼지 않고 그의 아가미와 심지어 입 속에까지 들어가서 먹이를 찾는다(그림 4.6을 보라). 평상시 그처럼 탐욕스럽던 어류가 어떻게 세정자에 대해서는 그렇게 관용을 베푸는지 아직 아무도 모른다. 림보는 세정자가 자신의 고객에게는 치명적이 될 수 있는 세균 감염이 확산되지 않도록 한다는 것을 발견했다. 그는 "해양에서 관찰되는 이러한 세정 행동은, 자연계에서는 생존을 위해서 이빨과 발톱으로 투쟁하기보다는 오히려 협력하는 것이 보다 중요하다는 점을 강조한다"[94]고 결론지었다.

　세정의 놀라운 예는 청파리(bluebottle fly)와 검정파리(blowfly)에서 찾아볼 수 있다. 이 파리들은 동물의 곪은 상처에 알낳기를 좋아한다. 언뜻 생각하기에는 이것이 자연의 매우 잔혹한 면의 하나로 보일 수도 있으리라. 그러나 그 유충은, 부화하면 고름을 먹고 살면서 죽은 조직을 처리한다. 심지어 유충의 배설물은 그 상처를 살균하는 역할을 하기도 한다.

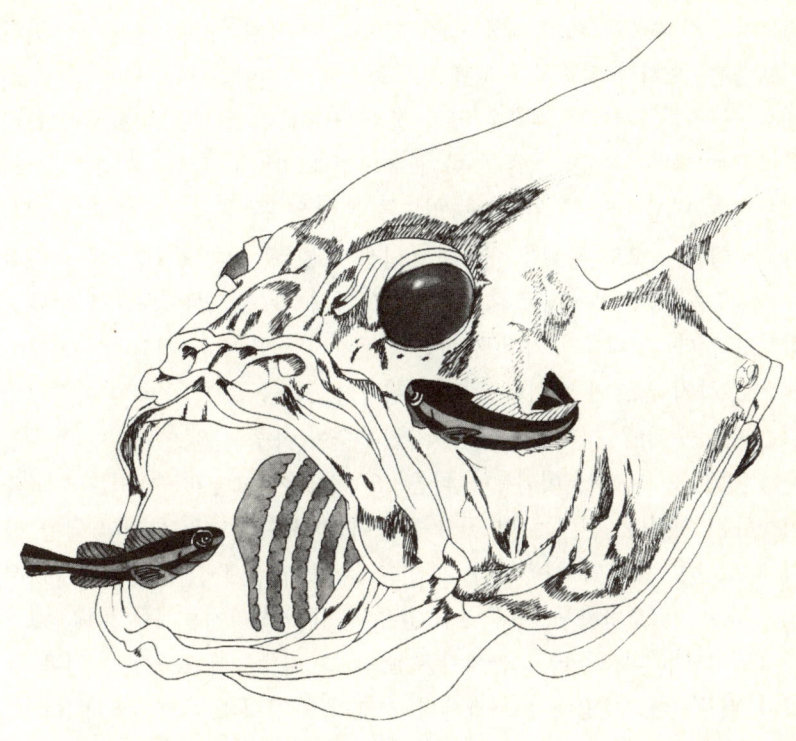

그림 4.6 서인도제도의 농어류를 세정하는 현란한 색을 띤 두 마리의 망둥이. 세정자는 고객 물고기의 아가미 안에서 먹이를 찾으며, 심지어 아무런 위험을 느끼지 않고 입 안에까지 들어간다. 세정 공생은 일반적인 협동 유형이다.

따라서 이러한 행위는 잔혹하다기보다는 오히려 파리 유충이 숙주동물을 치명적인 감염에서 회복되게 하는 유일한 기회인지도 모른다. 검정파리의 유충은 사실상 지난 세기까지도 병원에서 상처를 세정하는 데 사용하였다.[95]

또 다른 기여 방식은 생태적 천이(ecological succession)에서 나타나는데, 이는 식물 군락이 다른 종들에 의해서 차례차례로 대치되는 현상이다. 이것은 다음 차례의 식물 종이 먼저 있던 종을 무자비하게 말소한다 기보다는, 오히려 일종의 협동관계를 조성하는 것이라고 하면 가장 잘 이해될 수 있다. 천이는 새로운 생물 종이 정착하여 환경을 **변화시키기** 때문에 일어난다. 1년생 식물은 마치 유목민과 같다고 할 수 있다. 그들의 역할은 다년생 식물이 자랄 수 있도록 토양을 준비하는 것이다. 그래서 다년생이 들어오면 자리를 내주고 1년생 초본류는 새로운 장소로 이동한다. 그들은 영원히 머무르지 않으며, 그렇게 할 수 있는 준비를 갖추고 있지도 않다. 지의류가 가장 강인한 선구자적 식물이다. 지의류는 토양을 필요로 하지 않으며 오히려 토양이 형성되도록 돕는데, 심지어 아무것도 없는 바위에 처음 정착하여 그 바위를 부수어 아주 적은 양이지만 부식질을 조성한다. 그래서 이끼류나 다른 고등식물이 고착할 수 있는 발판을 이룩하는 것이다. 천이는 더 이상 군락이 변화하지 않는 안정된 극상 상태에 도달할 때까지 계속된다. 북반구 온대 삼림에서는 미국 솔송나무 (hemlock), 너도밤나무, 단풍나무 같은 종이 극상단계를 이루는데, 그것은 다 성장한 나무들의 그늘에서는 오직 그 나무들의 묘목만이 자랄 수 있기 때문이다. 맨땅에서 시작하여 히코리 극상림에 이르기까지 150년 동안 이루어진 천이의 예가 노스캐롤라이나 주에서 기록되었다.[96] 생태적 천이란 자연이 자신의 상처난 피부를 치유하는 단순한 방법이다. 천이에서 모든 종이 다 대치되는 것은 아니다 : 지의류는 수목의 몸통 표면에 붙어서 자라며, 무성한 그늘은 이끼와 양치류가 살기에 이상적인 장소가 된다.

상호 의존성의 또 다른 형태로, 어떤 하나의 대형 동물이 군집 전체를 유지하는 경우가 있다. 예를 들면, 한 마리의 하마는 20여 마리의 어류에 의해 세정되며, 하마가 물 속을 걸어가면서 바닥을 헤집게 되어 다른 물고기들의 먹이가 노출된다. 하마가 지상으로 올라오면, 황새가 그의 등 위에 타고 앉아 그가 헤집어 놓은 달팽이류를 찾는다. 하마의 똥은 그가 자주 찾는 연못과 호수에 사는 식물, 세균, 곤충류의 유생과 갑각류 등에

4. 협 동   159

게 양분된다. 이런 생물들은 여러 종류의 어류에게 좋은 먹이가 되기 때문에 하마에 의해서 먹이망(food web)은 크게 확장된다고 할 수 있다. 하마가 서식하는 물에는 수중 생물상이 항상 더 풍부한데 그것은 바로 이런 이유에 기인한다.[97] 스리랑카의 코끼리도 비슷한 군집을 형성하는 기초가 된다. 코끼리들은 먹이를 엉성히 먹어 치워서 항상 다른 초식동물들이 취할 수 있는 먹이감을 남긴다. 열 마리의 코끼리는 단 하루만에 숲속 바닥에 1톤의 배설물을 축적할 수 있다. 그 배설물은 결코 낭비되지 않는데, 나비와 딱정벌레류가 그 배설물을 먹고 자라며, 새들은 그것에서 씨앗을 찾아내고, 버섯과 곰팡이가 그 위에서 성장하며, 곤충은 거기에 알을 낳고, 흰개미는 그 속의 섬유소를 당으로 바꾼다. 이러한 모든 일이 먹이망의 확장을 부추겨 인도산 곰(sloth bear)이나 천갑산(pangolin) 같은 흰개미 섭취자까지도 포함시키게 된다. 그래서 코끼리에게는 배설물이었던 것이 다수의 다른 생물들에게는 보물이 되는 것이다.[98] 다이시(Lee Dice)는 군집에서 "모든 종은……직접적으로나 간접적으로 하나 또는 다수의 다른 생물들에게 봉사하거나 중요한 영양물질을 제공하는 역할을 한다"고 기록하였다.[99]

　동물과 식물 사이에 조성되는 정교한 협동관계는 그 자체가 경이롭기조차 하다. 각 생물 종은 다른 생물 종의 생산품을 요구한다. 식물은 당을 만들기 위해 공기중에서 이산화탄소, 토양에서는 물을 흡수하며 부산물로서 산소를 방출한다. 동물은 식물의 당을 산화하여 에너지를 얻고, 호흡작용으로 공기중으로 이산화탄소를 내보내며 오줌으로써 물을 토양으로 되돌린다. 그 순환계는 아주 완벽하여 그 어느 것도 낭비되지 않는다. 다음의 도식은 이러한 순환계를 화학적으로 간단하게 설명한 것이다.

식물 : $6CO_2 + 6H_2O + 에너지 \longrightarrow C_6H_{12}O_6 + 6O_2$
　　　공기중　토양　태양에서　　　　　　당　　공기중으로
　　　에서　　에서　　　　　　　　　　　　　　되돌아감

동물 :　$C_6H_{12}O_6 + 6O_2 \longrightarrow$　에너지 $+ 6CO_2 + 6H_2O$
　　　먹어서 조　공기중　　　　　허파를　　토양으로
　　　직으로 흡　에서　　　　　　통해 내　되돌아감
　　　수된 당　　　　　　　　　　보냄

　이런 완전한 순환계가 없다면, 지구의 생물은 이미 오래 전에 사라졌을 것이다. 이산화탄소는 우리의 행성인 지구에서는 매우 귀한 기체다. 그것은 겨우 대기의 0.035퍼센트를 차지하며 그 양은 아르곤보다도 적다. 그러나 만약 이산화탄소가 식물에 의해 소모되는 것만큼 새로이 보충되지 않으면, 현재의 식물군은 겨우 40년간 유지되는 데 불과할 것이다.[100] 따라서 동물과 일부 세균들의 호흡작용은 식물의 생명을 유지시키는 데 필수 불가결하다. 마찬가지로 식물이 없으면 어떤 동물도 살 수 없다.
　질소에 대해서도 똑같은 사실이 적용된다. 질소는 대기권 조성의 거의 80퍼센트를 차지하지만 그것을 직접 동화할 수 있는 식물은 그리 많지 않다. 식물은 자신이 필요로 하는 단백질을 합성하기 위해서 반드시 토양에서 질산염의 형태로 그것을 섭취해야만 한다. 따라서 만약 동물과 식물의 단백질이 토양으로 다시 재순환되지 않으면, 식물이 이용할 수 있는 질소 화합물은 이내 사라져버려 결국 식물도 소멸하고 말 것이다. 다행스럽게도 여러 가지 세균들에 의해서 유기물은 단백질로, 그리고 단백질은 암모니아로 분해되는데, 암모니아는 다시 아질산염으로, 또 아질산염은 다시 다른 세균들에 의해서 질산염으로 변화되어 최종적으로 식물이 이용할 수 있는 형태로 된다. 만일 세균 분해자가 없다면, 모든 질소는 조만간 동식물의 몸 속에만 존재하여 순환될 수 없을 것이다. 분해는 자동적으로 발생하는 화학적 작용이 아니라, 특정한 생물군의 고유 능력에 의해서 일어나는 현상이다. 그림 4.7은 모든 생물들이 먹이를 얻기 위해서 서로 의존해야만 하는 필연성을 보여 준다.
　버크홀더(Paul Burkholder)는 "모든 생물은 생존에 필수적인 재료를

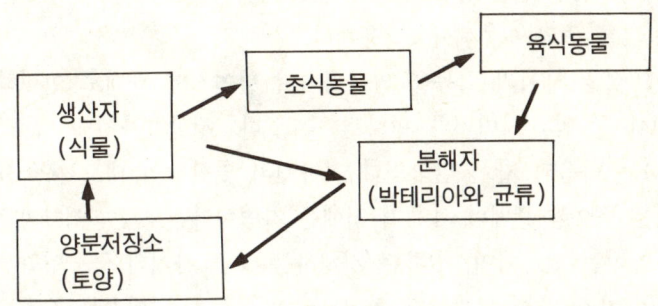

그림 4.7 모든 생물은 먹이를 얻기 위해 필연적으로 서로 의존한다. 분해자가 유기물을 분해하여 질소 성분을 식물이 취할 수 있는 형태로 계속 공급해 주지 않는다면, 식물은 결국 죽게 된다. 그리고 식물이 없이는 동물도 굶어 죽고 말 것이다.

공급받기 위해서 다른 생물의 다양한 활동에 의존하고 있다"[101]고 기술하였다. 어떤 생물이라도 지상에 홀로 남겨진다면 결코 생존할 수 없을 것이다. 그 생물은 이용할 수 있는 모든 양분을 소모할 것이며, 자신의 폐기물을 먹이로 전환시킬 수 있는 방법을 갖지 못해서 결국은 죽게 될 것이다. 생물은 필연적으로 협동적 모험(cooperative venture)을 수행하는 존재다. 마굴리스는 이에 대해 다음과 같이 말하였다 : "모든 생물은 자신의 생활 사이클을 완성하기 위해서 다른 생물에게 의존한다. 1세제곱미터 정도의 작은 공간에서조차도 단지 한 종의 생물로만 구성되는 생물 집단은 없다. 형태적으로, 그리고 물질대사적으로 다양성(diversity)은 기본 원리다. 생물들은 대부분 양분과 가스를 얻기 위해 다른 생물들에게 직접적으로 의존한다. 단지 광합성 세균과 화학합성 세균들만이 무기물질로부터 자신이 필요로 하는 유기물을 합성해 낼 수 있다. 그러나 심지어 그들조차도 먹이와 호흡에 필요한 이산화탄소, 산소 및 암모니아 같은 가스를 요구하는데, 그것들은 비록 무기물이지만, 모두 다른 생물들이 수행하는 물질대사의 최종 산물이다. 종속 영양세균은 먹이로 유기화합물을 필요로

한다 : 식인종처럼 같은 종을 잡아 먹는 희귀한 생물 종을 제외하면, 먹이는 모두 다른 종의 생물체나 그 유체다."[102]

동물과 식물 사이의 협동을 일상적이며 필연적인 관계로 인식하면 자연에 대한 종래의 이미지가 변화될 수 있다. 생물학자인 토마스(Lewis Thomas)는 다음과 같이 말하였다 : "자연의 일반적인 태도는 조사할 필요가 있는 주요한 문제다. 1세기 전에는 자연이라는 것은 '이빨과 발톱을 붉게 물들이는 전장이며, 진화는 경쟁하는 종들 사이의 공공연한 전투의 기록이며, 가장 강한 공격자가 최적자이며 등등……'이라는 생각에 공감대가 형성되었다. 그러나 사람들은 이제 상황을 매우 다르게 보기 시작한다. '생물들이 동반자 관계를 이루며 조직적으로 협동적 관계를 조성한다'는 점이 아마도 자연계에서 가장 오래 되고, 가장 강인하고, 가장 기본적인 힘으로 작용한다고 생각하는 것이다. 자연에는 단독으로 자유롭게 생활하는 생물은 없으며, 어떤 종류의 생물이든 다른 종류의 생물에게 의존하여 살고 있는 것이다."[103]

종내 협동

지금까지 우리는 서로 다른 종들 사이의 관계만을 논의하였다. 비록 다윈이 "같은 종의 생물들은 똑같은 지역을 점유하고, 똑같은 먹이를 필요로 하며, 똑같은 위험에 노출되어 있기 때문에 그들 사이의 투쟁은 어쩔 수 없이 매우 심각할 것이 분명하다"[104]고 주장했지만, 같은 종의 개체들 사이에서도 협동은 가장 중심적인 원리가 된다. 만일 그들 모두가 똑같은 생태적 지위를 차지한다면 어떻게 같은 종에서 경쟁을 피할 수 있을까? 한 가지 방법은 각 개체들을 서로 떼어놓는 수단을 이용하는 것이다. 이것은 동식물에서 여러 가지 분산 기작을 채용함으로써 가능하다. 틴버겐은 다음과 같이 말했다 : "이러한 '분산 기작'은 경쟁을 최소로 한다. 분산의 가장 간단한 방법은 바람이나 물에 의해 운반되면서 흩어졌다가 정착할 때까지 잠시 동안 목적 없이 여기저기 표류하는 것이다. 그 예로서 조개, 불가사리 그리고 게와 같은 여러 해양동물의 유충을 들 수 있는데, 그들은 몇 일, 몇 주, 심지어 몇 달 동안이나 부유하다가 이윽고 행동양식을 바꾸어서 바다에 정착한다. 만약 많은 종류의 유충들이 대집단으로 모여 있다면, 자연적인 은신의 효율성을 잃게 되어 곧 포식자들에게 발각될 것이다. 이를 피하기 위해서 어떤 나방 종류는 알을 낳으면 곧 사방으로 흩뜨린다."[105]

어느 생물이나 자신의 생활사 중에 분산단계가 있다. 균등한 분포(equal distribution)는 개체군에서 놀랄 만한 안정성을 유지하는 동시에 경쟁을 방지한다. 커티스는 다음과 같은 아주 놀라운 예를 들었다 : "특정한 나비 한 종에 대해서 8년간을 조사하였다. 매년 가을에 뉴잉글랜드의 들판에서 그 종의 유충이 8000~1만 4000개씩 발견되었다. 대개 봄까지는 약 30마리의 유충이 살아 남았으며, 여름에는 약 20마리 정도의 나비가 발생하였다. 6년째 되는 해에는 2만여 개의 유충이 추가로 관찰되었는데 이듬해 봄에는 80마리의 유충이 보였다. 그러나 여름이 되자 나비는 22마리만 나타나서 그 수는 여느 해와 같았다. 그 해 가을에는 겨우 400개의 유충만이 발견되었다. 주변 지역을 조사해 보니 보통 때보다도 훨씬 많은 알이 들판 바깥쪽에 산란되어 있었다. 들판에 너무 많은 유충이 나타났던 것에 반응하여, 나비들은 유충이 먹을 만큼의 충분한 먹이와 알을 낳을 수 있는 공간이 충분히 남아 있음에도 불구하고 외부로 이주했던 것이다."[106]

자연이 개체들을 서식처 전역에 균등하게 분포시키는 한 방법은 세력권 원리(territory principle)다. 표식을 함으로써 일정한 지역을 방어하는 동물들은 자신의 생태적 지위에 맞게 소구역으로 공간을 분할한다. 짝짓기나 먹이 획득 또는 두 가지 모두를 위해 세력권을 형성하는 생물은 굉장히 많은데 꽃양산조개, 바다가재, 게, 거미, 귀뚜라미, 메뚜기, 여러 곤충들, 어류, 도마뱀, 잘 날지 않는 새무리, 맹금류, 해양조류, 설치류, 반추동물 그리고 대부분의 포유동물이 이에 속한다. 세력권의 경계가 지니는 의미는 놀랍다. 동물학자 크룩(Hans Kruuk)은 하이에나들이 인접한 다른 하이에나의 세력권 경계에 도달했을 때, 다른 포식자가 시야에 없는데도 불구하고 충분히 잡을 수 있는 피식자 추적을 그만두는 것을 보았다. 그들의 야외 조사에 의하면 "하이에나가 영양 사냥에서 실패하는 경우의 20퍼센트는 그들이 서로의 경계를 존중하기 때문임"을 보였다.[107] 크크는 "세력권 행동이란 제한된 자원을 그 종의 최대수가 이용하도록 자원을 적절히 분포시키는 것"[108]이라고 하였다. 예를 들면, 세력권의 규모는 천부적인 요인에 의해 조절되는 것으로 나타났다. 멧종다리(song sparrow)는 출현하는 다른 개체들의 수가 제아무리 적더라도 1에이커 이상되는 세력권을 형성하지 않으며, 또한 그 수가 아무리 많이 존재하더라도 1/2에이커 이하의 세력권을 형성하지 않는다.[109] 중앙아메리카에 공존하는 400마리의 하울러(houler) 원숭이를 연구해 보았더니, 명백하게 세력권을 형성하는 파벌이 23개나 되었다.[110]

모든 생물 종에서 세력권의 방어는 죽음에 이르는 싸움이라기보다는 정형화된 위협, 공격적 과시, 유화적인 제스처로서 상대에게 손상을 입히는 일은 거의 없는 것으로 특징지워진다. 로렌츠는 이러한 관습화된 몸짓의 자극이 동물에게서 배고픔, 성적 욕구, 공포의 충동만큼 강력함을 관찰했다(그림 4.8을 보라).[111] 동물들의 조우는 실제로 싸우기보다는 관습화된 시위에 그쳐서 결국 한 동물이 해를 입지 않고 물러가는 것으로 끝을 맺는다. 세력권의 경계는 지극히 존중받는 것이다. 크크는 다음과 같이 자세히 설명하였다:

"특별히 세력권이 잘 확립되었을 경우에는, 방어자가 침입자의 몸 크기나 힘센 정도, 공격적인 과시에서 중요한 특별난 신체 구조의 발달 등에 전혀 관계없이 그를 쫓아내는 데 성공하는 것이 보통이다. 이것은 인접하고 있는 세력권의 두 개체 사이에서 가장 분명히 관찰된다. 이 경우

4. 협 동 165

그림 4.8 같은 종의 경쟁자가 마주치면 이들은 정형화된 본능적 위협이나 유화적 제스처를 보임으로써 서로의 행동을 조절하게 되므로, 결국 상대방에게 손상을 입히지 않는다. 예를 들어 싸우고 싶지 않은 늑대가 다른 늑대와 마주치면 상대방에게 보호되지 않은 목을 드러내 보임으로써 싸움을 피한다. 이러한 자극은 다른 늑대의 공격을 유발시키지 않는다. 그와는 반대로 우세한 동물은 이 자극에 의해 되돌아가며, 조우에서 비롯된 긴장은 소실되고 만다.

각 개체는 자신의 세력권 방어에는 보통 성공적이지만, 이웃의 영역을 침범하려는 시도는 별로 성공하지 못한다. 두 동물의 조우에서 각 개체는 언제나 싸움과 회피라는 서로 상반되는 경향성으로 반응한다. 개체는 그 자신의 세력권 중심에 가까이 다가갈수록 싸우려는 동기가 더욱 증대된다. 그러나 자신의 세력권 중앙에서 멀리 떨어지면 떨어질수록 싸움을 회피하려는 경향이 더욱 컸다."[112] 이런 시스템을 잔인한 투쟁이나 무자비한 전쟁이라고 설명할 수는 없다.

동물학자 오윈스미스(Norman Owen-Smith)는 "흰코뿔소의 세력권은, 특별나게 수컷들 사이의 생식 순위를 결정하는 시스템일지 모른다. 그 개체군에서 세력권 형성의 일차적인 기능은 서로가 해를 입는 투쟁의 기회를 감소시킴으로써, 가장 강한 수컷 코뿔소의 생식 효율을 증가시키는 것인 듯하다. 이러한 설명은 인디언코뿔소를 제외한 세력권을 형성하는 다른 모든 유제류들, 그리고 아마도 수컷 성체에서만 세력권이 관찰되는 다른 종들에게도 모두 적용될 수 있을 것"[113]이라고 하였다.

어떤 종은 심지어 서로 우연히 부딪치는 기회도 갖지 않도록 비경쟁적인 분포를 나타낸다. 어떤 포유류는 자신의 세력권에 냄새 표시를 남겨 같은 종의 다른 개체들이 스스로 회피하도록 한다. 어떤 수컷 개구리 종은 다른 수컷 개구리 종의 울음소리로부터 멀찍이 거리를 두고 서식처 전체에 고르게 분포한다. 식물들은 자신들의 씨를 여러 분산 방법을 동원하여 퍼뜨려 씨 사이의 경쟁을 회피한다. 한 종의 식물이 몇 에이커나 되는 면적을 차지하는 것은 인간들의 인위적인 경작에서나 가능한 것이지 결코 자연의 방법은 아니다.

군생동물들 사이에서 경쟁과 투쟁을 방지하기 위한 또 다른 방법의 하나는 우점 계급구조(dominance hierarchy)를 형성하여 사회적 집단내에서 상대방에 대한 공격을 최소화하는 것이다. 우점 계급구조는 조류들에게서 나타나는 '쪼는 순위(pecking order)' 관찰에서 처음 연구되었는데, 그렇게 함으로써 같은 집단의 동물들이 먹이와 짝을 구하기 위해 끊임없이 싸우는 데 소요되는 시간과 에너지의 낭비를 방지하는 것이다. 서로 싸우는 대신 쪼는 순위가 낮은 조류들은 쪼는 순위가 더 높은 생물에게 즉각 양보함으로써 어떠한 투쟁도 회피하는 것이다. 커크는 만약 이런 전략이 없다면, 어떤 일이 일어날지를 예로 들었다 : "그런 집단에서는 우점이 안전성을 보장한다. 일단 계급 순위가 확립되면, 자원이나 짝을 얻기 위한 개체들간의 투쟁은 최소로 유지된다. 어떤 한 연구에서는 암탉의 한 무리에서 그들 사이의 우점관계를 면밀하게 지속적으로 파괴시켜 보았다. 이 집단의 암컷들은 우점관계가 확립된 대조 집단에 비하여 보다 더 많이 싸우고 더 적게 먹어서 체중 증가가 적었으며, 서로의 싸움에서 더 심한

해를 입었음이 보고 되었다."[114] 일본 고시마(鹿兒) 섬의 짧은꼬리원숭이 (macaque)들은 우점관계를 갖는 수컷들이 그런 관계를 갖지 못하는 암컷들 사이에서 벌어지는 싸움을 진정시킨다. 우점 계급구조는 여러 종의 조류와 포유류에게서 발견되었는데, 자연의 평화스러움뿐 아니라 그것의 현명함도 아울러 보여 준다. 약한 개체가 싸우면 서로 해를 입겠지만, 결국은 자기보다 힘이 센 상대에게 질 싸움을 왜 걸겠는가?

아주 드물게 세력권 방어나 경쟁자와 우연한 조우에서 손상이 가해지는 경우가 있기도 하나, 그러한 공격의 목적은 같은 종의 동료를 소멸시키려는 것이 결코 아니다. 만약 그렇다면 그 종은 짧은 시간내에 스스로 멸망될 것이다. 새장 속의 새나 어항 속의 물고기처럼 비자연적인 환경에서는 때때로 상대가 죽을 때까지 싸우거나 어느 한쪽이 잡아먹히기도 한다. 그러나 자연의 방식은 그렇지 않다. 대단한 살상력을 지닌 동물들은 자신의 동료들에게 그 힘을 사용하는 것을 억제하는 강한 본능이 있다. 단 한 번의 발길질로 사자를 죽일 수 있는 기린의 수컷은 오직 포식자와 싸울 때만 그 치사적인 발을 사용하고, 라이벌 기린과 조우할 때에는 단지 살상력이 없는 땅딸막한 뿔만을 사용한다. 로렌츠는 다음과 같이 지적하였다: "같은 종의 동료들에게 해를 가하거나 또는 이들을 죽이지 않도록 매우 강력하고 믿을 만한 억제 본능을 가지는 생물로는, 첫째로 대형의 먹이를 사냥하는 동물로서 같은 종의 동물을 쉽게 죽일 수 있을 만큼 강력한 무기를 소유하는 종, 그리고 둘째로 군생하여 사는 종들을 들 수 있다."[115] 동물행동학자인 롯(Dale F. Lott)은 미국 들소떼의 우점성을 연구한 후에 "같은 종들의 싸움은 위험하고 시간과 에너지가 많이 소요되기 때문에 그 대안이 발달되어 왔다. 세력권을 확립하고 방어하는 동물에게서……각 개체들은 거리상으로 떨어져 있으므로 싸움을 쉽게 피할 수 있다. 그러나 우점성에 의해 조직되는 집단 생활을 하는 종들은 상대방의 자세나 소리와 같은 몸짓으로부터 서로의 행동을 예견하는 능력을 크게 발달시켰다"[116]고 결론지었다.

같은 종 안에서도 학습된 행동의 차이에 따라서 생태적 지위의 차이가 있기도 하다. 예를 들면, 영국의 해안선을 따라 발견되는 검은머리물떼새의 한 종은 '파고들기(stabbers)'와 '두드리기(hammerers)'의 두 행동군으로 나뉘는데, 각각은 자신이 속한 행동군의 새에 한해서만 짝을 짖는다. 파고들기 무리는 간조시에도 물이 고여 있는 곳에 남아 있는 조개류와 새조개류를 먹고 산다. 그런 조개들은 해수가 통과하면서 먹이를 계속 걸러낼 수 있도록 간조시에도 껍질을 약간 벌리고 있다. 파고들기 검은머리물떼새는 껍질 안으로 부리를 밀어넣어 외전근(abductor muscle)을 자르고 껍질을 열어젖뜨려 내용물을 꺼내 먹는다. 두드리기 무리는 간조시에 껍질을 닫고 있는 조개류와 새조개류를 먹고 사는데, 부리로 껍질의 가장 약한 부분을 계속 두드려서 그 틈으로 부리를 집어넣어 껍질을 열어젖뜨린다. 이런 식으로 같은 종의 두 부류가 똑같은 지역에서 살면서 똑같은 먹이를 취하더라도 그들의 사냥 방법이 다르기 때문에 서로 경쟁하지 않는다.

한 종내에서 가족(family), 무리(herd), 집단(식물체의 집단은 colony, 동물은 flock, 어류는 school로 부른다) 들의 협동관계는 당연한 것으로 간주해 왔다. 그러나 이것 또한 강한 자연적 본능에 기초하는 것이다. 로렌츠는 이리, 도마뱀, 햄스터쥐(hamster), 피리새(gold finch), 기타 여러 종들에게서 수컷이 암컷을 공격하지 않는 강력한 억제력을 관찰하였다.[117] 그는 "새끼를 보살피는 종들의 암컷이 자신의 어린 것을 공격하지 않는다는 사실이 결코 자명한 법칙은 아니지만, 모든 종에는 이를 위한 특별한 억제 수단이 틀림없이 존재한다. ……가축사육업자들은, 작은 실수가 이런 종류의 억제 기작을 망가뜨릴 수 있다는 것을 잘 알고 있다. 나는 은여우(silver-fox) 농장 위를 비행기가 낮게 비행함으로써 모든 암여우들이 자신들의 어린 새끼를 잡아먹은 경우를 알고 있다"[118]고 첨언하였다.

무리를 지어 생활하면 많은 이로움이 따른다. 포식자를 감시하는 데는 한 쌍의 눈보다는 많은 눈이 낫고, 사양소(musk oxen) 한 마리만 달랑 있는 것보다는 무리가 원형을 이루고 있는 것이 이리떼에게는 더 위협적이다. 새집 속에 들어 있는 많은 새 중에서 한 마리를 잡으려고 시도해 본 사람은 누구나 경험했듯이, 그것들이 집단으로 움직이면, 수십 마리의 동물들이 포식자의 시야를 가로지르게 되므로 그 중에서 한 마리를 잡는 것이 어렵게 된다. 많은 동물들은 어느 정도 이상의 개체군 밀도를 가져야만 생존 가능하다. 예를 들면, 사향쥐(muskrat)는 하천의 길이 1마일당 한 쌍 또는 늪지 86에이커당 한 쌍 이하의 서식 밀도에서는 새끼를 낳지 못한다.[119] 많은 바다새들은 무리를 지어 사냥하는데, 그것이 더욱 효과적이기 때문이다. 모든 사회적 곤충은 협동 생활을 한다. 흰개미군집을 이루는 각 개체들은 절대적으로 서로에게 의지하는데, 그 중의 일부는 다른 일부를 먹이고, 그 다른 일부는 생식을 담당한다. 어버이가 어린 것들을 보살피고, 먹여 주고, 보호해 주고, 훈련시켜 주는 일을 간단히 설명하기에는 너무나 그 의미가 크다. 그러나 유성생식을 하는 종에서는 적어도 양성이 어느 정도 협동하지 않을 수 없다는 점을 지적할 수 있다. 앨리는 오랜 기간 동물들의 집단 생활을 연구한 후 "독립 생활을 하는 동물이라도 전생활사의 기간을 단독으로 사는 동물은 없다"[120]고 단언하였다.

다윈의 주장

이제까지 생물 종간에, 그리고 생물 종내의 협력관계를 검토해 보았으므로 이제는 다윈이 생물에 대한 패러다임으로 '경쟁'을 제안했던 이유를 재조사해 볼 수 있을 것이다. 그는 "모든 생물 존재는 그 수를 증가시키려고 하기 때문에 생존을 위한 투쟁이 불가피하게 뒤따른다"고 주장하였다.[121] 다윈은 각각의 생물이 무한정한 수의 자손을 생산하려 한다는 가정에서부터 시작한다. "모든 개체는 자신의 수를 늘리기 위해 극도로 노력한다"고 그는 말한다.[122] "모든 생물들이 다 천성적으로 빠르게 번식하려고 노력한다는 데에는 어떤 예외도 없기 때문에 만약 그것을 말리지 않는다면 지구는 곧 한 쌍의 자손으로 뒤덮일 것"[123]이라고 덧붙였다. 그는 코끼리를 예로 들어 그 점을 설명하였다. "코끼리는 모든 알려진 동물들 중에서 가장 늦게 새끼를 낳는 동물로 알려져 있는데, 나는 코끼리의 자연증가율의 최소값이 얼마나 되는지를 추정하는 데 애를 먹었다. 그래서 코끼리가 30살이 되면 새끼를 낳기 시작하고, 90살까지는 계속해서 새끼를 낳는데, 100살까지 산다고 가정하면 그동안 여섯 마리의 새끼를 낳는다. 그렇다면, 한 쌍의 코끼리에서 출발하여 740 내지 750년이 지나면 코끼리의 수는 거의 1900만 마리가 될 것이다."[124] 그러나 실제로는 이 지구가 코끼리나 다른 어떤 생물 종으로도 뒤덮이지 않는다. 그렇다는 것은 틀림없이 그 생물들의 기하학적 번식에 어떤 식으로든 통제가 가해지는 것이다. 그래서 그는 "생물의 모든 종은, 설령 그것이 수에 있어서 대단히 풍성한 종이라 해도, 생존의 어떤 기간에 있어서 그 수가 크게 감소하는 경험을 하게 된다"[125]고 결론지었다. 다윈은 생물 종이 무한정 증가하는 자연증가율의 제한 요인으로서 포식, 기아, 극단적 기후 및 질병 등 네 가지를 제시하였다.[126] 한마디로 요약해서 죽음이 있는 것이다.

자연 개체군에 대한 세밀한 야외 조사연구가 부족하였으므로 그것은 100년이 지나서야 가능했다——다윈은 '단지 이론적 계산'[127]에 의해서만 주장했다. 다윈은 가축들이 '마구 퍼지는(run wild)'[128] 예를 들었는데, 이를 다른 말로 하면 그 종이 없었던 서식처에 인위적으로 종을 도입한 것이다. 그러나 자연 상태의 동물들을 조사했던 생태학자들의 최근 연구는 다윈의 주장과는 상당히 다른 결론을 내리고 있다. 엘턴과 앤드루서 그리고 버치는 굶주림이 종의 개체수에 직접적으로 영향을 미치는 경우는 드물다고 주장하였다. 랙은 질병 또한 직접적으로 영향을 미치지는 않는다고 하였다.[129] 그러면 어떤 요인 때문에 생물들이 무한히 성장하지 못하는 것일까? 다윈이 들었던 코끼리의 예를 살펴보자. 생물학자 로스

(Richard M. Laws)는 1966~68년 사이에 케냐와 탄자니아에서 3000여 마리의 코끼리를 연구하여, "코끼리의 성적 성숙 연령은 매우 변화가 커서 주위환경 조건이 좋지 않으면 지연된다. 각 개체는 보통 여덟 살에서 30살 사이에 성숙에 도달한다"는 것을 보였다.[130] 동일한 연구에서 다윈이 생각했듯이 암컷은 90살까지 계속 새끼를 낳는 것이 아니라, 55살 정도에서 임신이 중지된다는 것이 밝혀졌다. 따라서 코끼리집단은 포식, 굶주림이나 죽음에 의해서가 아니라 암컷이 성숙에 이르는 기간을 조절함으로써 그 수가 조절되었는데, 코끼리들은 너무 과밀하면 출생률을 낮추었다. 개체군 증가를 조절하는 내적인 메커니즘이 있다는 점은 코끼리에게만 국한된 것이 아니다. 다른 야외 조사 자료들에서도 여러 대형 포유동물들에게서 생식 시작 연령이나 출생률이 개체군 밀도에 의해서 결정되고 있음을 보여 주는데, 흰꼬리 사슴, 유럽 큰 사슴(elk), 들소, 미국 큰 사슴, 로키 산맥의 야생 양, 달스 양, 알프스 산맥의 야생 양(ibex), 아프리카 영양, 하마, 사자, 그리즐리곰, 듀공, 하프물개(harp seal), 코끼리물개(elephant seal), 점백이 돌고래(spotted porpoise), 줄무늬돌고래(striped dolphin), 청고래(blue whale), 향유고래(sperm whale) 등이 그러하다.[131] 소형 포유류에서도 개체군 밀도가 증가하면 출생률이 변한다. 커크는 "집쥐, 생쥐, 들쥐 등의 일종에 행한 실험에서 개체군의 밀도가 증가하면 그에 따라서 생리적 변화가 뚜렷해졌다. 제한된 공간에 가두어진 개체들의 수가 증가하면 부신(adrenal gland)의 무게가 증가하고, 흉선(thymus) 및 생식선(reproductive gland)의 무게가 감소하였다. 그 영향의 정도는 사회적 계급에 반비례하여, 우점하는 개체들은 설령 영향을 받더라도 아주 미미하게 받으나, 하위의 종속 개체들은 크게 영향을 받는다. 이러한 변화들은 생식의 감소를 수반하였다"[132]고 관찰했다. 암컷 생쥐는 과밀한 상태에서 배란을 점점 늦추든지 또는 한꺼번에 모든 암컷들이 배란을 중단하였다. 어떤 종의 조류는 세력권을 얻지 못하면 성적 성숙이 이루어지지 않는다.

그러므로 많은 동물들은 다윈이 제시하였듯이 주기적으로 황폐화되어서가 아니라, 어떤 내적 요인에 의해서 개체군 성장이 조절된다. 다윈의 주장 중에서 또 하나 잘못된 것은 "동물 중에서 해마다 짝짓지 않는 동물은 매우 적다"[133]는 가정이다. 사실은 그 반대로 많은 종들에 있어서는 성체가 되어도 새끼를 낳지 못하는 개체의 비율이 높은 것이 정상으로 보인다. 남아프리카 줄루랜드에서 약 200마리의 흰코뿔소를 5년 동안 연구했던 오윈스미스는 성숙한 개체군 중에서 단지 2/3만이 세력권을 유지하며, 자기보다 하위의 수컷으로 하여금 자신의 세력권에서 먹이를 뜯는 것은 허용하지만 새끼는 낳지 못하도록 하는 것을 발견하였다.[134] 많은 조류 종들은 개체군내에 새끼를 낳지 못하는 개체들을 예비로 비축한다. 이것은 가문비나무의 싹을 먹는 벌레(bud worm)와 그 포식자 연구에서 우연히 발견되었다. 실험자인 스튜어트(Robert Stewart)와 올드리치(John Aldrich)는 미국 메인 주에 있는 40에이커 면적의 토지에서 총을 쏴 새들을 제거하려고 시도하였다.[135] 총을 사용하기 전에 세력권을 형성했던 수컷의 수는 148마리였다. 그러나 스튜어트와 올드리치가 그 지역에서 총을 사용하기 시작한 지 한 달도 못되어 그들은 302마리의 수컷을 잡았다. 그들은 "대부분의 조류 종은 그 지역에서 새들을 잡기 이전에 존재했던 수컷 성체의 수보다 두 배 이상이 잡혔다"[136]고 기록하였다. 여기에 대한 설명은 세력권에 공백이 생기면, 곧 그것을 채워 주는 여분의 짝짓지 않은 수컷의 개체군이 많이 있다는 것이다. 그들이 제거된 새들을 대치한다는 것은 경쟁관계를 보여 주는 것이 아니라, 개체군을 조절하는 안전장치가 마련되어 있음을 의미한다. 다른 실험에서는 어떤 지역에서 되새(junco)들을 제거하더라도 인접 지역으로부터 이입자들에 의해서 이내 대치되어 그 수가 감소되지 않았다고 보고되었다.[137] 이 실험들에서 우리들은 포식이 개체군 증가율에 크게 영향을 미치지 못한다는 것을 추측할 수 있다. 리클레프에 따르면, "정교하게 시도한 제거-대치 실험들은 매우 비슷한 결과를 보였다. 즉, 세력권이 개체군의 생식을 제한하는 현상은 매우 일상적인 것으로 나타났다."[138] 이것은 찌르레기, 홍뇌조, 들쥐의 일종, 잠자리와 어류들의 야외 연구에서도 관찰되었다. 이러한 사실을 고려하지 않고 자연 개체군은 기하급수적으로 성장한다는 주장은 '단순한 수리적 계산'에 근거하는 것으로, 그것은 수학적으로는 정확하지만 생물학적으로는 전혀 들어맞지 않는다.

또한 짝을 짓는 성체가 매계절 똑같은 수의 자손을 생산한다고 가정하는 것은 잘못이다. 많은 동물들은 자신들이 취할 수 있는 먹이의 양에 따라 그들이 한 번에 낳은 알이나 새끼의 수를 다양하게 변화시킨다. 엘턴은 "작은귀 올빼미(Asio flammeus)는 먹이로 취하는 들쥐가 전염병을 얻어서 극히 풍부할 때에는 한 번에 평상시보다 두 배의 알을 낳고, 또 보통 때보다 두 배 정도 더 빈번하게 새끼를 품는다"[139]는 것을 관찰하였다. 랙은 산갈까마귀(nutcracker)가 보통 때는 단지 세 개의 알을 낳지만, 개암(hazelnut)이 풍작일 때에는 한 번에 네 개의 알을 낳는다고 지적하였다. 그는 또한 극지방에 사는 여우는 레밍(lemming)이 풍부할 때, 한 번에 낳는 새끼 수가 훨씬 많아진다고 말하였으며, 사자도 먹이의 획득 가능성에 따라서 한 번에 낳는 새끼 수를 조절한다고 설명하였다.[140] 이와 대조적으로 많은 생물 종들은 먹이가 부족한 해에는 전혀 새끼를 낳지 않는다.

어떤 경우에는 초식동물의 수가 식물에 의해서 조절되기도 한다. 예를 들면, 가뭄이 심한 다음 해에는 미국쑥(sagebrush)이 캘리포니아 메추리의 생식호르몬과 닮은 식물성 에스트로겐(phytoestrogen)의 체내 농도를 증진시킨다. 이 호르몬은 미국쑥을 먹는 메추리의 배란을 억제하여 메추리 개체군의 수를 급격히 감소시킨다. 강우량이 많아지면 미국쑥은 에스트로겐 유사 물질의 분비를 감소시켜서 메추리 개체군의 수는 정상으로 돌아간다. 즉, 초본이 초식동물의 출생률을 조절하는 것이다. 산악들쥐는 늦여름이 되면 그들이 먹는 초본류에 식물성 에스트로겐 생성이 증가하여 난소 활성이 중지된다는 연구도 있다.[141]

동식물들이 생리적으로 가능한 최대의 알과 씨를 생산한다는 가정도 역시 잘못된 것이다. 모든 조류들은 한 번에 일정한 수의 알을 낳는다. 그러나 그 알들을 제거하면 암컷은 더 많은 알을 낳도록 자극받는다. 집에서 기르는 닭을 그대로 두면 한배에 품을 수 있도록 12개 정도의 알을 낳는다. 그러나 그 알을 매일 제거하면 닭은 1년에 360개의 알을 낳을 수도 있다.

한 번에 낳는 알 수는 종에 따라 크게 다르다. 홍학(flamingo)은 한 개의 알을, 타조는 12~15개를 낳는다. 생태학자 이토(Y. Ito)는 "개구리 중에서 라나 니그로마쿨라타(*Rana nigromaculata*) 종의 알집에는 약 1000개의 알이 들어 있으나, 플렉토노투스 피그마에우스(*Flectonotus pygmaeus*) 종 개구리가 낳는 알의 수는 4~7개로 대부분의 조류가 품는 알의 수나 쥐가 한 번에 낳는 새끼의 수보다 적다"고 지적하였다.[142] 일반적으로 낳는 알의 수는 어버이의 보살핌과 보호의 정도에 역비례한다. 고등어 암컷은 자신의 어린 것을 전혀 돌보지 않는데, 200~300만 개의 알을 낳으며 그 중에서 99.9996퍼센트는 70일 이내에 포식자들에게 잡아 먹히고, 단지 2~3개만이 성체가 된다.[143] 반면에 바다메기(sea catfish)는 한 계절에 단지 30개의 알을 낳는데, 수컷이 입 속에 품어서 보호하기 때문에 거의 모두가 살아 남는다. 엄청난 수의 자손을 생산한다는 것은 무자비한 경쟁이 있음을 의미하는 것이 아니라 오히려 협동의 증거를 보여 주는 것이다. 왜냐하면, 여분의 알과 씨는 수천 종의 포식자들을 먹여 살리는 데 사용되기 때문이다. 만일 모든 생물 종이 다 자손을 적게 낳고 그것들을 잘 보호하는 전략을 채택한다면, 오늘날 우리가 자연에서 볼 수 있는 다양하고 무수한 동물의 출현이 불가능했을 것이다. 그리고 피식자를 거의 전멸시키지 않고서는 이러한 동물의 출현이 불가능했을 것이다. 그래도 여전히 바다에는 고등어가 얼마든지 남아 있다.

어떤 종이라도 무제한으로 증가하여 번성하지 않으며, 한 개체가 무한히 자라지도 않는다. 그리고 동물 개체군은 투쟁과 굶주림과 죽음 때문에 그 수가 제한되는 것이 아니다. 여러 가지 방법으로 어미의 수를 조절하고, 한 마리의 암컷이 한 번에 낳는 자손 수를 변화시킴으로써 개체수의 증가를 제한하는 것이다. 생물학자 윈에드워즈(V. C. Wynne-Edwards)는 모든 생물이 기하급수적으로 증가하여 무한대로 번성할 수 있다는 다윈의 가정에 대해 다음과 같이 논평하였다:

"생물 종 내부의 번식에 대한 욕구가 외부로부터의 적대적인 힘에 의해서 통제된다는 직관적인 가정이 개체군 조절 및 생존 경쟁의 문제에 대한 생물학자들의 사고 방식을 오늘날까지도 지배하고 있다.

모든 선입관을 버리고 현대적 관찰 방법과 실험에 의해 연구된 사실들을 평가해 보면, 개체군의 수를 조절하는 가장 큰 요인은 다윈이 주장했던 외부의 적대적인 힘이 아니라, 동물 자신의 주관적 의도라는 것이 분명해진다. 다시 말하자면, 그것은 내재적인 현상이라는 것이다."[144]

개체군이 자가 조절적이라는 사실은 생물이 자발적 존재라는 개념과 잘 일치한다. 자연은 생물들 사이의 전쟁이 아니라, 협동에 기초를 둔 동맹관계인 것이다.

5

조 화

다윈은 동식물들이 서로서로 싸우고 있을 뿐만 아니라 주위환경 요소들과도 투쟁하고 있다고 여겼다. 그는 "어느 경우에 있어서나 다 생존을 위한 투쟁이 존재한다. 투쟁은 한 개체가 같은 종에 속하는 다른 개체와 벌이는 것일 수도 있고, 다른 종에 속하는 개체들과 벌이는 것일 수도 있으며, 또 생명의 영위에 필요한 물리적 조건과 벌이는 것일 수도 있다"[1]고 하였다. 앞 장에서 우리는 생물들 사이에 적대관계가 존재한다는 주장에 관해 검토하였다. 이 장에서는 생물과 환경 사이에 적대관계가 존재한다는 주장에 대해서 고찰해 보기로 한다. 다윈은 그런 예의 하나로 "사막 연변부에 서식하는 식물들이 가뭄에 대해 벌이는 투쟁"을 들고 있다.[2] 이러한 관점은 때때로 '환경에 대한 저항(environmental resistance)'이라고 알려져 있으며, 교과서나 보고서 또는 학술잡지에 실린 논문 등에서 흔히 볼 수 있다. 한 예를 든다면, 식물생태학의 한 교과서에는 "적절히 표현해서, 식물 세계에서 생존을 위한 투쟁은 각 식물들과 주위 서식처 사이에서 벌어진다"고 기술하고 있다.[3]

생물과 무생물적인 자연계의 힘 사이에 나타나는 명백한 갈등의 예는 쉽게 상상이 가능하다. 중력이 새와 육지의 동물을 아래로 잡아당기므로

5. 조 화

이들은 그 힘을 극복해야만 한다. 수중동물은 깊은 바닷속의 수압과 싸워 이겨야만 한다. 식물과 동물은 기후의 급격한 변동에도 불구하고 물질대사를 비롯한 생물의 기능이 제대로 수행될 수 있도록 체온을 유지하기 위해서 투쟁해야만 한다. 어떤 지역에서는 건조한 환경이 모든 생물들을 위협하는 반면, 또 어떤 장소에서는 홍수가 토양 속의 영양분을 모조리 씻어 내리기도 한다. 따라서 우리들은 생물이란 그들의 주위환경과 지속적으로 투쟁하는 상태에 있으며, 비우호적인 우주에서 단지 살아남기 위해 최대한의 노력을 경주하는 존재라고 생각한다.

이제부터 우리들은 오늘날의 동식물들이 어떻게 주위 환경과 연관되어 있는지를 살펴보고, 생물의 기원에 대해서는 다음 장에서 알아보기로 하자. 생물들이 어떻게 현재 상태로 발전될 수 있었는지를 살피기에 앞서서, 지금 자연계가 어떤 상태에 놓여 있는지를 먼저 알아보는 것이 논리적으로도 옳다고 하겠다.

환경에 대한 생물들의 투쟁은 가혹한 서식처 환경에서 더욱 분명하게 나타난다. 그런 좋은 예는 극지방이다. 동물들은 그처럼 혹독한 추위 속에서 어떻게 적당한 체온을 유지할 수 있을까? 동물들은 투쟁에 의해서, 즉 말하자면 추운 만큼 더 많은 에너지를 소모함으로써 체온을 유지하는 것일까? 북극여우(arctic fox)는 일반적인 개보다 크기가 작은 편인데 북극점을 중심으로 반경 25마일 이내에서 살면서도 그곳의 혹독한 추위를 잘 견뎌 낸다. 자연사학자인 언더우드(Larry Underwood)는 "그들은 대부분의 포유동물이 살 수 없는 장소에서 생존한다. 그들은 그곳을 오히려 안락한 서식처로 여기는 것 같다"고 말하였다.[4] 어떻게 그런 일이 가능하겠는가? 언더우드는 다음과 같이 설명한다 : "그들은 겨울 동안 부드럽고 무성한 털이 두터운 층을 이루는, 그런 털가죽으로 몸을 보호한다. 두터운 모피가 동물을 따뜻하게 해 주는 것은 아니지만, 적어도 열이 몸 밖으로 달아나는 속도를 늦추어 줌으로써 열손실을 최대한 막아 준다. 추운 지역에 사는 대부분의 포유동물들처럼 북극여우도 날씨가 추워지면 피가 되도록 몸 바깥쪽으로 흐르지 못하게 하여 열손실을 줄이는 한편 몸의 중심부에 열을 가두어 둔다. 포유동물은 털을 일으켜 세워 모피층을 더욱 두텁게 하여 털 사이에 보다 많은 공기를 지님으로써 단열효과를 높이기도 한다. 또한 그들은 다리를 몸통 쪽으로 끌어모아 추위에 노출되는 몸의 표면적을 되도록 줄이려 한다."[5]

이런 방법으로 여우는 휴식시의 물질대사만으로도 화씨 -60도의 혹한 속에서 견딜 수 있다. 만약 기온이 이보다 더 낮아지면 여우는 눈 속으로 굴을 파고 들어가 몸 속에 축적된 지방에 의존하면서 폭풍이 지나가기를 기다린다. 더욱 극심한 추위 속에서라면 여우는 몸을 부르르 떨어 물질대사율을 높임으로써 체온을 유지한다. 근육을 떠는 것은 외부적으로 일을 행하는 것이 아니기 때문에 근수축에 사용되는 모든 에너지는 결국 체내의 열로 방출된다. 이런 방법으로 여우는 물질대사 속도를 평소의 1/3만큼도 더 높이지 않으면서 화씨 -95도의 기후 속에서 견딜 수 있는 것이다.[6] 따라서 몸을 떠는 일은 고통이나 투쟁을 의미하는 것이 아니라, 단순히 자기 몸을 따뜻하게 하는 자연적인 수단인 셈이다. 북극여우는 특별한 단열장치, 적절한 본능적 행동 그리고 유용한 물질대사 기능을 천연적으로 잘 갖추고 있어서 그러한 극심한 환경에 대항해서 투쟁할 필요가 없다. 사실상 북극여우는 단열이 지나치게 잘 되기 때문에, (심지어 겨울일지라도) 달리거나 또는 다른 역동적인 활동을 할 때 생성되는 열을 외부로 발산시킬 수 있는 수단이 없으면 이내 체온이 상승할 것이다. 북극여우의 단열 상태가 나쁜 다리나 주둥이 부분은 바로 이러한 열 발산의 역할을 담당한다(그림 5.1을 참고하라). 여우나 에스키모 개, 순록 등도 역시 필요한 경우에는 헐떡거림으로써 수분을 증발시켜 몸의 열을 식힌다.[7]

자연은 모든 동물들에게 다 북극여우와 같은 탁월한 단열 능력을 갖게 하지는 않았으며, 다만 그것을 필요로 하는 동물들에게만 혜택을 베풀었다. 한 예를 들자면, 열대지방의 긴코너구리(coati mundi)는 주위 기온이

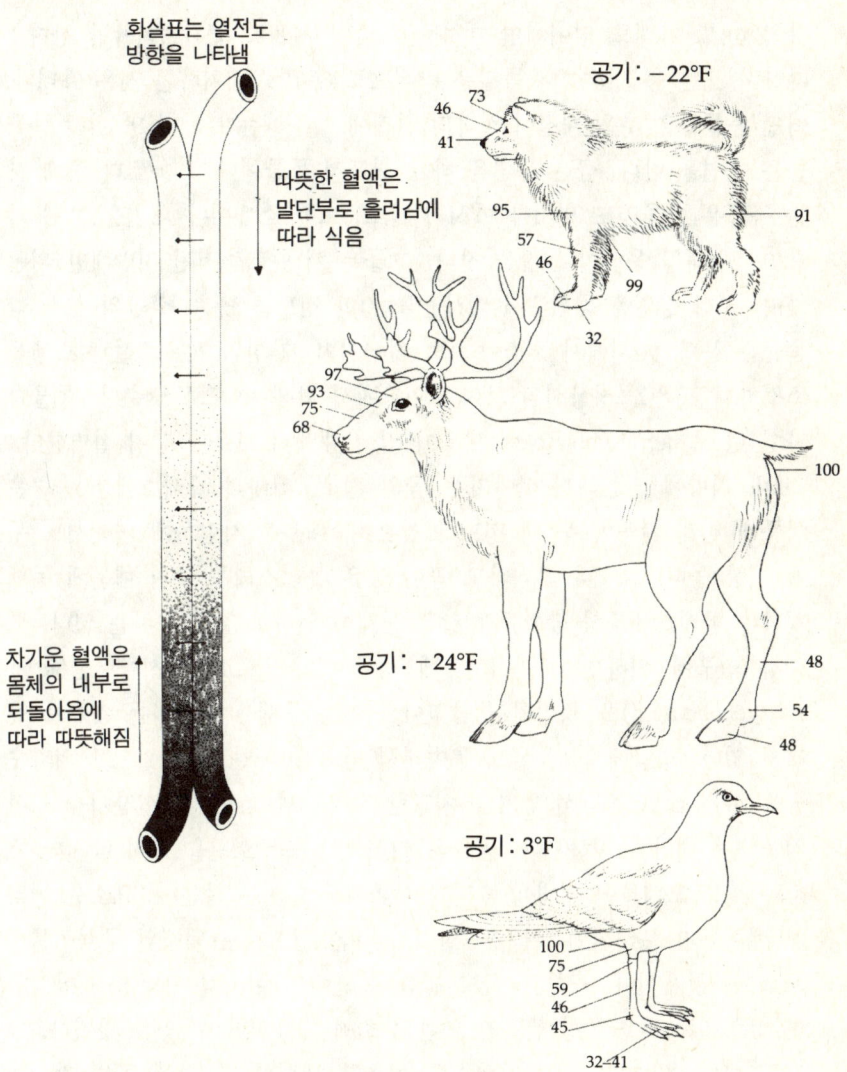

그림 5.1 추운 지역에 서식하는 모든 포유동물과 조류의 경우에 몸체 말단부의 체온이 다르게 나타난다. 이렇게 해서 이들은 주변환경으로의 열손실을 많이 줄인다. 역류 교환 시스템에 의해 동물들은 열손실이 없이 몸체의 다른 부위에 비해 말단부의 체온을 낮게 유지할 수 있다.

화씨 68도 아래로 떨어지면 대사율을 높여 체온을 증진시켜야만 한다.[8] 따라서 모든 동물들이 다 똑같은 방식으로 추위에 대처하는 것은 아니다. 어떤 동물들은 추운 계절이 시작되기 전에 이주하는가 하면 또 어떤 동물들은 동면을 한다. 곰은 동면을 하는 대표적 동물이다. 미네소타 주에 사는 흑곰은 아무것도 먹거나 마시지 않고, 또한 소변이나 대변을 보지 않으면서 7개월 동안이나 잠을 잔다. 그들은 체내에 축적된 지방에만 의존하며, 여러 방법을 동원해서 대사율을 절반 정도로 낮춘다. 곰의 심장 박동률은 분당 50회에서 최소 8회로 떨어지며, 자신의 체온조절 시스템을 조절하여 체온을 정상시의 화씨 100도에서 화씨 88도로 낮춘다. 동물학자인 린 로저스(Lynn Rogers)는 이 점에 대해서 다음과 같이 설명한다 : "체내 지방에 의존해서 살아가는 곰의 경우, 체내의 콜레스테롤 수준은 여름에 비해 겨울이 두 배 정도나 높으며, 대부분 사람들에 비해서도 두 배 이상 높다. 그렇다 하더라도 곰이 높은 콜레스테롤 수치 때문에 동맥경화나 콜레스테롤성 담석증과 같은 문제가 있다고 알려진 바는 없다. 의학적 연구에 의하면, 곰은 겨울에 담즙으로 우르소데옥시콜릭산(ursodeoxycholic acid)을 형성해서 담석이 생기는 문제를 해결하는 것으로 알려져 있다. 사람에게 이 산을 투여해서 담석을 녹일 수 있으므로 외과수술을 하지 않고도 담석 환자를 치료할 수 있었다. 흑곰의 신장기능 또한 겨울에는 대단히 저하된다. 곰들은 여러 달 동안 소변을 보지 않지만 요소와 같은 노폐물이 체내에 축적되어 피해를 입지는 않는다. 요소는 어떻게 해서든지 분해되어, 여기서 떨어져 나온 질소가 단백질의 구성성분으로 다시 활용된다. 곰들은 굶고 있는 동안에도 이처럼 단백질을 합성할 수 있으므로 겨울 동안 근육과 기관의 조직을 유지할 수 있는 것이다. 그들은 다만 지방만을 에너지원으로 이용할 뿐이다."[9] 결국 곰은 겨울의 혹독한 추위에 대해 투쟁하지 않는다. 곰은 자신의 독특한 대사작용을 이용하여 동면하는 것이다.

그렇지만 (공기 속보다 훨씬 더 많은 열을 빼앗길 수밖에 없는) 물 속에 사는 고래와 같은 포유동물은 어떻게 빙점 이하의 극지방 물 속에서 체온을 따뜻하게 유지할 수 있을까? 단열은 그 해답의 단지 일부에 불과하다. 고래는 풍부한 지방층에 의해 몸통의 단열이 잘 되어 있기는 하지만 지느러미 부분은 그렇지 않다. 지느러미로는 계속해서 혈액이 공급되어야 하는데, 어떻게 고래 체내의 열이 이곳을 통해 바다로 빠져 나가는 것을 막을 수 있을까? 무엇보다도, 고래의 지느러미 부분은 몸통의 중심부에 비해 체온이 낮게 유지된다. 몸의 말단 부위와 몸통의 체온 차이가 이렇게 크게 나타나는 현상은 추운 지방에 사는 모든 포유동물과 조류에게서 관찰된다. 그러나 그 동물들이 어떻게 자신의 체열을 모두 빼앗기지 않고 몸의 말단부로 혈액을 보낼 수 있을까? 그 해답은 경이로운 효율성과 단순성을 지니는 역류 교환 시스템(countercurrent exchange system)을 이용하는 데 있는데, 이런 시스템은 자연계뿐만 아니라 산업계에서도 많이 이용되고 있다(그림 5.1을 보라). 이 방법에 의해서 혈액은 몸의 말단부로 보내지기 전에 열이 제거되었다가 다시 몸의 중심부로 되돌아 올 때 서서히 본래의 온도를 되찾게 되는 것이다. 이러한 시스템에 의해서 고래는 열손실이 거의 없이 지느러미 부분으로 혈액을 계속해서 공급할 수 있다. 따라서 고래는 영하의 추운 바다에서도 안락하게 지낼 수 있게 된다.

그러면 냉혈동물은 어떠한가? 남극 지방의 물고기들은 바닷물의 온도가 자신들의 혈장이 얼게 되는 수온 이하까지 떨어질 경우에도 동상에 걸리지 않는다. 어떻게 이것이 가능한가? 부동액 효과가 그 해답이다! 생리학자 슈미트닐센(Knut Schmidt-Nielsen)은 다음과 같이 보고하였다. "남극 지방 어류의 한 종류인 트레마토무스 보르크그레빈키(*Trematomus borchgrevinki*)의 혈액에는 부동액 효과를 나타내는 당단백질(glycoprotein)이 포함되어 있다. 만약 혈액 안에 이 물질이 없다면 혈액의 삼투압이 낮아지기 때문에 섭씨 −1.8도에서도 혈액이 얼게 되지만, 이 물고기는 당단백질을 가짐으로써 이같이 낮은 수온에서도 헤엄쳐 다닐 수 있는 것이다."[10] 분명히 남극의 어류는 그 서식처와 투쟁을 일삼고 있는 것이 아니다.

작은 동물의 경우에는 몸의 부피에 대한 체표면의 비율이 높기 때문에 체온을 따뜻하게 유지하기가 더욱 어렵다. 이주하지 않는 텃새는 여러 가지 수단을 동원하는데 추위에 대항하는 것이 아니라 그것에 적응한다. 그들의 적응 방법에는 특이한 단열 수단, 물질대사의 유연성, 적절한 행동 등이 포함된다. 두드러진 한 예로 알래스카의 사할린 뇌조(willow ptarmigan)가 보여 주는 단열 방식을 들 수 있다. 이 새의 깃털은 "계절에 따라 색이 변할 뿐 아니라——여름에는 갈색으로 되었다가 겨울에는 흰색으로 되는 등——단열 효율도 달라진다. 단열 효율의 차이 때문에 기온이 화씨 32도인 여름이나 화씨 -13도인 겨울이나 자신의 높은 체온을 유지하기 위해 생산하는 열량은 같다."[11] 이 경우에도 투쟁의 징후는 아무것도 없다. 새들은 몸을 떨어서 자신의 대사율을 평상시의 다섯 배까지 높일 수도 있다. 땅벌(bumblebee)은 몸을 떨어서 다른 곤충들이 거동하지 못하는 빙점 이하의 낮은 기온에서도 먹이를 찾아 날아다닐 수 있다.[12] 추위를 피하기 위해 식물체가 많은 곳이나 바위틈에 보금자리를 만드는 새들은 추위에 노출된 곳에 보금자리를 갖는 경우보다 30퍼센트 정도의 에너지를 절약할 수 있다. 알래스카 박새(Alaskan chickadee)가 겨울에는 여름보다 짧은 시간 동안만 먹이를 찾아 돌아다닌다는 증거가 있는데, 이것은 현명한 대처 수단이라고 하겠다. 그리고 이 새가 밤에는 기초 체온을 20도 정도까지 낮추었다가 다음 날 아침에는 자동적으로 체온을 정상으로 회복시킨다. 이렇게 일시적으로 체온을 낮춤으로써 알래스카 박새는 겨울 밤에 필요한 에너지의 23퍼센트를 절약한다.[13] 박새는 투쟁에 의해서가 아니라 교묘한 수단으로 추위를 이겨내는 셈이다.

마찬가지의 전략이 덥고 건조한 서식처에 사는 동물들에게서 관찰된다. 체내에 특별한 체온 조절장치를 갖지 못한 동물들이 이런 서식처에서 어떻게 지나친 체온 상승을 막을 수 있을까? 도마뱀을 예로 든다면, 그들은 투쟁을 통해 사막의 열을 극복하는 것이 아니라, 오히려 특이한 행동양식으로 그 열을 이용한다. 도마뱀들은 아침이 되면 몸의 넓은 쪽이 태양을 향하도록 해서 활동하기에 충분한 체온에 이를 때까지 일광욕을 한다. 어떤 도마뱀들은 뜨거운 한낮에는 피신처를 찾거나, 자신의 몸을 태양 광선과 평행하게 해서 몸의 표면적을 최소한으로 태양열에 접하게 하거나, 또는 숨을 헐떡거려 증발에 의해 체열을 식히기도 한다. 이런 방법들에 의해서 가시도마뱀은 활발히 활동하는 동안에도 체온을 화씨 4.5도 범위 내에서 조절할 수 있다. 텍사스 뿔도마뱀(Texas horned lizard)은 심지어 피부색을 어둡거나 밝게 변화시켜서 열을 흡수하는 속도를 조절한다.[14] 옷을 입은 사람이 필요로 하는 열량에 따라서 그 색깔이 변화하는 옷을 상상해 보라!

수분 부족에 순응하는 방법의 하나는 하면(estivation)이다. 아프리카 폐어는 연못 물이 마르게 되면 진흙 속에 자신의 몸을 파묻고 고치(cocoon)를 형성하여 물질대사를 최대한 감소시키면서 다음 번 비가 올 때까지 지낸다. 이때 물고기는 요를 배출하지 않는데 이 물고기는 놀랍게도 혈액내의 요소 농도가 4퍼센트에 이를 때까지도 아무런 해를 받지 않고 견딜 수 있다.[15] 이것도 동물이 환경에 대항하여 투쟁하지 않는 예라 할 수 있다.

더운 환경조건에서는 포유동물이 냉혈동물에 비해 훨씬 심한 어려움을 겪는다. 왜냐하면 포유동물은 체내에서 계속 열이 생성되는데 이 과정이 결코 중단되지 않기 때문이다. 그러나 캘리포니아에 있는 모하비 사막(Mojave Desert)처럼 뜨겁고 건조한 곳에서도 두 종의 땅다람쥐(ground squirrel)는 각각의 환경에 잘 적응하면서 살고 있다. 뿔땅다람쥐(antelope ground squirrel)는 체온이 화씨 110도 이상 되더라도 땀을 흘리지 않는 다른 어떤 포유동물들보다 더 잘 견딜 수 있다. 이 다람쥐는 그 열을 저장했다가 굴 속으로 기어들어가 시원한 땅바닥에 몸을 평평하게 눕힌 후 열을 외부로 내보낸다. 그리고 이 다람쥐는 바닷물보다 1.4배나 더

짠물을 아무런 탈없이 마실 수 있다. 이러한 짠물을 먹고서는 다른 어떤 포유동물도 살지 못한다.[16] 이와 같은 특이한 능력을 가지고 있기 때문에 뿔땅다람쥐는 고온과 건조에 대항하여 투쟁할 필요가 없는 것이다.

그러나 캥거루쥐(kangaroo rat)는 물이 없이도 살아갈 수 있는 특별한 보상을 받았다. "이 동물은 가장 건조한 지역 중의 하나인, 캘리포니아주 죽음의 계곡(Death Valley)과 같이 아주 메마른 모래언덕에서도 살고 있다. 이러한 자연환경에서는 물은 고사하고 이슬조차 찾아보기 어렵다"고 슈미트닐센은 피력한다.[17] 캥거루쥐는 결코 물을 마시지 않으며, 다른 설치류들이라면 목이 말라 죽을 정도의 건조한 먹이에 의존해서 산다. 이들은 수분이 많은 식물체는 먹지 않으며, 우리에 가두어 놓으면 물 없이 건조한 보리씨만을 먹고도 무한히 번식할 수 있다. 이처럼 물 없이도 살 수 있는 것은 생물학자들의 오랜 수수께끼였는데, 실험 결과 그 해답이 밝혀졌다. 캥거루쥐가 섭취하는 먹이가 몸 속에서 산화될 때 그 부산물로 물이 생겨나므로 자신의 필요량을 얻는다는 것이다. 또 이 설치류는 그 밖의 특이한 행동방식이나 특수한 수단을 통해서 소실되는 물의 양을 최소로 줄인다. 예를 들면 이 동물은 야행성이기 때문에 다른 설치류들에 비해 증발에 의해 소모되는 수분의 양이 극히 적으며, 특별히 효율이 좋은 신장을 지니고 있어 배설에 의해 소모되는 물의 양도 극소화된다.[18]

뿔땅다람쥐나 캥거루쥐는 지상에서 가장 좋지 않은 환경에 살면서도 자연의 핍박을 받거나 자연과 투쟁하는 것이 아니라 그것에 순응하면서 잘 지낸다. 이런 지역에 살고 있는 다른 많은 동물들이 물 문제를 해결하는 방식은 간단하다. 즉, 즙이 많은 식물을 찾아 먹는 것이다. 숲쥐(pack rat)는 90퍼센트가 물로 되어 있는 선인장의 연한 부분을 먹이로 한다. 그러나 이보다 앞서 해결해야 할 문제가 있다. 즉, 연평균 강우량이 불과 2인치도 되지 않는 지역에서 식물들은 어떻게 수분을 얻을 수 있는가? 사막식물이 물을 습득해서 보존하는 방법은 실로 그 식물의 종 수만큼이나 다양하다. 선인장의 일종인 통선인장(barrel cactus)은 두터운 표피층을 가지며, 잎 대신 가시가 나 있어서 증발로 인한 물의 손실을 줄인다. 또한 몸 표면을 마치 아코디언처럼 접을 수 있어 비가 내리는 동안은 그것을 펼쳐서 비를 모은다. 빗물을 충분히 흡수한 통선인장은 1년 또는 그 이상의 기간 동안 물 없이도 안전하게 살 수 있다. 미국 남부 지방에서 자라는 콩과의 관목인 메스킷(mesquite)의 경우는 그 뿌리가 100피트 정도나 깊이 뻗어 있어 다른 식물들이 취할 수 없는 깊이의 지하수를 이용할 수 있다.

식물이 건조에 순응하는 다른 한 가지 수단은 자가 건조 조절(controlled dessication)이다. 많은 종류의 식물들은 그 어떤 물질대사도 일어나지 않을 정도의 건조한 상태를 극복하면서 되살아날 수 있다. 이러한 식물들은 "식물계에서 건조에 대해 가장 높은 저항력을 지닌다."[19] 건조에 직면해서 식물들은 몸체가 마르면서 제한적인 손상을 입게 되지만 그리 치명적인 것은 아니다. 비가 내리면 식물들은 몸을 가득 부풀려서 손상된 부위를 치유하고 24시간 이내에 최대한으로 광합성을 재개한다.

다른 사막식물들은 비가 올 때만 발아하고 개화하며, 또 종자를 맺는 등 매우 기회주의 방식을 보이는 데 성공하고 있다. 벤트는 10년 또는 그 이상마다 한 번씩 죽음의 계곡을 뒤덮는 1년생 식물들에 관해 다음과 같이 말하고 있다 : "이들은 지극히 정상적인 식물로서, 가뭄을 견딜 수 있도록 특별한 적응력을 가지지 않았다는 점에서 매우 특이하다. 그러나 그 사막 지역을 벗어나서는 이들을 볼 수 없는데, 그 이유는 종자의 독특한 발아 양상 때문이다. 건조한 기간 동안 종자는 휴면 상태에 있는데, 이는 그다지 놀랄 만한 일이 아니다. 진정 놀라운 것은, 그 씨앗들이 설령 비가 내리더라도 강우량이 적어도 0.5인치가 되지 않으면 발아하지 않으며, 비의 양이 1인치나 2인치 정도는 되어야 잘 발아한다는 점이다."[20]

어떤 관목식물은 사막의 소택지(물이 말라 버린 강)에서만 자란다. 거맹옻나무(smoke tree), 콩과의 관목인 팔로버드(paloverde), 미국서나무

(ironwood) 등은 폭우에 의해 쓸려내린 모래나 자갈에 의해 껍질이 벗겨지고 쪼개져야만 발아한다. 따라서 이 관목의 어린 개체는 비가 적절히 내려서 모식물로부터 150피트 내지 300피트 정도 아래로 씻겨 내려가야지만 싹을 틔울 수 있다. 모체로부터의 거리가 이보다 멀어지면 종자는 지나치게 파괴되어 발아하지 못하며 또 더 가까워도 발아하지 못한다. 이것은 새로 태어난 식물에게 적절한 수분과 공간을 확보해 주는 아주 훌륭한 방법이라 할 수 있다.[21]

그렇지만 만약 전혀 비가 오지 않으면 어떻게 될까? 이 경우에도 모든 식물이 죽는 것은 아니다. 트리부치는 이 놀라운 경우에 대해서 다음과 같이 설명하였다 : "칠레 북부의 아타카마 사막(Atacama Desert)은 지구상에서 가장 건조한 사막 중의 하나다. 인류의 기억 속에, 그동안 전혀 비가 오지 않은 지역이 있는가 하면, 몇 년에 한 번씩만 비가 오는 지역도 있다. 평균적으로 이 지역에는 1년에 2센티미터도 되지 않는 비가 바싹 마른 모래 위에 내리는 셈이다. 이처럼 물이 극도로 부족한 데에도 불구하고 연안 항구 근처의 산 언덕에는 식물들이 자라고 있다. 이들이 밀집해 자라는 것은 아니지만 그 중에는 대형 선인장과 비슷한 크기의 타모루고나무(tamorugo tree)들도 포함되어 있다. 이런 사막식물들은 토양속에서 수분을 전혀 얻을 수 없다. 따라서 이들은 습기찬 공기가 냉각되면서 생기는 안개로부터 어떻게 해서든 수분을 섭취하는 것이다."[22] 이와 같은 방식으로 미국산 피그미삼목(pygmy cedar)과 사하라 사막의 케이퍼(caper)도 토양 속의 수분을 필요로 하지 않는다. 이들은 사막의 습기찬 밤공기로부터 수분을 섭취하여 생존한다.[23] 이러한 식물들의 예는 캥거루쥐의 경우에 못지 않게 놀라운 것이다.

지금까지 제시한 사막 동식물들의 예는 모두 같은 원리를 보여 준다. 즉, 생물들은 결코 환경과 투쟁하지 않으며, 환경에 둘러싸여 그것과 더불어 살아간다는 것이다. 어떤 종류는 건조한 상황을 회피하는가 하면, 또 어떤 종류는 그러한 상황에 대처할 수 있는 적절한 준비를 한다. 그러나 어떤 생물도 건조한 환경에 대해 정면으로 대항하지는 않는데, 그 생활방식에 있어서 그렇게 어리석거나 비효율적이지 않으며 또 쓸데없이 에너지를 낭비하지도 않는다. 어떤 생물도 강력한 바람에 대항하기 위해서 에너지를 소모하지는 않는다. 만일 어떤 나무가 항상 한 방향으로만 부는 바람을 맞게 된다면, 그 나무는 기둥을 바람의 방향과 직각이 되게 하기보다는 평행이 되도록 해서 점진적으로 나무 전체의 모양이 바람의 방향과 평행하는 길쭉한 타원형을 이루도록 할 것이다. 타원형은 유선형의 형태를 띠어서 공기역학적으로 나무에 미치는 바람의 힘을 최소화시킨다. 많은 나무들은 바람이나 눈에 의한 강력한 압력에 반응하여 나선형으로 자란다.[24] 어떤 나무들, 특히 툰드라 지역에 사는 나무들은 강한 바람을 피하기 위해 난쟁이 형태로 되거나 수평으로 자란다. 어려운 환경조건에서는 이처럼 기이한 형태로 자라는 식물이지만, 똑같은 종이 숲을 이루어 밀집해 자라도록 하면 그 형태가 가늘고 길게 자라며 또 공원에서 혼자 자라게 하면 옆으로 퍼지는 모양이 된다. 이러한 현상의 그 어느 것도 나무 쪽의 투쟁을 예시하지 않으며 단지 나무의 유연성과 적응성을 보여 줄 뿐이다(그림 5. 2를 보라).

  생물에 대해 말할 것도 없이 파괴적인 영향을 미친다고 생각되는 또 한 가지의 자연적 요소로 화재를 들 수 있다. 그러나 기후, 토양, 지형, 동물의 생활 등과 함께 자연적으로 발생하는 화재는 삼림 생태의 한 부분이며, 주어진 지역에서 자라는 나무의 종류를 결정해 준다. 벌채가 이루어진 곳이나 최근에 화재가 일어난 지역에서는 생장속도는 빠르지만 수명이 짧은 나무들이 개척자(pioneer)로서 먼저 자라기 시작한다. 그러한 개척자 수목의 한 예로 북미 지역에 가장 널리 분포하는 사시나무(aspen)를 들 수 있다.[25] 뱅크스소나무(jack pine)는 숲의 화재로 발생하는 열기를 받아야만 그 솔방울이 벌어져 씨앗이 나오게 된다. 그럼으로써 그 씨앗은 화재가 난 후 비옥한 재〔灰〕 성분과 영양분이 풍부한 개활지의 토양에서 자랄 수 있는 이점을 지닌다. 삼림학자인 쿠퍼(Charles F. Cooper)

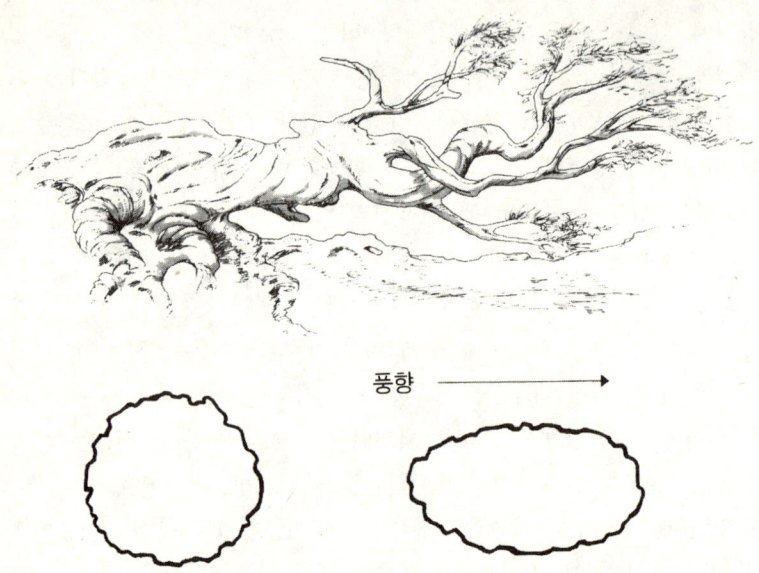

그림 5.2 생물은 환경에 대항하기보다는 이와 더불어 지낸다. 예를 들어 나무의 한 방향으로부터 바람이 계속 분다면, 바람에 대해 평행한 방향으로 목질이 늘어나서 타원형의 줄기가 된다(우측의 횡단면 구조). 이렇게 해서 나무에 미치는 바람의 압력을 줄인다. 좌측의 횡단면은 바람에 의한 압력이 없을 때의 생장 패턴을 나타낸다. 강한 바람이 계속 부는 곳에서는 나무가 바람에 대항하지 않고 땅에 붙어서 수평으로 자란다(위).

는 "미국 남동부 지방에서는 계획적으로 화재를 일으켜 긴잎소나무 숲 (longleafpine forest)을 관리해 왔다"[26)]고 지적한 바 있다. 그는 주기적으로 작은 규모의 화재를 발생시킴으로써 숲 바닥에 쌓인 덤불들을 감소시킬 수 있기 때문에 숲 전체를 파괴시킬 정도의 큰 화재를 사전에 방지할 수 있다고 설명한다. 화재는 또한 어린 나무들을 솎아내는 수단이기도 하다. 미국에서 더글라스전나무(Douglas fir)나 폰데로사소나무(ponderosa pine) 등이 숲을 이루는 데에는 제한적인 규모의 화재가 반드시 있어야

한다.[27]

 극단적인 추위와 더위, 건조함, 화재 등으로 인해 생물이 살기에는 불가능해 보이는 지역에서도 생물은 번식한다. 어떤 미생물은 황산 용액 속에서도 번성하며, 어떤 해조류는 화씨 140도나 되는 높은 수온의 물 속에서 살아가는가 하면, 또 어떤 종류는 화씨 -76도의 낮은 온도에서도 살아간다. 그러나 그 어떤 경우에도 우리들은 생물이 주위환경과 투쟁하는 것을 볼 수 없다. 자연계는 생물의 문제를 야만적인 힘으로——그런 완력은 불필요하고 어리석은 일이다——해결하려 하지 않는다. 그보다는 기발한 몸체 구조, 물질대사, 행동방식 등을 통해 해결한다. 따라서 생물과 주위환경은 서로 투쟁하는 관계가 아니라는 것이 정확한 표현이다. 겨울과 싸우는 대신 동면하는 곰을 생각해 보라. 바람에 대항하기보다는 그것에 순응해서 자라는 나무를 생각해 보라. 또 추위에 대항하여 에너지를 소모하기보다는 자신의 체온을 낮추는 핀치새를 생각해 보라. 자연의 모토는 "지나치게 힘을 들여 일하기보다는 효율적으로 일하라"는 것이다.

자연의 효율성과 경제성

 어떤 생물도 자신이 살고 있는 서식처를 거역하지 않는다. 그 반대로 주위환경에 이상적으로 적응하며 지낸다. 동식물은 모두 너무도 잘 디자인되어 있기 때문에 최대의 노력을 기울여서가 아니라 최소의 노력만으로 생활한다. 유기체의 완벽함은 최소한의 일을 수행하면서도 자신의 생존에 필요한 모든 것을 얻을 수 있도록 최소의 물질로 형성된 최적의 신체 구조를 지니는 데에서 찾아볼 수 있다.
 최소의 물질로 필요한 신체 구조를 갖춘다는 법칙의 예는 속이 빈 동물 뼈에서 찾아볼 수 있다. 이 점에서 자연은 속이 빈 원통이 속이 꽉 채워져 있는 원통만큼이나 튼튼하다는 물리학적·공학적 원리를 이용하고 있는 셈이다. 똑같은 원리가 식물의 줄기에서도 발견된다. 밀짚처럼 속이 빈 튜브는 수직적으로 가해지는 압력에는 부숴지지 않고 상당히 잘 견딜 수 있으나 측면에서 가해지는 압력에는 비교적 약해서 쉽게 휘어진다. 그러나 사실상 속이 찬 원주는 자신의 무게까지 감당해야 하므로 이보다 더 약한 셈이다(그림 5.3을 보라). 어떤 포유동물은 속이 빈 털을 지님으로써 보다 많은 공기를 함유하여 단열 효과를 높이기도 한다.

자연계에서 재료물질을 경제적으로 이용하고 있는 또 하나의 널리 알려진 예로 벌집의 육각형 방을 들 수 있다. 트리부치는 벌집에 대해 다음과 같이 언급하였다 : "꿀벌은 육각형의 방을 만듦으로써 최소한의 재료로 최대한의 내부 공간을 가질 수 있다. 따라서 이들은 쓸모없는 공간이 없이 편리하게 새끼를 기를 수 있다. 우리는 원통형 방들을 눌러서 두께가 균일한 여섯 면이 서로 잘 맞도록 하는 구조물을 만들어 봄으로써 그 효율성을 쉽게 판단할 수 있다. 또 벌집 바닥면의 기하학적인 형태도 매우 이상적이라 할 수 있는데, 여기에서는 벌집의 두 면이 합해져서 이중으로 벌집 구조를 형성한다. 이 점 역시 재료를 경제적으로 사용한 좋은 예다. 결과적으로 벌집의 바닥면은 세 개의 마름모형 판으로 이루어지는데, 이 판들은 두 벌집이 한 벽을 공유함으로써 생겨난 것이다. 따라서 벌집의 각 방들은 다른 벌집의 방들과 서로 마주해서 배열해 있게 된다.

꿀벌의 벌집이 물론 수학적으로 한치의 착오도 없이 만들어졌을 것이라고 생각할 수는 없겠지만 그 정확도는 가히 놀랄 만하다. 각 방의 벽 두께는 0.073밀리미터인데 그 오차 범위는 2퍼센트도 되지 않는다. 또 방의 직경은 5.5밀리미터인데 오차 범위는 5퍼센트 정도다. 각 방들은 바닥의 수평면에 대해 13도 정도 경사져 있다. 만약 인간이 이처럼 정교한 구조를 만들려면 정밀한 측정기기가 필요할 것이다. 그러나 꿀벌은 자신의 더듬이로써 이런 일을 수행해 내는 것이다."[28]

육각형은 빈틈이 없이 연속적으로 배열될 수 있는 이차원 구조 중에서 가장 넓은 면적을 갖는 도형임이 수학적으로 입증되었다. 벌집의 방이 육

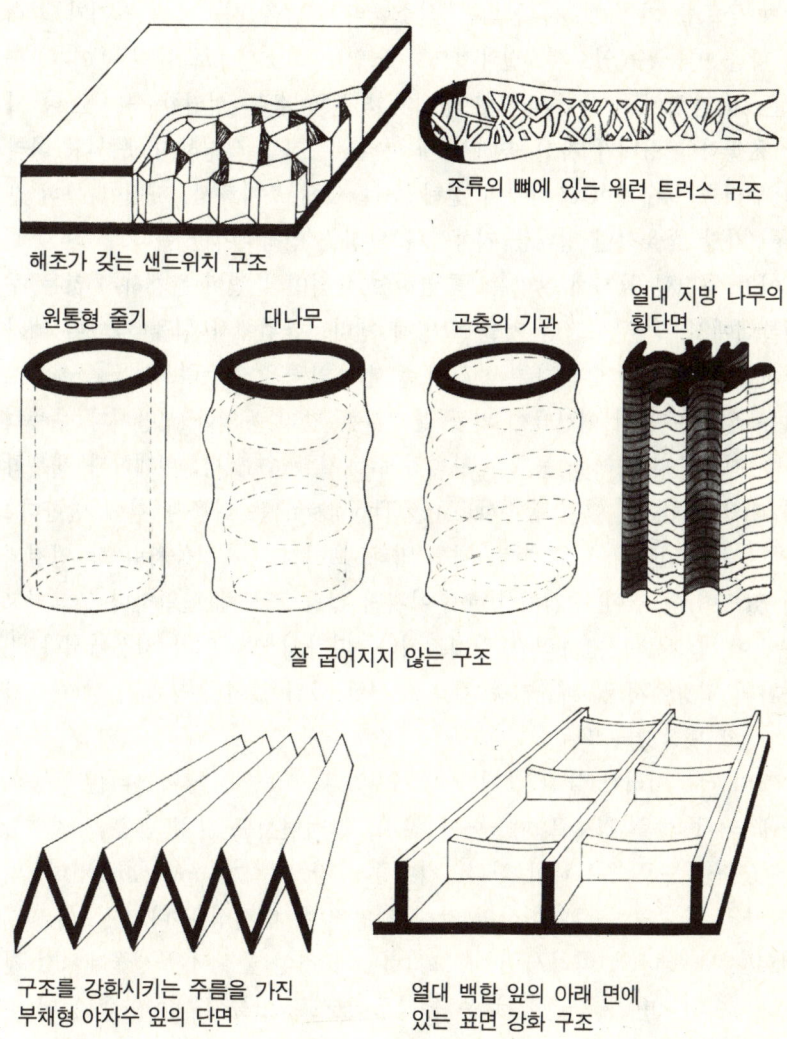

그림 5.3 구조를 튼튼하게 하는 공학적 원리는 모두 자연에서 발견된다. 이런 원리의 적용으로 생물은 최대로 견고한 구조를 가지지만, 구성 물질은 최소로 사용한다.

각형 구조를 가짐으로써 꿀벌은 최소한의 밀납을 사용하여 크기가 최대인 방을 만들 수 있으며, 결과적으로 노력도 최소한으로 들인 셈이다. 수학은, 육각형이 가장 효율적인 형태가 되는 이유는 설명할 수 있으나 가장 효율적인 형태가 자연 속에서 왜 나타났는지는 설명하지 못한다. 따라서 우리들은 수학이 우리에게 전해 주는 것에 부가해서, 자연이 특히 생물이 가장 효율적인 형태를 지향한다는 점을 인정해야만 한다.

어떤 특별한 목적에 알맞는, 특별히 효율적인 물질이 존재하지 않는 무생물계에서 생물은 그런 것을 발명해 낸다. 한편에서 힘을 가하여 뼈가 늘어날 때에는 언제나 다른 한편이 동시에 압력을 받는다. 뼈를 구성하고 있는 물질은 우리 인간들이 만든 물질과는 달리 동일한 신장력과 수축력을 가짐으로써 이러한 문제를 완벽하게 해결할 수 있다. 형태학과 해부학의 대가라 할 수 있는 톰슨(D'Arcy Thompson)은 다음과 같이 말한다 : "공학적 관점에서 보면 뼈는 매우 약해 보이지만 버팀목처럼 잘 연결되어 있으며, 균열이 생기거나 부수어지지 않을 정도로 단단하다." 그리고는 "이 물질은 단단하면서 경제적이다. 따라서 공학도의 입장에서나 건축가의 입장에서 볼 때, 건축 재료로 더할 나위 없이 훌륭한 구성 재료가 된다"고 덧붙였다.[29]

거미줄도 이러한 물질의 예가 될 수 있다. 이 줄은 날아다니는 곤충의 눈에 띄지 않을 정도로 가늘어야 하며, 그러면서도 잡힌 곤충을 지탱할 수 있을 정도로 튼튼해야 한다. 거미줄의 강도는 7.8gm/denier인데, 이는 강철 강도의 두 배 이상의 값에 해당되며, 탄력성은 나일론보다 9퍼센트 정도 낫다.[30] 따라서 만약 그처럼 효율적인 물질이 무생물계에서 찾아질 수 없으면, 생물은 새로운 물질을 스스로 만들어 내야만 하는데 때로는 그것이 인간들의 발명품보다 우수하다.

생물은 놀라울 정도로 효율적인 구조를 지닌 매우 예외적인 물질로서 이루어져 있다. 이로 말미암아 생물은 최소한의 에너지를 사용하여 그 몸을 구성하고, 이를 유지하며, 기능을 발휘할 수 있다. 이것이 최소 일의 원리다. 이 법칙은 세포로부터 시작되는 모든 수준에서 관찰되는데, 세포는 스스로가 도구제작자이자 문제 해결사이고 또한 건설회사이기도 하다. 세포의 물질대사 작용은 얼마나 효율적인가? 예를 들어서, 세포가 포도당으로부터 얼마나 효율적으로 에너지를 뽑아 내는지 생각해 보자. 적혈구에서 ATP 가수분해와 산화에 의해 방출되는 에너지를 근거로 하여 에너지 효율을 계산해 보면 72퍼센트 정도의 값으로 나타나는데, 이는 인간이 만든 내연기관의 효율인 25퍼센트 내지 30퍼센트를 훨씬 능가하는 것이다.[31] 더욱 효율적인 예로 트리부치는 광합성 과정을 드는데, "이 과정에서의 양자 수율(quantum yield)은 거의 100퍼센트에 이르러 최적의 효율을 나타낸다. 이러한 효율은 오직 고도로 구조화된 물질 조직에서만 이룩될 수 있는 것이다"[32]고 하였다. 광합성은 비록 태양에너지의 2퍼센트 정도 밖에는 이용할 수 없지만 그 과정은 2퍼센트의 대부분을 활용하는 것이다. 분자생물학자인 월드(George Wald)는 엽록소가 다음과 같은 세 가지 복합적인 기능을 가진다고 하였다. 즉, "빛에 대해 높은 감응성을 보이며, 빛에너지를 저장하고 다른 분자에게 넘겨 주는 구조적 불활성(inertness)을 지니고, 수소분자의 전달을 위한 반응 부위로 작용한다"는 것이다.[33] 이런 특성으로 인하여 엽록소가 가장 효과적인 광합성 분자로 사용되는 것이다. 또 다른 예로 세포내의 촉매인 효소를 들 수 있는데 이는 어떤 무기 촉매보다도 훨씬 효율적이다. 카탈라아제는 촉매가 없을 때보다 1조 배나 빨리 과산화수소를 분해하는 데 비해서 무기 촉매인 철은 단지 100배 정도 빨리 분해할 뿐이다. "효소가 없이는 세포내에서 어떤 반응도 빠르게 일어날 수 없을 것이다."[34]

자연의 효율성 법칙(law of efficiency)은 생물계 어디에서나 찾아볼 수 있다. 동물은 자신의 특별한 구조와 습성으로 인하여 최소의 에너지를 소모하면서 움직일 수 있다. 예를 들어, 조류의 경우는 작은 벌새로부터 큰 신천옹에 이르기까지 비행을 유지하는 데 필요한 최소의 속도로 날아다닌다.[35] 새들은 특수한 장치를 가지고 있어 비행에 요구되는 일의 양을 줄이기도 한다. 새매(sparrow hawk)의 경우는 날개의 위쪽 가장자리에 특수한 깃털을 가지고 있어, 저속 비행시에 생기는 대기의 난류(turbulence)를 줄인다. 현대의 항공기에도 이와 비슷한 구조물이 장착되어 있다(그림 5. 4). 새는 이 밖에도 속이 빈 뼈를 가지고 있어서 비행시 몸을 가볍게 한다. 군함새(frigate bird)의 경우는 뼈의 무게가 깃털의 무게보다도 가볍다. "또한 새는 가능한 한 몸을 가볍게 하고 깃털을 늘 마른 상태로 유지하기 위해서 땀샘과 같은 사치품을 지니지 않는다"고 동물학자인 웰티(Carl Welty)는 말한다. "새들은 심지어 생식기관조차도 최소로 지니는데, 암컷은 단지 하나의 난소를 가지며, 교미 기간이 아닌 때에는 암컷과 수컷 모두 생식기관이 쇠퇴한다. 유명한 조류학자이자 광주기성(photoperiodicity)의 전문가인 비소네트(T. H. Bissonette)는 찌르레기의 생식기관 무게가 교미기에는 그 외의 기간에 비해 1500배 정도로 무거워진다고 보고하였다."[36] 해조류나 육식성 조류, 그리고 철새들은 상승기류를 이용하여 최소의 에너지로 자신의 몸을 하늘 높이 상승시킨다. 거위 등의 철새들은 V자형으로 날아가는데, 선두에서 비행하는 새를 제외하고는 모든 새가 바로 앞에서 날아가는 새가 형성하는 약한 상승기류에 의해 비행에 도움을 받는다. 이에 관해 리사먼(P. B. S. Lissaman)과 숄렌버거(Carl Shollenberger)는 다음과 같이 말하고 있다 : "새들의 집단비행은 공기의 역학적 효율성을 높인다. 이론적으로, 혼자 비행하는 데 비해서 25마리의 새가 함께 비행하면 효율이 70퍼센트 가량 증가한다. ……그리고 이제까지의 주장들과는 달리 선두에서 비행하는 새가 반드시 가장 힘든 역할을 하는 것도 아니다."[37] 새들은 에너지를 낭비하지 않는다.

다른 동물들도 몸의 구조에 있어서 유사한 이점을 지닌다. 기체역학자인 가델호크(Mohamed Gad-el-Hak)는 다음과 같이 말하였다. "어떤 곤충들은 이제까지 우리들이 항공기에 관해서 아는 그 어떤 것보다도 더 훌륭한 비행 구조물인 외피를 가지고 있다."[38] 그리고 스미스소니언(Smithsonian) 열대연구소에서 일하는 리(Egbert G. Leigh)는 간단한 수력학의

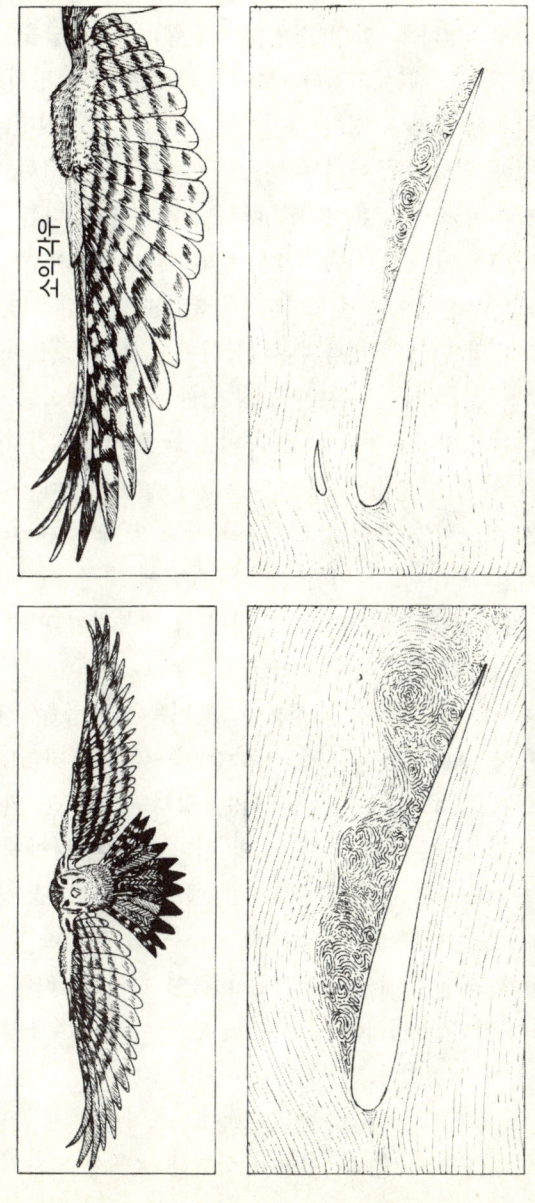

그림 5.4 새에는 날개 앞부분에 특수한 부속지인 소익각우(小翼角羽/alula)를 가지고 있어 날개 위에 생기는 대기의 난류를 줄일 수 있다. 이것은 저속 비행시에 새가 조종력을 잃지 않도록 한다. 이와 같은 효과를 내기 위해 상업적으로 이용되는 비행기 날개 앞쪽 가장자리에 긴 홈을 낸다. (매마이언과 보니어)

원리를 적용하여 해면동물의 구조가 먹이를 취하는 데 있어서 최대의 효율성을 지닌다는 것을 증명하였다.[39] 말의 경우에는 말굽이 땅에 닿을 때 말굽 뒤쪽의 관절은 굽으면서 인대는 펴진다. 그리고 발이 땅에서 떨어지자마자 신속한 인대의 작용에 의해 관절이 펴지면서 발이 들어 올려진다. 이 반응은 인대의 탄력성에 의해 이루어지는 것으로 이때 근육은 전혀 일을 하지 않는다. 이와 같은 반응이 다른 유제류에서도 나타난다. 다른 동물들은 근육이 뼈대에 붙어 있는 양식에 따라 서로 다른 치수비(gear ratio)를 가짐으로써 가장 효율적으로 운동한다. 동물학자인 힐데브란트(Milton Hildebrand)는 이 점에 관해 다음과 같이 말하고 있다 : "달리기를 잘하는 동물은 다리가 길 뿐만 아니라, 활동성 근육이 뼈대에서 운동축에 가깝게 붙어 있다. 이러한 높은 치수비를 보이는 근육에서는 지렛대역할을 해주는 부위가 짧아서 치수비가 더욱 높아진다. 이에 비해 주로 걸어다니는 동물은 낮은 치수비를 보이며, 땅 속이나 물 속에 사는 동물은 훨씬 더 낮은 치수비를 보인다."[40] 어떤 동물은 필요에 따라 서로 다른 기어(gear) 상태로 움직일 수 있는 능력을 지닌다. 자동차와 마찬가지로 기어변속을 통해서 연료를 절약하는 것이다.

자연계의 효율성은 때로는 매우 놀라울 정도다. 웰티는 떼새류(golden plover)가 적은 연료를 사용하여 먼 거리를 날아갈 수 있다고 하였다 : "가을에 떼새들은 래브라도(Labrador)에서 자라는 월계수 열매를 먹고 몸의 살을 찌운 다음, 쉬지 않고 2400마일을 날아 바다 건너의 남아메리카로 간다. 이들이 도착했을 때의 몸무게는 출발할 때보다 2온스 정도밖에 줄지 않는다. 이것은 20마일을 비행하는 데 보통 몇십 리터나 되는 가솔린을 사용하는 1000파운드 무게의 비행기에 비하여 단지 반 리터 정도의 연료로 같은 거리를 간다는 것에 비견된다. 인간이 이러한 효율성에 접근하는 것은 요원한 일로 여겨진다."[41]

물은 보통 0.05퍼센트 정도의 낮은 용존 산소량을 보이므로 물 속에 사는 어류의 아가미는 산소를 취하는 데 있어서 탁월한 효율성을 가져야만 한다. 아가미 위를 지나는 물과 혈액이 서로 역행하여 지나감으로써 어류의 아가미는 물 속에 있는 산소의 90퍼센트 정도를 취할 수 있다.[42]

자연 속의 동식물들은 자신에게 필요한 장치를 매우 정교하게 갖추어 왔기 때문에, 몸의 어느 한 부분이 다른 부위와 상호조절이 없이 개선될 수 없다. 유전학자인 르원틴(Richard Lewontin)은 더 긴 다리를 갖는 것이 얼룩말에게 반드시 유리한 것은 아니라고 하였다. "더 긴 뼈는 보다 쉽게 부러지고 다리 형성을 위해 더 많은 구성물질과 에너지를 필요로 하며, 여기에 붙어 있는 근육의 수축 효율도 변화할 것이다."[43]

수학이나 공학에서 최대의 효율을 나타낸다고 밝혀진 구조들이 동식물에게서 발견된다는 사실에서 우리는 자연의 효율성을 엿볼 수 있다. 예를 들어, 위상학적인 관점에서 볼 때 표면에서의 물질교환을 최대로 하기 위해 동맥과 정맥을 가장 효율적으로 배열하는 패턴은 사각형 격자 무늬나 바깥쪽 모서리 부분이 삼각형인 벌집 형태의 육각형 모양이어야 한다는 것이 입증되었다. 현미경으로 조사한 바에 의하면 심해 어류의 부레에서 이러한 두 가지 패턴이 나타나는 것으로 밝혀졌다.[44]

자연의 경제성과 효율성은 생물학자가 조사하는 어떤 기작에서나 다 나타난다. 톰슨은 이에 관해 다음과 같이 말하였다 : "그런 기작이 모든 상황에 다 가장 적합하다거나, 또는 항상 어떤 일이라도 최소의 비용으로 최대의 효율을 나타내도록 진행된다는 것을 언제나 정량적으로 증명하기는 어려울지 모른다. 그러나 우리들이 그렇게 믿는 데에는 자연계의 정교함에 대해 우리들이 지니는 상식적인 신뢰도를 보여 주는 것이다. 자신의 온갖 경험과 직관을 바탕으로 생리학자는 그것을 사실이라고 생각하고 그것을 공리로 삼아 새로운 발견의 출발점을 삼는데, 이로 말미암아 잘못된 결론을 내리는 경우는 별로 없다."[45] 톰슨이 지적한 대로 효율성이란 생물의 필요 조건이며 생명 그 자체로 정의되어야만 한다. 만약 자연계가 동식물이 필요로 하는 것보다 더 효율적인 구조를 제공한다면 이는 낭비가 되고 말 것이다. 따라서 포유동물은 그것을 필요로 하지 않기 때문에 새가 갖는 탁월한 효율성의 폐를 지니지 않는 것이다.

어떤 경우에는 자연이 인간들로 하여금 배우게 하기도 한다. 예를 들어, 1850년대의 가장 큰 원양 항해선인 그레이트 이스턴(Great Eastern)호는 대양을 가로지르는 철제의 정기여객선이었는데, 그 속도가 너무 느려 별 이윤을 남기지 못했다. 이 배는 외륜과 스크루, 보조 돛 등을 모두 갖추었지만 그것들이 대부분 추정치에 의존해서 만들어졌기 때문에 항진시 너무 많은 양의 물을 이동시켜 결코 효율적으로 운항될 수 없었던 것이다. 이런 공학적인 실수와 이후 진행된 일련의 실험들에 의해서 액체 매질을 가로지르며 이동하는 물체의 형태에 따라 야기되는 물결의 저항력, 견인력, 와류 등의 발생 정도를 지배하는 물리학적 법칙들이 발견되었다.[46] 그즈음에 이르러서야 사람들은 물고기가 이론적으로 가장 효율적인 형태를 지닌다는 점을 인정하기 시작하였다(그림 5. 5). 생물들에게서는 그레이트 이스턴 호와 같은 대실수를 결코 발견할 수 없는 것이다.

생물의 형태가 완벽하다는 증거는 보철 의학으로부터도 구할 수 있다. 생물물리학자인 코플랜드(Keith Copeland)는 다음과 같이 말한다 : "인공적인 기구를 사용해서 정상적인 신체기능을 대체, 모사하거나, 또는 보완하고자 하는 우리들의 노력은 기껏해야 조잡하고 불완전할 따름이다. 인간이 만든 그 어떤 장치도 머리로 공을 토스하거나, 손목으로 튕긴다거나, 미묘한 미소를 짓는다거나, 다양한 목소리를 낸다거나 하는 일을 똑같이 행할 수 없다. 심지어 가장 발달된 미세한 전자기술을 가지고도 선천적 결함이나 외상, 질병, 노쇠 등으로 인해 결손된 신체작용을 흉내낼 수는 없다."[47] 한 예를 들어 본다면, 25년 동안 700만 달러의 연구비를 들여 만든 인공심장의 원형은 375파운드의 진공 펌프에 의해 작동되었다. 필경 개당 가격이 2만 달러 정도에 이를 미래형 인공심장이라 하더라도 그것은 독립된 전원을 필요로 하고, 인간의 심장에 비한다면 엄청나게 부피가 크다고 할 수 있다. 또 인공심장은 항상 변화하는 신체 각 부분의 혈액 요구량을 충족시키는 데에 자연심장만큼 조절력을 발휘하지

5. 조 화   199

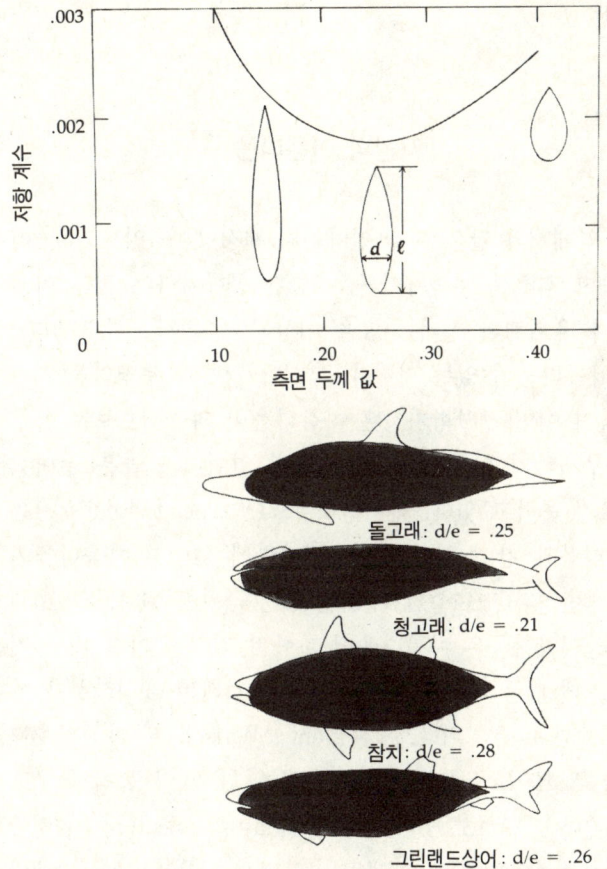

그림 5.5 실험실에서 검사한 바에 의하면 몸체의 측면 두께값이 0.25일 때 최소로 일을 하면서 물을 가로질러 헤엄칠 수 있는 것으로 나타났다. 이보다 짧은 몸체를 가진 것은 너무 많이 생겨나는 난류로 인하여 에너지를 소모하게 되며, 긴 몸체를 가진 것은 몸 표면과 물 사이에서 생겨나는 큰 마찰을 극복해야 한다. 그림의 검게 칠한 부분에서 보는 바와 같이 빠르게 수영하는 어류와 포유동물의 측면 두께값은 0.25에 매우 근접해 있다. 이들은 이처럼 효율적인 구조를 가짐으로써 투쟁하지 않고, 최소의 노력으로 그들의 환경을 가로질러 이동할 수 있다. (맥마이언과 보너)

못할 것이다.

자연의 아름다움

우리들은 앞에서와 같은 예를 얼마든지 제시할 수 있으리라. 따라서 자연이 현명하고 검소한 건축가이자, 유능한 공학자라는 점은 이제 명백해졌다. 그러나 유기체의 형태는 효율 이상의 것을 내포하고 있다. 생물에는 근사한 아름다움이 있는 것이다. 그러나 경쟁과 투쟁만을 지나치게 강조했던 나머지 어떤 생물학자들은 아름다움이 과학적으로는 아무런 가치도 없다고 무시하기 일쑤였다. 이런 점에 있어서 그들은 현대 물리학의 발전에 따르지 못하고 있다. 하이젠베르크(Werner Heisenberg)는 아름다움에 관해 다음과 같이 선언하였다. "과학에 있어서 아름다움은 예술에 못지 않게 대변성과 명료성의 가장 중요한 근원이 된다."[48] 20세기의 모든 탁월한 물리학자들은 아름다움이 과학적 진실을 가려 내는 기본적 준거가 된다는 데에 동의하고 있다.* 이러한 견해는 물리학뿐만 아니라 생물학에서도 그대로 유지된다. 윗슨(James Watson)은 자신의 저서인 《이중나선 The Double Helix》에서 미의 추구가 DNA의 물리적 구조를 밝히는 데 기여했다고 말하고 있다.[49] 스콧(Matthew Scott)은 유전학 분야에서 자신이 이루었던 업적에 관해 설명하면서 다음과 같이 말했다. "우리들을 계속 열중하게 했던 것은 근본적으로 매우 아름다운 것을 다루는 데에서 느끼는 근사한 기분이었다."[50]

생물계에는 여러 종류의 아름다움이 있다. 우아한 형태와 현란한 색상이 우리 눈을 즐겁게 하는 한편, 절묘한 조화와 질서는 우리의 마음을 기쁘게 한다. 봄은 물리학자로서 다음과 같이 지적했다. "자연에 존재하는 대부분의 것들은 그것을 즉각적으로 인식하고 지적 분석을 수행하는 과

---
*《과학의 새로운 이야기》의 제3장을 참고하라.

정에서 아름다움을 표출한다."[51] 새가 나는 모습은 보기에 우아할 뿐만 아니라, 생물물리학자나 해부학자의 분석에서는 인지적 아름다움을 보여 준다. 예를 들어서 톰슨은 다음과 같이 감탄하였다. "동물 해부의 역학적인 면에서 살펴본다면 독수리의 장골(metacarpal bone) 구조만큼 아름다운 것도 달리 없다. ……공학자는 거기에서 때때로 비행기 날개의 내부에 주 버팀대로 사용되는 완벽한 워런 트러스(Warren's truss) 구조를 발견한다. 뿐만 아니라 그것은 트러스보다 훨씬 훌륭하다고 할 수 있다. 왜냐하면 공학자는 비행기에서 V형의 버팀대를 일렬로 배치하는 것으로 만족할 수밖에 없는데 반해서, 독수리의 골격에서는 그것들이 3차원적으로 배열되어 명백히 모방할 수 없는 장점을 지니기 때문이다."[52] 19세기의 조류학자인 카우스(Elliott Coues)는 아름다운 조류의 두개골을 '골격 중의 시(poem in bone)'라고 일컬었다.[53]

생물이 보여 주는 아름다움은 다윈이 주장하는 성도태(sexual selection)의 가설로는 설명할 수 없다. 특히 커크가 보고하듯이 어떤 세력권의 방어자가 "몸집의 크기나 힘, 그리고 호전적 특성을 나타내는 잘 발달된 특수한 신체 구조의 유무와는 관계없이 외부 침입자를 쫓아내는 데 보통 성공한다는 사실"에서 그러하다.[54] 생물학자인 존 스미스(John M. Smith)는 다윈의 성도태 가설은 입증될 수 없으므로 폐기되어야 한다고 하였다.[55]

모든 생물이 같은 종류의 아름다움을 보이지는 않는다. 어떤 것은 단순한 매력을 지니는 데 반하여 어떤 것들은 정교하게 장식된 아름다움을 보인다. 즉, 평범한 모습으로 매력을 끄는 것이 있는가 하면, 온몸이 화려한 색깔로 치장된 것도 있다. 20세기에 들어설 무렵, 대영박물관의 조류 관리인인 샤프(Bowdler Sharpe)조차도 대단히 화려한 풍조(bird of paradise)의 표본을 처음 보았을 때 "그는 그것이 인조물이 아니라는 사실을 믿으려 하지 않았다!"[56] 때로는 같은 종에 속하는 새끼와 어미의 표본에서 서로 다른 아름다움을 찾아 볼 수 있다. 어린 것은 귀여운 매력이 있는 대신에 성숙한 것은 위풍당당함을 느끼게 한다. 박물학자인 크루치

(Joseph Krutch)는, 곤충의 경우에는 그 모습에서 고매함을 거의 느낄 수 없으나 사자와 큰사슴의 경우에는 이런 느낌을 자아낸다고 하였다.[57] 박물학자인 뮤어(John Muir)는 로키 산맥에 사는 큰뿔양(bighorn sheep)에 대해 다음과 같이 찬사를 보내고 있다 : "이 동물은 예리한 시각과 후각, 그리고 튼튼한 다리를 가지고 험준한 산봉우리에 둘러싸여 산다. 이들은 울퉁불퉁한 바위 사이를 상처 하나 입지 않고 뛰어다니며, 가파른 절벽을 오르내리고, 물보라치는 급류와 얼어붙은 눈으로 덮인 경사지를 강풍 속에서 건너기도 하지만 여전히 위풍당당하면서도 따사로운 아름다움을 간직하고 있다."[58]

생물계의 아름다움은 비전문가를 포함하여 누구에게나 다 자명하게 받아들여진다. 나무를 사랑하는 존슨(Hugh Johnson)은 나무에 관한 책의 서두에서 다음과 같이 말하고 있다 : "당신은 매일 아침 20여 미터나 되는 높이의 미의 장관을 몇 년씩이나 아무 관심 없이 그대로 지나칠 수 있다. 사실 나도 그러했다. 그렇다면 이제 관심을 가지고 나뭇가지의 형태를 살펴보라. 그 가지가 어디에서 어떻게 갈라져 나왔는지를 자세히 살펴보노라면, 당신은 모든 거리의 모든 나무에서 무한한 감각적인 즐거움을 맛볼 수 있을 것이다." 그리고 그는 덧붙였다. "나는 식물학자나 수목학자도 아니고 심지어 정원사도 아니지만, 한 작가로서 나무로부터 창의력과 경외심과 만족감을 찾는다."[59]

전문가도 역시 자연의 아름다움에 감명을 받는다. 시넛은 이 사실을 사소하다거나 우연한 것으로 받아들이지 않는다 : "소리와 형태와 빛깔에서 나타나는 다양하고 풍부한 아름다움은……지구상의 어느 것에서보다 생물체에게서 많이 나타난다. 아름다움은 생명의 본질적 요소다. 이것은 자연에서 영원히 파괴될 수 없으며 영원히 존재하는 부분이다."[60]

동물의 장식물과 심미적 형태를 광범위하게 연구하는 동물학자 포트먼(Adolf Portmann)은 동물의 내부작용이나 마찬가지로 외부 모양을 꾸미는 데도 자연이 많은 수고를 기울였음을 보였다. 그는 포유동물의 아름다운 모피는 지니는 데 즐겁고 눈으로 보기에 좋은 만큼, 이를 단순히 생존 가치를 위한 것만으로 설명할 수 없다고 하였다 : "깃털이나 모피와 같은 구조를 가진 물체들을 이해하는 데 있어서, 만약 그것들이 단지 추위나 상처로부터 생명을 보호하기 위한 기능을 갖기 위해서 그런 외형을 갖게 되었다고 가정한다면, 우리들은 그것을 잘 이해했다고 할 수 없을 것이다. 우리들은 그것들이 반드시 그것을 지니는 동물의 눈을 만족시킨다는 특별한 목적에서 고안된 것이라고 설명해야만 할 것이다." 그가 지적한 바에 의하면 밖으로 표출되는 새의 깃털은 그 종 특유의 패턴과 빛깔을 보이지만 속에 숨겨진 털은 그렇지 않다는 것이다. 이와는 대조적으로 근연관계에 있는 동물들의 내부기관은 서로 비슷하여 구별하기 어렵다 : "사자와 호랑이는 그렇게 밀접한 종임에도 불구하고 얼마나 대조적인가? 어린 시절에 동물원에서 사자와 호랑이를 본 사람이라면 누구나 다 일생동안 그 두 종류를 결코 혼동하는 법은 없으리라. 그러나 만약 누가 위나 간을 가지고 그 두 종류를 구별하려 한다면 쩔쩔맬 것이 틀림없는 바, 그것은 그 장기들이 아무런 특징적인 형태를 지니지 못하기 때문이다. 심지어 골격 구조를 가지고도 구분하기 어렵다. 물론 몸의 내부에도 종마다 특유의 차이점이 있을 수 있다. 그러나 그 상대적인 크기나 형태의 차이를 알아내기 위해서는 상당한 지식을 가지고 노력을 기울여야만 한다. 나아가 그러한 차이점을 우리들의 기억 속에 인상적으로 담아 놓을 정도가 되기 위해서는 훨씬 더 많은 노력이 요구될 것이다."[61]

다윈은 아름다움이란 주관적 감정이라고 주장했다 : "미에 대한 감각은 그 사모하는 대상의 실제적인 품성과는 관계없이, 바라보는 자의 마음의 상태에 따라 달라진다."[62] 만약 이 말이 사실이라면 아름다움이란 물리학자들에게는 거의 아무런 지표도 될 수 없을 것이다. 그러나 실제에 있어서는, 아름다움은 최고의 수학자가 수학을 탐구하고 최고의 물리학자가 물리학을 탐구하게 하는 중요한 원인인 것이다. 푸앵카레(Jules Poincaré)는 이에 대해 다음과 같이 말하였다. "과학자는 그렇게 하는 것이 유익하다고 느끼기 때문에 자연을 탐구하는 것은 아니다. 그들은 연구하는 데에서 기쁨을 느끼기 때문에 탐구하며, 또 자연이 아름답기 때문에 거기서 기쁨을 맛본다. 만약 자연이 아름답지 않다면 그것은 알만한 가치가 없을 것이며, 인생 또한 살만한 가치가 없을 것이다."[63] 다윈은, 비록 이론적으로는 그것을 인정하지 않았지만, 실제적인 관점에 있어서는 대학자로서 그 점을 충분히 인식하고 있었다. 그가 열대지방의 정글에서 첫날을 보내며 썼던 기록을 한번 살펴보자:

"하루가 즐겁게 지나갔다. 그러나 즐겁다는 표현은 박물학자로서 처음으로 브라질의 숲속에서 하루를 지낸 내 자신의 기분을 충분히 나타냈다고 할 수 없다. 부드러운 풀밭, 신기한 기생식물, 아름다운 꽃, 윤기 있는 녹색 잎들은 물론, 풍부한 식생에 나는 온통 감탄하지 않을 수 없었다. 삼림의 그늘진 곳에는 온갖 소리와 정적이 혼재하는 매우 역설적인 상황을 보였다. 곤충들의 소리가 해안에서 수백 야드 떨어져 정박해 있는 배에까지 들릴 정도로 컸지만, 숲속의 후미진 장소는 온통 정적으로 뒤덮여 있었다. 이 날은 자연사에 애착을 갖는 사람으로서 다시 한 번 경험하기를 원하는 그 어떤 날보다 더 많은 기쁨을 누릴 수 있었다."[64] 아름다움은 남녀를 막론하고 그들에게 과학을 탐구하는 즐거움를 제공할 뿐만 아니라 그것을 수행하도록 하는 최우선적인 동기를 부여하며, 그들로 하여금 자연과 가장 잘 부합되는 이론을 선정하도록 하는 안내자의 역할을 하기도 한다.

풍부한 다양성도 생물계의 아름다움을 구성하는 부분이 된다. 생물의 다양성은 실로 놀랄 만하다. 그림 5.6, 5.7, 5.8은 생물들에게서 보여지는 엄청난 다양성의 일단을 이해하는 데 도움이 된다. 그림에 나타난 14종의 어류는 전체 어류 종이 나타내는 다양성의 1500분의 1에 불과하다. 그리고 이 지구에는 어류의 13배가 넘는 식물 종이 살고 있다. "이 지구에 얼마나 많은 생물 종이 존재할까? 우리들은 어림짐작도 곤란한 정도로 이 질문에 답하기 곤란하다"고 에드워드 윌슨은 말한다.[65] 곤충학자

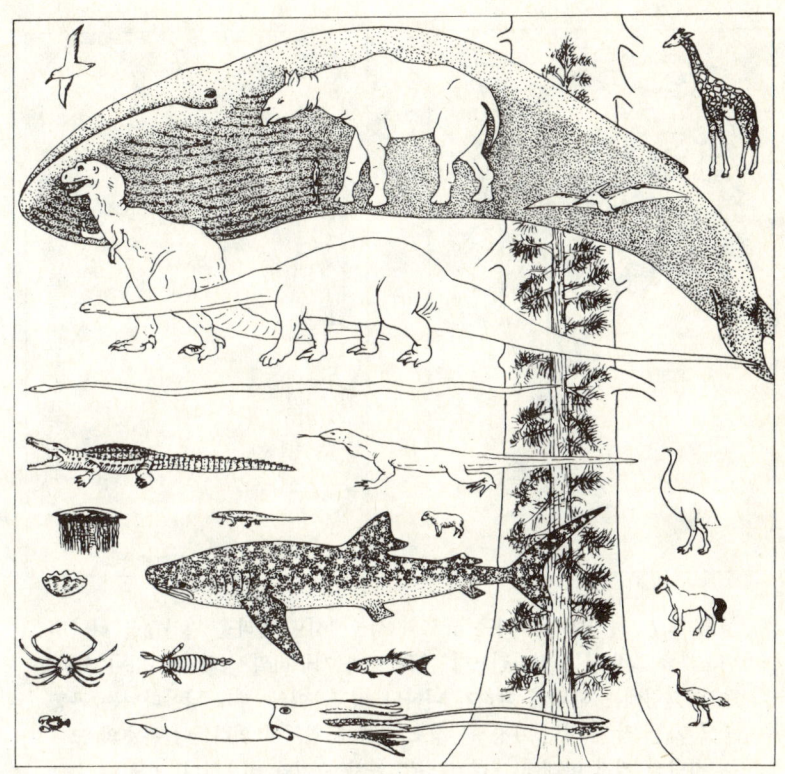

그림 5.6 동식물의 크기에서 나타나는 변이성으로부터 경이로운 자연의 다양성을 엿볼 수 있다. 그림은 여러 영역에서 가장 큰 생물들을 제시한 것이다. 100피트에 달하는 낙엽송은 가장 큰 생물인 거대한 세콰이어나무의 윤곽 속에 겹쳐져 있다. 모든 생물은 일정 비율로 축소되어 그려져 있다. (웰스, 헉슬리, 웰스)

어윈(Terry Erwin)은 1982년 열대우림에서 열심히 조사한 후에, 지상에는 곤충 종류만 해도 3000만 종이나 서식할 것이라고 추정했다.[66] 미쳐 알려지지 않은 수백만 종의 동식물들은 각각 독특한 형태로, 독특한 생태적 지위를 누리고 독특한 생활사를 유지하면서 이 지구를 아름답게

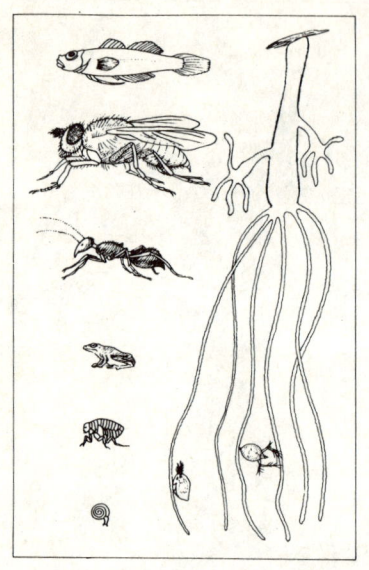 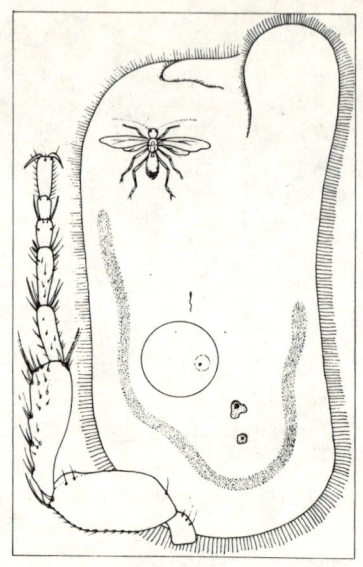

그림 5.7 자연에서는 작은 규모의 생물에서도 놀라운 다양성을 나타낸다. 좌측 그림에는 집파리보다 작은 열대 개구리의 성체가 나타나 있다. 우측 그림에는 파리의 다리가 나타나 있고, 이와 함께 날아다니는 곤충 중에 가장 작은 것이 가장 큰 섬모 충류에 겹쳐져 있다. 이 곤충의 크기는 사람의 정자 아래에 그려져 있는 난자 크기와 비슷하다. (웰스, 헉슬리, 웰스)

꾸미고 있는 것이다. 이들의 종류는 무생물계를 이루는 모든 존재들을 합한 것보다 더 다양하다. 이처럼 무수히 많은 생물 종들 중에서 단지 170만 종만이 동정(同定)되어 학명이 붙여져 있다. "매년 1만 여 종의 신종이 발견되고 있다!"[67)]는 지적은 그리 놀랄 만한 일이 아니다. 아직 학명이 붙여지지 못한 종의 대부분은 곤충이나 박테리아군에 속하지만, 빈번하게 행해지는 생물 탐사는 거의 정례적으로 다른 동물문(phylum)들에도 새로운 종을 첨가시키고 있다. 1985년 3월, 미국, 영국, 베네수엘라의 식물학자와 동물학자 120명 이상으로 조직된 탐사대는 베네수엘라의 남

5. 조 화 207

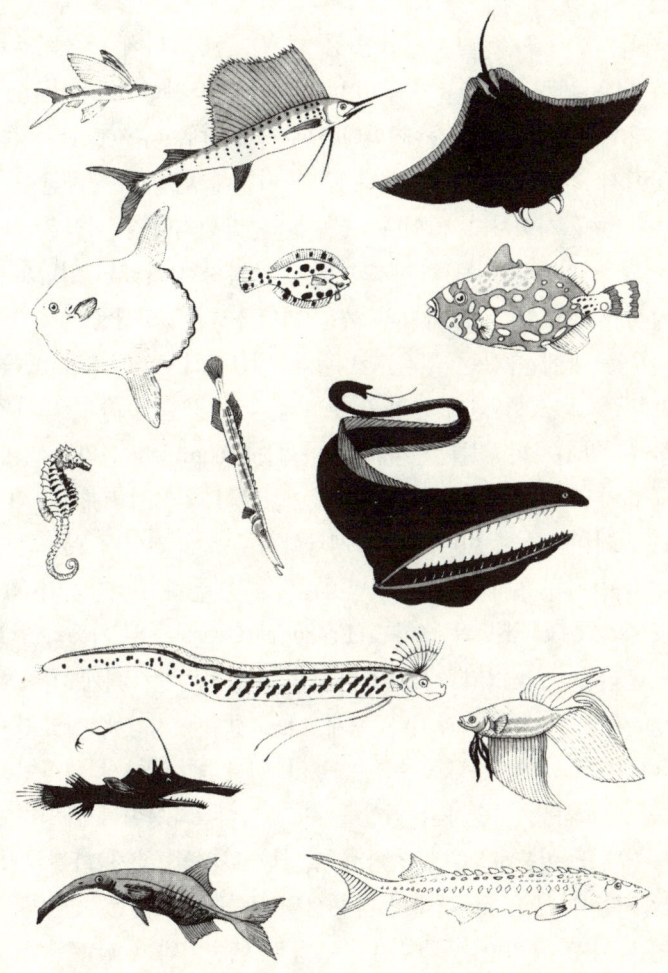

그림 5.8 그림에 제시된 14종은 지구상에 2만 1000여 종이 분포하는 실제 어류의 다양성에 비하면 1/1500보다 낮은 값이다. 어류의 다양성에 10을 곱하면 현화식물의 숫자와 비슷하다. 그리고 지구상에는 현화식물에 비해 적어도 네 배나 많은 곤충의 종이 살고 있는 것으로 알려져 있다.

쪽 네블리나 산 일대를 탐험하여 그때까지 알려지지 않은 수십 종의 식물, 갑각류, 양서류 등을 채집하였다. 그곳은 1953년에 이르기까지 탐험된 적이 없을 만큼 고립된 지역이었다.[68] 더욱 극적인 발견은 1977년 태평양의 해저에서 지질학자들에 의해 이루어졌는데, 이곳에서는 지각이 균열된 곳에서 열수가 배출됨으로써 주변 지역에 다양한 생물군이 햇빛에 의존함이 없이 서식하고 있었다. 열수는 황박테리아의 서식을 가능하게 해서, 이것을 기본 먹이로 하여 그때까지 알려지지 않았던 일단의 생물군을 번성시키고 있었다. 초대형의 붉은 피빛을 띠는 서관충(tube worms), 전혀 새로운 과에 속하는 흰색 단미류의 게(brachyuran crabs), 높은 농도의 헤모글로빈으로 인해 놀라울 정도의 짙은 붉은빛 육질을 가진 홍합과 대합류, 발견자의 이름을 따서 바다민들레(dandelion)라고 명명된 새로운 종류의 흡판동물, 그리고 새로운 종류의 꽃양산조개류, 쇠고둥류, 따개비류, 거머리류 등이다. "해양생물학자들에게 있어서 이곳은 전인미답의 선사시대 공룡이 살던 계곡만큼이나 신비롭다"고 당시의 탐사원인 밸라드(Robert Ballard)와 그라슬(Frederick Grassle)은 기록하였다.[69]

만약 우리들이 소멸된 생물 종까지를 포함한다면, 적게 잡아도 대략 20억 종 이상의 생물이 과거나 현재 어느 한 때 지상에 살았던 것으로 추정된다. 이처럼 엄청난 종류를 만들어 내는 데 있어서 대자연은 미적 다양성을 창조하는 예술가의 역할을 하고 있다. 자연이나 예술가 모두는 기본적 형태를 이룩하는 데 있어서 일정한 한계를 갖기 마련이지만, 그 범위내에서는 가능한 한 최대의 다양성을 구축할 수 있는 것이다. 그렇다면 자연은 아주 탁월한 공학자이자 훌륭한 예술가라고 할 수 있다. 트리부치는 자연계의 구조가 건실하고 경제적으로 짜여져 있을 뿐 아니라 미적으로도 아름답다고 말하였다.[70] 봄은 다음과 같이 자연에 대해 말하고 있다. "자연은 공학자보다는 예술가에 가깝다. ……따라서 자연을 이해하기 위해서는 기본적으로 예술가의 태도를 가져야만 한다."[71]

6

기 원

현대의 진화론은 통합설(synthetic theory)이라 하여 1930년대와 1940년대에 생물학자인 줄리언 헉슬리(Julian Huxley)와 고생물학자인 심프슨(George Simpson), 계통 분류학자인 마이어, 유전학자인 도브잔스키(Theodosius Dobzhansky) 등에 의해 이루어졌는데, 그들은 본질적으로 신다윈주의(neo-Darwinism)다. 이 이론에는 유전학과 기타 여러 분야들에서 최근에 밝혀진 사실들이 보강되어 있기는 하지만 다윈 이론의 주된 관점들, 특히 자연선택 이론은 그대로 유지되고 있다. 다윈의 천재성은 뉴턴 물리학에 부합되는 기작을 도입하여 진화적 변화를 정교하게 설명하는 데에서 여실히 발휘되었다. 그렇기 때문에 월리스는 다윈을 생물학에서의 뉴턴이라고 올바르게 이름붙여 주었다.

뉴턴 물리학과 기계론적 논리의 한계는 상대론과 양자물리학에서의 발견들이 이루어지면서 확연히 드러났다. 다윈이 모델로 삼았던 물리학은 엄청난 변화를 겪었다. 그렇다고 다윈주의나 신다윈주의가 저절로 그 타당성을 잃는 것은 아니지만, 그것은 진화론도 새로운 물리학의 관점에서 재검토되어야 한다는 것을 시사한다고 하겠다.

진화론은 현재 심각하게 재검토되고 있으며 생물학의 내부에서 때때로 많은 논란과 혼란을 초래하고 있다. 논쟁은 과연 진화가 일어났는지의 여부에 있는 것이 아니라 진화 기작의 적절한 설명에 있다. 즉, 자연선택이나 점진주의와 같은 다윈의 생각이 진화의 과정을 적절히 설명하고 있는가 하는 데에 모아진다. 논쟁의 한쪽에는 신다윈주의의 비판자들이 서 있다. 그들 중의 스티븐 굴드는 다음과 같이 선언한다. "통합설은……아직까지 교과서의 정통 이론으로 남아 있음에도 불구하고, 일반적 명제로서는 이미 생명을 잃었다고 할 수 있다."[1] 영국 자연사박물관에서 일하는 선임 고생물학자인 콜린 패터슨(Colin Patterson)도 역시 전통적 진화론에 냉소를 보내고 그에 대한 환상을 일깨워 준다 : "20년이 넘도록, 나는 어떤 방법으로든지 진화론에 관해 연구하고 있다고 생각해 왔다. 그러나 어느 날 아침 잠에서 깨어나……20년 이상 이 일을 해 왔음에도 불구하고, 문득 내가 진화에 관해 아는 것이 하나도 없음을 알았다. 사람이 그렇게 오랫동안 잘못된 일을 할 수 있다는 것이 내게는 퍽 충격적이었다."[2]

그 반면에 신다윈주의를 주장하는 측에서는 자기를 비판하는 사람들의 주장은 과장된 것이며, 진화에 관해서 이제까지 알려진 모든 사항들이 다윈적 자연선택설의 전반적인 틀 속에 융합되어질 수 있다고 주장한다. 그래서 스테빈스(G. Ledyard Stebbins)와 아얄라(Francisco J. Ayala)는 이에 대한 타협안을 제시했다 : "전통적 진화론과 이에 대한 비판을 조금씩만 수정한다면 대부분의 반론은 통합론의 범주내에서 설명될 수 있다."[3] 생물학자인 도킨스도 이에 동의하며, 다윈의 점진주의(gradualism)에 도전하는 스티븐 굴드나 엘드리지(Niles Eldredge)의 단속적 평형설(punctuated equilibria)이 전통적 견해를 뒤집어 엎을 위험성은 없다고 하였다 : "이 흥미 있는 소규모 이론에 대한 논란은 설령 논쟁의 가치가 있다고 하더라도 특수하고 부분적인 문제에 한정된다. 이것은 분명히 신다윈주의적 통합론의 범주 안에 존재한다. 이 이론은 그동안 통합론을 보다 공고히 하는 데 기여했던 다른 주장들과 마찬가지로 혁명적인 이론은 아니라고 본다."[4]

일반적으로 기존의 이론이 완전히 틀리지 않았다면, 이를 다소 변화시켜 유지하는 것이 바람직하다. 그렇다면 기존의 이론은 어떤 것인가? 자연선택에 관해 다윈은 다음과 같이 간결하게 그 요지를 말하였다 : "만일 변화하는 조건에서 살고 있는 생물들이 몸의 거의 모든 부위에서 개체간의 차이를 보이고 있다면, 여기에는 논쟁의 여지가 있을 수 없다. 만약 그렇다면, 그들의 기하급수적인 개체수 증가로 인하여 각 연령 단계와 계절, 그리고 해마다 항상 치열한 생존투쟁이 벌어질 것인 바, 이 점 역시 논쟁의 여지가 없다. 그러면 모든 생물이 서로들 사이에, 그리고 생물과 주변환경 조건과의 사이에 매우 복잡한 관계가 성립될 것이다. 그 결과 생물의 형태, 조직체계, 습성 등에서 무한한 다양성을 지녀서 그들의 생존에 도움이 되도록 한다고 생각할 수 있을 것이다. 그렇다면 많은 변이가 일어남으로써 인간에게 유용하였듯이, 똑같이 생물들에게도 그런 이로운 변이가 일어나지 않는다면 그것은 매우 이상한 사실처럼 보일 것이다. 만약 어떤 생물에게 유용한 변이가 생겨나고, 이로 인해 그 생물이 생존투쟁에서 살아남을 기회가 커진다면, 유전 법칙에 따라 이와 유사한 특성을 지닌 자손들이 생겨날 것이다. 나는 이와 같은 보전의 원리(principle of preservation), 즉 적자생존의 원리를 자연선택이라고 부른다."[5]

다윈의 주장은 명확하다. 그는 가축이나 재배식물에서 나타나는 변이에 관한 연구가 진화를 이해하는 데 "가장 적합한, 가장 안전한 단서를 제공한다"고 여겼다.[6] 다윈은 인간의 능숙한 교배기술과 인위적 교잡이 거의 모든 가축과 농작물을 개량했다는 점을 깨닫고, 이를 야생의 동식물들에게까지 적용시켰던 것이다. 자연이 인간을 대신하여 생물의 형질(trait)을 선별적으로 교배하고 선택함으로써 새로운 종을 만들어 낸다는 것은 그럴듯하다. 그러면 자연의 어떤 기작이 선별을 수행하는 인간의 손에 해당하는가? 이에 관해 다윈은 다음과 같이 논리 정연하게 답한다. (1) 기하급수적 증가의 원리에 따라 각 생물 종은 생존 가능한 숫자보다 항상 더 많은 개체가 생겨난다. (2) 생존을 위한 투쟁이 일어나고, 각 생물들은 서로서로 경쟁하게 된다. (3) 이러한 생존을 위한 투쟁으로 인하여 약간이라도 이로운 특성은 계속 누적되어 새로운 종이 생겨나도록 한다. 다윈은 부적절한 특성이 사라지고 이로운 특성이 살아남는 기작이 마치, 동물 교배자가 인위적으로 가축의 형질을 선택하는 것과 유사하다고 하여 '자연선택(natural selection)'이라 하였다.

자연선택에 대한 비판

자연선택이 어떻게 논란의 대상이 될 수 있는가? 그것은 매우 그럴듯하고 설득력이 있어 보인다. 자연선택이 공감을 얻는 이유 중 하나는 언제나 그 고유한 논리성에 있다. 비판자들도 다윈의 논리성을 문제삼는 것이 아니라, 다윈의 전제가 옳은가를 의심한다. 그의 이론에서 중심이 되는 가정들, 즉 개체군 성장, 경쟁, 미세한 변이의 누적 등은 현대 생태학과 유전학의 연구 결과들과는 상반된 면을 보인다. 첫째로, 현장 연구자들은 다윈이 가정했듯이 포식, 기아, 극단적 기후, 질병 들에 의해서 동물 개체군의 성장이 제한되는 것이 아니라, 이보다는 어미의 수에 가해지는 갖가지 자연적 제한조건들에 의해서, 그리고 각각의 암컷들로부터 생산되는 자손의 수가 조절됨으로써 개체군 성장이 제한된다는 것을 보여준다(제4장을 참고하라).

둘째로, 어떤 지속적인 경쟁도 생물 종들 사이에서 또는 생물 종 내부에서 찾아보기 어렵다는 점이다. 자연에서는 유사한 동물 종들이 서로 다른 먹이를 취하거나, 다른 시간대에 활동하거나, 또는 다른 생태적 지위를 차지함으로써 서로 경쟁하지 않고 공존한다. 같은 종에 속하는 개체는 분산 기작을 통해 같은 종 사이의 경쟁을 최소로 한다(제4장을 참고하라). 엘드리지는 "종간의 경쟁 개념을 의심하는 많은 생태학자들은……현재 자연에서 가혹한 투쟁이 진행되고 있다는 아무런 증거를 찾아볼 수 없다고 주장한다"는 점을 지적한다.[7] 진화생물학자인 해밀턴(William Hamilton)은 다윈 진화론의 모순점을 다음과 같이 지적한다: "진화론은 생존투쟁과 적자생존의 원리에 근거한다. 그러나 같은 종에 속하는 개체 사이에서는 생물들이 협동하는 것이 보통이고, 심지어 다른 종에 속하는 생물들 사이에서도 그러하다."[8] 유명한 일본의 생물학자인 긴지 이마니시는 다윈의 출발점과 상반되는 가정에 근거하여 자신의 진화론을 발전시켰다: "나는 우리들이 보는 생물들의 세계가 생존을 위한 경쟁의 마당이 아니라, 여러 생물 종들 사이의 평화로운 공존의 장으로 간주한다"고 그는 적었다.[9]

그리고 셋째로, 다윈의 점진론은 다음과 같은 두 가지 가정, 즉 "변이체(variety)는 새로운 종으로 형성되는 과정에 있는 종으로 나는 이들을 초기 생물 종이라고 부른다"고 하는 것과, "변이체 사이의 적은 차이가 점차 커져서 생물 종간의 차이로 된다"고 하는 것을 상정한다.[10] 그런데 이렇게 되려면 생물 종 내부에서 무한한 유연성이 요구된다. 그러나 동식물의 교배나 인공 돌연변이를 유도하는 유전학 실험에서 얻어진 결과를 보면, 생물이 아무런 제한 없이 어떤 방향으로든지 변화가 가능하다는 다윈의 가정과 부합되지 않는다. 인위적 선택의 제한성은 식물 재배자들에 의해 이내 밝혀졌다. 예를 들어서, 1800년부터 1878년 사이에 이루어진 교배에 의해 사탕무의 당도는 6퍼센트에서 17퍼센트로 증가했으나, 그 후 50년 동안은 더 이상 당도가 증가하지 않았다.[11]

경험 있는 재배가이면 누구나 이런 제한성을 잘 알고 있다. 버뱅크(Luther Burbank)는 다음과 같이 말한다: "내 경험에 비추어 볼 때 미국 자두(plum)의 길이를 0.5인치에서 2.5인치까지는 어떤 크기라도 길러낼 수 있지만, 그것을 작은 완두콩 크기만큼 작게 하거나 그레이프프루트(grapefruit; 신맛이 나는 오렌지 모양의 과일. 오렌지보다 훨씬 크다=역주)처럼 크게 한다는 것은 불가능하다. 내 정원에 있는 데이지 꽃은 손톱 크기보다 약간 큰 것도 있고 어떤 것은 크기가 6인치나 되는 것도 있지만,

해바라기 꽃만큼 큰 것은 없으며 그런 것은 결코 기대할 수도 없다. 또한 나는 6개월 동안 꾸준히 피는 장미를 가지고 있지만, 어느 것도 12개월 동안 피어 있지는 못하며 앞으로도 그런 것을 가질 수 없을 것이다. 다시 말해서 생물을 개량하는 데에는 한계가 있다."[12] 버뱅크는 이와 아울러 누구도 푸른 장미나 검은 튤립을 키워낼 수 없었는데, 그 이유는 그 식물들이 그에 필요한 유전 물질을 가지고 있지 않기 때문이라고 결론지었다.[13] 더 나아가서 교배에 의한 형질의 누적은 결코 생물 종의 범주를 벗어나지 못한다. 지난 1만 4000년 동안이나 인간이 개를 키워왔기 때문에 수많은 품종이 생겨났으나, 단 한 종의 신종도 생긴 적은 없다. 비록 일부 품종들 사이에는 크기의 차이 때문에 서로 교잡이 될 수 없긴 하지만 원칙적으로 모든 개들은 서로 교배가 가능하다.[14] 인위적으로 교배된 종들은 어떤 한계에 도달하면 불임성이 되거나 원래의 형태로 되돌아감으로써 그것을 개량하려는 시도가 좌절되고 만다.

이런 결과는 인공적으로 돌연변이를 일으킨 실험에서 더욱 명확해진다. 20세기 초부터 꾸준히 행해진 초파리에 대한 유전학적 실험에서 X-선을 조사하거나 화학물질을 처리하여, 정상보다 돌연변이율을 150배로 증진시킬 수 있었다. 이 초파리들은 수천 세대를 거듭하여 교배되었고 그 과정이 면밀히 조사되었다. 그 결과로 줄무늬 날개(fringed wing)나 흔적 날개를 가진 것, 그리고 날개가 전혀 없는 것 등의 다양한 변이체가 생겨났지만, 이들은 분명히 초파리였다.[15] 그것들은 투구벌레도 나비도 아니었다. 심지어 새로운 파리 종류도 나타나지 않았다.* 이 실험으로 유전에 관한 많은 것이 밝혀졌지만, 그와 함께 다양한 특성이 누적됨으로써 원래의 종과 다른 종이 생겨나고 궁극적으로는 속, 목, 강, 문의 범주에서도 변화가 일어난다는 다윈의 가정에 상반되는 결과가 제시된 셈이다.

결국 다윈의 모든 가정들은 미비점을 드러냈다. 자연계에서는 무한정의 개체군 성장이 있을 수 없으며, 개체 사이의 경쟁도 심각한 것은 아니다.

---
* 염색체 배가에 의한 새로운 식물 종의 생성은 뒤에서 다룬다.

또한 다양한 특성의 선택에 의해 새로운 종이 형성되지도 않는다. 그래서 다윈의 가정이 거짓이라면 그 결론 역시 인정할 수 없게 된다. 이것은 말 그대로 따져서, 자연선택이 옳지 않다는 것이 아니다. 단지 다윈의 주장이 아무리 명쾌하다고 하더라도 종의 기원을 설명하는 기작으로 자연선택을 내세운 것은 합당하지 않다는 것이다.

자연계가 현재 보이는 제반현상은 다윈의 전제와 부합되지 않는다. 그렇다면 생물의 역사는 어떠한가? 다윈 자신도 화석의 기록이 점진주의를 따르지 않음을 시인하였다. 그러나 그는 자신의 이론을 변경하는 대신에 지질학적 기록이 불완전하여 대표성을 갖지 못한다고 주장했다.[16] 고생물학자 엘드리지는 "지질학적 기록이 불완전하다는 다윈의 말은 그의 이론으로부터 논리적으로 예측되는 것과 화석 기록의 사실 사이에 존재하는 차이를 설명하기 위한 궁색한 변론에 불과하다"고 단언하였다.[17] 다윈은 화석적 증거가 과거의 생물을 대표하지 못한다는 주장에 대해 그의 이론과는 별도로 아무런 근거도 제시하지 못하였다.

그로부터 100년이 넘게 지난 오늘날, 화석 기록에 대한 연구는 훨씬 완벽해졌고 그에 대한 이해도 깊어졌으나 그 결과는 아직도 다윈의 점진주의와 상반되고 있다. 아직까지 자연선택으로 진화를 설명하는 데 필요한 주요 생물 그룹 사이의 중간종(intermediary species)이라 할 수 있는 그 어느 종도 발견되지 않았다. 고생물학자 라우프(David Raup)는 "여러 다른 종들이 다윈이 입증하고자 했던 전이과정을 보이지 않은 채로 화석 기록에서 나타났다가 사라지는 것이 보통이었다"고 하였다.[18] 고생물학자 스탠리도 이에 대해 다음과 같이 동의하였다 : "지금까지 알려진 화석 기록은 점진주의와 결코 부합된 바 없었으며 지금도 그러하다."[19] 그리고 스웨덴 룬드 대학교의 닐손(Heribert Nilsson)은 40년에 걸친 경험 끝에 다음과 같이 말하였다. "고생물학적 사실만을 들어서는 다윈의 (점진주의적) 진화론을 만화식으로 표현하는 것조차도 불가능하다. 화석 자료는 이제 완벽해졌기 때문에 자료의 부족으로 인하여, 연속적 전이단계가 보여지지 않는다고 설명할 수 없게 되었다. 전이단계가 보여지지 않는 것은 사실이며, 그 결손은 결코 채워지지 않을 것이다."[20]

이는 점진주의가 화석 기록에서 전혀 발견되지 않는다고 말하고자 하는 것은 아니다. 그런 경향이 존재하기도 한다. 그러나 일어난 변화는 매우 사소하며, 때로는 시간의 흐름에 역행하여 일어나기도 한다. 심지어 수백만 년 동안 그러한 변화가 누적되어서 새로운 종이 생기지 않는 경우도 있었다. "점진적 변화는……어느 곳도 지향하는 것 같지 않다. …… 그 변화는 단지 같은 종 내부에서만 역사적 경향성을 나타냈다"고 엘드리지는 기록하였다.[21]

화석 기록은 경쟁에 관한 다윈의 가정도 지지하지 않는다. 다윈은 "자연선택에 의해 새로운 종이 계속 생겨나서 그 부모의 유형을 대신하고 보강할 것이다"고 생각했다.[22] 그는 한 종이 다른 종을 도태시키는 것은, 유사한 모양의 쐐기가 같은 장소에 끼워짐으로써 다른 것이 강제로 배제되는 것과 같다고 생각했다.[23] 그러나 화석 기록은 다르게 말한다. 화석 기록에 의하면 새로운 종은 보통 갑자기 나타나서 그 조상 종과 함께 공존하는 것이 보통인데, 때로는 그 공존의 기간이 수백만 년이 되기도 한다.[24] 어느 한 종이 다른 종으로 점진적으로 변하는 현상이나 대체되는 현상은 보여지지 않았다. 따라서 화석 기록으로 경쟁을 주장하기는 대단히 어렵다. 오히려 제4장에서 논의했던 것처럼 평화로운 공존을 제안하게 한다.

신다윈주의의 제2 방어선

자연선택은 현재에 기초하는 증거나 과거에 기초하는 증거의 그 어느 것과도 부합되지 않는다. 그러나 이러한 비판에 대해 현대의 신다윈주의 옹호론자들은 우리가 제2 방어선이라고 부를 수 있는 반증을 다음과 같이 제시하고 있다.

첫째, 많은 신다윈주의자들은 현재의 자연계가 더 이상 경쟁적이 아니라는 데에 동의하지만, 그러한 생물 사이의 협동관계가 이전의 경쟁과 생존에 부적합한 종을 제거시키는 전략의 결과에서 비롯되었다고 설명한다. 상반되는 사실로부터 무엇인가를 유도하려는 시도의 불합리성을 일단 접어 두고라도, 이들의 주장은 관찰할 수 없는 먼 과거에 있었던 입증 불가능한 자연계의 상태를 가정한다.

화석 기록에서 점진주의를 발견할 수 없다는 주장에 대해서 과연 신다윈주의자들은 어떻게 답하고 있는가? 스테빈스와 아얄라는 다음과 같이 주장한다. "종분화와 형태적 변화가 진행되는 기간인 '지질학적 순간들(geological instants)'은 사실 5만 년 정도에 해당된다. 이런 정도의 기간이라면, 극히 작은 변화를 야기시키는 돌연변이가 축적되어서 커다란 형태적 변화를 나타낼 수 있을 것이라는 데에 거의 의심의 여지가 없다."[25] 고생물학자들은 아무리 화석이 잘 보존된 곳이라도 지층(strata)을 구분 짓는 데 필요한 최소한의 시간 간격이 5만 년이라는 데에 동의한다. 그래서 신다윈주의자들은, 우리들이 점진주의의 증거를 화석 기록에서 발견하기에는 그 기간이 너무나 짧다고 주장한다. 왜 점진적 변화가 우리들이 볼 수 없는 때에만 일어나는지에 관해서는 아무런 해명도 없다. 다시 한 번 신다윈주의는 우리들이 관찰할 수 없는 곳으로 도피한 셈이다. 마이어는 "종분화(speciation)란 매우 느린 역사적 과정이어서 개인 관찰자는 도저히 직접 관찰할 수 없다"고 주장한다.[26]

신다윈주의의 중심 개념의 하나인, 한 개체군에 속한 개체들 사이에 존재하는 '생식력의 차이(differential reproduction)'를 측정하는 데에도 마찬가지의 논리에 빠진다. 콜린 패터슨은 이에 관해 다음과 같이 설명한다: "자연선택의 이론은 1퍼센트 또는 그 이하의 극히 낮은 선택계수(selection coefficient)도 진화적 변화를 일으키는 데 충분하다고 하지만, 그러한 작은 차이가 과연 그런 효과를 낳을 수 있는지를 실험으로 증명하는 것은 명백히 불가능하다. 두 유전자형에서 생식력이 1퍼센트의 차이를 보인다고 하면, 각 유전자형에서 암컷 13만 개체의 생식력을 조사해 보아야만 95퍼센트의 신뢰도를 지니고 그것을 증명할 수 있다. 만약 조사자가 각 유전자형의 암컷 380개체만을 조사 대상으로 한다면, 적어도 생식력이 10퍼센트 이상의 커다란 차이를 보일 때에만 그 차이를 증명해 보일 수 있다. 따라서 자연선택 이론은 그것이 지닌 정교함 때문에 난관에 봉착하게 된다. 즉, 그 이론은 적합성에서 보여지는 미세한 차이라도 효과적으로 진화적 변화를 일으킬 수 있다고 주장하지만, 그 정도의 차이는 현실적으로는 검증이 불가능하다."[27]

자연선택 이론에서는 이 밖에도 여러 가지 면에서 시험할 수 없거나 관찰할 수 없는 사항들이 있다. 안정화된 선택(stabilizing selection)이란 용어는 화석 기록에서 생물 종이 아무런 변화 없이 지내는 오랜 기간을 설명하기 위해 도입된 개념이다. 이 기간 동안에는 우리들이 알지 못하는 어떤 요인이 자연선택이 일어나는 것을 막고 있는 것이 분명하다. 자연선택이 유전자 부동(genetic drift ; 유전자 풀 내에서 이루어지는 비선별적이고 무작위적인 혼합) 개념과 합쳐지면 검증할 수 없게 되어 원칙적으로 비판의 대상이 될 수조차 없다. 콜린 패터슨은 다음과 같이 말한다 : "자연선택에 대한 분석이 얼마나 실패로 끝났던가에 상관없이, 그 실패의 원인은 언제나 유전자 부동으로 설명되기 때문에 자연선택 이론은 결코 위협받지 않는다. 그리고 유전자 부동으로 간주되는 사례가 결국은 자연선택에 의한 것으로 밝혀지는 경우가 제아무리 많다고 하더라도 이 애매한 이론은 결코 위협받지 않는다. 왜냐하면 자연선택 이론 하나만으로 모든 진화를 설명하려는 것이 아니기 때문이다."[28]

자연선택을 옹호하는 사람들은 이론을 사실 세계로부터 관찰할 수 없는 영역으로 몰아냄으로써 비판으로부터 단절을 꾀하고 있다. 생물학자 뢰브트럽(Søren Løvtrup)은 "제2 방어선을 지키는 이들은 독특한 논리를 사용함으로써 어떤 반론도 거부할 수 있다"[29]고 지적한다. 이런 제2

방어선은 결국 입증할 수도, 반증할 수도 없는 이론으로 귀결된다. 포퍼 (Karl Popper) 경이 오랜 기간 동안 비판을 가한 진화 이론도 반증이 가능한 자연선택이 아니라, 누구라도 시도하기만 한다면 왜곡이 가능한 바로 제2 방어선이었다.

  이론과 관찰이 상반되는 경우에 이론을 조정할 수 있는 방법은 두 가지가 있다. 그 한 방법은 이론의 요체 중에서 무엇인가를 변경시키는 것이다. 즉, 새로운 사실에 적합하도록 그것을 변화시키거나, 기본 가정을 그 반대로 바꾸거나, 또는 필요하다면 완전히 새로운 접근을 시도하기 위해 이론 그 자체를 폐기할 수도 있다. 이러한 변화를 거쳐 나타나는 새 이론은 다시 새로운 검증 가능한 결과를 예측할 것이다. 이론의 변화는 또 다른 발견으로 이어지며, 궁극적으로 그 이론은 확고해지거나 폐기된다. 간단히 말해서, 지식의 발전이 이루어지는 것이다.

  이론에 어긋나는 관찰에 직면하여 이론을 수정하는 또 다른 방법은 이론의 골자에는 아무런 수정을 가하지 않고 차라리 이론이 주장하는 바를 우리가 관찰할 수 없는 영역으로 내보내는 것이다. 즉, 이론을 재구성하여 반증이 나타난 부분에 대해서는 검증 가능한 어떤 결과도 얻어낼 수 없도록 하는 것이다. 이렇게 하면 이론은 관찰되는 사실과 비교할 수 없게 된다. 분명히 이런 책략으로 공격을 모면할 수 있는 것은 사실이다. 그러나 그 대가로 그 이론은 설명적 가치를 상실하게 된다. 즉, 이론으로서 목적을 잃는 것이다. 그 이론은 우리가 무엇을 이해하는 데에 더 이상 아무런 도움이 되지 못하며, 더 이상 의문을 제기할 수 없는 가정으로 전락한다. 이렇게 되면 그것은 과학이 지향해야 하는 바람직한 방향이 아니라 과학을 정체시키는 일이다. 반대되는 증거에 접하고도 무조건 그 이론을 고수한다면 진실은 밝혀지지 않을 것이다. 구체적 경험에서 나온 반대 의견을 절대로 수용하려 하지 않는 이론이 과연 자연과학의 범주에 속할 수 있는지가 의심스럽다고 하겠다.

  두번째 방식으로 이론을 수정한 예로 과학사에서 에테르 가설(ether

theory)을 들 수 있다. 19세기의 물리학자들은 빛이 보여 주는 여러 가지 현상을 이해하기 위해서 빛을 전달하는 에테르라고 하는 기본적 물질이 필요하다고 생각했다. 이 물질은 모든 물체와 공간에 퍼져 있는 것으로, 질량이 없고 눈에 보이지 않으며 마찰력도 없고, 따라서 일반적인 물리·화학적 방법으로는 검출이 불가능한 것이라 생각했다. 즉, 이것은 존재한다고 해도 관찰할 수 없는 것이다. 그래서 어떤 실험 결과로부터 그러한 가상의 에테르는 서로 상반되는 속성을 함께 지녀야만 된다는 것이 드러났을 때, 많은 물리학자들은 그 이론에 집착한 나머지 정당성이 없는 보조 가설 따위를 사용하여 명명백백한 실험 결과를 피해가는 데 급급하였다. 물리학자인 인펠트(Leopold Infeld)는 다음과 같이 말한다 : "과학적인 편견은 잘 사라지지 않는다. 전자기파를 전달하는 매질을 창안해 내려는 욕구가 너무 강했기 때문에, 에테르가 정지한 것도 운동하는 것도 아님이 밝혀진 이후에도 새로운 가정을 도입하여 에테르 개념을 지속시키려고 노력했다. 그로 인하여 이론물리학은 더욱 복잡하고 인위적으로 되었으며 설득력도 없어지게 되었다."[30] 물리학에서는 1905년 아인슈타인이 상대성 이론을 발표한 후에야 이 가설이 사라졌다.

　진화론에 있어 에테르와 유사한 부분은 개체수가 기하학적으로 증가한다는 것, 자연은 경쟁에 의해 지배된다는 것, 작은 변이들이 점차 축적됨으로 해서 새로운 종이 나타난다는 것 등이 여러 가상의 과거들이다. 이런 현상들은 현재의 자연계에서 발견되지 않으며, 화석 기록에 기록되거나 암시된 것도 아니다. 이처럼 가상의 과거는 관찰이 불가능하다.

　오늘날의 진화론은 19세기의 물리학처럼 그 분기점에 놓여 있다. 한 가지 대안은 제2의 방어선을 유지하는 것인데, 자연선택에 집착하여 현재의 자연계는 가상의 과거에 의존해서 이해될 수 있다는 점을 견지해야 하는 것이다. 그러한 가상의 과거가 보여 주는 속성은 현재의 관찰이나 실제적인 역사적 기록에 근거하여 유도된 것이 아니라, 전적으로 자연선택 이론에서 유도된 것에 불과하다. 이런 대안을 취하게 되면 우리들은 관찰할 수 없는 기작을 확신해야 하고, 증명할 수 없는, 연구 프로그램이라고도 심지어 과학이라고도 할 수 없는 이론을 긍정하게 된다. 아이러니컬하게도 이런 점들이 바로 진화론자들이 창조론에 대해서 비판하는 바다. 스탠리는 "'알라신의 의도'라는 관점은 검증이나 반증할 수 없으므로 비과학적인 것이다"고 주장하고 있다.[31] 진화론자인 밸런타인(James Valentine)도 같은 말을 하고 있다 : "창조론 또는 창조 가설의 허구를 입증하기는 불가능하다. 따라서 그 창조론의 전반적인 개념은 과학의 범주에 포함되지 않는다."[32]

다른 한 가지 대안은 처음부터 새롭게 시작하여 아무런 편견 없이 모든 증거들을 검토하는 것이다. 그래서 신다윈주의의 전통적 가정의 일부를 수정하거나 폐기할 수도 있다는 점을 인정하면서, 생명의 역사에 관해 이제까지 무엇이 알려져 있는지를 살펴보자는 것이다. 이런 길을 취하는 것은 비단 합리적일 뿐만 아니라, 다음과 같은 다윈 자신의 생각에도 부합되는 것이다 : "나는 마음을 자유롭게 하려고 끊임없이 노력한다. 그래야만 내가 아무리 애착을 가지는 가설일지라도 그에 반대되는 사실이 나타나자마자 포기할 수 있다."[33]

화석 기록

이제 우리들은 다시 기본적 원칙으로 돌아가서 알고 있는 것과 모르는 것, 명확한 것과 의심스러운 것, 가능성이 큰 것과 작은 것을 조심스럽게 구분하면서 가장 중요한 주제에 대하여 다시 시작해야 한다. 적응이나 멸종의 원인 등과 같은 의문점들은 진화론에 대한 의문에 부수적인 것이므로 다음 장에서 다루기로 하자.

처음부터 우리들이 분명히 해야 할 일반적 원칙의 하나는 과거에 대해서보다 현재에 대해서 훨씬 잘 알려져 있다는 것을 인정하는 일이다. 고 생물학자인 키츠(David Kitts)는 "생물학 이론을 검증하는 데에 있어서 화석 기록에 나타나는 생물들보다는 현존하는 동식물에 우선권이 주어져야 한다"[34]고 말한다. 만약 진화론을 모르고서는 생물학의 어떤 것도 이해할 수 없다고 한다면, 이는 지나친 과장이라 하겠다. 이보다는 생물학의 다른 부분을 모르고서는 진화론을 이해할 수 없다는 말이 좀더 정확할 것이다. 생태학, 동물행동학, 해부학, 생리학, 분자생물학 등은 진화론과는 별도로 자체의 의미를 지닐 뿐 아니라, 비교적 분명치 못한 과거를 이해하는 데 필요한 틀을 분명히 제공해 준다. 생태학자인 버치와 에를리히(Paul Ehrlich)는 혼동해선 안 되는 두 가지 질문이 생물학에 존재한다고 말한다: "생태학자는 생물 종을 연구하면서 다음과 같은 질문을 할 수 있다. 어떤 종이 현재 가지고 있는 특성, 즉 예를 들어서 온도에 대한 내성, 출생률, 사망률, 분산 능력 등이 주어졌다고 할 때, 무엇이 실제에 있어서 이 종의 분포와 규모를 결정하는가? 이 질문에 답하기 위해 우리들은 그 종의 특성이 어떻게 진화되었는지를 알 필요는 없다. 계통 발생에 관한 의문은 흥미롭기는 하지만 종의 규모와 분포에 관한 연구와는 별로 관련이 없다. 그 생물 종이 현재 지니고 있는 적응 능력을 어떻게 획득했는가 하는 것은 전혀 별개의 문제인 것이다."[35] "생물이 현재 지니고 있는 특성은 무엇인가"라는 질문이 있을 수 있다. 그러나 "생물이 그 특성을 어떻게 가지게 되었는가?"라는 물음은 전혀 다른 질문이 된다. 설령 우리들이 두번째 질문에 대해서 전혀 정보를 얻을 수 없다고 해도 적어도 첫번째 질문에 대해서는 하나의 과학이 되기에 충분한 자료를 가지고 있다. 만약 이 점에 대해서 그렇지 않다고 주장한다면, 그것은 우리가 톱이 어떻게 만들어지는지를 모르고서는 톱에 대해 아무것도 이해할 수 없다고 말하는 것과 같다. 우리들은 진화론을 가지고 생태학이나 생리학, 그리고 기타의 생물과학을 수정할 수 있으리라고 기대해서는 안 된다. 그 반대로 진화론이 바로 이러한 분과들에 의해서 판단되고 해석되어져야만 할 것이다. 모든 화석생물은 현재 살아 있는 생물과 연관지어 이해되고 해석되어야 한다. 그래야만 원칙이 간단하다. 살아 있는 것을 먼저 알아야 한다는 것이다.

 다윈도 자연선택의 개념을 그 당시 동물사육가들의 경험이나 당시의 생태학적 주장(개체군의 기하학적 성장과 경쟁)으로부터 이끌어 냈다는 점에 있어서는 이런 원칙을 따른 셈이다. 현재 자연의 행동양식을 알아보려면 제4장과 제5장을 참고하면 될 것이다. 여기에서는 다만 많은 생태학자들이 단지 신다윈주의를 그 전제로 삼고 있기 때문에, 자연을 경쟁적으로 간주하고 있다는 것을 첨언하고자 한다. 그러나 현대의 생태학은 그러한 주장을 인정하지 않는다.

 다음으로, 우리들은 반드시 화석 기록으로부터 과거에 관해 알고 있는 점들을 살펴보아야 할 것이다. 만약 화석이 없었더라면 선사시대의 동식물이 현재의 종과 달랐다고 생각할 수 있는 아무런 근거가 없을 것이다. 만약 화석 증거가 없었다면 도도새처럼 인간이 스스로 멸종시킨 종을 제외하고는 모든 종이 고정적이고 불변적이라고 생각할 것이다. 그러나 화석은, 과거에는 현재와 다른 생물 종이 존재했다고 기록하고 있으며, 진화의 차례와 과정, 그리고 시간 간격에 관한 증거를 제공해 준다. 한마디로 말해서 화석이 없었다면 진화 개념도 존재하지 않게 된다. 그런데 스탠리는 다음과 같이 말한다. "화석은 다윈이 진화 과정에 관해서 개념을 설정하는 데 매우 사소한 역할을 했을 뿐이고, 1859년에 다윈의 혁명적 진화론이 발표된 이후에도 화석에 관한 연구는 진화론의 발전에 별다른 기여를 하지 못했다."[36] 이렇게 화석이 무시되었던 이유는 고생물학적 자료가 다윈 이론이 예측하는 바와 부합되지 않기 때문이다.

 그렇다면 화석 기록을 토대로 해서 우리들은 무엇을 알 수 있는가? 화석의 연대를 추정하지 않고도 우리들은 생물 종의 소멸을 입증할 수 있다. 고생물학의 아버지라 할 수 있는 퀴비에는 1786년에 대형 육상동물의 멸종을 처음으로 증명하였다. 퀴비에 이후 지질학자들은 지층의 아래쪽 면이 위쪽 면에 비해 오래 되었다고 추정하였다. 이에 따라 지층의 상대적 연대를 대체적으로 추정할 수 있게 되었다. 그리고 20세기에 이르러서야 비로소 지층의 절대 연대 추정기술이 개발되었다. 콜린 패터슨은 가장 흔히 사용하는 방법을 다음과 같이 설명한다 : "20세기에 들어 방사능이 발견되면서 암석의 연령을 신빙성 있게 측정하는 방법이 가능해졌다. 방사성 원소는 불안정하므로 각 원자에 따라서 일정한 비율로 붕괴된다. 따라서 만약 방사성 원소를 포함하는 광물이 암석에 들어 있고 그 붕괴 산물이 갇혀 있다면, 원래의 원소와 붕괴 산물 사이의 조성비로부터 암석의 연대를 대략적으로 추정할 수 있다. 우라늄과 토륨이 절대 연령의 추정에 비교적 흔히 쓰이는 원소인데, 이들은 붕괴되어 각기 납과 헬륨을 생성한다. 그리고 방사성 칼륨은 아르곤을, 루비듐은 스트론튬을 생성하며, 비교적 최근의 지층(5만 년 정도)을 분석할 때에는 방사성 탄소를 사용한다.

지층 안에서 발견되는 화석이 그 지층과 깊은 관련성을 가진다는 점과 새로 형성된 지층은 오래 된 지층의 위에 놓인다는 사실로부터 전통적인 지질학적 연대가 추정된다. 이것과 방사성 원소를 사용해서 측정한 암석의 실제 연대를 조합하면 지구 역사의 시간표를 작성할 수 있다(그림 6.1)."[37]

우리는 지층의 연대 측정법을 사용하여 여러 문, 강, 과에 속하는 생물들이 지상에 처음 나타난 때를 알아낼 수 있다. 여러 종류의 생물은 각기 명확한 기원과 역사를 가진다(제8장의 그림 8.1을 참조하라). 분류학자들은 다소의 차이가 있지만 서로 비슷한 종들이 공통적으로 가지는 속성에 근거하여 이들을 속으로 분류한다. 같은 방법으로 속들은 모여 과를 이루고, 과는 다시 목으로, 목은 강으로, 강은 문으로 합해진다. 예를 들어 분홍색 개똥벌레 유충은 미크로포투스 앙구스투스(*Microphotus angustus*)종에 해당되며, 이것은 미크로포투스(*Microphotus*)속에 포함되는데, 이 속에는 모든 개똥벌레가 다 포함되어 있다. 이 속은 다시 람피리다에(*Lampyridae*)과로 통합되는데, 여기에는 인광기관을 갖는 야행성 투구벌

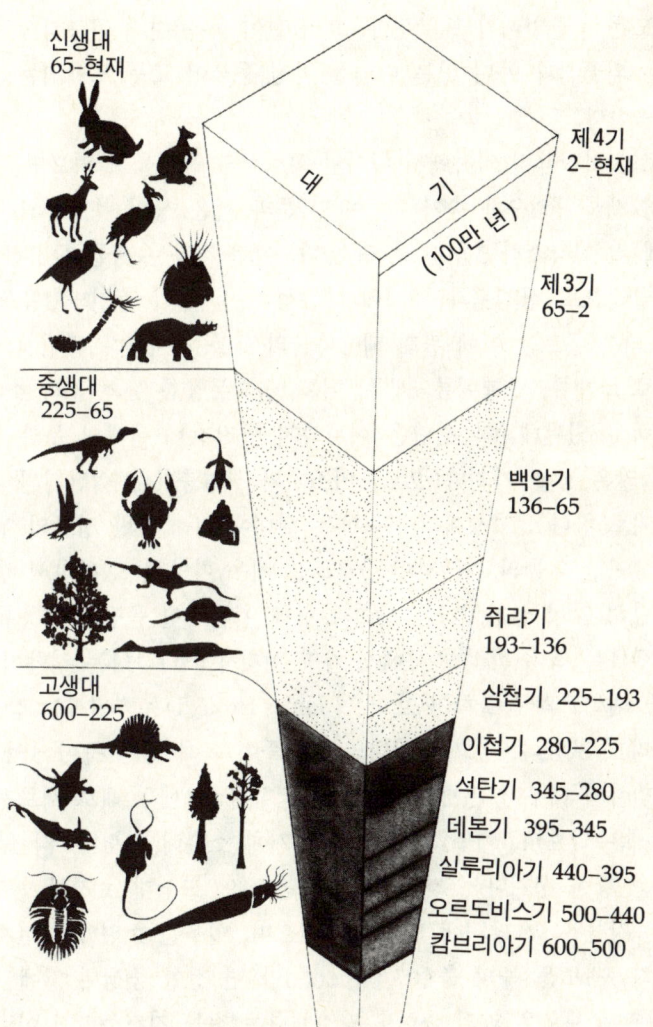

그림 6.1 지질학적 기둥의 층상 구조에는 생명과 지구의 역사를 반영하는 대(era)와 기(period)들이 나타나 있다. 고생대, 중생대, 신생대의 특징적인 생물 형태를 왼쪽에 나타냈다. (램버트 등)

레가 모두 포함된다. 이 과는 콜레오프테라(*Coleoptera*)목에 속하는데, 여기에는 모든 투구벌레가 포함된다. 그리고 이 목은 다시 곤충강에 속하며 곤충강은 외골격과 마디 있는 다리를 가진 동물이 모두 포함되는 절지동물문에 속한다.

전반적인 지질학적 역사에서 나타난 화석상의 증거를 살펴보면, 현대에 이르면서 생물 종 수가 증가하는 반면 문과 같은 상위 분류군의 수효는 장기간에 걸쳐 감소하였음을 알 수 있다. 이런 결과는 생물이 점점 더 특별한 생물군으로 한정됨과 동시에 다양성은 점점 더 증진되었음을 알게 한다. 스티븐 굴드는 이에 관해 해양동물의 예를 제시한다 : "현재의 바다에는 주로 조개류, 달팽이류, 게류, 어류, 극피동물류 등의 불과 소수집단이 우점하고 있는데, 각 집단은 이제까지 알려진 고생대의 문과 비교할 때 훨씬 많은 종을 가진다(오르도비스기의 삼엽충류나 석탄기의 갯나리류는 예외로 한다). 고생대의 바다에는 현대에 비해 절반 정도의 생물 종만 분포했지만 그들의 기본적인 몸구조는 매우 다양했다. 따라서 생물 종 수가 상당히 많이 증가했다는 사실과 함께 기본적인 몸구조의 종류는 점차 감소했다는 점이 화석 기록에서 가장 현저하게 나타나는 경향이다."[38]

웨일스 대학교의 동물학자 브러프(James Brough)는 "진화는 감소하는 과정"이라고 보았다.[39] 그는 현대의 동물들이 속해 있는 문이 5억 년 전의 캄브리아기 때부터 존재해 왔음을 지적한다. 그때 이래로 새로운 문이 생겨난 적은 없으며, 어떤 문은 사실 과거에 소멸해 버렸다. 각 문 안에서 새로운 강이 생겨나는 것도 약 4억 년 전인 고생대 초기에 멈추었다. 현존하는 강들은 그 당시에 모두 존재했으며, 일부는 소멸하여 현재 남아 있지 않다. 새로운 목의 출현도 약 6000만 년 전인 중생대 말에 멈추었다. 브러프는 새로운 과의 출현도 감소했다는 점을 지적하면서 이런 일반적인 경향성에 대해서 다음과 같이 말한다 : "진화는 대규모적인 영향이 지속적으로 감소하면서 오직 점점 더 제한된 영역에서만 진행되는 것처럼 보인다. ……미래에는 진화가 일어나는 영역이 점점 더 좁아지면서 결국에는 진화가 멈추게 될 것이다."[40] 이런 경향성은 진화란 영속적이거나 무제한적인 힘을 갖는 것이 아니며, 그보다는 어떤 강제력에 구속되어 장구하지만 분명히 제한된 기간 동안에만 진행된다는 점을 주장하게 한다. 열역학 제2법칙에 따르면 전체 우주는 쇠락의 길을 걸을 뿐이다. 화석 기록도 진화과정에 대해서 같은 경향을 보여 준다고 하겠다.

이러한 "적은 종을 가진 많은 그룹으로부터 많은 종을 가진 적은 그룹으로 변화하는 양상"[41]은 분명히 다윈의 점진주의에 상반된다. 왜냐하면 종의 수준에서 작은 변이가 누적되어 진화가 나타난다면, 우리들은 시간이 오래 경과될수록 새로운 목, 강, 문들이 점점 더 빈번하게 나타나는 것을 볼 수 있어야만 하기 때문이다. 그렇지만 화석에서는 정반대의 일이 나타나고 있는 것이다. 다윈의 모델은 사실을 역행하고 있다.

화석 기록에서 볼 수 있는 다른 한 가지 간과할 수 없는 양상은 새로운 종이 일단 확립된 이후에는 놀랄 정도로 안정성을 보인다는 것이다. 스탠리는 다음과 같이 보고한다: "진화란 우리들 대부분이 10년이나 20년 전에 있었을 것이라고 생각하는 그런 것이 아니다. 진화의 증거는 대부분 화석 기록에서 찾아볼 수 있는데, 그 기록은 최근에 이르기 전까지는 절대 연대가 잘 정리되지 못했다. 기록을 살펴보면 생물 종들은 전형적으로는 10만 세대에 걸쳐, 그리고 심지어는 100만 세대 이상을 진화하지 않고 생존한다. ……종들은 일단 생겨난 이후에는 멸종되기 전까지 대부분 거의 진화하지 않는다."[42] 이런 안정성은 화석 종과 현생 종을 비교함으로써 쉽게 알 수 있다. 버밍햄 대학교의 쿠프(G. R. Coope)는 가장 최근의 빙하기 지층에서 얻은 투구벌레 화석들이 현존하는 종들과 동일하다는 것을 밝혔다. 이것은 투구벌레들이 지난 200만 년 동안 변화하지 않았다는 것을 의미한다. 스탠리는 보우핀어(bowfin fish)를 지적해서 말하는데, 이 물고기는 백악기까지 거슬러올라가 존재했던 아주 뛰어난 화석 기록이다: "무려 1억 년 이상의 긴 시간 동안 보우핀어에게 무슨 일이 일어났던가? 아무것도 일어나지 않았다! 백악기 후반부에 보우핀어는 몸

길이가 약간 길어졌을 뿐이지만, 그 후 6500만 년에 해당되는 전체 신생대 기간 동안에는 극히 지엽적인 진화만 있었을 뿐이다. 두 신종이 나타났음이 인정되지만 그것들은 백악기 후반의 조상과 아주 적은 차이만을 보이는 데 불과하며, 적응 양상에서는 아무런 근본적인 차이도 보이지 않는다. 7000만 년 또는 8000만 년 전의 보우핀어들은 현재 호수에서 헤엄치고 있는 그들의 후손들과 거의 유사한 양상으로 살았음에 틀림없다 (그림 6.2를 보라)."[44]

폐어는 더욱 인상적인 기록을 보인다. 이 종은 3억 년이 넘도록 실질적으로 아무런 변화를 보이지 않았다. 이와 유사하게 오랜 기간에 걸친 안정성은 철갑상어, 인골어류(garpike), 자라거북(snapping turtle ; 북미의 하천에서 서식하는 거북=역주), 악어, 맥(tapir), 땅돼지, 개미, 여러 종류의 연체동물과 극피동물 등 여러 동물들에게서도 보여진다(그림 6.3을 보라). 심지어는 멸종한 생물들도 그 화석 기록을 보면 오랜 기간 동안 변화하지 않았음을 알 수 있다. 예를 들어서, 달팽이나 이매패류(二枚貝類) 중에는 평균 1000만 년 정도 안정성을 보이는 종이 있으며, 유공충(有孔蟲)류 중에도 3000만 년 정도 변화하지 않고 존재하는 종이 있다.[45] 다른 종들도 비슷한 양상을 보이는데, 케임브리지 대학교의 유전학자 도버(Gabriel Dover)는 이와 같이 장기적인 종의 안정성을 "대진화(macro-evolution)에서 가장 중요한 양상"이라고 말했다.[46]

다시 말하자면, 이처럼 부인할 수 없이 명백한 고생물학적 사실들은 다윈의 이론으로서는 도저히 설명될 수 없다. 자연선택은 그 반대——즉, 모든 종은 끊임없이 변화한다——로 예측하는데, 특히 다윈이 기록했던 바, "자연선택은 전세계적으로 시시각각 진행되는, 아주 작은 변이들이 축적되는 과정이다. 모든 나쁜 특성들은 도태되며 좋은 특성들은 보존되고 축적된다. 이런 과정은 눈에 띄지 않게 조용히 이루어지지만, 기회가 주어질 때는 언제 어디서나 생물의 유기적·무기적 조건들과 관련하여 각각의 유기체들이 개선되는 방향으로 진행된다"[47]는 지적과는 크게 다르

6. 기원 229

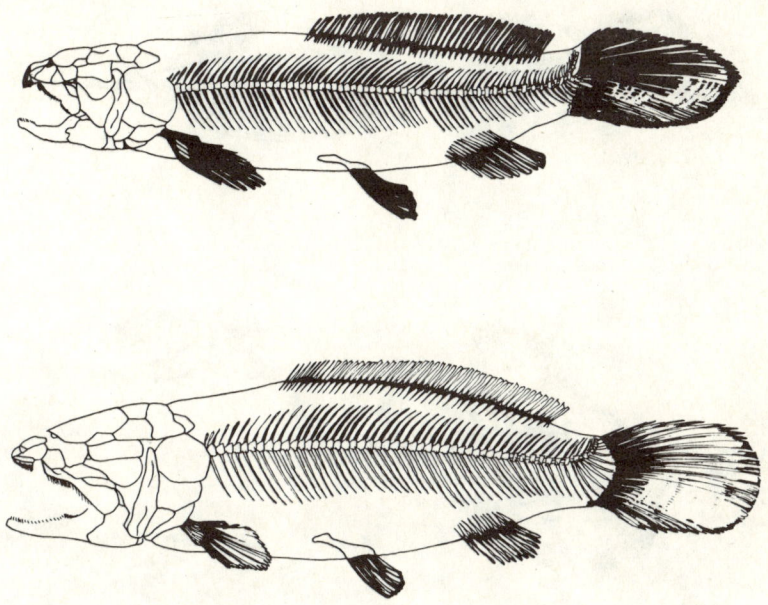

그림 6.2 보우핀 물고기의 현재 종(위)은 6500만 년 전의 조상(아래)과 거의 다르지 않다. 이는 다윈이 예측한 새로운 종의 점진적 진화가 사실과 다름을 예시한다. 오랜 기간에 걸친 안정성은 화석 기록을 갖는 모든 종에서 나타난다. (보레스키)

다. 다윈은 경쟁 메커니즘에 의해서 개체군내의 변이체가 선택된다고 생각했으므로 이 과정을 멈출 수 있는 방법은 존재하지 않는다. 스탠리는 다음과 같이 결론을 내린다:"살아 있는 화석들은 점진적 진화를 주장하는 전통적 견해에는 고통스런 수수께끼가 된다. 만약 자연선택이 생물 종의 형태를 끊임없이 변화시킨다면, 왜 어떤 종들은 그러한 과정을 따르지 않는가? 다윈은《종의 기원》제1판에서 '살아 있는 화석'에 대하여 언급했는데(p. 107), '그것들은 제한된 지역에서 서식했기 때문에 그리고 비교적 치열하지 않은 경쟁 때문에 오늘날까지 생존해 왔을 것'이라고 시사

그림 6.3 일단 생성된 종은 놀라울 정도의 안정성을 보인다. 예를 들어 위의 동물들은 화석 기록에 처음 등장한 이후 거의 변하지 않았다. 홍합(좌측 위)은 3억 4500만 년 전의 데본기에 처음 나타났다. 주머니쥐는 6300만 년 전의 백악기에, 개충류인 바이르디아(*Bairdia*/좌측 아래)는 4억 2500만 년 전의 오르도비스기에, 바퀴벌레는 2억 8000만 년 전의 펜실베이니아기에, 연체동물인 네오플리나(*Neoplina*)는 캄브리아기에, 그리고 거북은 1억 8000만 년 전인 삼첩기 후반에 나타났다.

했다. 그러나 그 반대로 우리들은 오늘날 많은 살아 있는 화석 종들이 좁은 범위에 한정되어 분포하지 않는다는 점을 잘 알고 있다."[48]

엘드리지는 장기간에 걸쳐 나타나는 종의 안정성, 즉 정체현상에 관해 다음과 같이 말한다. "정체현상은 다윈 이전에도 고생물학자들에게 널리 알려져 있었는데(《종의 기원》에 관해 고생물학적 비판을 가했던 비판자들은 모두 정체현상을 언급했다!)——그것이 전문가들을 당혹하게 만듦으로써 학계에서 슬그머니 사라지게 되었고, 나중에는 화석 기록에서 진화가 그런 식으로 나타나는 것이 아주 이상하게 여겨지기까지 했다."[49]

화석 기록에서 나타나는 다른 한 가지 특징은 종 출현의 신속성(rapidity of divergence)이다. 전혀 새로운 목이 아무런 중간단계를 거치지 않고 갑자기, 그리고 동시다발적으로 생겨나곤 하는 것이다. 이처럼 갑작스런 새로운 동식물상의 출현은 화석 기록에서 너무나 전형적이어서 생물 방산(radiation)이라고 불리는데, 왜냐하면 태고의 생물 창고에서 갑자기 여러 가지 몸구조를 갖는 생물군들이 한꺼번에 출현하여 동시에 여러 방향으로 발전되어 나갔기 때문이다. 포유동물이 이에 관한 좋은 예가 된다. 약 5000만 년 전 신생대 초기에 포유동물은 갑자기 24개의 목으로 나뉘어졌다. 여기에는 박쥐로부터 고래까지, 캥거루로부터 코끼리까지, 그리고 설치류에서 코뿔소까지의 다양한 목이 포함된다(그림 6.4를 보라). 이런 양상은 비단 포유동물에게만 국한된 것이 아니다. "생물 역사에서 나타나는 대규모의 진화적 변화는 대부분 신속한 방산현상으로 설명될 수 있다"고 스탠리는 적고 있다.[50] 종류가 매우 다양하고 풍부한 무척추동물군은 캄브리아기에 갑자기 출현해서 충분히 완벽하게 되었다. 어류도 오르도비스기에 이르러 갑자기 그 종류나 수효에 있어서 풍부하게 되었는데, 중간 형이 그 이전에 존재했다는 증거는 어디에서도 찾아볼 수 없다. 현화식물은 백악기에 갑자기 나타났지만, 이것 역시 그 이전에 존재했던 식물들에서 그 기원을 찾을 수 없다. 그리고 그것들은 가장 오래된 화석에서조차도 이미 놀라울 정도의 다양성을 보였던 것이다.

그림 6.4 약 5000만 년 전인 신생대 초기에 나타난 포유동물의 갑작스런 방산현상. 선의 두께는 목에 포함되는 속의 수를 나타낸다. 포유동물의 시대로 들어서는 엄청난 변화는 1200만 년 안에 일어났다. 다윈이 점진주의는 그렇게 많은 종류의 동물이 출현한 도록 갑작스럽게 그것을 설명하지 못하고 있다.

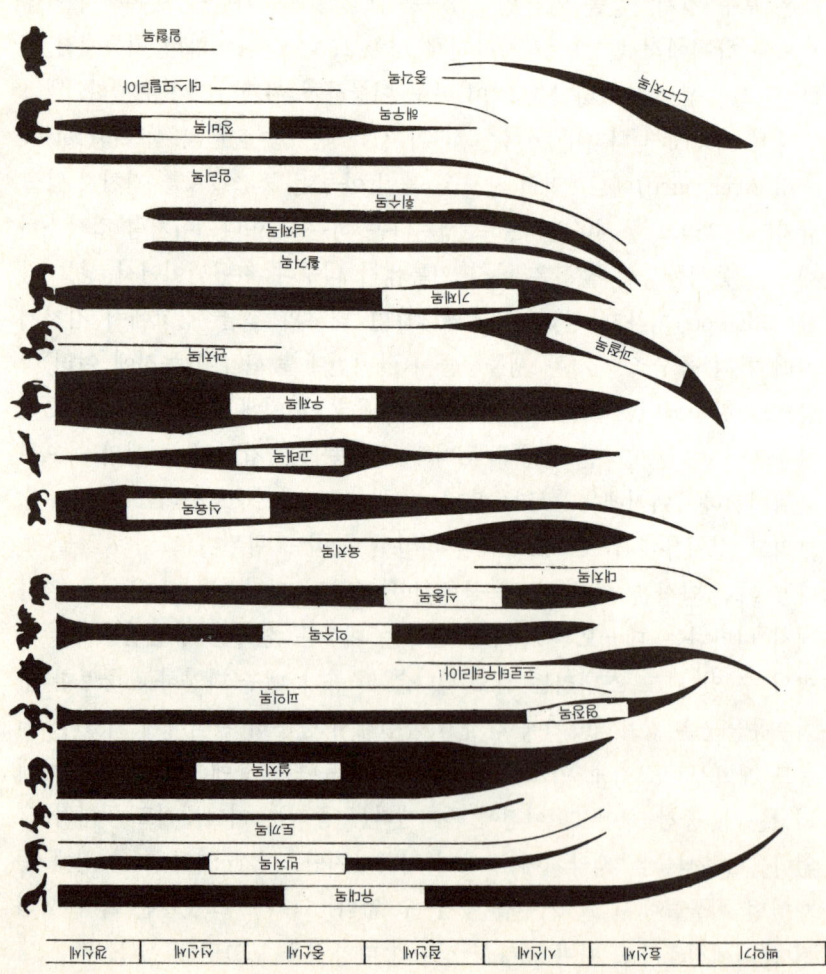

마치 아테네 여신이 제우스 신의 머리로부터 갑자기 나타났듯이 화석에서 보여지는 패턴은 갑자기 다양해진 생물군이 거대한 집단을 이룩했다는 것이다. 이런 생물 방산의 전형적인 패턴은 다윈의 점진주의와 완전히 상반된다. 다윈 자신도 이런 현상을 인식하고 있었는데, 현화식물이 갑작스럽게 출현하고 초기부터 다양성을 보이는 데 대해 "설명하기 어려운 수수께끼"라고 말했다.[51] 그는 또한 캄브리아기에 무척추동물이 갑자기 번성했던 현상도 자신의 이론으로는 설명할 수 없다는 데 동의했다.[52] 스탠리는 포유동물의 방산에 관해 다음과 같이 말한다 : "이론적으로 우리들이 재빠른 가지치기에 의한 변화 없이 박쥐나 고래가 형성되기를 원한다고 가정해 보자. 다시 말해서 이미 확립된 생물 종의 점진적인 변화로서 진화의 의미를 한정시킬 때, 과연 어떤 일이 일어날지를 살펴보자는 것이다. 만약 보통의 연대종(chronospecies)이—— 연대종이란 거의 진화가 일어나지 않는 생물 혈통의 일부를 나타내는 말로서 그것은 한 종의 생물명으로 부를 수 있다—— 대략 100만 년 또는 그 이상 지속된다면, 그리고 우리에게 단지 1000만 년 정도의 기간만이 주어져 있다면, 이 기간 동안 10종 내지 15종의 연대종만을 일렬로 나열할 수 있을 것이다. 이렇게 해서 원시적인 작은 포유동물로부터 박쥐와 고래를 연결시키는 연속적인 가계가 이룩될 수 있을까? 이는 명백히 터무니없는 일이다. 연대종은, 정의한다면 각 생물 종 간에 구분을 짓는 것이지만 각각의 종이 거의 특별한 변화를 나타내지 않는 것을 의미한다. 따라서 이런 연대종들이 10종 내지 15종쯤 연속된다면 작은 설치류 형태로부터 약간 차이가 나는 생물 종, 필경 기껏해야 새로운 속 정도가 나타나는 것은 가능하겠지만, 박쥐나 고래 정도로 변화한다는 것은 불가능하다."[53] 만약 우리가 점진주의를 계속 주장한다면 새로운 목이 진화되기까지는 지구 나이보다 훨씬 긴 시간이 필요할 것이다.[54]

요약한다면, 점진주의와 자연선택의 이론은 문과 같은 대분류군의 수적 감소를 제대로 설명할 수 없으며, 장기간에 걸친 종의 안정성 유지라든지 새로운 생물 종의 신속한 방산 등도 설명할 수 없다. 가장 잘 조사된 화석 기록들의 대부분은 다윈의 전제나 이론과 전혀 상반되는 것이다. 진화는 다윈이 생각했던 바처럼 느리면서 평탄하게 진행되는 그런 과정이 아닌 것이다. 스탠리는 다음과 같이 불평한다. "다윈 시대 이래로 고생물학자들은 자신들이 점진주의와 어긋나는 증거들과 줄곧 마주치고 있다는 것을 알았음에도 불구하고 화석 기록이 암시하는 바를 무시해 왔다. 이런 이상한 상황은 과학사에서 놀랄 만한 하나의 장을 차지하고 있으며, 화석 기록을 연구하는 학자들의 우려를 자아냈다."[55] 라우프도 동의한다 : "우리는 이제 다윈 이후 120년이 지난 시점에 있고, 화석 기록에 관한 지식도 상당히 늘어났다. ……그러나 상황은 그다지 변하지 않았다. ……진화의 기록은 여전히 놀랄 정도로 변덕이 심하며……우리들은 여전히 변화를 보여 주는 기록을 간직하고 있지만, 그 변화는 자연선택의 가장 합리적인 귀결이라고는 거의 간주될 수 없다고 여겨진다."[56] 엘드리지는 고생물학에서 진화에 대한 재평가가 너무나 지연되었다고 말한다 : "우리는 ……생물 종의 역사가 밝혀지면서 전형적으로 나타나는 현상들의 실제적인 패턴들과 부합되지 않는 이론을 가지고 있다. ……다른 한편으로 1940년대 말기 이후로 자연선택이 자연에서 일어날 뿐만 아니라, 그것의 작용 기작도 알고 있다는 확신이 너무나도 견고했기 때문에 고생물학자들은 자신들이 알고 있는 사실을 단지 자신들의 비밀로만 간직하게 되었다. ……우리들은 점진적인 적응 변화의 논리를 집단적으로 묵묵히 받아들이는 전술을 구사했던 것이다. 따라서 그 이론은 점차 강력해지고 더욱 확고해졌다. 우리 고생물학자들은 언제나 생물의 역사가 그런 견해를 뒷받침한다고 말해 왔지만, 사실은 그렇지 않다는 것을 그동안 쭉 알고 있었다."[57] 우리로 하여금 전체 과학의 자료를 부정하고 무시하도록 강요하는 이론은 무언가 심각히 잘못된 것이다.

우리는 현대 생태학과 유전학의 경험들이 자연선택설을 부정하고 있으며, 점진주의로는 대진화를 설명할 수 없고, 자연선택설이 예언하는 바는 화석 기록과 상반된다는 것을 보아 왔다. 이런 문제점은 사소한 것도, 또 무시할 만한 것도 아니다. 오히려 그 전제나 귀결에 있어서 자연선택설의 핵심을 공격할 수 있는 부분이다. 이런 점에서 약간의 수정만으로 자연선택설을 구출할 수 없음은 명백하다.

그러나 불행하게도 다윈주의에 대한 비판자들은 통합된 대안을 제시하지 못하고 있다. 예를 들어서 굴드와 엘드리지가 제시하는 단속적 평형 이론에서는 새로운 양식의 종분화(도약)를 다윈주의에 접목시키고 있는 바, 그 결과 자연선택의 엄밀한 논리를 훼손하고 있다. 두 개의 서로 관련성이 없는 이론이 혼재함으로 해서 어떻게 종분화가 도약하는 방식으로 이루어져야만 했는지에 대해서는 이론적인 이해를 이끌어 내지 못하고 있다. 따라서 신다윈주의를 비판하는 사람이나 옹호하는 사람이나 그 누구도 만족스러운 진화론을 제시하지 못하고 있다. 새로운 통합 이론이 절실하게 요구되는 것이다.

새로운 진화론

다윈은 가축의 육종을 모델로 삼아 진화론을 이끌어 냈다. 그러한 선택은 그 자체로서는 합리적이지만 한 가지 중요한 결점을 지닌다. 즉, 어떤 교배에서도 새로운 종의 동물이 생겨나지 않는 것이다. 따라서 다윈이 점진주의를 모든 진화적 변화에 외삽했던 것은 불명확한 기작을 근거로 한 것이다. 만약 그가 새로운 생물 종을 만들어 내는 데 성공했던 사례를 모델로 하였더라면 훨씬 좋았으리라. 그런 모델은 동물에게는 없지만 다행히도 식물에게는 존재한다. 염색체 배증(chromosomal doubling)의 현상은 과거 40년 이상 동안 잘 알려졌는데, 이런 현상으로 인해 자연에서나 또는 인위적 교배를 통해서 수십 여 종의 새로운 식물 종이 생겨났다. 스테빈스는 이 현상이 재빠르며 널리 퍼져 있음을 지적한다: "한두 세대 이내에 한 종이나 두 종이 갑자기 새로운 생물 종을 탄생시키는데, 이것은 그 양친과는 전혀 다른 특성을 가지며, 그 새로운 형태를 그대로 간직하면서 번식할 수 있다. 진화적으로 이러한 격변적 유형의 발생은 결코 특이한 일이 아니다. 이런 일로 인해서 밀, 귀리, 목화, 담배, 사탕수수 등 여러 작물의 기원이 이룩되었으며, 필경 아주 오래 전에 사과, 배, 라일락, 버드나무 등의 식물들도 그렇게 해서 생겨났을 것이다."[58] 콜린 패터슨은 여기에 덧붙여 "염색체 배증 또는 다수체(polyploidy)가 동물에서는 매우 드문 일이지만, 식물의 진화에서는 매우 중요한 역할을 한다. 우리가 알고 있는 현화식물의 반 정도는 배수성을 가진다"[59]고 지적한다.

1937년에 낮은 농도의 콜히친(colchicine)을 분열하는 식물 세포에 처리하면 인위적으로 염색체를 배증시킬 수 있다는 것이 알려졌다. 이로써 인간에게 유용한 새로운 종의 식물을 개발할 수 있게 되었을 뿐만 아니라, 염색체 배증이 종분화를 일으킬 수 있다는 식물계통학상의 실험적 증거가 확보되었다(그림 6. 5를 보라).[60]

이 모델은 다윈의 생각과 유사한 논리성을 가지고 있지만 그 전제나 결론은 그와는 반대된다는 점을 시사하는 것이다. 다윈은 종들이 서로 경쟁적이기 때문에 생존에 이득이 되는 약간의 변이일지라도 그것은 점진적으로 선택되고 선호될 것이라고 주장한다. 이와 같은 낭비적 시행착오 시스템은 자연계로 하여금 언제나 모든 잘못된 방향을 먼저 시도하게끔 할 것이다. 다윈의 모델은 경쟁, 비효율성, 점진주의 이 세 가지로 요약된다. 그러나 자연은 그렇게 낭비적이거나 비효율적이지 않다. 자연계에서 관찰되는 생물 종들 사이의 비경쟁적 관계는 자연이 가장 효율적이고 가장 경제적인 방법으로 작동한다는 만유의 원칙을 따르는 것이다. 이러한 일반적 전제는 모든 자연과학에서 경험적으로 지지된다. 예를 들어 물리학에서는 자연계의 단순성과 경제성이 널리 알려져 있다. 최소 일의 법칙이란 무생물계라 할지라도 최소의 에너지를 사용하여 변화한다는 것을 말한다. 즉, 물은 아래로 흐르고, 비누거품은 둥근 모양을 띠는 것이다. 모든 분

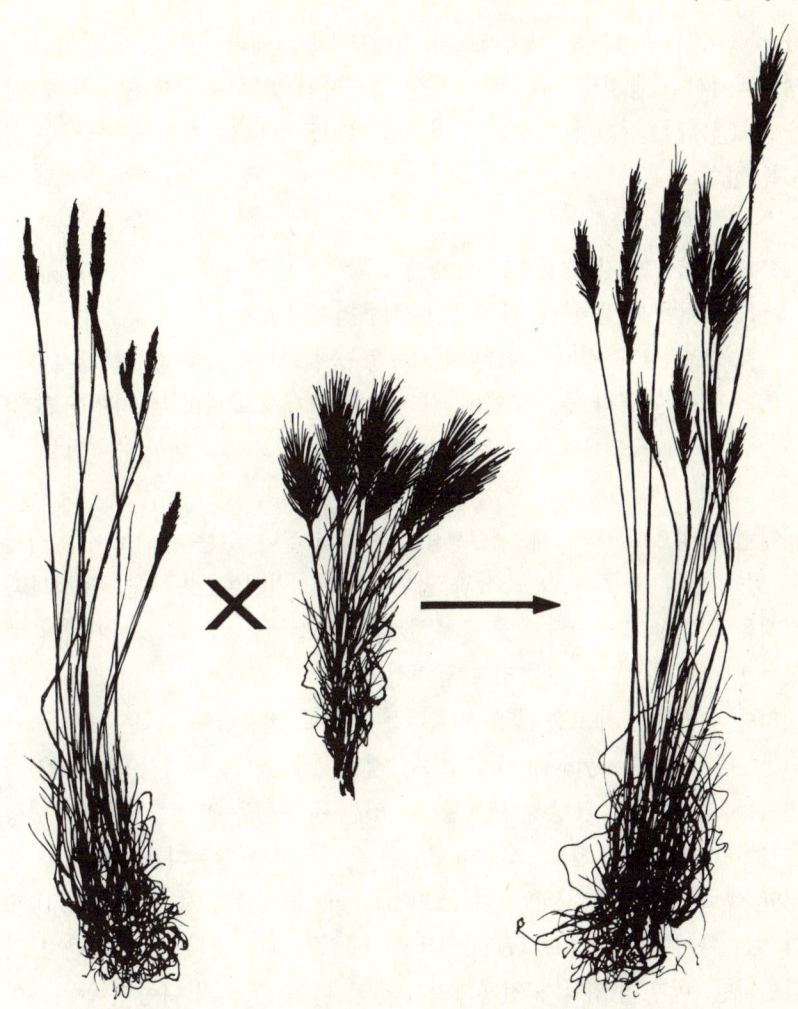

그림 6.5 두 종의 초본인 야생 호밀(왼쪽)과 야생 보리(가운데)가 서로 교배되어 잡종(오른쪽)이 생겼다. 이 잡종은 원래는 불임성이었으나, 인위적인 콜히친 처리에 의해 염색체가 두 배로 되면서 가임성으로 되었다. 그 결과 두 세대만에 실제로 자손을 낳을 수 있는 새로운 종이 생긴 것이다. 염색체의 자연적인 배가나 다배수체 형성에 의해 현화식물로 알려진 종의 반 정도가 생겨났다. (스테빈스, 1951)

자 구조와 마찬가지로 바이러스의 형태도 최소 에너지에 의해 결정된다. 생물체에서도 물질과 에너지는 가장 경제적인 방법으로 사용된다(제5장을 참조하라). 이러한 고찰은 우리들로 하여금 다음과 같이 주장할 수 있도록 한다.

1. 자연은 가장 효율적이고 경제적 방법으로 작동한다.
2. 자연에서 생물 종 사이의 관계는 비경쟁적이다.*
3. 그 조상과 경쟁하지 않는 새로운 종을 가장 효율적으로 생성하는 방법은 급작스런 도약에 의해서다. 그러므로 우리는 자연이 도약에 의해서 새로운 종을 만들어 냈을 것이라고 기대할 수 있다.

이런 방식으로 해서 새로운 생물은 하나의 살아 있는 존재로서 인식될 수 있을 만큼 충분히 그 조상과 닮기도 했을 것이며, 또한 그 조상과의 경쟁을 회피할 수 있을 만큼 충분히 다르기도 했을 것이다. 여기에서 핵심은 비경쟁성, 효율성, 그리고 급변성이다.

일단 탄생하면 새로운 종은 변화하는 환경에 적응할 수 있는 능력을 가진다. 다형현상(polymorphism) 또는 색깔이나 형태, 대사작용 등에서의 변이는 그 종에게 환경에 대처할 수 있는 유연성을 부여함으로써, 설령 환경이 변화한다고 해도 그것이 멸종을 의미하지는 않는다. 이에 대한 유명한 예로 공업화에 의한 암화(industrial melanism)를 들 수 있다. 19세기 초반까지는 영국 나방(peppered moth) 중 짙은 색의 것이 대단히 희귀했지만, 이후 산업화가 진행되면서 점점 더 짙은 색의 나방이 증가하여 이제 어떤 지역에서는 거의 100퍼센트의 나방이 짙은 색을 띠고 있다. 그 이유는, 공업 지역에서는 대기오염이 나무들을 검게 만들기 때문에 그로 인해 흰색의 나방이 두드러져 보이므로 포식자가 쉽게 발견할 수 있기 때문이다.[61] 다형현상은 따라서 새로운 종형성을 위한 진화 기작이 아니

---
* 처음의 두 원리는 물리학의 열역학 법칙만큼이나 생물학에서 논리적으로 분명하다.

라, 일단 형성된 종을 유지시키는 안정성 기작이라고 할 수 있다.

식물의 다형현상에서 우리는 모든 사실에 잘 들어맞는 모델을 세울 수 있지만, 이것은 식물에서의 일부 진화만을 설명할 수 있을 뿐이다. 동물의 다형현상은 단지 개구리와 도롱뇽에서만 나타나는 드문 현상이다. 그러면 어떤 유사한 내부적 기작이 대부분의 동식물들을 탄생시킬 수 있도록 작동했을까? 우리들은 점돌연변이(point mutation; 한 DNA 염기가 무작위적으로 변화하는 현상)는 처음부터 배제시킬 수 있는데, 왜냐하면 그것이 발생하는 빈도가 모든 생물들에게서 대체로 비슷해서 특정한 집단의 생물군이 다른 생물군들에 비해서 훨씬 빠른 속도로 진화했다는 점과 부합되지 않기 때문이다. 앨런 윌슨(Allan Wilson)은 이런 논지를 명확히 밝히고 있다:

"비록 점돌연변이에 관한 연구가 진화과정을 보다 잘 이해할 수 있게 했지만, 그것이 분자 진화와 생물 진화의 연결을 완전히 규명하는 데에는 실패했다. 예를 들어서 개구리와 포유동물(고양이, 박쥐, 고래, 사람 등)에게서 나타나는 유기체적 진화 속도의 커다란 차이는 이 두 집단의 생물에서 점돌연변이가 누적되는 속도의 유사성을 제대로 반영하지 못한다. 개구리는 아주 역사가 오랜 생물군으로서 수천 종이나 된다. 그러나 그들은 해부학적으로 대단히 유사하기 때문에 동물학자들은 모든 개구리를 한 목에 포함시킨다. 사실상 고양이, 박쥐, 고래, 사람 등이 공통 조상으로부터 탄생하던 기간 동안 개구리의 진화 속도는 너무나 느려서 9000만년이나 오래 된 개구리 화석과 같은 계열의 현대 개구리는 똑같이 크세노푸스(*Xenopus*)속에 포함된다. 그 반면에, 태반을 갖는 포유동물은 아주 최근에 형성된 것임에도 불구하고 서로서로 많은 차이를 보이기 때문에 동물학자들은 그들을 16목으로 나누고 있다.

이런 사실들은 포유동물의 진화 속도가 개구리보다 훨씬 빠르다는 것을 보여 준다. 그러나 점돌연변이는 개구리에서와 거의 같은 비율로 포유동물의 DNA에 축적된다. 점돌연변이가 축적되는 비율과 생물 진화의 속도 사이의 이런 대비는 다른 많은 생물 집단에서도 찾아볼 수 있다."[62]

따라서 새로운 종, 속, 목, 강, 문 등의 기원을 설명할 수 있는 기작으로 한 DNA 염기에서 일어나는 무작위적 변화보다 심오한 어떤 것이 필요하게 되는데, 조절 유전자(regulatory gene) 쪽에서 그 증거를 찾아볼 수 있다. 브리튼(Roy Britten)과 데이비드슨(Eric Davidson)은 다음과 같이 주장을 한다. "진화의 주요한 사건들이 일어나기 위해서는 유전자 조절 방식에서 획기적인 변화가 있어야만 한다. 이런 변화는 새로운 방식의 조절이 더해지거나 또는 기존의 조절 방식이 재조직됨으로써 일어날 수 있다."[63] 그들이 그렇게 주장하는 이유는 당위성을 지닌다. 고등생물에서의 조직과 기관의 분화(differentiation) 및 조정(coordination)은 세포 증식에 의해 이루어지는데, 이는 유전자 조절 프로그램에 따라 결정된다. 따라서 진화의 주요한 사건들이 일어나려면 유전자 조절에 있어서 새로운 프로그램이 필요하게 된다.[64] 생물체의 모든 세포는 신체의 각 부분을 어떻게 구성해야 하는지에 필요한 모든 유전정보를 지니고 있다. 그렇지만 세포가 혈구나 근육세포, 신경세포, 또는 다른 특수한 유형의 세포로 발달할 때에는 이런 정보들의 대부분이 사용되지 않는다. 이처럼 필요하지 않은 정보의 억제는 조절 유전자에 의해서 이루어지는 것이다. 한 가지 단백질의 생성에 필요한 정보를 담고 있는 구조 유전자와는 달리 조절 유전자는 일련의 유전자군 전체를 통제함으로써 경우에 따라 그것들을 활성화시키거나 억제한다. 구조 유전자를 기조로 하여 생물들을 비교하면 서로 다른 종이라 하더라도 그것들이 매우 비슷함을 알 수 있다. 예를 들어서 박테리아와 포유동물은 대사 경로의 대부분과 효소의 90퍼센트 이상이 동일하다. 생물체의 구성물질과 분자적 도구는 이처럼 거의 비슷하기 때문에 생물 종 사이의 차이는 이러한 물질과 도구의 사용 방법을 제시하고 있는 프로그램에서 나타나야만 한다.[65] 앨런 윌슨, 맥슨(L. R. Maxon), 사리히(V. M. Sarich) 등은 "해부학적 진화는 주로 조절 시스템의 변화에서 비롯된다"는 데에 동의하고 있다.[66]

이런 분자적 접근은 실험적 증거를 제시할 수 있으며 인과적 설명을 해 줄 수 있기 때문에 진화생물학에서는 가히 혁명적이라 할 수 있다. 하버드 의과대학의 미생물학자 버나드 데이비스(Bernard Davis)는 다음과 같이 말한다 : "분자유전학은 단지 진화생물학을 공고히 해주는 것만이 아니다. 이것은 새로운 기반을 마련해 준다. 우리는 이제 막 진화생물학에서 매우 새로운 통합을 시작하고 있다."[67]

분자적 접근에 의해 이미 여러 가지 흥미로운 진전이 이루어졌다. 예를 든다면, 성장과 생식에 관해서는 게링(Walter Gehring)이 초파리, 환형동물, 포유동물에서 특정한 단위 구조를 형성하는 호메오박스(homeobox)라고 불리는 유전자 서열을 분리해 냈다.[68] 또한 이러한 분자적 접근은 DNA의 서열 결정에도 적용되었다. 오늘날의 분자생물학적 기술은 전문가들로 하여금 두 생물 종 사이의 형태적 특징 몇 가지만을 비교하도록 하는 것에 그치지 않고 각 종의 전체 DNA를 비교할 수 있도록 한다. 예일 대학교의 조류학자 시블리(Charles Sibley)와 알퀴스트(Jon Ahlquist)는 이런 기술을 사용하여 모든 조류들의 진화적 계통수(evolutionary tree)를 작성했다. 그들의 작업은 조류분류학과 계통학에서 오랫동안 골치를 썩여 왔던 난제를 해결하는 데 기여하였다.[69] 이와 비슷한 연구에 의해서 자이언트 판다(giant panda)가 미국너구리보다는 곰에 더 가깝다는 것도 알아냈다.[70] 이러한 연구 결과와 발견들로 인하여 분자적 접근이 진화론에 기여한 바는 확고해졌다.

이 시점에서 신다윈주의는 반론을 제기한다. 만약 점진주의가 부정되거나 중간형이 존재하지 않는다면 새로 탄생한 생물 종은 도대체 누구와 교잡을 했을까? 만약 새로운 종에 속하는 한 개체가 생겨났는데, 앞의 정의에서 언급되었던 것처럼 그 선조와의 수정이 불가능하다면 어떻게 자신과 같은 유형의 생물을 번식시킬 수 있을까? 식물은 자가 수정에 의해 이 문제를 해결할 수 있다고 하더라도 동물은 어떻게 이 문제를 해결할 수 있을까?

이런 점에 대해서 신다윈주의는 다음과 같은 두 가지의 중요한 가정을 상정하고 있다.

1. 하나의 종이 가진 유전물질은 비록 한 개체에서 모두 다 표현될 수는 없다고 하더라도 적어도 개체군 전체에서는 다 표현된다.
2. 개체군내의 다양한 변이체 중에서 어느 쪽이 지속되고, 어느 쪽이 소멸될 것인지는 자연선택에 의해서 이루어진다.

그러나 이런 두 가정은 현대 분자유전학에 의해서 비판받고 있다. 첫째, 실제로는 동식물 세포 속에 들어 있는 DNA 중에서 극히 일부분만이 그 생물체를 구성하는 데 이용될 뿐이라는 점이 최근에 밝혀졌다. 나머지 DNA 부분은 수백 번 또는 수천 번씩 반복되는 불필요한 DNA 서열에 불과한데, 이들은 서로 붙어 있거나 아니면 다른 염색체에 분리되어 존재하기도 한다.[71] 이런 잉여의 DNA에 어떤 작용이 가해져서 새로운 조절 유전자의 유형이 만들어지고, 이것이 궁극적으로는 새로운 몸체를 만들어 결국에는 새로운 종으로 발전할 수 있을 것이다.[72] 여기서 논의하고 있는 DNA는 세포내에 불필요하게 존재하는 것으로, 보통은 개체나 개체군내에서 발현되지 않는다. 따라서 이 부분은 자연선택에는 영향받지 않는다. 그 결과 어떤 것도 전체 개체군에서 이 잉여 DNA가 재빠르게 동질화되는 것을 막을 수 없다. 이것이 아마도 새로운 종이 교잡할 짝을 찾는 데 어려움을 겪을 것이라는 견해에 대한 해답이 될 수 있으리라. 만약 이러한 잉여 DNA가 내부적이고 자율적인 과정을 거치면서 천천히 자신을 조직화시킬 수 있다는 이론이 옳다고 한다면, 새로운 종에 속하는 많은 개체들이 동시에 생겨날 수 있을 것이다.

화석 생물 종이 오랜 기간 동안 안정성을 보이는 점에 대해서는 이 새로운 이론으로 쉽게 설명이 가능하다. 생물 종은 그 자체가 다른 종으로 변하는 것은 아니다. 그 대신 생물 종은 아직 발현되지 않은 새로운 몸체의 구성 계획을 천천히 발전시키는 여분의 유전물질(말하자면 새로운 종의 탄생을 위한 '씨앗')을 간직하고 있는 것이다. 이렇게 오랫동안 발전하면서 조상 종이 되는 각 개체에서는 어떠한 형태적 변화도 일어나지 않는다. 그러다가 마침내 완전한 형태를 갖춘 새로운 종이 신속히 나타나게 되는데, 이때에도 그 조상 종은 아무런 변화 없이 계속 유지된다. 진화는 개체 생물이나 현존하는 개체군에는 아무런 변화도 가하지 않고, 단지 한 생물 종의 발현되지 않는 잉여의 DNA에서 나타나는 것이다. 따라서 종의 안정성은 유지된다.

이처럼 내부적인 유전적 기작으로 종의 진화를 풀어 나가면, 우리들은 새로운 종의 **기원**을 더할 나위 없이 간단하게 설명할 수 있다. 우리는 각 생물이 사전에 입력된, 화학적 암호로 이루어진 유전정보에 따라서 성장하고 또 신체의 각 부분이 분화한다는 것을 알고 있다. 생물체의 몸을 이룩하는 데 있어서 이러한 내부적인 공정도에 커다란 변화가 일어나면, 그것으로 인해서 새로운 종류의 식물과 동물이 필연적으로 생겨나며, 공정도 변경의 정도에 따라서 종, 목, 강, 문 등의 수준으로 분화될 수 있을 것이다. 브리튼과 데이비드슨은 다음과 같이 말한다. "발달과정에서 일어나는 진화적 변화는 특정한 발생단계에서 표현되는 개개 유전자의 변화에 의해서 야기될 수 있다. 그런데 조절 프로그램을 결정짓는 유전자에서 변화가 일어나면, 이것은 발달과정에서 큰 변화를 일으킬 수 있으며 진화적 변화를 유발하는 잠재력이 큰 원인이 될 것이다. 우리는 진화에서 일어났던 대규모적인 기능적·구조적 변화를 제대로 설명하려면, 조절 기구에 있어서 변화가 있었음을 증명해야만 할 것이라고 생각한다."[73]

진화를 조절 유전자의 변화에 의한 현상으로 설명하면 화석 기록에서 나타나는 갑작스런 종분화의 특성도 제대로 설명할 수 있다. 왜냐하면 조절 유전자 한 개가 전체 구조 유전자의 발현을 개시하거나 또는 아예 중단하게 할 수 있기 때문이다. 여기에 어떤 중간적인 현상은 없다. 따라서 이런 기작은 점진적이 아닌, 필연적으로 도약에 의해서 진행된다. (위에서 설명한) 종의 안정성과 (여기에서 설명하는) 도약은 단속적 평형설의 핵심을 구성한다. 따라서 새로운 통합론은 단속적 평형설을 당연히 포함시킨다.

염색체에 내장되어 있는 정교한 유전정보들을 두 부분으로 구성된 컴퓨터 주프로그램으로 가정하면 편리할 것이다. 이 컴퓨터 프로그램은 두 부분으로 되어 있는데, 그 한 부분은 생물체를 구성하는 역할을 담당하며 이와는 독립적인 다른 부분은 점진적으로 새로운 주프로그램으로 발전된다. 《사이언스 *The Science*》지에 실린 최근의 논문에서 오펜하이머(Peter Oppenheimer)는 마치 실제의 나무처럼 보이는 가시적인 영상을 그려낼 수 있는 컴퓨터 프로그램을 개발했다고 발표하였다. 오펜하이머의 프로그램은 단순히 영상으로 재현하는 것 이상으로 생물 유전의 논리성을 흉내내 생물의 성장과정을 모델화한 것이다.[74] 이 프로그램에 약간의 수정을 가하면 앙상한 소나무가 풍성한 사과나무의 영상으로 변한다. 다른 변화를 가하면 섬세하게 가지쳐진 고사리가 만들어진다. 3차원적 영상을 재현하는 이러한 프로그램들은 그것에 약간의 변화만 가하는 것으로도 그 결과에 엄청난 변화를 일으킬 수 있다는 원리를 예시한다.[75]

컴퓨터 프로그램으로 유추함으로써 우리들은 생물이 지질학적 역사를 통해서 어떻게 그처럼 대단한 다양성을 획득할 수 있었는지를 이해할 수 있다. 잉여 DNA와 함께 작용하는 내부의 유전적 기작은 먼저 대단한 결정을 내림으로써 작동하기 시작한다. 따라서 몸 구조에 있어서 극히 넓은 범위의 다양성을 보이는 문 수준의 가장 큰 변화는 화석 기록의 초기 단계에서나 나타날 수 있다. 그리고 일단 어떤 생물 종이 나타나서 한 방향으로 발달이 진행되면 절대로 그 방향을 돌이킬 수 없게 된다. 그 결정은 고착화되는 것이다. 따라서 진화는 결코 거꾸로 진행되지 않는다. 그 대신에 유전물질은 보다 낮은 분류단계에서 변이를 일으키면서 가능한 진화의 범위내에서 다양하게 전개되고, 이런 과정을 거치면서 마침내 가장 작은 분류단계에까지 이르는 것이다. 우리는 이와 같은 다양화·고착화,

6. 기 원 245

그리고 다시 그보다 낮은 단계에서의 다양화·고착화, 이런 식으로의 과정을 계통적 분화(systematic differentiation)라 하는데, 그 이유는 이렇게 함으로써 방법론적으로 각 분류단계에서 가능한 변이들이 충분히 나타날 수 있기 때문이다. 이것이 바로 시간이 지나면서 대분류군의 항목은 점점 더 줄어들면서 그 안에서의 다양성은 점점 더 풍부해지는 화석 기록에서 나타나는 패턴인 것이다.

예를 들어서 밸런타인과 캠블(Cathryn Campbell)은 원시체강동물(coelomate worm)의 조절 유전자를 재프로그램함으로써 체강동물계에서 여러 동물 문이 형성되었다고 제안한 바 있다.[76] 그리고 나서 각 문은 다시 강과 목으로 나뉘고, 새롭게 형성된 이들 소분류군에서 다시 조절 유전자의 재프로그램이 진행된다는 것이다.

진화가 영속적인 것이 아니라 여러 가지 조건들에 종속되며 궁극적으로는 그 자체로서 작용한다는 점 역시 계통적 분화를 따른다는 것을 의미한다. 하버드 대학교의 앨버크(Pere Alberch)는 "기형이 생기는 것은 생물의 형태가 내부적 법칙의 지배를 받는다는 좋은 예가 된다"고 지적했다. 예를 들어서 머리가 둘 달린 기형은(비록 드물기는 하지만) 여러 생물 종들에서 관찰할 수 있다. 만약 변이가 무작위적으로 일어난다면 머리가 셋 달린 기형도 있어야 하겠지만, 앨버크는 "그런 것은 결코 볼 수 없다"고 말한다. 머리가 셋 달린 기형이 없다는 사실로부터 그는 동물의 외부적 형태를 결정하는 데에 어떤 제한 요인이 있을 것이라고 결론지었다. 토마스와 라이프는 동물의 외골격과 내골격, 그리고 단단한 물질과 유연한 물질 등 구조적 변수들에 여러 구속인자들이 미치는 영향을 조사함으로써 동물들에게서 몇 가지의 유형이나 가능한지를 추정했다. 그들이 논리적으로 터무니없는 조합들을 제외하고 가능한 유형들을 계산한 결과 그 수효는 1000개 이하가 되었다. 그런데 그들은 그 중에서 반 이상의 유형은 자연계에 널리 존재하는 유형이었으며, 그 중의 3분의 1 이하는 희귀하게 존재하는 유형이라는 것을 밝혔다. 이것은 토마스가 말한 "이러한 발견은 동물에게서 가능한 형태적 유형이 한정되어 있을 뿐만 아니라, 진화의 과정에서 그 유형들이 이미 거의 완벽하게 추구되었다"는 점을 시사한다.[77]

주어진 범위내에서 조직적인 다양화는 동식물의 진화에서 흔히 나타나는 상호 유사성을 설명하는 데 유용하다. 예를 들어서 오스트레일리아의 유대류와 이에 상응하는 다른 대륙의 태반동물들을 살펴보면 몸체의 형태에 있어서 놀랄 정도로 유사하다는 것을 알 수 있다(그림 6.6을 보라).[78] 만약 이 동물들이 서로 공동의 조상을 지녔으며 그 조상의 유전적 잠재력이 어떤 정해진 과정을 따라서 분화했다고 한다면, 그 자손들은 비록 서로 다른 환경에 놓여졌더라도 대체로 유사한 형태를 갖도록 진화했을 것이다. 이렇게 해서 상호 유사성이 발전되었을 것이다.

이러한 계통적 분화의 과정은 진화의 새로운 기작으로서 추천될 수 있는 그럴듯한 근거를 지닌다. 이 기작은 여러 사실들과도 잘 부합된다. 첫째, 이것은 생물 그 자체가 지니고 있는 잠재력에서 야기되는, 즉 변화가 내부적 원인에 의해서 야기된다는 것을 인정한다. 계통적 분화는 생물이 자신의 나아갈 바를 스스로 결정하는 존재라는 명제와도 부합된다. 둘째, 이 과정은 도약에 의해서 새로운 종이 갑자기 탄생한다고 시사한다. 셋째, 계통적 분화는 경쟁에 의해서라기보다 전체 개체군의 협동적 노력에 의존하는 과정이다. 넷째, 이것은 자연적이고 질서정연한 과정으로 주어진 주제에 대하여 가능한 범위내의 변이만을 인정한다. 여기에서 자연은 마치 예술가처럼 행동한다. 다섯째, 이 과정은 경제적이고 단순한 과정으로, 최소의 에너지, 최소의 물질, 최소의 소모로서 진행된다. 여섯째, 계통적 분화는 새로운 생물 종을 사실상 탄생시킬 수 있는데, 실험실에서 그 방법을 재연하여 검증할 수 있다. 이와 대조적으로 자연선택 이론에서는 자연환경을 보다 유리한 생물 종을 걸러 내기 위한 여과기로 간주한다. 자연선택은 또한 점진론과 경쟁을 동반한다. 자연선택의 과정은 필연적으로 우연에 의해서 발생하며 따라서 대단히 소모적이다. 핵심을 말한

그림 6.6 오스트레일리아의 유대동물과 이에 상응하는 다른 대륙의 태반동물의 몸체 구조에서 나타나는 놀라운 상호 유사성을 내부로부터의 계통적 종분화 기작으로 설명할 수 있다. (도브잔스키 등)

다면, 많은 변화가 무작위적으로 발생하며 그 중에서 의미가 없는 것들은 도태되어야만 하는 것이다. 더 나아가서 자연선택설로는 새로운 종의 기원을 설명할 수 없으며, 보다 높은 분류 체계의 발생기원을 제대로 설명할 수 없다. 그리고 마지막으로, 제2의 방어선 이론은 유일하게 자연선택이론의 폐기를 방지하고자 노력하지만, 그 자체는 실험실에서 검증될 수 없고 자연에서 관찰되지도 않는다는 한계를 지닌다.

다윈의 자연선택설에 대한 대안으로 이제까지 설명되었던 내용은 앞으로 많은 연구를 거쳐야 하기 때문에 당연히 아직은 불완전할 수밖에 없다. 그러나 이러한 개략적인 설명을 토대로 우리들은 사실을 밝히는 데 기여할 수 있는 일관성 있는 모델을 발전시켜 나갈 수 있을 것이다.

진화의 사실

지금까지 이 장에서 논의된 사항 중의 그 어느 것도, 우리들이 줄곧 가정해 왔던 진화가 진정 발생했다는 증거가 되지 않는다. 화석 기록은 모든 생물들이 동시에 지상에 출현하지 않았음을 보여 준다. 화석 기록은 또한 박테리아와 조류에서 시작하여 대형 무척추동물, 어류, 양서류, 파충류, 조류(birds), 포유동물 그리고 사람의 순서로 역사적 단계를 거치면서 생물이 출현했음을 보여 준다. 진화학의 일반론은 이러한 다양한 역사적 단계가 유전에 의해서 연관되어 있음을 확신한다. 다윈은 이러한 일반론에 덧붙여 각 단계들이 자연선택의 작용에 의해서 점진적인 변화로 연계되었다고 제안하였다. 그러므로 자연선택을 부정한다고 해서 그러한 진화 자체를 부정하는 것이 아니며, 다만 어떻게 진화가 진행되었는지를 설명하기 위해 제안된 기작 하나를 부정하는 것뿐이다. 일반 진화의 증거, 즉 자손이 유전적 변화를 지닌다는 증거에 대해서는, 모든 생물들이 공동의 조상을 갖는다고 가정함으로써만 가능하고 또한 쉽게 설명할 수 있는 특정한 현상을 생물들에게서 지적하는 것으로 주로 논의되어 왔다.*
이런 현상의 하나로 유전암호의 보편성을 들 수 있다. 만약 생물들이 공
동의 조상으로부터 유래하지 않았다면, 그들이 어떻게 유전정보를 나타내
는 데 똑같은 암호를 사용하는지 그 필연성을 제대로 설명할 수 없다. 특
히 꼭 그래야만 하는 화학적 필연성은 찾아보기 어렵다. 다른 한 증거는
물질대사 과정의 유사성에서 찾을 수 있다. 도브잔스키는 다음과 같이 기
록하고 있다 : "모든 생물들은 그 화학적 조성이 놀랄 정도로 비슷하다.
그들은 같은 원자로 구성되어 있을 뿐 아니라 포함하는 비율까지도 유사
하다. 특히 핵산이나 단백질과 같은 화학물질은 어느 생물이나 가지고 있
다. 단백질은 모두 똑같이 20개의 아미노산으로 구성되어 있고, 아미노
산들은 거의 예외 없이 좌선형 광학 이성체(left optical isomer)로 존재한
다. 에너지 전달자(예를 들어서 ATP와 같은 물질)나 효소(예를 들어서
시토크롬 c와 같은 물질)는 거의 대부분의 생물들에게서 동일한 기능을
수행한다. 진화학자의 입장에서 이러한 화학적 유사성은 중요한 의미를
갖는다. 즉, 인간이 모든 생물과 친척관계에 있음을 확신하게 하는 것이
다."[79] 생물분자(biomolecules)들이 동일한 방향성(chirality ; 광학 이성체
의 방향성=역주)을 갖는 것도 공동 조상을 가정함으로써 쉽게 이해될 수
있는 또 다른 예라고 할 수 있다.[80]

생명의 진화적 발달 경로는 대폭발(Big Bang)을 기원으로 하는 우주
자체의 대진화 패턴과 잘 부합된다. 화학원소 그 자체는 영원불변의 존재
가 아니고 별의 내부에서 수백만 년을 거치면서 열핵반응에 의해서 생겨
난다. 만약 그렇다면 종, 목, 강, 문의 분류 체계를 갖는 동식물들이 각각
그 기원을 가지며 역사가 또한 그러하다고 해서 그리 놀랄 일은 아니다.

현대의 발견에서 도출되는 주장들과는 별도로 현재 살아 있는 것이나,

---

* 진화의 역사적 특성은 독특하지도 않고, 과학에서 보통 사용하는 증거와 다른 것을
요구하지도 않는다. 우주 대폭발도 역사와 연관되며, 인과적 논거에 의해 증명된
다.

이미 소멸된 모든 생물들을 유사성의 정도에 따라서 체계적으로 잘 정리할 수 있는 분류학적 관찰도 진화의 증거가 될 수 있다(예를 들어서 사자는 고양이과 동물에 속하고, 그것은 다시 육식동물에 속하며 육식동물은 다시 포유동물에 속하고, 이는 다시 척추동물에 속하는 순서를 갖는다). 이러한 분류 체계는 엘드리지가 설명하는 것처럼 다윈도 알고 있었다.[81] "생물의 위계성은——모든 생물들을 상호 관련짓는 유사성의 일정한 패턴인데——필경 모든 생물은 사실상 진화의 산물이라는 다윈의 주장과 일치하는 것이다. 결국, 만약 생물이 진화했다면, 우리들은 조상 종으로부터 그 자손이 되는 현재의 모든 생물에게까지 어떤 특징이 전달되었을 것이라고 예언할 수 있다. 우리들이 아는 바, RNA와 그보다는 정도가 어느 정도 약하지만 DNA가 그러한 특징이라 하겠다. 이런 생화학적 유산은 모든 생물들에게 공통적이다. 후기적인 진화의 발명품들, 즉 족보에 있어서 다소 분리가 진행된 후에 비교적 늦게 계통수내로 도입된 특별한 특징들은 어떤 특정한 생물 종의 자손들에게만 전달되었다. 모든 포유동물은 털을 지니는데, 그것은 그 조상 종으로부터 그렇게 물려받았기 때문이다. 털과 비슷한 구조물이 다른 식물들이나 동물들의 신체 일부분에서 나타나지만, 진정한 털은 오직 포유동물만이 가진다."[82]

자연의 단순성으로부터 취할 수 있는 다른 주장들도 있지만, 무엇보다도 확신적인 증거는 분자유전학에서 얻어질 수 있다. 조절 유전자의 비밀이 밝혀질 때, 우리들은 자연이 어떻게 새로운 생물의 탄생을 계획하며 또 어떻게 생물들을 변화시키는지를 알게 될 것이다. 다배수체 식물에서 나타나는 훨씬 간단한 염색체의 배가과정이 어떻게 일어나는지는 이미 밝혀져 있지만, 그것이 어떻게 유전자 조절을 변화시키는지는 아직 밝혀지지 않고 있다.

생명의 기원

그렇다면 최초의 생물은 어떻게 생겨났을까? 생명은 처음에 어떻게 시작되었을까? 이 문제에 대한 일반적인 견해는 다윈이 생물학에서 신의 필요성을 한번 배척하자 그것은 영구히 배척되었다는 것이다. 엘드리지가 "다윈은 우리들로 하여금 어떤 초자연적이거나 신적인 존재에 의지하지 않고 순수한 자연과학적인 논리로 생명의 역사를 이해할 수 있음을 일깨워 주었다"고 말했다.[83] 줄리언 헉슬리도 "다원주의는 합리적인 논의의 장에서 창조자로서의 신의 개념을 제거했다"고 말했다.[84] 자코브는 "모든 생물 종이 창조자에 의해서 각기 만들어졌다는 생각은 다윈에 의해서 무너졌다"고 기술한다.[85] 또한 심프슨도 최초의 생명의 기원에 관해 다음과 같이 적고 있다 : "어떤 식으로도 기적을 가정할 이유는 없다. 또한 생식이나 돌연변이의 새로운 과정이 나타나는 기원을 물질적인 것이 아닌 다른 것에서 찾을 필요도 없게 되었다."[86]

그렇지만 지금까지 논의한 바처럼 다윈의 자연선택설은 생물학 이론으로서는 실패하고 있다. 따라서 우리는 물질주의가 생명의 기원을 설명하는 데 충분한지를 다시 고려해 보아야 한다.

물질은 많은 능력을 가지고 있지만 또한 분명히 한계를 지닌다. 우리들은 물질이 행할 수 있는 두 가지 양식의 유형을 구별할 수 있다. 그 유형의 하나는 물질 자체의 자발성에 의해서 이룩되는 것으로 물리학과 화학의 법칙에 따라서 형성된다. 이런 유형의 예에는 모든 화합물, 원소들 그 자체, 그리고 심지어 혼합물까지도 포함되지만 혼합물은 다른 것들과 동일한 수준의 통일성을 갖지는 않는다. 우리들은 이러한 유형에 관해서 제2장에서 간략히 논의한 바 있다.

다른 양식의 유형은 물질 그 자체가 지니는 자발성에 의해서 생겨나지 않는다. 예를 들어서 얼음 한 덩어리가 포세이돈상으로 만들어졌다고 하

자. 얼음은 자연적인 경향에 의해서가 아니라 완전히 수동적인 방법으로 그 형태를 갖추게 된다. 얼음은 이런 방식으로 무한히 다양한 형태를 가질 수 있으며, 이런 유형의 형성은 얼음의 성질과는 무관하게 일어난다. 따라서 포세이돈이라는 특수한 형태를 결정하는 요인은 얼음 그 자체가 아닌 외부로부터의 원인——이 경우에는 예술가——인 것이다. 모든 인조물은 이런 유형의 예가 되는데, 외부에서 물질에 무엇인가가 가해져서 이룩된다.

이러한 두 유형 중에서 생물의 형태 형성은 어디에 속하는 것일까? 우리들은 어미 말과 다 자란 참나무를 어느 유형으로 규정할 수 있을까? 원소나 화합물의 유형은 물리적 또는 화학적 필연성에 의해 이룩된다. 예를 든다면, 수소와 산소 원자는 물을 형성하려는 자연적 경향성을 지닌다 (제2장을 보라). 유기체의 유형은 이러한 방식으로 만들어지는 것이 아니라 유전정보에 의해서 형성된다. 물질에는 의자나 마이크로칩을 만들고자 하는 본질적 경향성이 없는 것과 마찬가지로 말이나 참나무를 만들고자 하는 내재적인 경향성도 지니지 않는다. 따라서 어떻게 말이나 참나무의 세포 하나하나, 단백질 하나하나를 만들 수 있는지 그 지시가 화학적으로 암호화된 정보로써 전달되어야만 한다. 물질은 무한히 다양한 종류의 유기체 유형을 이룩할 수 있지만, 그 모든 형태들과 아무런 관련도 없는 것이다. 그러므로 유기체 유형은 화합물이나 원소처럼 물리적 또는 화학적 필연성에 의해 생겨나는 존재가 아니다.

유전암호도 역시 물리적 또는 화학적 필연성의 산물이 아니다. 원자 구조의 필연성에 의해 원소의 주기율표가 결정되는 것과 달리 유전암호는 규약에 의한 것이다. 세포 속에서 생성된 단백질과 그것을 만드는 데 동원된 DNA 암호 사이에는 아무런 자연적인, 필연적인 연관관계가 없다. 이것은 우리가 한 가지 아미노산을 지정하는 데 필요한 유전암호가 하나 이상이라는 점을 생각하면 명확하게 알 수 있다. 예를 들어서 류신(leucine)은 여섯 가지의 유전암호를 가진다. 단백질의 합성을 종결시키는 유전암호도 세 가지나 된다. 만약 DNA 뉴클레오티드상의 트리플렛 코드(triplet code)와 세포에서 만들어지는 단백질 사이에 자연적이고 필연적인 연관성이 존재한다면 이런 일은 가능하지 않을 것이리라. 이들 사이의 관계는 생물 그 자체가 규정한 약정에 의해서만 존재하는데, 이것은 마치 인간이 사용하는 언어와 그 언어가 지칭하는 대상물 사이에 아무런 자연적인 또는 필연적인 연관성도 없는 것과 마찬가지다. 심지어 의성어 조차도 언어의 종류에 따라서 각기 달라지는 것이다. 따라서 언어와 유전암호는 약정에 의한 것이다.

유전암호가 약정에 의한다는 것의 또 다른 증거로 세포와 그 안에 들어 있는 미토콘드리아가 똑같은 단백질을 생성하는 데 있어서 약간씩 다른 암호를 사용한다는 사실을 들 수 있다. 그러나 이들이 단백질을 생산하는 데에는 그 어떤 혼란도 일어나지 않는다. 만약 화학적인 관점에서 보았을 때 유전정보가 임의적인 방법으로 저장되지 않았다면, 그것을 DNA 암호라고 부르는 것은 정당치 못하다. 암호란 서로 관련성이 없는 체계를 상호간에 연결짓는 것이다. 모스 부호의 점과 선은 그것이 나타내는 알파벳 글자의 체계와는 아무런 필연적인 관계를 갖지 않는다.

따라서 생물은 어떤 면에서는 예술품과 같은 속성을 지닌다. 생물체와 예술품은 모두 다양성과 무한성을 가지며, 또한 물질은 이 두 유형에 무관하다. 이 두 유형은 단지 생물체는 내부적 원인에 의해서 이룩되는 데에 반하여 예술품은 외부적 원인에 의해서 이룩된다는 점이 다를 뿐이다. 그러므로 각각의 생물체에는 인간이 만드는 예술품과 유사한 점이 존재한다.

이것으로 우리는 자연계에서 어떻게 오직 생물만이 유기분자(organic molecule)를 합성할 수 있는지 그 이유를 설명할 수 있다. "단백질은 생물만이 만들어 내는 화합물이다"고 콜린 패터슨은 말한다.[87] 실험에서는 메탄가스(CH_4), 암모니아(NH_3), 수증기, 수소 등의 혼합 기체에 전기 방전을 일으켜서 단백질 합성에 필요한 아미노산을 자생적으로 생성할 수 있었다.[88] 그러나 이 실험에서는 물론 이와 유사한 어떤 실험에서도 핵산, 지방, 녹말, 단백질 등이 자생적으로 형성되지는 못했다.[89] 사람 몸을 구성하는 각 세포는 약 1만여 종의 단백질을 가지는데, 이 모두는 자생적이며 DNA 속에 그것들을 만드는 데 필요한 정보가 암호화되어 있다. 생화학자인 셔피로(Robert Shapiro)는 자생적인 생성에 관한 실험에서 얻어진 미미한 결과에 대해 다음과 같이 말한다:

"박테리아를 구성하는(그리고 뼈나 이와 같은 특별한 부분을 제외한 우리 몸도 마찬가지로 구성하는) 중요한 물질에는 단백질, 핵산, 다당류, 지질 등이 있다. 이 물질들은 박테리아 세포 건량(乾量)의 90퍼센트를 차지한다. 이러한 거대 분자들에는 수백에서부터 수억 개에 달하는 원자들이 포함되어 있다. 그러나 밀러-우레이(Miller-Urey)의 실험에서는 이런 물질들이 조금도 만들어지지 않았다." 자생적으로 형성된 아미노산은 비교적 간단한 화합물로서 극히 적은 수효의 원자들로 구성된다. 이에 따라 셔피로는 생물이 자발적으로 생겨났다는 부분품 주장(building-block claim)을 믿지 않는다. "단순한 화학물질을 혼합해 놓은 것은, 비록 그 속에 몇 가지 아미노산들이 들어 있다고 하더라도 전혀 박테리아와 비슷하지 않다. 이것은 종이조각에 씌어진 실제적이지만 무의미한 단어들의 집합이 셰익스피어의 작품과 전혀 닮을 수 없는 것과 마찬가지의 이치다."[90]

물질이 눈송이나 염화나트륨을 형성하는 데는 어떤 특별한 정보를 필요로 하지 않는다. 이들 유형은 자연계의 힘 안에서 존재한다. 그러나 생물체는 그렇게 형성되지 않는다. 그러므로 생물은 단지 그들이 특별한 기능을 수행하기 때문만 아니라(제2장을 보라), 또한 물리적·화학적 제반 법칙들만으로는 그들을 만들어 낼 수 없기 때문에 자연계의 모든 유형을 초월하는 것이다.

그러면 과연 무엇이 생물을 만드는가? 도대체 어떤 원인에 의해서 유전정보가 생겨났으며, 또 어떻게 해서 동물과 식물이 생겨나도록 방향이 정해졌을까? 물질은 분명히 아니다. 왜냐하면 물질은 생물의 형태를 만들 수 있는 경향성을 지니고 있지 않기 때문인데, 이것은 다시 말해 물질이 포세이돈상이나 마이크로칩 또는 다른 인조물을 만들어 낼 수 없다는 것이다. 따라서 물질이 아닌, 물질로서 형태를 이룩하고 방향성을 갖게 하는 어떤 원인이 존재함이 분명하다. 우리들이 경험한 바 그런 존재가 과연 있을까? 그렇다. 그것은 바로 우리의 정신이다. 조각상의 형태는 예술가의 정신 속에서 생겨나는데, 그는 적절한 방법을 택해서 물질로서 형태를 만들어 낸다. 예술가의 정신은 물질 속에 존재하는 유형의 궁극적인 원인이 되는 것이다. 이것은 설령 그 조각상을 만들어 내는 기계가 발명된다고 하더라도 마찬가지다. 이와 동일한 논리에서 물질로부터 생물이 생겨나기 위해서는 어떤 정신이 필요함을 인정해야만 한다. 설령 자발적으로 그런 임무를 수행할 수 있도록 어떤 화학적 기작이 창안되어 그렇게 되었다고 하더라도, 예술가는 분명 물질 속에 존재하는 유형의 궁극적인 원인일 것이다. 이 예술가가 바로 신(God)이며, 자연은 바로 신의 공예품이라 할 수 있다.* 신의 예술품——즉, 자연——은 삼라만상의 바로 그 진수로써 형성되는 것이기 때문에 인간의 그 어떤 예술품보다도 훨씬 심오하고 훨씬 강력한 힘을 지닌다.

---

* 우리 우주에 마음이 존재한다는 과학적 증거는 이 외에도 많다. 우리는 《과학의 새로운 이야기》 제4장에서 대폭발 이론, 인류의 원리, 자연의 아름다움 등으로부터 이끌어낸 이에 관한 논의를 제시한 바 있다. 여기서의 논의는 생물 형태의 독특함에서 그 증거를 찾는다.

7

목적성

적 응

다윈은 진화가 전적으로 외부 요인들에 의해서 유도된다는 점을 고집하였다. 1862년에 그는 "물리적인 제조건들과는 전혀 관계없이 다양성을 갖고자 하는 생물체 고유의 경향성"을 인정하는 후커의 견해를 비난하면서, 그 자신은 "모든 다양성은 생활조건의 변화에 기인한다"고 주장했다.[1] 다윈의 견해에 의하면, 잘 변하려 하지 않는 수동적인 생물을 환경이 여러 방향으로 나아가도록 밀고 끌어당긴다는 것이다. 이러한 뉴턴적인 생각은 유기체적인 변화의 모든 원인을 생물 외부에서 찾게 한다. 즉, 생물에서 나타나는 모든 변화는 적응적인 변화라는 것이다. 도버는 다윈에 관해 논의를 시작하면서 "적응과 종분화의 과정은 어쩔 수 없이 혼동된다"고 말했다.[2] 신다윈주의의 맥락에서 멸종은 종종 생물이 환경에 잘 적응하지 못했다는 증거로 주어진다.

그러나 앞의 제6장에서 설명되었던 바가 정당하다면 진화는 계통적 분화의 과정으로서, 잉여 DNA에서의 자발적인 변화로부터 기인하는 것이다. 다윈의 접근 방식은 거꾸로 나아가는 것이다. 진화의 모든 원인은 생물체의 안에 내재한다. 이런 사실은 형태학적 연구에서 잘 나타난다. 환경은 현재 존재하는 10만 종이나 되는 나비류와 나방류의 원인이 되기에는 너무나 일률적이다. 니이하우트(Frederick Nijhout)는 다음과 같이 쓰고 있다: "자연에서 나비와 나방이 가진 날개 형태의 아름다움과 다양성에 견줄 수 있는 것은 거의 없다. 이 곤충목(인시류/Lepidoptera)에는 약 10만 종이 포함되는데, 그 각각의 종들은 사실상 날개에 나타나는 색깔의 패턴만으로도 구별될 수 있다. 내가 지난 수 년 동안 그래 왔듯이 누가 그 색깔 패턴을 자세히 조사한다면, 누구라도 그 현상이 감탄할 만 하다는 점을 알게 될 것인 바, 그 해답 또한 훨씬 간단하다는 것을 발견하게 될 것이다. ……색깔 패턴의 발전은 적어도 원리적으로는 형태적인 특징의 발전을 유도하는 과정과 똑같은 과정을 통해서 이루어진다. 왜냐하면 모든 발전은 궁극적으로 유전자 발현의 점진적인 변화에 의한 결과물이기 때문이다."3) 니이하우트는 10만 가지나 되는 다양한 색깔 패턴을 여섯 가지의 기본형으로 나누었다. 이런 점은 진화가 계통적 분화를 통해 일어난다는 예측과 잘 부합된다고 하겠다.

바로 이 점에서 신다윈주의는 난점을 제기한다. 만약 자연선택과 점진주의가 진화적 변화에서 작용하지 않는다면 새로운 생물 종은 어떻게 해서 생태적 지위를 획득할 수 있을까? 르원틴은 이 질문에 대한 대답으로 스스로 환경을 변화시키고 자신의 생태적 지위를 창출할 수 있는 생물의 자발성을 지적한다: "생물은 환경을 수동적으로 경험하는 것이 아니다. 생물은 자신이 살고 있는 환경을 만들며 정의한다. 나무는 나뭇잎을 떨어뜨리고 뿌리를 내림으로써 자신이 자라는 토양을 새롭게 한다. 초식동물들은 자신이 뜯어먹는 초본류를 수확하고, 배설하며, 또 토양을 물리적으로 교란시킴으로써 초본류의 종 조성을 변화시킨다. ……마지막으로, 생물은 자신의 행위를 통해서 어떤 외부적 요인을 생태적 지위의 요소로 삼을지를 스스로 결정한다. 딱새(phoebe)는 둥지를 틀기 위해 마른풀을 구할 수 있는 환경이 필요하므로, 이를 생태적 지위의 한 요소로 삼는 동시에 자신이 만든 둥지 자체도 생태적 지위의 한 요소로 삼는다."[4] 어떤 동식물이라 할지라도 그 자신의 잘 계획된 의지는 자연 속에서 적절한 장소를 찾아내어 그것을 자신의 생태적 지위로 만들 수 있다.

멸종 또한 자연이 생물을 무작위적으로 만들어 냈으며, 그 중에서 적응하지 못한 생물을 사라지게 만들었다는 증거가 되지 못한다. 왜냐하면 화석 기록의 뚜렷한 특징의 하나가 **대규모적인 멸종의 반복**이기 때문이다. 진화학자인 뉴엘(Norman Newell)은 다음과 같이 말한다: "광범위한 영역에 걸친 멸종과 그에 따른 동물상의 혁명적 변화는 대체로 캄브리아기, 오르도비스기, 데본기, 이첩기, 삼첩기, 백악기의 말기에 나타났다. 무수히 많은 보다 소규모적인 멸종 기록은 종이나 속의 범위에서 보다 제한된 규모로 지질시대의 전기간에 걸쳐 나타났다."[5] 이러한 멸종이 정확히 주기적으로 일어났는지에 대해서는 일치된 견해가 없으나 이것이 일어났다는 사실에는 이견이 없다. 사실 이러한 멸종에 의해 지질시대가 구분된다. 굴드는 "거의 2세기 동안 지질학자들은 매우 다양한 환경조건에서 생활하던 생물들에게 심대한 영향을 미쳤던 대규모적인 멸종이 지난 6억년 동안 여러 번 산발적으로 신속하게 일어났음을 알고 있었다. 우리가 알고 있는 지질학적 시대 구분은 이런 대규모적인 멸종들에 의해서 결정되었는데, 그것은 그 사건들이 주요한 한 시대를 마무리짓는 경계가 되기 때문"이라고 말했다.[6]

굴드는 모든 생물 종의 90퍼센트가 이첩기의 말엽에 소멸되었다고 하였다.[7] 화석 기록에는 그 밖에도 다섯 차례의 대규모적인 멸종이 나타나 있다. 그런 대규모적인 무차별적 파괴가 경쟁이나 적응 능력의 차이와는 전혀 무관하다는 것이 분명한데, 그것은 특히 "대규모적인 멸종의 시기에 별도의 서식처에서 서로 독립해서 살고 있던 많은 집단들이 똑같이 영향을 받았음은 놀라운 일"이기 때문이다.[8] 따라서 멸종을 생물이 환경에 적응하지 못했다는 증거로 보기는 어렵다. 더욱이 멸종되기 전에는 그 생물이 수백만 년 동안이나 번성했다는 것이 화석 기록에 나타나 있다면 더욱 그러하다.

　우리들은 적응을 진화의 기작으로 간주해서는 안 된다. 왜냐하면 오늘날의 모든 생물은 이미 환경에 미려하게 적응하고 있으며(제5장을 보라), 필경 과거에 살았던 생물들도 마찬가지였을 것이기 때문이다. 라우프는 "후손이 언제나 그 조상보다 더 잘 적응한다고 말할 수는 없고, 어쩌면 거의 분명치 않을 수도 있다. 달리 말해서 생물학적 진보는 발견하기 어렵다"고 말하고 있다.[9] 그럼에도 불구하고 적응주의라는 용어는 널리 남용되고 있다. 후기 다윈주의(post-Darwinian) 시대의 과장된 경향에 대해 틴버겐은 다음과 같이 언급하였다 : "어떤 사람들은 생물의 기관이나 색깔 패턴, 행동 특성 등의 생존적 가치에 대한 개연성 없는 이론을 정당화시키기 위해서 너무 논리를 비약시켰던 나머지 점차적으로 이런 쪽의 연구를 믿을 수 없게 만들었다. 존경받는 한 유명한 자연사학자는 한 때 홍닙적부리도요(roseate spoon bill)의 밝은 분홍빛 부리가 동틀 때와 석양 무렵에 보호색이 된다고 진지하게 주장하기도 하였다. 그는 기타의 시간에는 과연 그 새가 어떻게 생활하는지에 대해서 전혀 고려하지 않았던 것이다."[10] 어떤 진화학자들은 그저 자연선택이나 적응주의라는 어휘가 쓰여졌기 때문에 과학적으로 보이는 근거 없는 생각과 말도 안 되는 이야기들을 주장하기도 한다. 예를 들어서 굴드와 르원틴은 다음과 같이 기술하였다 : "만약 어떤 특정한 경우에 대한 증거 부족 때문에 그들이 간절히 원하는 바가 원론적으로 부정되는 것이라면, 우리들은 적응주의자들의 논리를 그렇게 맹렬히 반대하지는 않을 것이다. ……만약 진지한 검증에서 실패한 후에 그것이 포기될 수 있다면 다른 대안이 나타날 가능성이 있으리라. 그러나 불행히도 진화학자들이 추구하는 일반적인 과정은 다음과 같은 두 가지 이유에서 그러한 제한적인 부정을 허용하지 않는다. 첫째는, 하나의 적응 논리가 거부되면 보통은 다른 종류의 설명이 필요할지도 모른다고 의심하기보다는 다른 적응 논리로 이어진다는 것이다. 적응에 관한 이야기는 우리의 상상력만큼이나 다양하기 때문에 언제나 새로운 이야기가 출현하는 것이다. 그리고 만약 금방 준비되는 새로운 이야기가 없으면, 그들은 항상 그 기간을 잠시 무시하면서 곧 새로운 이야기가 만들어질 것을 믿는다. ……둘째는, 어떤 이론이 있을 때 그것을 받아들이는 기준이 너무 모호한 탓으로 많은 것들이 적절한 확인 없이 통한다는 점이다. 종종 진화학자들은 자연선택과 **모순되지 않음**을 유일한 준거(criterion)로 사용해서 그저 그럴듯한 이론을 구성할 수 있으면 다 된 것으로 생각하기도 한다. 그러나 그럴듯한 이야기는 언제나 가능하다. 과거 역사를 더듬는 연구에 있어서 중요한 점은 현재의 결과로 이끄는 많은 개연적인 경로 중에서 과연 어느 것이 적절한 설명인가를 밝힐 수 있는 준거를 마련하는 것이다."[11]

다윈이 생물 종의 진화적 변화의 원천으로 찾았던 것은 사실상 종을 안정화시키는 원인이었다. 예를 들어서 한 개별적인 식물체는 토양 조건, 바람, 고도, 그리고 다른 외부조건에 따라 다소 다른 형태를 나타낸다.[12] 이런 적응성 때문에 식물은 매우 다른 환경조건 속에서도 잘 자랄 수 있지만, 그렇다고 해서 식물 자신이 갖는 유전형(genotype)의 범위를 벗어나지는 못한다. 이와 유사하게 생물체의 개별적 변이나 다형현상도 개체군이 생물 종의 영역을 넘어서게 하지는 못한다. 그러나 다형현상은 생물 종으로 하여금 융통성을 갖게 하여 적은 규모의 환경 변화에 의해 멸종에 이르지 않도록 하는 데 기여한다. 예를 들어서, 달팽이 개체군은 여러 다른 형태를 가짐으로써 이득을 본다. 그 이유는 달팽이를 잡아먹는 새들은 한 번 잡아먹은 달팽이와 똑같이 생긴 것만을 잡으려 하는, 탐색 영상을 뇌리에 새기고 있기 때문이다. 따라서 달팽이가 다양한 모습을 갖게 되면 어떤 한 지역에서 달팽이가 모두 잡혀 먹힐 수 있는 가능성은 줄어든다. 따라서 다형현상은 한 생물집단이 진화나 멸종에 의해서가 아니라, 그 집단이 지니는 여러 다양한 형태의 구성비를 변화시킴으로써 외부적 요인에 적응할 수 있도록 하는 것이다. 곤충이 살충제에 대해서 내성을 '쉽게 갖게 된다'는 것은 잘 알려진 예인데, 이것은 사실상 그 개체군내에 이미 존재하는 내성이 큰 변이종들의 상대적 비율을 재조정하는 경우라고 말할 수 있다. 그러한 적응에 진화가 필요한 것은 아니다.

 그러므로 변이는 다윈이 생각했던 바와는 달리 진화의 원천이 아니다. 생물 종은 변이성을 가짐으로써 멸종이나 진화에 이르지 않고도 생태적으로 적응할 수 있게 되는 것이다. 환경이 변화할 때 생물 종이 멸종으로부터 회피할 수 있는 보다 간단한 방법은 이주하는 것이다. 엘드리지는 이것을 "환경을 따라간다"고 표현했다.[13] 그 예로서 북부 유럽에서는 빙하기에 직면하여 일부 딱정벌레 종들이 간단하게 남쪽으로 옮겨갔는데 어쩌면 전체 생태계도 덩달아서 이주했을지 모른다.[14] 그렇다면 다형현상과 이주는 진화적 변화를 야기시키는 기작이 아니다. 그것들은 생물 종이 일단 확립되면 그 종을 오래 유지시키는 데 기여하는 안정성의 기작이다 (화석 기록에서의 단절을 야기하는 대규모적인 멸종은 분명히 이러한 안정성을 유지시키는 수단이 여러 생물 종들을 보전하기에는 충분치 못할 만큼 너무나 갑작스럽고 너무나 격렬한 변화에 의해서 나타났을 것이다).

생물에서의 목적성

 만약 진화가 무작위적인 돌연변이와 적자생존의 산물이 아니라면, 새 생물 종이 우연히 출현된 것은 아닐 것이다. 유전물질은 체계적으로 새로운 주제들의 가능성을 발전시킨다. 그것은 마치 개체생물의 성장에서처럼 이미 정해진 목표를 향해 나아간다. 즉, 목적성을 시사하는 것이다.

 다윈 시대 이래로 목적성은 생물학에서 논란의 대상이었다. 어떤 생물학자들은 목적성을 가차없이 부정했다. 예를 들어 노비코프(Alex Novikoff)는 "모든 생물들의 활동을 기술할 때 목적성이 배제되었을 때에만 ……생물학적 문제들이 제대로 규명되고 분석될 수 있다"고 주장한다.[15]

 다른 생물학자들은 목적성을 필연적인 것으로 간주한다. 오파린은 "생물 조직이 갖는 보편적 '합목적성'은 자연을 공부하는 모든 이들이 무시할 수 없는 객관적이고 자명한 사실이다"고 선언했다.[16] 아얄라도 "목적론적인 설명은 생물학에서 제외될 수 없으며, 따라서 자연과학으로서 생물학의 특수성을 나타낸다"며 이에 동의했다.[17]

그런데 어떤 사람들은 목적성의 실체는 부인하면서도 그 현상은 받아들이는 식으로 이 두 견해의 절충을 시도한다. 예를 들어 줄리언 헉슬리는 "언뜻 보면 생물학의 분야에서는 많은 목적성이 내재하는 것처럼 보인다. 생물은 마치 의도적으로 설계된 듯이 만들어져 있고 의식적으로 어떤 목적을 추구하는 듯이 활동한다. 그러나 진실은 바로 그 '듯이(as if)'에 숨겨져 있다. 다윈의 천재적 관찰에서 보여지는 것처럼 목적성은 단지 피상적이다"고 쓰고 있다.[18]

루리아도 마찬가지의 확신을 보인다 : "화학적 촉매작용이나 그 조절작용의 전체적인 시스템은 너무나도 정교해서 거의 목적성을 시사하는 것처럼 보인다. 그래서 목적지향성(teleonomy)이라는 매우 특별한 용어는 생화학적 기작의 의사목적론적 기능(pseudo-purposeful function)을 표현하는 데 잘 부합된다. 그렇지만 실제로 작용하는 것은 역시 자연선택이다."[19]

토마스 헉슬리는 "목적론은……다윈의 손에 의해서 치명타를 입었다"고 생각했다.[20] 그러나 앞의 제6장에서 보았듯이 자연선택은 진화의 원인이 아니다. 그리고 이 장에서 보았듯이 적응도 생태적 조절 기작이지 새로운 기관이나 생물 종, 또는 생물 문을 나타나게 하는 원천은 아니다. 자연선택을 제거해 버리면 '듯이'라거나 '명백한 목적성'이라는 말이 목적성이라는 말로 변할 이유조차도 없게 된다. 자연계에서 관찰되는 현상에 대해서 더 이상 설명을 붙일 필요가 없게 되는 것이다. 그러므로 생물학에서 목적성이란 용어가 쓰여지는 것에 대해서는 반드시 재검토가 필요하다고 하겠다.

목적성은, 물론 우리 자신의 행위에서 가장 잘 알려져 있다. 우리는 스

7. 목적성 263

스로 추구하고 싶어하는 목적을 자유롭게 선택하고, 성취를 위해 노력하고, 계획한 바를 수행한다. 그 다른 편의 극단에 해당하는 자연계의 무생물들은 자신의 행동을 계획하지 않는다. 그 행동들은 외부조건에 의해 결정될 따름이다. 동식물은 인간과 무생물의 중간에 해당되는데, 그들은 어느 정도 스스로의 행위를 계획하지만 그들이 선택하는 최종 목표에 도달할 정도까지는 아니다.

목표를 수행하기 위해서 꼭 어떤 지식이나 의식이 필요한 것은 아니다. 세탁기는 옷을 빨고, 헹구고, 짜서 말리지만, 그 스스로 무엇을 하는지 안다고 말할 수 없다. 그 목표는 이미 기계 안에 들어 있다. 식물도 이와 비슷한 식으로 목표로 하는 바를 수행하지만, 어떤 의식이 있어서가 아니라 내재적인 원인에 의해서 그러하다. 우리들은 모든 생명체 안에는 인간의 예술과 유사한 그 무엇이 있다는 것을 이미 제6장에서 살펴보았다. 동물은 감각적 지각을 통해 스스로의 행동을 통제한다는 점에서 식물보다 높은 차원에서 목적성을 나타내지만, 그렇다고 해서 지적인 이해에 의해서 그런 것은 아니다(제3장을 보라).

목적성에 관한 저명한 생물학자들의 증언은 분명하고 단호하다. 메더워는 "목적성은 생물들의 두드러진 특성 중의 하나다. 물론 새들은 새끼를 키우기 위해 둥지를 만들며, 한쪽 콩팥이 제거되면 다른 쪽 콩팥이 두 콩팥의 기능을 수행하기 위해서 더 커진다"고 쓰고 있다. 그는 또한 "체세포 중에서 악성으로 변한 변이종을 탐지하고 박멸하기 위해서 전신에 걸쳐 감시 체계가 발달했다(면역감시/immunological surveillance)"는 점을 그 예로 덧붙인다.[21]

모노는 생물체의 기관과 인간이 만든 도구를 다음과 같이 비교한다 : "눈이라는 자연적인 기관이 '목적성'의 물질화를 대변한다는 것을—— 즉, 영상을 포착하기 위한 것이라는 점—— 부정하는 것은 얼마나 임의적이고 부질없는 일인가. 이것은 카메라가 어떻게 생겨났는지를 살펴보면 곧 알 수 있으리라. 이런 목적에 알맞게 카메라의 구조가 만들어졌듯이,

생물의 눈도 그 목적에 알맞는 구조를 가진다는 점을 부정하는 것은 너무도 터무니없는 일이다. ……예외 없이 모든 생명체에 공통되는 근본적인 특성의 하나는 목적성이 부여된 존재라는 점이다. ……(일부 생물학자들이 시도하듯이) 목적성을 부정하기보다는, 이를 생물체로 정의하는 바로 그 본질적인 속성으로 인식하는 것이 필수불가결하다."[22]

시넛도 "생명은 무목적성의 존재가 아니며 또 그 행동이 무작위적으로 이루어지는 존재도 아니다. 생물은 조절기능을 가지며, 이미 성취한 목표를 유지하거나 또는 아직 인식하지 못한 목표를 향해서 나아간다"고 주장한다. 그는 모든 생물은 "발전 패턴 또는 목표를 인식하는 방향으로 나아가는 활동성을 보인다. ……그러한 목적론은 결코 비과학적이라 할 수 없으며 오히려 생물의 본성 안에 내재하는 것이다"고 말한다.[23]

자코브는 다음과 같이 언급한다: "헤모글로빈 분자가 산소 분압(分壓)에 따라 모양을 바꾸는 데에는 명확한 목적성이 존재한다. 또한 부신(suprarenal gland) 세포가 코르티손(cortisone)이란 호르몬을 만들어 내는 데에도, 개구리의 눈이 그 앞에서 어른거리는 물체를 포착하는 것에도, 고양이로부터 달아나는 쥐에게도, 암컷 앞을 뽐내며 지나는 수컷의 새들에게도 모두 명확한 목적성이 내재한다." 그는 목적성이란 생물의 본질적 속성 중에 하나라고 주장한다: "조직화라는 개념은 생물의 정의에 내재되어 있는데, 만약 생물이라는 존재에서 목적성을 인정하지 않는다면 도저히 상상조차 할 수 없는 것이다. 생물의 목적성은 무에서 창출되는 것이 아니라 구조화 그 자체에서 기원하는 것이다. 이것이 바로 조직화, 또는 전체성의 개념인 바, 이로부터 생물의 구조가 자신의 목적과 깊은 관계를 가지고 만들어졌다는 최종 결론을 내릴 수 있다."[24]

도브잔스키는 "살아 있는 존재는……예술작품이다. 그 아름다움은 내적 합목적성에서 비롯된다. 인간이 창조하는 예술의 아름다움은 그것을 만든 이에 의해서 주어진다. 이것은 외적 합목적성이다"고 쓰고 있다.[25]

소프는 목적성이 생명과학 특유의 탐구 방향을 제시한다고 지적한다:

"마치 우리가 인간이 만든 기계를 보고 그 구조에 관해 '무엇을 위해 만든 것이냐'고 물을 수 있듯이, 생물의 구조에 관해서도 같은 질문을 던질 수 있다. 그리고 우리는 제법 정확하고 그럴듯한 해답을 종종 얻기도 한다. 그러나 이런 종류의 질문을 무생물계에 던지는 것은 현명치 못한 일이라고 나는 단언하는 바이다. 태양계나 그 일부분에 관해서, 혹은 성운이나 원자 구조에 관해서, 아니면 광물의 일부분에 대해서 '그것이 무엇을 위한 것인가'라고 묻는 것은 확실히 이치에 맞지 않다."[26]

심프슨은 이러한 견해를 연장해서, 물리적이나 화학적인 고찰로서 목적성을 해결할 수는 없다고 주장한다 : "물리학이나 화학에서는 '어떻게'가 주된 질문이 된다. 거기서는 대부분의 경우에 그 질문만이 의미가 있다. 생물학에서도 똑같은 물음이 항상 던져져야 하지만, 그 대답은 대부분 물리과학의 용어로서나 주어질 뿐이다. 생물학적 질문에 대해서는 환원주의적 설명이라는 일종의 과학적 설명 방식에 불과한 답이 주어질 뿐이다. '어떻게 유전되는가?', '어떻게 근육이 수축하는가?' 등의 질문들이 현대 생물물리학과 생화학에서 제기되는 그런 질문들이다. 그러나 생물학은 거기서 그치지 않는다. 이제부터는 '무엇 때문에(what for)?'라는 목적론적 의문이 신랄하게 제기되어야 한다. 이런 질문은 지극히 논리적일 뿐만 아니라 궁극적으로는 모든 생물현상에 대해서 물어져야만 한다. ……유전과 근육의 수축은 생물에 유용한 기능으로서 작용한다. 그러나 'DNA를 통해서 유전형질이 다음 세대로 전달된다거나, 크레브스 회로를 거치면서 에너지가 방출된다'는 것과 같은 '어떻게?'라는 질문에 대한 대답이 '무엇 때문에'라는 질문에 대한 대답은 아닌 것이다."[27]

생물학으로부터 목적성을 배제하려는 시도는 부분적으로 물리학적 방법론을 흉내 내고자 하는 욕구에서 비롯되었다. 이러한 욕구는 목적성이 바로 생명과학을 물리학과 **구분짓는** 특징의 하나이기 때문에 잘못 인도된 것이다. 보어의 말을 들어 보자 : "생물의 내부적 기능이나 외부 자극에 대한 반응을 기술하려면 때때로 물리학이나 화학에 없는 목적성이라는 말이 필요해진다."[28] 이와 같은 느낌을 틴버겐도 토로한다 : "물리학자나 화학자는 그들이 연구하는 현상에서 목적성을 고려하지 않아도 괜찮지만, 생물학자는 그것을 염두에 두어야만 한다."[29]

생물에서 발견되는 목적성을 단순히 관찰자의 신인동형론적 인식(anthropomorphic imposition)으로 간주하여 간과해서는 안 된다. 첫째로, 위에서 인용한 전문가들은 목적성이 관찰자의 창작이 아니라 생물 그 자체에 내재하는 것이라고 주장한다. 이들은 "생물을 정의하는 데 필수적인" 혹은 "생물의 본성 안에 내포되어 있는" 따위의 문구로 목적성을 말하고 있다. 둘째로, 어느 누구도 생물의 모든 관점에서 목적성이 나타난다는 점을 부정하거나 또는 생물학에서는 이 말을 사용할 수밖에 없다는 점을 부정하지 않는다. 만약 목적성이 인간 인식에서 비롯되는 것이라면 우리들은 모든 과학 분야에서 그것을 발견할 수 있을 것이다. 그러나 사실은 그렇지가 않다. 아무도 수학에서 목적성이란 용어를 사용할 필요를 느끼지 않는다. 수학자들은 소수가 왜 있는지, 혹은 삼각형의 한 변이 갖는 목적은 무엇인지 하는 질문으로 고민하지 않는다. 수학은 만유적인 목적론에 의해서 성가심을 당하지 않아도 되는 것이다. 물리학이나 화학에서도 마찬가지다. 따라서 생물학에서 불가피하게 채용되는 목적성이란 개념은 인간이라는 관찰자에게서 비롯되는 것이 아니라, 그 연구 대상에서 비롯되는 것이다. 생명은 순수한 의미의 목적과 목적성을 내재하고 있는 것이다.

생물학에서는 만약 우리들이 어떤 구조가 왜 존재하는지를 밝히지 못하면 그것을 제대로 이해하지 못한다. 리클레프는 이 점을 지적한다 : "대부분의 나뭇잎들은 편평한 구조라는 일정한 패턴을 보인다. 어떻게 잎들은 이렇게 편평하게 되었는가? 우리들은 세포가 분열하여 잎 눈을 만들고, 그것에서 잎이라고 부르는 구조물로 조직화되는 성장 기작을 알아낼 수 있다. 그렇지만 그것은 단지 발생과정에 관한 기술일 뿐이다. 잎의 화학적 성분에 대한 지식을 가지고 잎의 형태를 예측할 수 있을까? 도대체

나무라는 생물체의 어느 부분이 나뭇잎의 편평함을 낳게 하여 그것을 잎에게 전해 줄까? 낙엽수들은 왜 바늘 형태의 잎을 갖지 않으며, 가지 끝에 잎이 달려 있는가? 도대체 잎이란 것이 왜 존재하는가? 이런 질문들에 대한 유일한 대답은 잎의 편평한 모양이 어떤 목적을 이루고자 한다는 것이다. 잎은 편평하므로 광합성의 에너지 원천인 빛을 효과적으로 흡수할 수 있고, 주변과 가스 교환이나 열 교환을 하는 데에도 이상적인 기관이 된다. 편평한 물체는 표면적이 크면서도 그것을 만드는 데에는 비교적 재료가 적게 소요된다."[30]

바다비둘기(guillemot)의 알이 서양배 모양을 하는 것도, 목적성을 배제하고서는 이해하기 어렵다. 이런 모양 때문에 그 알은 직선적으로 멀리 굴러갈 수 없다. 따라서 바다비둘기들은 둥지를 만들지 않고 절벽 틈새에 알을 낳아도 그 알은 굴러 떨어지지 않는다.[31] 만약 알 수만 있다면 최선의 설명은 목적성을 아는 것에서부터 시작된다. 예를 들어서 학생들이 허파에 대해서 배운다고 할 때, 그들은 그것이 호흡을 위한 기관, 즉 산소를 흡입하고 이산화탄소를 배출하기 위한 기관이라는 것을 가장 먼저 배운다. 그 다음에 그들은 허파의 해부학적 구조나 생리에 대해 배우며, 허파의 미세구조, 호흡 색소, 그리고 상세한 화학반응에 이르기까지 다루게 된다. 그렇지만 이런 세부적 지식들은 호흡이라는 허파의 목적성을 염두에 두지 않고는 무의미하다. 호흡의 목적을 이해함으로써 우리는 그 구조들이 왜 존재하고 왜 필요한지를 이해할 수 있는 것이다.

생물체의 목적성을 발견할 수 있는 놀라운 예는 여러 생물들에게서 관찰되는 일시적 구조물에서 찾아진다. 틴버겐은 병아리가 알을 깨고 나올 때 사용하는 목 근육에 대해서 쓰고 있다 : "병아리가 바깥 세계와 접하기 위한 처음 동작은 목을 계속 앞으로 내뻗음으로써 알껍질을 뚫고 내미는 것이다. 이때 필요한 목의 특수한 근육은 그 후 퇴화되어 버린다."[32] 리클레프는 많은 종들이 충분한 경험과 사냥기술을 습득하기 전에는 생식 능력을 갖지 않음에 주목했다.[33] 생식은 또한 기막히게 계절에 맞추어 잘 이루어진다. 예를 들어서 캐나다와 미국 북부에 사는 큰사슴의 암컷은 가을에 교접하고 여덟 달 동안 새끼를 밴다. 이 두 가지 사실은 큰사슴의 새끼가 먹을 것이 많고 따뜻해지기 시작하는 봄에 태어나도록 하기 위한 것이기 때문에 결국 목적성을 명시하는 것이 된다. 보다 놀라운 시기맞춤 (synchronization)은 다른 포유동물에게서도 발견되었다. 동물행동학자인 크룩(John Crook)은 스텔라 바다사자(Stellar sea lion)와 북극 바다표범 (northern fur seal)이 어떻게 새끼들에게 유리한 쪽으로 수정, 자궁착상 그리고 출산 등의 과정을 조절하는지를 묘사하고 있다 : "그 동물들은 1년의 대부분을 바다에서 생활하다가 초여름에는 무리를 이루게 된다. 짝짓기는 1년 내내 바다에서의 떠돌이 생활을 마치고 뭍에 올라 새끼를 낳은 직후에 벌어진다. 이러한 시기맞춤은 암컷과 수컷이 서로 짝을 찾아 바다를 떠돌 필요가 없게 하기 때문에 매우 유리하다. 그런데 이들의 임신기간은 불과 8개월밖에 되지 않아서 만약 그대로 진행된다면 출산이 한겨울에 이루어질 수밖에 없는데 겨울은 대단히 적절치 못한 시기다. 그래서 암컷은 수정란을 자기 몸 안에 그대로 간직하여 생명력의 탄생을 연기시킴으로써 이 문제를 '해결한다'. 수정란의 자궁착상은 출생에 가장 적합한 시기보다 8개월 쯤 전에 비로소 이루어진다."[34]

또 다른 놀라운 통제는 털갈이를 하는 새들에게서 발견된다. 조류학자인 뤼펠(Georg Rüppell)은 다음과 같이 언급한다. "자신의 적으로부터 도망가는 데 전적으로 비행에만 의지할 필요가 없는 새들――바다쇠오리(auk), 아비새(loon), 농병아리(grebe), 또는 거위나 두루미 같은 물새들뿐만 아니라 잘 은닉된 둥지를 만드는 새들을 포함해서――은 한꺼번에 깃털을 모두 갈기 때문에 그동안은 날지 못한다. 그들은 위험이 닥치면 숨어버리거나 적이 닿지 않는 곳으로 잠수한다." 이어서 그는 덧붙인다. "그러나 털갈이하는 동안에도 날아다녀야만 하는 새들은 깃털을 일정한 순서대로 조금씩 갈아 나간다."[35] 식물 중에서 목본류의 종자들은 "대부분 오랫동안 추운 날씨를 겪어야만 발아가 되는 기작을 소유한다

(때로는 얼었다가 녹는 과정이 두 차례 정도 되풀이되어야만 한다). ……만약 이런 기작이 없다면 그 종자들은 겨울 동안 잠깐 있는 따뜻한 날에 발아하였다가 뒤따라 이어지는 추위에 얼어 죽게 될 것이다."[36] 이런 모든 예에서 명백히 볼 수 있듯이 자연은 목적에 알맞는 수단을 사용하고 있는 것이다.

사람이 무엇인가를 하기 위해서 스스로 가장 좋은 방법을 찾아내려고 노력하다가, 이윽고 자연이 똑같은 원리를 이미 이용하고 있음을 발견하곤 하는 무수히 많은 예에서 우리들은 목적성을 실감할 수 있다. 이런 예는 특히 군사적 발명에서 많이 나타난다. 잠수함을 탐지하는 데 초음파를 사용하기 시작한 지 몇 년 후에 동물행동학자인 그리핀은 박쥐가 초음파를 이용해서 어둠 속을 비행한다는 사실을 발견하였다. 헬리콥터 조종사들은 다른 헬리콥터의 뒤를 적당한 각도로 따라가면, 앞서 가는 헬리콥터의 영향으로 발생하는 상승기류 때문에 훨씬 효율적으로 날 수 있음을 발견했다. 곧이어 철새들은 이미 수백만 년 전부터 V자형으로 무리를 지어 날아가는 데 이 원리를 사용하고 있음이 알려졌다. 또한 제1차 세계대전 동안의 위장 실험을 통해서 미해군은 오메가 회색(omega gray)이 눈에 가장 안 띄는 색임을 발견했는데, 남극지방에 사는 바다제비류(petrel)도 파장, 흡수율, 반사율 등의 광학적 성질이 동일한 색을 지닌다는 것을 알았다.[37] 이는 자연이 바다제비에게 베풀어 준 것보다 더 나은 위장색을 인간은 결코 제공할 수 없다는 것을 의미한다고 하겠다.

목적이나 목적성을 인정한다고 해서 다른 원인에 대해 고찰할 필요가 없다는 것은 아니다. 그 반대로 목적성은 오직 물질적, 구조적, 역학적 원인들 속에서, 그리고 그것들을 통해서만 발휘된다. 보어의 언급을 보자: "기계론적인 입장과 목적론적인 입장은 서로 모순되는 것이 아니라 상호 보완적인 것이다."[38] 로렌츠도 같은 사실을 말한다: "생명 활동이 목적 지향적이라는 사실과 동시에 인과율에 의해 결정된다는 사실을 인식하는 것은 서로를 배척하기보다는 오히려 결합될 때 의미를 갖는다."[39]

이것은 인간의 행위에서도 명백하게 나타난다. 의학의 목표는 환자에게 건강을 주는 것이다. 이러한 목적에 맞추어 의사는 모든 의료행위를 수행한다. 그러나 이런 목적의식에 치우쳐 의사가 건강과 질병의 원리를 무시해도 된다는 것은 아니다. 오히려 의사가 이 점을 깊이 이해할수록 그의 치료는 더욱더 효과적이다. 목적의 관점에서는 다른 모든 것들이 수단이다. 이것은 자연계에서도 그러하다. 먹이에 대한 동물의 욕구는, 만약 그 동물이 먹이를 취하려는 행동을 표출하지 않는다면 헛된 것이 되고 말 것이다. 욕구는 분명히 행동의 원인이 된다.

나아가서 우리들은, 심지어 인간 행동에 있어서 모든 것을 목적성으로 설명하려고 기대해서는 안 된다. 목공소 바닥에 떨어진 톱밥은 어떤 목적도 갖지 않는다. 그것들은 어떤 목적으로 널빤지를 자를 때 생기는 부산물, 즉 폐기물에 불과하다. 마찬가지로 자연계에서도 분이나 요와 같은 배설물은 동물 한 개체의 입장에서 볼 때에는 아무런 목적성도 지니지 않는다.* 그것들은 소화라는 의도적 행위의 부산물로서 생겨난다. 마찬가지로(비록 그것들이 보다 큰 목적에 기여한다고 할지라도) 질병, 부상, 죽음 등에 대한 취약성도 개체 생물에게 어떤 이익이 된다고 볼 수는 없다. 이런 취약성은 자연이 물질로서 생물체를 만들어야만 했다는 데에 관련되는 불가피한 특성이다. 마치 기능공이 자신이 쓰려고 만든 톱날을 녹슬게 하거나 부러지게 하지 않았음에도, 그러한 취약성이 자연스럽게 나타나는 현상과 같은 것이다. 이런 결함은 나무를 절단하는 데 최적의 재료로 그 기능공이 선택한 물질과 관련된 도저히 어찌할 수 없는 것이다. 개체 수준을 넘어서는 어떤 목적에 기여하는 것들도 있다. 생식기관은 개체를 위한 것이라기보다는 그 생물 종을 위한 것이다. 잉여 DNA는 어떤 한 생물 종을 위한 것이 아니라 전체 생물군에 기여하는 것이다.

동물의 행동은 목적이나 목적성을 배제하고서는 이해할 수 없다. 그리

---

* 배설물도 전체 생태계에서 볼 때에는 유익한 목적에 쓰이는데, 물소 같은 종은 배설물을 자기 세력권을 표시하는 데 쓰기도 한다(제4장을 참고하라).

7. 목적성 271

핀은 둥지를 트는 일부 새들의 포식자 배제 행위(predator-distraction behavior)에 관해 다음과 같이 기술하고 있다: "조류학자들이나 동물행동학자들은 둥지를 트는 물떼새(plover)가 알을 품고 있을 때, 인간과 같은 커다란 침입자가 다가갔을 경우에 보이는 행동을 여러 번 관찰한 바 있다. 침입자가 보호색으로 위장된 새나 그 알을 미쳐 보기도 전, 제법 먼 거리에 있을 때, 물떼새는 일어나서 둥지로부터 몇 미터 떨어진 곳으로 살며시 걸어간다. 그리고 나서야 비로소 날카로운 소리를 내는 물떼새(piping plover)라는 이름에 걸맞는 소리를 내기 시작한다. 그러고는 둥지 쪽을 제외한 아무 방향으로나 재빨리 뛰어가거나 날아오른다. 만약 그 새들이 먹이를 찾고 있거나 또는 보호해야 할 알이나 새끼가 없을 때 사람이 다가간다면, 그들은 그저 안전한 곳으로 날아가서 필경 먹이 찾는 일을 다시 시작할 것이다. 물떼새들이 외적에 취약한 알이나 새끼를 지니지 않을 때에는 결코 침입자에게 접근하거나 또는 침입자의 주의를 끄는 행동을 하지 않는다. (그러나 알을 품고 있을 때에는)……날개를 천천히 퍼덕이면서 둥지로부터 멀리 떨어진 채 침입자의 주위를 맴돈다. 그리고는 새가 곤경에 빠졌을 때 내는 것과 비슷한 울음소리를 크게 낸다. 물떼새는 보통 때 볼 수 없는 자세를 취하기도 한다. ……그 새가 이동할 때 꼬리나 날개를 비정상적으로 유지하는 것은 일반적이다. 때로는 꼬리를 땅에 끈다든지 한쪽 날개를 다른 쪽에 비해 더 뻗는다든지 해서 마치 부상을 입은 것처럼 보이도록 한다. 그렇게 해서 몇 미터를 간 후에는 마치 다친 것처럼 땅바닥에 대고 한쪽 날개나 양쪽 날개를 모두 펄럭인다. 이런 행동은 종종 '부러진 날개 전법(broken-wing display)'이라고 불리는데 아주 그럴듯해서, 관찰자가 이 새가 실제로는 아무렇지도 않다고 생각하기까지는 상당한 관찰을 필요로 한다. ……포식자들은 일반적으로 먹이감의 걸음새나 동작에 나타나는 미세한 징후에도 매우 민감하다. 그리고 많은 경우 비정상적으로 보이는 쪽을 공격한다."[40] 이런 책략으로 물떼새는 포식자를 둥지로부터 따돌리는데 때로는 300미터 이상을 유인하기도 하며, 그 이후에는 갑자기 휙 날아올라 멀리 우회해서 둥지로 돌아온다. 이것은 명백히 목적성을 갖는 행위다.

다른 예들도 많다. 리클레프는 어떤 종류의 새들은 자기에게 꼭맞는 짝을 찾아내는 수단으로서 정교한 구애행위를 한다고 설명한다 : "부모의 입장에서 부적합한 잡종의 생성은 시간과 노력의 낭비라 할 수 있는데, 이는 생식적 격리(reproductive isolation)에 의해 방지될 수 있다."[41] 여기에서도 목적성이 명확히 작용한다. 우리들은 이 점에서 자연의 효율성과 경제성을 또한 확인할 수 있다. 남아메리카산 화살독개구리(arrow poison frog)의 암컷은 살아 있는 올챙이를 낳은 후, 그것을 등 위에 얹고는 브로멜리아드(bromeliad ; 파인애플과에 속하는 식물)에 고여 있는 물로 옮긴다. 그 암컷은 나중에 다시 그곳을 방문하여 수정되지 않은 알들을 산란해서 새끼가 방어력을 가질 때까지 그것들을 먹고 자라게 한다. 거미줄이나 비버의 댐(beaver's dam), 그 밖의 동물들이 만든 모든 건조물에도 명백한 목적성이 나타나 있다. 이런 예나 무수히 많은 다른 예들에서 보듯이 동물들은 목적을 위해서 행동한다. 그러나 동물들은 그런 목적들을 있는 그대로 지성적으로 이해하지는 못한다. 그들은 이유나 본질을 이해하지 못하고 다만 본능적으로 행동하는 것이다(제3장을 보라). 그러므로 본능의 경우에도 자연은 무언가를 위해서 수행하는 것이다.

동식물의 기관 역시 뚜렷한 목적을 갖는다. 기관은 도구이고, 각각의 도구는 제각기 특수한 역할을 하도록 설계된다(그림 7.1을 보라). 그림 7.2, 7.3에서 볼 수 있는 새의 부리나 발을 대충 살펴보기만 해도 그 새들이 각기 나름대로 살아가는 데 적합하도록 매우 정교한 장비를 갖추고 있다는 것을 알 수 있다.

목적성에 대한 고찰 없이는 어떤 기관에 대해서도 그것을 정의하거나 이해할 수 없다. 목적성은 각 기관이 수행하는 활동 그 자체다. 아얄라의 언급을 보자 : "눈의 작용에 관한 인과론적인(즉, 전적으로 기계적인) 설명만으로도 눈이 어떻게 작용하는지는 알 수 있지만, 그것만으로는 눈과

7. 목적성 273

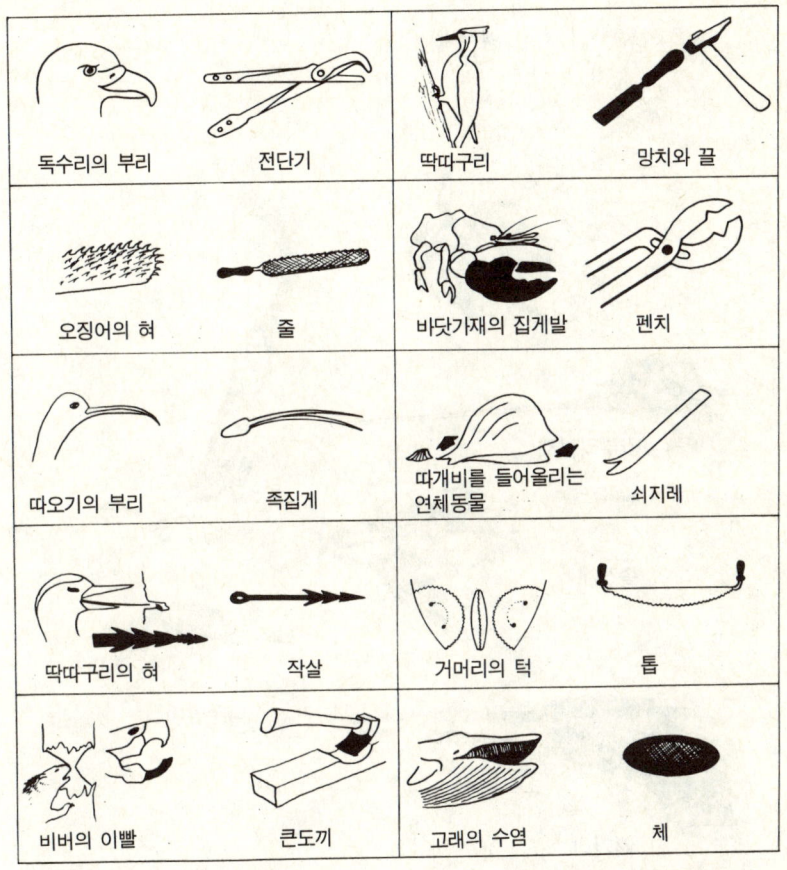

그림 7.1 인간이 만든 공구는 동물의 기관과 같은 의도성을 보인다.

관련된 모든 것, 특히 눈이 무엇을 보도록 만들어졌다는 점을 제대로 설명할 수 없다."[42] 트리부치는 조그만 열대어의 한 종류인 아나블렙스 아나블렙스(*Anableps anableps*)는 두 종류의 눈을 갖는데, 그 중의 하나는 대기중의 물체를 보는 데 사용하고 다른 하나는 수중의 물체를 보는 데 사용한다고 기술했다.[43] 그 물고기는 위쪽 눈을 물 밖으로 내놓은 채 수

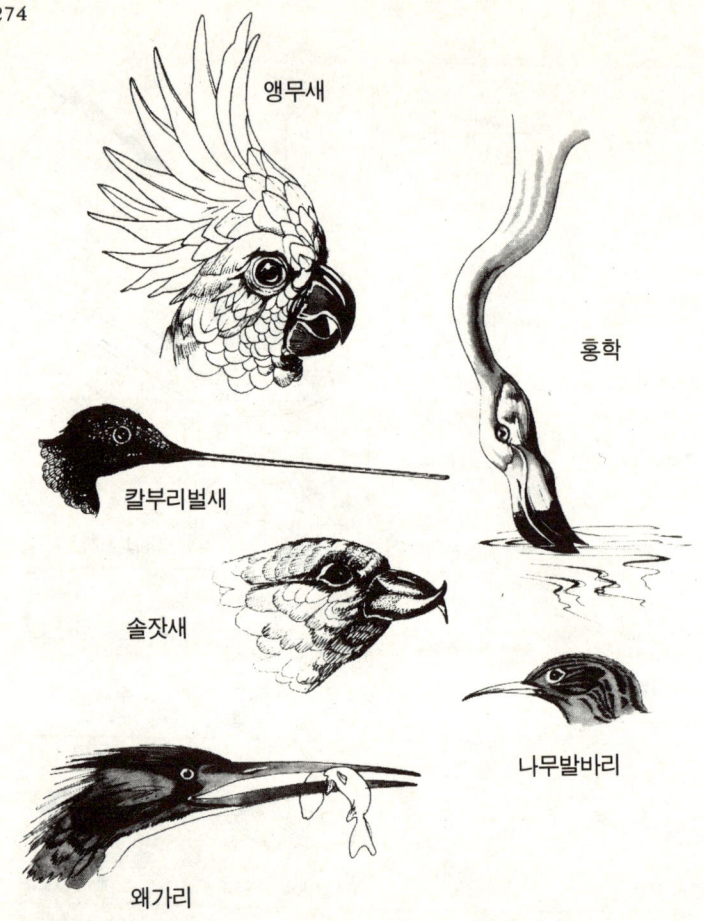

그림 7.2 새들의 부리는 특별한 기능을 위해 잘 만들어져 있다. 예를 들어 묘하게 생긴 솔잣새의 부리는 솔방울의 씨를 빼먹기 좋은 모양을 하고 있다. 홍학은 진흙 속에 있는 작은 먹이들을 골라내기 좋은 부리를 갖고 있다. 앵무새의 구부러진 부리는 견과를 깨는 데 이상적이고, 칼부리벌새의 5인치나 되는 긴 부리는 꽃 속에 깊이 들어 있는 꿀을 빨아먹는 데 좋다. 왜가리의 부리는 물고기를 꿰는 데 좋고, 나무발바리의 부리는 나무껍질 틈새에서 벌레를 쪼아내는 데 알맞게 생겼다. 이런 예들로부터 기능을 위해 형태가 만들어지며, 기능적 측면에서 이를 완전히 이해할 수 있음을 알 수 있다.

7. 목적성 275

강을 걸어서 건너는
새의 발

수영하는 새의 발

비탈을 올라가는
새의 발

횃대에 앉는
새의 발

물체를 단단히
붙잡는 새의 발

그림 7.3 여러 새들의 발을 보면 자연이 얼마나 그 목적에 알맞게 기관을 만드는지를 잘 알 수 있다.

면을 따라 헤엄친다. 이렇게 해서 수면 위아래에 있는 포식자나 먹이를 동시에 볼 수 있다. 하마나 개구리, 악어 등은 코와 눈만을 제외한 나머지 몸체를 모두 물 속에 잠글 수 있다. 이렇게 해서 그들은 잘 은닉된 채로 냄새를 맡거나 볼 수 있고, 하마 같은 경우에는 주변에서 들려 오는 소리까지 들을 수 있다(그림 7.4를 참고하라). 심지어 명백히 대수롭지 않게 보이는 특성들도 때로는 중요한 목적을 행사한다. 헤어텔(Heinrich Hertel)은 나방의 몸 표면을 덮고 있는 전형적인 굵은 털이 박쥐의 초음파를 잘 흡수해서 나방은 박쥐의 초음파에 탐지되지 않는다고 설명했다.[44]

자연은 기능도 구조도 낭비하지 않는다. 자연은 모든 생물이 생활하는데 요긴한 기관을 제공하며 필요 없는 기관을 제공해서 부담을 끼치지 않는다. 따라서 인간의 도구와 동물의 도구가 유사한 것은 결코 우연에 의한 것이거나 가상적인 것이 아니다. 생물학자 테트리(Andrée Tetry)는 동물들의 도구에 관한 책에서 다음과 같은 말로 결론짓고 있다 : "자연의 도구는 무엇에도 비할 수 없는 합목적성을 가지고 있다. ……도구는 언제나, (우리 인간의 견지에서 볼 때) 때로는 적합성에 있어서 다소간 차이가 있긴 하지만, 결정적이고 제한적인 임무를 수행한다. 그것은 목적을 달성하고 있는 것이다."[45]

유전학자 쿠에넛(Lucien Cuénot)은 유기체 구조의 경이로움을 다음과 같이 요약한다 : "새들은 긴 날개와 꼬리 깃털, 속이 빈 뼈, 공기주머니, 가슴뼈, 가슴근육, 그리고 절묘한 디자인의 갈비뼈, 목, 발, 척추, 골반 등의 구조를 갖추고 있으므로 날 수가 있다. 마티스(Matisse)는 이런 특징들은 우연히 서로 합쳐진 것일 따름이며, 따라서 산소나 인(燐) 원자의 구조에서 기인하는 속성과 별로 다를 바가 없기 때문에 그 결과물을 놓고 그리 놀랄 필요는 없다고 생각한다. 그러나 나는 새가 정녕 날기 위해 만들어졌다고 생각한다."[46]

자연이 목적을 이루기 위해 사용하는 어떤 수법들은 사실 놀라우리만큼 정교하다. 리클레프는 아르마딜로(armadillo)가 근친 교잡을 피하기

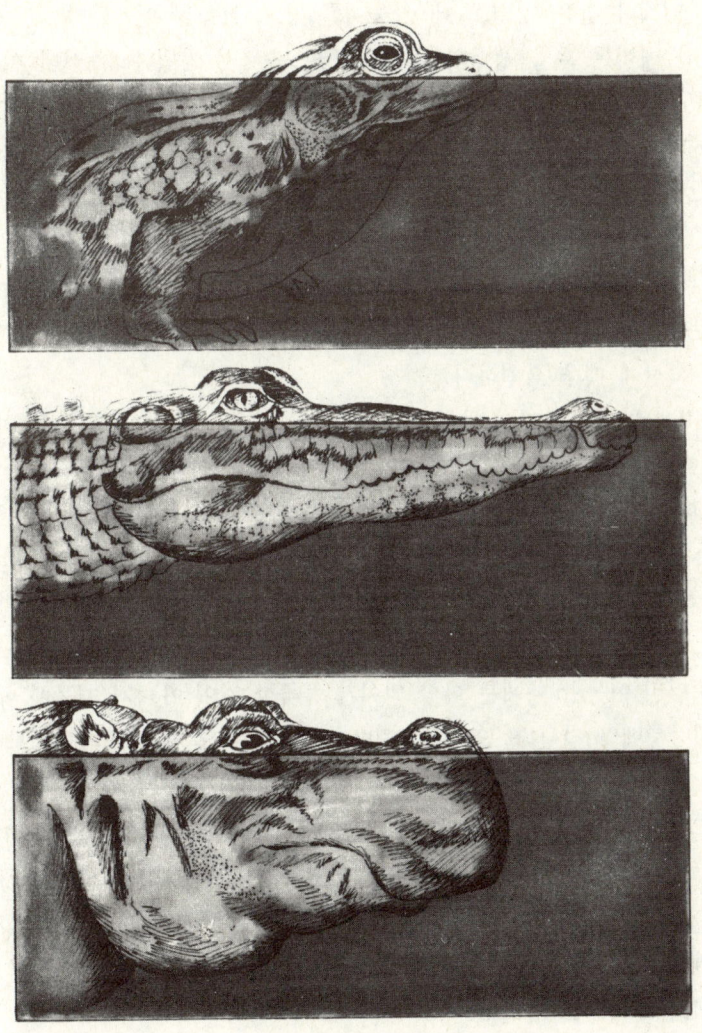

그림 7.4 자연은 거의 모든 경우에 생물이 최적의 기관을 갖도록 한다. 개구리, 악어, 하마 같은 동물은 눈과 코만 내놓고 나머지 신체는 모두 물 속에 잠기도록 몸의 구조가 이루어져 있다. 이렇게 해서 그들은 숨어서 포식자나 먹이를 볼 수 있다.

위해 언제나 같은 성별로 네 쌍둥이를 낳고 있음을 언급한다!⁴⁷⁾ 북아메리카산 매미는 그들 생애의 대부분을 땅 속에서 지낸다. 그런데 미주 대륙의 동부 지방에서는 유충이 17년의 주기로 성충이 되어 번식한다. 남부 지방에서는 그 주기가 13년이다. 이 두 번식 주기는 어떤 포식자의 생애보다도 길다. 더욱이 13과 17은 소수로서 어떠한 포식자도 매미 성충의 출현에 맞추어 생활 주기를 조절할 수 없다.⁴⁸⁾ 오이의 일종인 딱총오이(squirting cucumber)는 내부 압력이 증대되면 씨앗을 시속 35마일로 분출시켜 40피트 이상 날려 보낸다.⁴⁹⁾ 이처럼 놀라운 기작은 딱총오이의 확산에 매우 요긴하다.

목적성은 생물에게서 풍부히 발견된다. 많은 예에서 우리들은 하나의 기관이 두 가지 이상의 목적을 수행하는 것을 인식할 수 있다. 예를 들어서 인간의 혀는 먹는 일 외에도 말하기, 맛보기 등의 목적을 위해 존재한다. 나무의 뿌리는 물과 무기염류를 흡수할 뿐 아니라, 나무를 땅 위에 굳건히 서 있게 하는 역할도 한다. 고래의 지방층(blubber)은 영양분의 저장, 부력의 증진, 단열이라는 세 가지 뚜렷이 다른 용도를 갖는다.⁵⁰⁾ 고래가 멀리 이동할 때에는 항상 먹이가 풍족한 것이 아니기 때문에 에너지를 지방층에 저장한다. 또한 이 지방층은 월등한 부력을 나타냄으로써 고래의 뼈나 내부기관들의 무게를 상쇄시켜 고래가 쉽게 물에 뜨도록 해 준다. 그리고 지방층은 단열재로서 효과가 아주 탁월하기 때문에 얼어붙을 정도로 차가운 물 속에서도 고래가 민첩하게 활동한다면, 체온의 과열을 피하기 위해서 지느러미를 통한 냉각 시스템을 작동시켜야 할 정도가 된다(제5장을 보라). 고래의 지방층은 자연의 단순성, 경제성, 그리고 합목적성을 보여 주는 경이로운 증거다.

물고기의 표면에 분비되는 점액(slime)도 탁월한 효율성으로 세 가지 목적을 성취한다. "물고기는……자기 몸의 주변에 층흐름 경계면(laminar boundary layer)을 형성하는 전략을 구사하여 물의 저항을 감소시킨다. 그 기작은 점액질의 표피에 의존한다. 물고기를 잡아 본 사람은 누구나 비늘의 미끈거리는 감촉을 기억할 것이다. 비늘 사이에 있는 수많은 작은 샘(gland)들이 긴 고리형의 분자(다당류와 단백질)로 이루어진 점액을 물 속으로 분비한다. 이 점액은 여러 가지 목적으로 사용된다. 그것은 박테리아나 미세한 기생충의 접근을 막고, 그 미끈거리는 성질로 인하여 포식자로부터 쉽게 도망갈 수 있다. 긴 고리형의 고분자들이 경계층에서 난류가 형성되는 것을 막는다는 점도 마찬가지로 중요하다. 실험을 통해 태평양 창꼬치류(Pacific barracuda)의 점액에서 얻어진 유기물질이 단지 6ppm 정도의 적은 농도로도 관을 통해서 흐르는 바닷물의 마찰력을 45퍼센트 이상 줄일 수 있음이 밝혀졌다. 사실 소방수들은 요즈음 유체 저항성을 줄이기 위해서 인위적으로 합성한 점액질 다중체인 폴리에틸렌 옥사이드(polyethylene oxide)를 소방호스 속에 소량 주입하여 사용한다. 또한 조정 경기의 규정을 보면, 경기에서 그런 물질의 사용을 엄격히 금지시키고 있는데, 그것은 그 물질들이 선체와 물 사이에 발생하는 저항력을 줄이는 데 아주 효과적이기 때문이다.[51] 이 예에서도 세 가지나 되는 목적과 그 경이로운 효율성을 엿볼 수 있다.

　새의 깃털은 비행, 체온 조절, 보호 그리고 장식의 기능을 갖는다. 뤼펠은 다음과 같이 기술한다: "깃털은 놀랍도록 가벼운 물체다. 가벼우면서도 견고하고 유연하며 또 쉽게 유지·관리할 수 있다. 깃털은 완충효과와 단열, 방수의 기능을 가지며, 보다 중요한 점으로——교체 가능하다는 점을 꼽을 수 있다."[52] 생물학자인 몬타냐(William Montagna)는 표피의 여러 가지 목적들을 다음과 같이 꼽는다 : "피부는 경이로운 기관이다. 신체에서 가장 넓은 부분을 차지하면서 현재까지 알려진 기관 중에서는 가장 다양한 기능을 발휘한다. 그것은 여러 형태의 물리적·화학적 공격에 대한 효과적인 방패다. 그것은 체액을 유지하며, 외부로부터 이물질과 미생물의 침입을 막아서 개체를 보전한다. 그것은 태양 자외선을 차단하는 역할도 하고, 따뜻할 때에는 몸을 식히고, 추울 때에는 열의 손실을 막는 기작도 보유한다. 피부는 혈압을 조절하고 혈액의 흐름을 통제하는 데에도 중요한 역할을 한다. 그것은 감촉을 느끼는 기관이다. 또한 성적 매력을 발산하는 주된 기관이기도 하다. 얼굴이나 몸의 굴곡을 형성하고 또한 지문같이 특징적인 표식을 나타내게 하여 각 개체를 구별짓게 하기도 한다."53) 커티스는 다음과 같이 덧붙였다. "두텁고 얇음, 단단하고 유연함, 거칠고 섬세함 등의 속성들을 조심스레 균형잡고 조절함으로써 ……피부는 다음과 같은 두 기능을 수행한다. 즉, 우리와 우리 주변 환경 사이에서 보호벽이 되며, 이와 동시에 외부 세계와의 소통을 가능케 하는 수단이 된다."54) 우리는 피부가 머리털, 손톱, 비늘과 깃털 등의 근원으로서 각기 동물의 특별한 필요에 따라 봉사한다는 점도 첨부할 수 있다. 혈액 역시 여러 가지 기능을 지닌다. 그것은 영양분을 각 세포로 운반하고 대사 노폐물을 끌어온다. 몸 전체에 산소를 공급하고 이산화탄소를 밖으로 운반한다. 그것은 부상을 치유하고 박테리아나 바이러스 같은 외부 침입자와 싸운다. 혈액은 신체내의 화학적 정보 전달자인 호르몬을 운반한다. 이런 예들에서 나타나는 복합적인 목적성은 매우 놀라운 것이 분명하다.

그것들을 의도된 목적성의 관점에서 본다면, 자연에 의해서 만들어진 기관들은 나름대로 완벽함을 보여 준다. 예를 들어서, 인간의 눈은 단 하나의 광자에도 반응할 수 있을 정도로 민감도의 극단적인 한계까지 작용한다.55) 우리들이 아주 낮은 주파수(16헤르츠 이하)의 소리를 들을 수 없는 것은 다행한 일이다. 만약 그렇지 않다면, 우리는 몸을 움직일 때마다 뼈를 통해 들려 오는 소리 때문에 정신을 차리지 못할 것이다.56)

똑같은 논리가 생물 개체에 대해서도 마찬가지로 적용된다. 만약 벌새보다 작은 새가 있다면 그 새는 물질대사의 속도가 도저히 감당할 수 없을 정도까지 빨라야만 할 것이다. 콘도르(condor)보다 큰 새는 몸체가 너무 무거워서 날아오르는 데 필요한 가속력을 충분히 얻을 수 없을 것이다. 따라서 자연은 스스로 날 수 있는 가장 작은 새와 가장 큰 새를 이미 보유하고 있는 것이다. 뤼펠은 "우리가 더 나은 새를 설계할 수 있을까?"라는 묘한 질문을 던진다. 그는 간단한 생물역학(biomechanics)에 근거하여 '아니다'라고 답한다 : "둥그런 형태의 날개를 가진 작은 새를 더 빨리 날게 하려면 몸체의 무게를 더해서 더 큰 운동에너지로 공기 저항을 극복하는 데 도움이 되도록 해야만 한다. 그러나 그 새는 그 대가로 고도의 기동성을 발휘할 수 없게 된다.

가벼운 몸체로 빨리 날 수 있는 방법의 다른 한 예를 제비에게서 발견할 수 있다. 이들은 길고 뾰족한 날개를 갖고 있다. 긴 날개는 한번 휘저을 때마다 더 먼 구간을 움직일 수 있고, 따라서 보다 강력한 기류를 형성할 수 있기 때문에 짧은 날개보다 더 큰 추진력을 갖는다. 제비는 가장 빨리 나는 새 중의 하나다. 그러나 이들은 상승기류를 타고 날아오를 수는 없다. 그리고 울창한 숲에서는 딱새 등에 비해 민첩성이나 끈기가 훨씬 뒤떨어진다.

만약 우리가 황새(stork)로 하여금 대양을 날아서 건널 수 있도록 하려면, 그 날개의 폭을 더 좁히고 두께를 두텁게 해서 바람에 더 잘 견딜 수 있게 해야만 할 것이다. 그러나 그렇게 되면 황새는 상승기류를 타는 활공 능력을 잃을 것이고 그의 겨울 서식처에도 닿을 수 없게 된다. 닭이나 꿩을 장거리 비행이 가능하도록 '개조하려' 한다면 대신 잽싸게 달리는 능력은 포기해야만 한다. 그러면 그 새들은 보다 쉽사리 매의 먹이가 될 것이다.

한 가지 유형의 새에게 여러 가지 능력을 모두 갖도록 하는 일은 늘 실패하기 마련이다. 이미 우리가 살펴보았듯이 여러 종류의 비행이 갖는 특징들은 임의적으로 대체될 수 없다."[57] 한마디로 말한다면, 각기 생물 종들은 자신의 생활 양식에 적합하게 이미 이룩되어 있기 때문에 우리들은 그보다 나은 새를 고안할 수 없다는 것이다.

목적성은 너무도 당연히 생물의 일부분이 되기 때문에 어떤 중요한 구조물이나 기능의 유용성을 부정하는 것은 성급한 일이다. 예를 들어, 어떤 교과서는 나뭇잎에서 일어나는 증산작용이 너무 낭비적이고 무용한 일이라고 기술하고 있다: "나무가 광합성을 위해서 사용하는 물질 중 가장 많이 필요로 하는 것은 물이다. 그러나 뿌리로부터 흡수되어 올라오는 물 중에서 극히 적은 양만이 저장되고 그 대부분은 잎에서 증발되어 아무데에도 쓰이지 않고 대기중으로 소실되고 만다. 사람들은, 예컨대 나무처럼 성공적으로 살아남은 생물들은 오랜 진화과정에서 구조적으로 잘못된 부분을 배제함으로써 자신들의 생존조건에 완벽하게 적응했을 것으로 간주하곤 한다. 그러나 나무에게서는 명백히 아무 기능도 수행하지 않고 막대한 양의 물이 낭비되고 있다. 우연이지만 불행하게도 나무에게 있어서 광합성을 진행시키는 최선의 방법은 산소와 이산화탄소의 교환을 위해 공기가 접촉할 수 있도록 세포 표면에 습기를 유지하는 것이다. 그 결과는 바로 막대한 양의 물의 지속적인 손실이다. 나무는 주 구성물질인 셀룰로오스 100킬로그램을 생산하기 위해서 약 55킬로그램의 물을 필요로 한다. 그러나 이처럼 나무가 100킬로그램의 목재를 만들기 위해서는 그보다 1000배나 되는 많은 양의 물을 증산작용으로 소모한다."[58]

그러나 더 조사해 보면 이 굉장한 증산작용은 나무에 물을 공급한다는 것 이상의 다른 필수적인 목적을 위한 것임이 드러난다. 마치 동물이 땀을 증발시켜 몸을 식히듯이 증산작용은 나뭇잎이 과열되는 것을 방지하여 더운 날씨에도 식물이 말라 죽지 않게 한다.[59] 기온이 낮아지면 증산량은 자동적으로 줄어들고 기온이 올라가면 증산량도 함께 증가한다. 따라서 지나침이란 전혀 없다. 오히려 나무의 필요에 따라서 정밀하게 조절되는 것이다. 만약 이러한 냉각기능이 없다면, 식물은 마치 태양열 속에 주차시킨 자동차처럼 뜨거워질 것이다. 또한 만약 지하수가 나무나 다른 식물들의 증산작용을 통해서 지상으로 끌어올려져 순환되지 않는다면 엄청난 양의 물이 그저 땅 밑에 잠겨 있을 것이다. 언뜻 보면 불필요하고 낭비처럼 보이는 것도 사실은 나무와 전체 생태계를 위해서 미려하게 디자인된 것임을 알 수 있다.

생물계의 구조가 완벽하다는 점을 고려한다면, 목적성이 생물학에서 예측과 발견의 원리가 된다는 것이 그리 놀라운 일은 아니다. "합목적성에 대한 신념은 많은 수확을 가져다 주었다. 내분비샘같이 오랫동안 수수께끼로 알려졌던 신체기관의 역할을 알게 된 것도 그 기관이 무엇인가 목적을 지니고 있을 것이라고 생각했기 때문이었다"고 쿠에넛은 쓰고 있다.[60] 그러한 예측력의 유명한 한 예는 하비(William Harvey)가 혈액순환의 원리를 발견한 것에서 찾을 수 있다. 하비는 해부학적 연구에서 정맥 안의 판막이 한 방향을 향하고 있음을 주목했다. 그는 자연계에서는 아무런 목적 없이 존재하는 것이 없다고 생각했기 때문에 혈액의 순환을 가정했고, 후에 실험과 측정을 통해서 그것을 증명할 수 있었다.[61] 유사한 방법으로 크릭과 윗슨은 1953년 DNA의 분자 구조를 발견했을 때, 즉각적으로 그것이 어떻게 복제되는지를 예측할 수 있었다.[62]

목적성은 생명에 대한 모든 관점에 스며 있다. 모든 세포의 물질대사는 개체 생물을 위해서 질서정연하게 진행된다. 성장은 형태의 완성을 목적으로 한다. 모든 동식물의 기관과 기능, 자기 치유 능력, 동물행동학과 생태학에서의 발견, 이 모든 것들은 생물의 목적성을 암시하고 있다. 우아하게 그리고 경제적으로, 자연은 수단을 목적에 귀속시키고 있다. 물질은 형태를 갖추기 위해 존재하고, 그 두 가지는 모두 기능을 위해서 존재한다. 모든 세포, 조직, 기관들은 목적을 위해 봉사한다. 모든 동식물은 주어진 목표를 위해 활동한다. 전체 자연계는 목적성으로 질서정연한 것이다.

8

위계질서

    현대 생물학은 모든 생물 종을 평등성의 관점에서 바라보는 뚜렷한 경향성을 갖는 것으로 특징지워진다. 생물들은 단지 복잡성에 있어서만 차이가 있을 뿐 마치 서로서로가 같은 수준에 놓여 있는 것처럼 가정된다. 다윈은 다음과 같은 일반 원칙, 즉 "고등이니 하등이니 하는 용어는 결코 쓰지 말아야 한다"고 자신의 공책에 기록했다.[1] 이 원칙은 인간에게도 적용된다. 생물학자인 트리버스(Robert Trivers)는 "침팬지와 인간은 약 99.5퍼센트의 진화과정을 공유하는 데에도 불구하고 대부분의 사람들은 자신들만이 신에 다가서는 징검다리로 간주한다. 진화론자들에게는 정녕 그렇지 못하다. 한 생물 종이 다른 생물 종보다 우월하다고 할 수 있는 객관적인 근거는 결코 존재하지 않는다. 침팬지와 인간, 파충류와 곰팡이, 우리 모두는 자연선택이란 과정을 통해 30억 년 이상 동안 진화되었다"고 쓰고 있다.[2]

    이런 관점에서 본다면 인간을 우월하게 보는 것은 모노가 부르는 바, '인간 중심적 환상'의 희생자로 전락함을 의미한다.[3] 인간은 오직 자신의 어리석은 허영심 때문에 스스로를 다른 피조물 위에 놓으려고 한다. 그러나 앞의 철학은 인간이 스스로 만족해 하는 그 위치가 사실이 아님을 일깨워 준다. 우주의 관점에서 보면 인간은 극히 미미한 존재며, 인간을 구성하는 화학물질을 돈으로 계산할 때 1달러 50센트 정도에 불과한 우연의 산물이다. 이런 맥락에서 심프슨은 다음과 같이 기술한 한 현대 작가의 솔직성을 높이 산다. "(주인공인) 그는 과학자들이 이 세계가 아무런 목적성을 가지지 못한다는 점을 발견했으며, 또 목적성의 증거를 요구하는 종교를 포기할 것을 강요함으로써 그들과는 다소 마음이 맞지 않았다. 오직 그는 우주의 의미를 믿는 유아적 환상을 버려야 한다는 사실을 직시할 수 있을 뿐이었다. 그는 인류가 독립된 성인이 되어야 하며 이 암담하고 냉혹한 우주에서 당당히 살아야만 한다고 충고한다."[4] 같은 논지에서 마굴리스와 새건(Dorion Sagan)은 "결국 인간이라고 해서 특별히 다를 것은 없다. 우리의 풍부한 상상력, 문명의 번영, 능력 등에도 불구하고 우리 인간은 박테리아 집단, 그 이상은 아니다. 즉, 진핵세포의 결집체에 불과한 것이다."[5]

현대 생물학이 평등주의를 선호하는 데에는 다음과 같은 세 가지 이유가 존재한다. 첫째, 목적성을 부정하는 입장은 자연계의 그 어느 것도 다른 어느 것에 종속될 수 없다는 논리를 수반하게 된다. 둘째, 적응론의 관점에서는 모든 생물 종이 동등하게 취급된다. 자연선택은 동물과 식물, 인간을 구분하지 않는다. 어떤 종도 더 고등하거나 더 우월하지 않고, 단지 다를 뿐이다. 심프슨은 "단지 적응만을 근거로 한다면 어떤 한 적응형이 다른 한 적응형보다 우월하다거나 열등하다고 말할 수는 없다"고 표현한다.[6] 셋째, 종 개념의 부정이 점진주의에 내포되어 있다. 다윈은 한 개체군 안에서 나타나는 변종의 차이가 축적되어서 궁극적으로는 종의 차이를 낳는다고 생각했다 : "변종(varietiy)은 종이 형성되는 과정에서 나타나는 중간형이며, 나는 그들을 초기 종(incipient species)이라고 부르는데……변종간의 적은 차이가……종간의 커다란 차이를 낳는다." 결론적으로 다윈은 인간이 편의상 종의 개념을 고안한 것으로 보았다 : "나는 종이라는 것이 서로서로가 매우 닮은 개체들의 집합에 대해서 편의상 임의로 주어진 명칭이라고 생각한다. 그래서 그것은 변종이란 용어와 본질적으로 다를 것이 없다고 간주한다."[7] 만약 이 말이 사실이라면 모든 생물은 서로서로가 어느 정도 차이가 있을 뿐 종류에 있어서는 근본적으로 차이가 없다는 것이 된다. 인간은 그저 아메바보다 조금 더 복잡한 물질의 복합체에 불과한 것이다. 심프슨은 이런 결론에 대해서 다음과 같이 기술한다 : "어떤 의미에서 포유동물과 조류는 보다 세련된 파충류이며, 파충류는 보다 세련된 양서류라 할 수 있다. 양서류는 보다 세련된 어류이며, 궁극에 이르러서는 생물은 모두 다 보다 세련된 아메바라고 하는 데까지 귀착될 것이다."[8] 스탠리는 "다윈의 점진주의적 견해를 고집하면 ……종분화의 의미가 애매해진다"고 말한다.[9]

목적성의 부정, 적응론, 점진주의 등은 현대 생물학으로 하여금 생물종을 균일한 존재로 간주하도록 하는 데에 책임이 있다. 그러나 앞의 제7장에서 보았던 것처럼 적응은 진화의 원인이 아니며, 목적성은 생물체를 이룩하는 데 중요한 역할을 한다. 더욱이 앞의 제6장에서는 품종의 개량이 새로운 종으로 발전하지 않음을 살펴보았다.

적응론이 주장하는 바는 모든 생물은 각자의 생활양식에 맞게 잘 적응하고 있으므로 어느 한 종이 다른 종보다 더 우월하다거나 열등하다고 할 수 없다는 것이다. 그러나 이러한 주장은 마치 발의 기능이 눈의 기능보다 더 나을게 없다는 지적과 같다. 각 부위는 그 역할에 맞게 적응하고 있다는 것이다. 이런 종류의 동등성은 모든 생물이 다 적합한 구조를 갖기 때문에 발견된다. 그러나 (2/4가 3/6과 같다고 할 때처럼) 이런 방식의 비례적 동등성이 그 요소들의 동등성을 증명하는 것은 아니다(즉, 앞의 예에서 2≠3이며 4≠6이다). 그러므로 각각의 생물이 자신의 일을 똑같이 잘 한다고 해서 그 생물들이 모두 동등하다고 결론지을 수는 없다. 식물에게는 식물 나름의 임무가 있고 ; 동물에게는 지각적이고 정서적인 일이 있으며 ; 사람에게는 지성적이고 도덕적인 일이 있다.

종의 기원을 설명하기 위한 자연선택설이 종국에는 종의 개념을 부정하게 된 것은 아이러니컬하다. 생물학은 종에 대한 개념 정립이 없이는 불가능하다. 왜냐하면 어떤 사람이 과연 무엇에 대해서 말하고 있는지를 알지 못하고, 또 서로 독립적으로 행해지는 관찰에서 그 대상 생물이 과연 똑같은 종류인지를 증명할 수 있는 방법이 달리 없기 때문이다. 과학은 개체에 대한 지식이 아니라 부류에 대한 지식을 다룬다. 콜린 패터슨은 "종은 실재한다. 그것은 결코 우리가 임의로 자연에 부여한 개념이 아니다"고 말했다.[10] 생물 종에 대한 정의로서 서로 교배될 수 없다는 점을 드는 것은 첫번째 원칙으로 그리 나쁘지는 않지만, 그것만으로는 충분하지 않다. 그 예로서, 이 원칙은 화석상으로 나타나는 생물들에게는 적용할 수 없다. 또한 생식적으로 격리되었다 해도 자매 종(sibling species)은 본질적으로 한 종으로 인식된다.[11] 따라서 다른 종과 교배할 수 없다는 것은 종의 정의(definition)라고 하기보다는 종의 속성(property)이라고 할 수 있다. 계통 분화에 의하면, 종은 몸 구조가 유전적으로 다르다는 것에 의해서 다른 종과 구분된다. 이 점은 종분화의 원인이 무엇이든지간에 이에 따라 종이 정의될 것이라고 가정한다는 점에서 적어도 다윈과 같은 견해다. 다윈이 생물 종의 구분을 임의적인 것으로 확신했던 것은 점진주의를 종분화의 원인으로 파악했기 때문이었다.

　이런 문제점들을 한편으로 제쳐놓고 이제부터는 자연계의 위계질서나 종속관계가 과연 존재하는지를 살펴보기로 하자. 그런 다음에 생물의 역사에서 그러한 위계질서가 나타나는지 화석 기록을 통해 조사해 보자.

　제2장에서 우리는 자연계에서 나타나는 물리적, 화학적, 생물학적 유형의 위계질서에 관해서 논의한 바 있다. 지상의 자연 피조물들을 아무런 편견 없이 살펴본다면 그것들이 하등한 단계에서, 보다 고등한 단계로 분명한 순서를 보임을 알 수 있다. 즉, 광물, 식물, 동물, 인간으로의 단계가 존재하는 것이다. 각각의 단계는 그보다 낮은 수준의 모든 능력을 보유하면서 동시에 자기만의 고유한 능력을 보인다. 예를 들어서 동물은 식물처럼 성장하고, 영양을 섭취하고, 또 자손을 만들 뿐만 아니라, 또한

식물과는 달리 감각기를 통해서 외부 세상을 감지하고, 이동하며, 정서를 경험하기도 한다. 이런 자연계의 질서는 인간이 생각해 낸 것이 아니라, 생물 그 자체의 본질적인 불평등을 반영하는 것이다. 더욱이 이런 질서는 위계적이어서 보다 불완전한 형태에서 더 완전한 형태로, 좋은 것에서 보다 더 좋은 것으로, 나아가서 최상의 것으로 나아가는 위계질서다. 각 단계는 그 선행단계보다 질적으로 우수하다.

자연계에는 어떤 것도 다른 것보다 더 나을 것이 없다는 주장은 온당치 못하다. 건강은 질병과 단지 다르다는 것이 아니라 보다 나은 상태다. 볼 수 있다는 것은 볼 수 없는 것보다 우월하다. 한마디로 말하자면 생물은 무생물보다 우월하다. 식물이 바위보다 더 나을 것이 없다는 주장을 하는 사람은 힘을 갖는 것이 그렇지 못한 것보다 더 나을 것이 없다는 주장 역시 펴야만 한다. 그렇지만 이런 주장은 기실 불합리하다. 움직일 수 있는 능력을 갖는 것은 신체 마비의 상태보다 확실히 낫고, 음식을 소화하는 능력을 지니는 것은 그런 능력을 지니지 못하는 것보다 분명히 낫다. 아무리 하등한 생물이라 하더라도 바이러스나 무생물은 결코 할 수 없는 성장을 이룩한다(제2장을 참고하라). 그러므로 생물은 무생물보다 우월한 존재인 것이다.

더 나아가서, 자신의 행위를 스스로 결정하는 것은 외부에 의해 결정되는 것보다 낫다고 할 수 있다. 만약 그렇지 않다면 성인의 활동이 갓난애의 활동보다 더 고상하다거나 낫다고 결코 말할 수 없을 것이다. 자유인이 노예보다 더 나을 것이 없고, 정신장애자가 정상인과 동격이라고 말하는 것과 같다고 하겠다. 그러나 이미 우리들이 제2장에서 살펴보았듯이 생물은 자율적으로 활동하는 능력을 지닌 존재로 정의된다. 이런 행동 유형은 무생물에게서는 얻어지지 않는다. "생물이 하는 일은 돌멩이에서 발생되는 일과는 다르다"고 소프는 말한다.[12] 그러므로 설령 가장 하등한 생물이라 하더라도 자기 내부로부터 스스로의 행동을 통제한다는 점에서 살아 있지 않은 어떤 존재들보다 더 우월하다.

다시 말해서, 수단은 목적을 이루기 위한 것이므로 언제나 목적이 수단보다 우월하다. 식물은 여러 방법으로 무생물로 하여금 생물에게 기여하도록 한다. 예를 들어서 나무는 광합성을 진행시키는 데에 햇빛을 사용하고, 토양 속의 무기물과 공기중의 기체를 자신의 몸을 구성하는 물질로 전환시킨다. 만약 무생물이 생물의 수단이 된다면 생물은 분명히 무생물보다 우월한 존재인 것이다.

다윈 자신도 무생물에 대한 생물의 우월성을 인식했다 : "가장 비천한 생물체라고 하더라도 우리 발밑의 무기질 먼지보다는 훨씬 우월한 존재다. 편견이 없는 사람이라면 누구나 다 그것을 공부하면서 생명체의 그 경이적인 구조나 속성에 놀랄 것이다."[13]

똑같은 준거에서 동물은 식물보다 우월하다. 동물은 위에서 언급했듯이 식물보다 더 많은 능력을 지니며 더 많은 활동을 수행한다. 그리고 동물은 식물보다 더 완벽한 자기 지향성을 갖는다. 왜냐하면 동물은 성장할 뿐만 아니라, 자기 주위의 세상을 감각하면서 그것에 의해 통제되는 국지적 행동을 수행하기 때문이다. 또한 동물은 먹이와 피난처, 그리고 다른 목적들을 위해서 식물을 이용한다. 따라서 동물은 식물보다 고등하다.

마찬가지의 준거로 본다면, 인간은 식물과 동물의 능력에 덧붙여 지능과 의지를 가지므로 다른 생물보다 우월하다. 이러한 능력을 바탕으로 인간은 목적뿐만 아니라 수단까지도 선택하므로 자연의 다른 어떤 생물보다도 완벽하게 행동한다. 또한 사람은 자연의 모든 것——무생물, 식물, 그리고 동물——을 자신의 목적에 맞게 최대한 이용한다.

무생물에서 시작해서 식물, 동물, 인간으로 이어지는 질서 속에 내재하는 본질적인 불평등은 **보다 단순하다**거나 **보다 복잡하다**는 말로는 적절하게 표현되지 않는다. 이 용어들은 이미 있는 것들의 단순한 나열을 의미한다. 식물—동물—사람의 순서는 생명의 충만함이 점진적으로 증가하는 단계를 나타낸다. 각 단계가 높아짐에 따라 보다 낮은 수준의 능력은 변형되고 승화되며, 그 전에서 보여지는 것과는 질적으로 다른 새로운 능력이 출현한다. 마치 각각의 생물체들이 세포, 조직, 기관, 기관계라는 미려하게 구성된 위계질서로 이룩되고 있는 것처럼, 모든 생물체도 하등에서 고등으로의 자연적 질서로 묶여지고 있는 것이다. 그래서 소프는 "생물학의 모든 일반론은……위계질서의 개념을 포함해야만 한다"고 선언한다.[14]

물질이 생물에게 종속되는 정도는 식물이 무기물을 이용하는 것 이상으로 연장된다. 우리의 우주와 그 역사, 물질계의 법칙 등이 전반적으로 생명계의 유지에 특별히 적합하다는 증거는 물리학, 화학, 천문학 등에서 얼마든지 볼 수 있다. 예를 들어 물리학자 폴 데이비스(Paul Davies)는 지구와 같은 행성이 존재할 수 있는 것은 초신성 폭발을 일으키는 별의 크기에 전적으로 달려 있다는 점을 지적한다.

"초신성(supernovae)은 우주의 화학적 진화에 중요한 역할을 한다. 태초의 우주는 거의 수소나 헬륨으로 이루어져 있었다. 따라서 이들보다 무거운 원소들은 어디서 왔는가 하는 의문이 생긴다. 그것들이 별 안에서 합성되었다는 점은 이미 알려진 사실이다. 그렇다면 문제는 그것들이 어떻게 별 밖으로 빠져나올 수 있었느냐 하는 것이다. 폭발하는 늙은 별은 계속된 핵반응의 결과로 합성된 무거운 원소들을 풍부히 지닌다. 초신성의 폭발은 이것들을 우주 사방으로 퍼져 나가게 한다. 이러한 오래 전에 죽은 별의 부스러기들을 모아서 다음 세대의 별과 행성들이 형성되는 것이다. 우리 신체내의 탄소, 우리 행성의 내부핵을 이루는 철, 원자로 안의 우라늄 등은 태양계가 형성되기 전에 존재했던 초신성으로 인한 것이다. 만약 초신성이 없었다면 지구 같은 행성은 존재하지 못했을 것이다."[15]

이러한 초신성은 약력(weak interaction)의 세기가 조금만 달라졌어도 생겨날 수 없었을 것이다 : "만약 약력이 훨씬 약했더라면 중성미자(neutrino)는 초신성 폭발을 일으킬 만큼 충분한 압력을 별의 바깥 표층에 가할 수 없었을 것이다. 그 반대로 만약 그 힘이 훨씬 더 강했다면 중성미자는 원자핵 속에 갇혀서 아무런 힘도 발휘하지 못했을 것이다."[16] 그 어느 쪽을 따르더라도 별 속에서 만들어진 무거운 원소들은 태양이나 행성 같은 제2세대 별들을 형성하지 못하므로 생물의 탄생은 불가능했을 것이다. 그러므로 물리학에서의 미약한 상호작용이 이 우주에서 생명의 탄생을 이룩하는 데 절묘하게 들어맞았던 것이다.

이것은 단순한 우연의 일치가 아니다. 똑같은 사례들이 물리학의 여러 다른 기본 상수들에서도 발견된다. 예를 들면, 만약 원자핵 안의 양성자와 중성자를 결합시키는 강력(strong force)의 세기가 현재 수준의 절반으로 감축된다면, 화학 원소들은 매우 빠르게 분해될 것이다. 그래서 심지어 철이나 탄소 원소조차도 불안정해질 것이다. 그 반면에 만약 강력이 조금이라도 더 커진다면, 이중 양성자(di-proton)가 존재할 수 있게 되어 보통의 수소가 갑자기 폭발하게 될 것이다. 만약 그렇게 되었더라면 이 우주의 모든 수소는 미처 별이 만들어지기도 전에 다 타 없어져 버렸을 것이다. 그러면 안정된 원소도 없고 수소도 없었으리라. 그리고 그 어느 경우에서나 생명체의 출현은 불가능했을 것이다.[17]

폴 데이비스는 우주 팽창의 속도에 대해서도 '유사한 균형 감각'이 존재한다고 말한다 : "현재 우주의 밀도로 볼 때 우주는 그 탄생의 순간부터 정확하게 정의된 속도로 팽창이 진행되어 현재의 상태를 이룩했을 것이다. 만약 첫 폭발이 너무 작았더라면 우주 물질들이 잠깐 동안 흩어졌다가 다시 응축되면서 모여들어 망각의 상태로 환원되었을 것이다. 그 반면에 만약 첫 폭발이 너무 컸다면 그 조각들이 너무 빠른 속도로 제각각 흩어져 버려 한데 모여서 성운을 형성할 수 없었을 것이다. 실제로는 그 폭발이 아주 적절한 강도로 이루어져서 그 결과로 위의 두 극단 사이를 취하게 되었을 것이다."[18]

물리학에서의 다른 많은 상수들도——예로서, 별에서 무거운 원소의 합성을 가능케 하는 '기이하게 다행스런' 공명 같은 것을 들 수 있다——생명의 탄생 가능성에 연관시켜서 이해될 수 있다. 딕크, 카터, 다이슨, 호킹, 휠러 같은 물리학자들은 모두 우주 역사와 그 근본적 속성을 조명하는 데에 있어서 목적으로서의 생명을 관련시켰다. 이런 과정은 당위성 인류 원리(Strong Anthropic Principle)*라고 불리는데, 배로(John Barrow)와 티플러(Frank Tipler)가 최근 진행시키고 있는 포괄적인 연구의 주제다. 그들은 "우주는 그 역사의 어느 단계에선가 그 안에서 생명을 탄생시키고자 하는 속성을 가졌음이 분명하다"고 주장한다.[19]

이에 대한 증거를 조사하면서 분자생물학자 월드는 다음과 같은 결론을 내린다. "만약 그렇게 많은 우주의 물리적 속성 중에서……어느 하나라도 지금과 달랐다면……생명의 탄생은 어느 단계에선가……저지되었을 것이다."[20] 그는 "이 우주는 생명을 키우는 우주다"고 선언한다.[21] 같은 정신에서 유전학자 쿠에넛은 "우주에서의 모든 일은 마치 생명이 필연적이라는 듯이 행해진다. 그렇지만 기계론자들은 왜 그런지 그 이유를 도저히 이해하지 못한다. 왜냐하면 우리들은 생물이 없는, 그리고 있을 수 없는 많은 행성들로부터 생물이 없는 우주를 쉽게 상상할 수 있기 때문이다."[22]

우리들이 발견하는 위계질서는 화석 기록에서 보여지듯이 지상에 있어서 생물의 역사에도 반영되어 있다. 여러 생물 종들이 출현하는 순서는 (그림 8.1에서 볼 수 있듯이) 생태학적으로도 논리적이다. 즉, 물질의 재순환에 매우 중요한 역할을 담당하는 박테리아가 최초로 출현했으며, 이어서 식물이, 그 다음에 동물이, 또 육상식물 다음에 육상동물이, 그리고 곤충 다음에 충매화 식물이 출현했다. 그 일련의 순서 역시 보다 고등의 조직을 향한 진보를 나타낸다. 콜린 패터슨은 "생물의 대분류군을 살펴보면 진보가 단계적으로 이루어졌음을 알 수 있다. 박테리아나 간단한 해조류와 같이 구조가 매우 단순한 생물들이 곰팡이나 벌레류같이 보다 고도로 조직된 생물들이 나타나기 이전에 출현했으며, 이들의 뒤를 이어서 (꽃이 피는) 종자식물이나 육상 척추동물들이 나타났다. 따라서 화석 기록은 진보라는 것을 상동적 특징(homologous feature)의 발전과 그 이

_____
*《과학의 새로운 이야기》의 제4장을 참고하라.

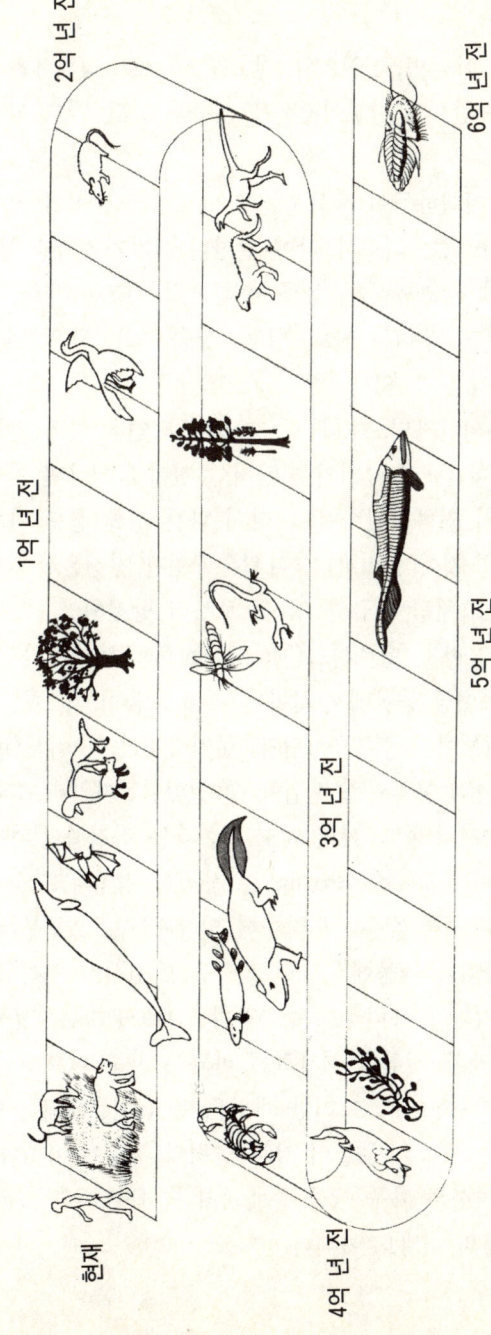

그림 8.1 화석 기록에 의해 밝혀진 생명의 역사. 여러 생물이 최초로 출현한 시기가 표시되어 있다. 전체 그림은 하등한 생물로부터 고등한 것으로의 진화를 나타낸다. (램버트 등)

상의 변화로 정의하든지 아니면, DNA의 정보량 증가로 정의하든지에 상관없이 지질연대순으로 진보가 이루어졌음을 입증하고 있다"고 언급한다.[23]

마치 주춧돌이 건물을 지탱하듯이 하등생물이 고등생물 출현의 계기를 준비하는 것이다. 도브잔스키는 다음과 같이 말한다. "자기복제를 할 수 있는 가설적인 원시물질에서 고등식물, 동물, 인간으로 이르는 생물 진화의 과정을 두루 살펴본다면, 우리는 진보, 발전, 상승, 또는 탁월성의 증거가 있었음을 인정하지 않을 수 없다."[24]

특히 인간에 관해서 논의하자면, 우리들은 지성이 과연 진화의 산물인지를 검토해 보아야만 한다. 관련 학계의 일반적인 견해에 의하면 인간의 지성은 생존의 필요성에서 진화되었으며, 따라서 다른 생물 종도 마찬가지로 지성을 지닐 수 있을 것이라고 한다. 다윈은 "인간 정신은……가장 하등한 동물이 소유했던 그처럼 저급한 정신으로부터 발전되었다"고 생각했다.[25] 그러나 분자생물학자 델브뤼크(Max Delbrück)는 "만약 우리의 지적 능력이 우리로 하여금 동굴에서 살아가는 데 도움이 되도록 진화된 것이라면 어떻게 우리들이 우주론, 소립자, 분자유전학, 수이론(number theory) 등에 관해서까지 통찰력을 발휘할 수 있었겠는가?"라고 묻고 있다.[26] 이러한 추상적인 개념의 그 어떤 것도 생존과는 직접적인 관계가 없다. 물리학자 드 브로이(Louis de Broglie)는 상식적 경험과 모순되는 상대론이나 양자역학 같은 이론들은 "우리들이 일상적 직관으로부터 얻는 데이터와 완전히 상반되기 때문에" 그런 것들을 발전시킨 인간 지성은 원시적 생존 적응의 결과가 아니라고 주장한다. 그래서 그는 "우리의 정신 안에는……일상의 생활 경험이 시사하는 바와는 아주 다른 시공간의 개념이 존재한다"고 부언한다.[27] 그러한 개념은 원시 인류에게는 쓸모없는 것이다. 더욱이 인간 지성은 동물이 갖는 능력의 확장이 아니다(제3장을 보라). 그러므로 지성은 아무 생물 종에게서나 나타날 수 있는 것이 아니며, 점진적인 진화의 결과도 아니다.

만약 점진주의로 인간 지성의 기원을 설명할 수 없다면 지성은 갑작스런 진화적 도약의 결과로 나타났을까? 제6장에서 우리는 생물들 사이의 가장 큰 차이점들이 생명 출현의 초기에 나타났음을 보았다. 캄브리아기 이후로는 새로운 문이 출현하지 않았다.[28] 인류가 출현한 이후로는 몸 구조에 있어서 비교적 적은 차이점만이 유전적으로 가능했을 뿐이다(예를 들어 인간과 고릴라를 구별짓는 정도의 차이만이 있었다). 그러나 인간과 다른 동물과의 정신적 차이는 생물 종들 사이에서 나타나는 그 어떤 차이보다도 훨씬 크다. 도브잔스키는 다음과 같이 기록하였다 : "인간의 구조적 특이성은 인간을 단일 종으로 구성된 동물의 과로 분류하는 데 충분하다. 인간의 정신 능력은 대단히 독특하다. 만약 동물의 분류가 형태적 특징 대신 심리적 특징으로 이루어진다면, 인간은 독립된 문이나 계로 분류되어야 할 것이다."[29] 요컨대 생물들 사이의 큰 차이는 생물의 역사에 있어서 매우 이른 시기에 나타났다. 그러나 인간은 가장 최근에 출현한 종의 하나이며 그러면서도 다른 동물들과는 엄청난 차이를 보인다. 그러므로 인간의 지성은 자연적 진화의 결과로 만들어진 것이 아니다.

이러한 결론은 현대 신경과학에서 이루어진 발견들과 일치한다.* 만약 인간의 지성과 의지가 비물질적이고 그것을 지니는 신체기관을 갖지 않는다면, 그것들은 어떤 자연적 과정에 의해서 물질로부터 진화된 존재가 아닐 것이다. 따라서 마치 대폭발이 있기 위해서는 물질이 미리 창조되어야 했듯이 그것들은 순간적인 창조에 의해서 형성되었을 것이 분명하다. 최초의 생물을 낳게 하기 위해서는 자연계의 뒤안에 정신의 관여가 있어야만 하는 것이리라(제6장 참조). 신경과학자 에클스 경은 다음과 같이 결론짓는다. "물질주의적 해답으로는 우리의 경험적 특이성을 제대로 설명할 수 없기 때문에, 정신이나 영혼의 독자성을 초자연적인 영적 탄생으로 설명하고자 노력한다. 신학적 용어로 설명하면 이렇다. 각각의 영혼은 임신과 출산의 어느 중간 시점에서 태아에게 '부여되는' 새로운 신의 창

* 《과학의 새로운 이야기》 제2장을 참고하라.

조물이다."[30] 이러한 견해는 자연계의 유형과 대체로 일치한다. 느릅나무는 느릅나무로부터, 말은 말로부터 나온다. 그렇다면 오직 정신만이 정신을 낳을 수 있는 것이 아닌가. 그렇다고 인간의 육체가 자연적 원인으로 이룩된다는 것을 부정하는 것은 아니다.

자연계의 위계질서와 우주의 역사는 마치 나뭇가지의 끝에서 꽃이 피듯이, 그렇게 진화과정의 종점에서 나타난 인간에 이르러 그 절정을 이룬다. 어떤 사람은 이러한 결론을 엉터리 같은 독선이라고 말하며, 그런 주장을 펴는 사람은 '종차별주의'에 빠졌다고 생각하기도 한다. 이들이 주장하는 바는, 모기의 관점에서 보면 모기들은 자기들이 우주의 중심이라고 생각한다는 것이다. 또한 그들은 인간이란 광대한 우주에 비하면 얼마나 미천한 존재이며, 또 별과 성단의 장구한 시간에서 보면 얼마나 단명적인 존재인가를 사뭇 주장한다.

그러나 이런 사고는 옳지 않다. 첫째로, 모기는 보편적 인식을 지니지 못한다. 다른 동물들과 마찬가지로 모기가 인식하는 세계는 지극히 협소하다(제3장을 보라). 그 반면에 인간은 이러한 세계를 종합적으로 이해한다. 인간은 사람에 따라 다른 인식의 영역을 이해하고 그 한계까지도 인정한다. 만약 모기가 생각할 수 있다면——물론 그렇게 할 수 없지만——자신이 우주의 중심이라고 주장할 만한 이유를 찾지 못할 것이다. 우리는 앞에서 인간이 그 월등한 능력으로 가장 높은 위치를 차지하는 자연의 위계질서를 살펴보았다. 나아가서 물리학자인 휠러와 호킹은 생명의 탄생이 가능하려면 우주가 지금처럼 장구한 시간과 광대한 규모를 가져야만 했다는 점을 예증하기도 했다. 우주의 시간과 규모는 인간의 미천함을 증명하는 것이 아니라 오히려 그 반대로 인간의 존재를 위해 필요했다고 보여진다.

인간이 1달러 50센트의 값어치에 불과한 화학물질로 구성되었을 뿐이라는 냉소적이고 상투적인 표현에 대해서 분자물리학자인 모로위츠(Harold Morowitz)는 바로 똑같은 견지에서 그에 대해 반박한다. 화학

약품 공급상에서 헤모글로빈의 가격은 그램당 2달러 95센트이고 트립신은 그램당 36달러, 인간 DNA는 768달러 그리고 여포 자극 호르몬은 그램당 480만 달러라는 점을 관찰하고, 그는 몸무게가 168파운드인 인간은 600만 15달러 44센트의 가치를 지닌다고 평가하였다! 그러나 이런 화학물질이 바로 인간의 몸은 아니다. 모로위츠는 계속해서 "만약 내가 인체를 세포 속의 합성된 미세 구조물로 따져서 가격을 매긴다면, 나는 아마도 6000억 달러 또는 그 10배인 6조 달러 정도로 생각할 것이다"고 말한다. 그러한 미세 구조물들을 조직화해서 세포로 만드는 데에는, 만약 그가 그렇게 할 수 있는 기술을 갖고 있기만 하다면, 또다시 6000조 달러의 돈이 소요될 것이다. 그러나 그렇게 해도 세포들은 여전히 기관도, 또 생물체도 아니다: "우리가 어떻게 세포를 조직으로, 조직을 기관으로, 그리고 그 기관을 인간으로 조립해 낼 수 있겠는가? 생각만 해도 엄청난 일이다. 따라서 인체에 대해 값을 매기려는 시도는 전혀 쓸모없는 일이 되어버린다. 그리고 우리는 각 인간이 가격으로 따져질 수 없는 존재라는 점에 명확히 직면하게 된다. 우리는 인간의 몸을 구성하는 가장 기본적인 물질에서 시작해서 그 값을 따져 나가다가 이윽고 한 위대한 철학적 결론——즉, 인간은 각자가 무한히 소중한 존재라는 사실—— 에 도달한다."[31]

 이 점은 또한 단순화를 추구하는 환원주의를 그 자체의 논리로 멋지게 반박한다. 그렇지만 우리는 인간의 진정한 가치가 육체보다는 정신에 있음을 절대로 간과해서는 안 된다. 자연계의 존재물들도 백지 상태로부터 만들어 내려면 마찬가지의 비싼 값을 치루어야만 하겠지만, 그래도 오로지 인간만이 지적 이해력과 자유를 향유할 수 있는 능력을 갖는다. 이 두 가지 능력이 인간에게 무한한 존엄성을 부여하는 것이다.

 우리는 우주 전체가 어떻게 생명을 지향하고 있는지, 그리고 생물의 역사에 있어서 어떻게 하등생물에서 고등생물까지 위계질서가 이루어졌는지를 살펴보았다. 그러면 이 과정은 자연계에서 앞으로도 영원히 계속될 것인가 아니면 어떤 자연적인 기간이 정해져 있는 것인가? 진화는 인간

이후에도 지속될 것인가?

　진화과정에서는 생물이 점차적으로 보다 고등하고 보편적인 능력을 갖는 형태로, 즉 보다 더 충분하고 완벽하게 생명을 표현하는 형태가 되도록 강화된다는 점이 주축을 이룬다. 그렇다면 진화의 기간이 얼마나 될 것인가를 묻는 것은 바로 어떻게 하면 자연적 질서를 벗어나지 않으면서도 생명성을 최대한 강화시킬 수 있는지를 묻는 것이 된다. 이 물음에 대한 답은 정신이다. 오직 정신만이 생명성을——다시 말해 자율성을——가장 밀도 있고 완벽하게 만들 수 있다. 최고의 고등동물조차도 자신이 추구하는 목적을 넘어서서 통제하지 못한다. 더욱이 정신은 지식을 통해서 모든 형태의 생물과 무생물을 인식한다. 부언한다면, 정신은 자연계의 다른 어떤 생물도 지닐 수 없는 특별한 존재다. 그것은 사물의 본질과 존재 이유를 이해할 수 있다. 인간에게 이르러서야 자연은 최초로 자기 자신을 알 수 있게 되었다. 만약 자연이 예술품 같은 것이라면, 그것을 창조한 '정신(Mind)'과는 구별되는 어떤 정신에 의해서 음미되어져야 할 것이다. 자연을 창조한 신성한 예술가(Divine Artist)는 비단 그의 정신이 자신의 작품 속에 반영되길 원할 뿐 아니라, 그것을 관찰하고 참여하는 존재를 원한다. 그 존재가 바로 인간이다. 이리하여 물리적 자연계는 인간과 인간 정신에 의해서 완성된다. 인간을 넘어서는 단계는 전적으로 자연의 질서를 벗어나는 것이며, 따라서 부분적으로라도 진화의 산물이 될 수 없다고 하겠다.

9

새 생물학으로 나아가며

 지금까지 우리는 현대 생물학에서의 몇 가지 문제 영역들을 살펴보았다. 이제 우리는 기존의 생물학과 우리들이 지금까지 추구해 왔던 새 생물학을 전반적인 관점에서 비교해 보아야 할 시점에 이르렀다.
 기존의 생물학이 갖는 약점 중에 하나는 비통일성이다. 생명은 정의될 수 있는가? 동물은 일종의 의식을 경험하는가? 자연선택은 신종의 출현을 전부 또는 부분적으로 설명할 수 있는가, 아니면 전혀 설명할 수 없는가? 이런 출발점에서부터 생물학의 여러 분과들은 의견의 불일치를 보이고 있다. 더욱이 현대 생물학은 그 자신을 물리학과 구별할 수 없을 정도가 되었음에도 불구하고, 현대 물리학과는 기이하게도 보조를 맞추지 못하고 있다. 현대 물리학은 이미 기계론적 설명에만 집착하던 습관을 깨버렸던 것이다. 우리들은 기존의 생물학이 정신에 대한 탐구에 있어서도 역행적 태도를 보이는 것을 발견한다. 물리학자 폴 데이비스는 다음과 같이 말한다. "모든 과학을 선도하는 물리학이 정신을 긍정하는 쪽으로 나아가는 지금, 지난 세기 물리학의 전철을 밟고 있는 현대 생명과학이 정신을 전적으로 부정하려고 한다는 것은 아이러니가 아닐 수 없다."[1] 모로위츠도 같은 모순점을 감지한다: "한때는 자연의 위계질서 안에서 인간 정신의 특권적 역할을 입증하고자 했던 생물학자들이 이제는 19세기 물리학의 특징이었던 골수 물질주의로 나아가고 있는 것이 현실이다. 그러나 한편으로 물리학자들은 설득력 있는 여러 실험 증거들에 직면하여 우주를 엄격한 기계론적 모델로 파악하던 태도에서 벗어나, 모든 물리현상에서 정신이 필연적인 역할을 한다고 바라보기 시작하였다. 두 학문은 마치 반대 방향으로 빠르게 달리는 기차와 같은데, 서로서로 선로의 저쪽 편에서 일어나는 일은 전혀 개의치 않는 것처럼 보인다."[2]

현대 생물학은 과학 이외의 분야와도 상충하고 있다. 스티븐슨(Lionel Stevenson)은 다음과 같이 기록한다. "다윈 이론의 출현으로……시인의 마음이 느끼는 가장 큰 고통 중에 하나는 자연의 잔인함을 알게 되었다는 점이다. 생존을 위한 무자비한 투쟁, 불가피한 파괴를 수반하는 낭비적인 번식력 등은 자연을 묘사한 종래의 시 작품들에 나타나 있는 신의 은총에 대한 신념을 정면으로 부정한다. 만약 신이 존재한다면, 그 신은 전지전능함과 은혜로움을 동시에 허락하지 않을 것이다——따라서 어느 한쪽은 포기되어야만 마땅하다. 그리고 만약 신이 존재하지 않는다면, 자연은 생물들의 고통에는 무관한 엄청나게 거대한 하나의 기계장치에 불과할 것이다."[3] 자연선택 이론은 시인에게서 현명하고 온화한 자연의 모습을 뺏어 갔고, 심각한 신학적, 철학적, 윤리적 문제들을 야기시켰다. 《종의 기원》 초판을 근래에 재판한 편집자인 버로우(J. W. Burrow)는 다윈 이론이 처음 제기되었을 때의 반응을 다음처럼 기술하고 있다 : "어떤 이에게는 그 이론의 의미가 부정적이고 황량한 것으로 보였다. 세계는 더 이상 신의 영광을 선포하지 않는다. 역설적인 것은 다윈이 인간과 다른 동물간의 밀접한 연관성을 밝힘으로써, 그는 오히려 인간과 자연의 정서적 고리를 잘라버린 것처럼 보였다는 점이다. 정녕 이 세계는 전능하신 존재가 모든 세세한 부분까지 관여하여 만들어진 그런 합리적인 구도가 아니다. 그 분의 목적을 우리 인간으로서는 도저히 모두 다 이해할 수 없지만, 그래도 어떤 점에서는 우리 인간이 느끼는 목적이나 감정과 비슷할 것이다. 적어도 그럴 것이 분명하다. 그러나 다윈에 따르면 자연은 맹목적인 우연과 투쟁의 산물이고, 고독하고 지능을 지닌 돌연변이로서 인간은 자신의 보전을 위해서 온갖 야수와 싸워야만 하는 존재다. 어떤 이들에게는 이러한 상실감이 회복될 수 없는 마음의 상처였을 것이다. 인간은 마치 탯줄이 끊어져 '차갑고 무정한 우주'의 한 부분에 불과한 존재가 되었음을 발견했던 것이다. 다윈식의 자연관은 고대 그리스인과 계몽주의자, 합리적 기독교의 전통에서 인식되었던 자연관과는 달리 인간 행위에 대한 어떤 설명도, 인간의 도덕적 딜레마에 대한 어떤 해답도 제공하지 않는다."4)

거의 1세기 전 토마스 헉슬리는 다윈의 자연관과 윤리학의 기존 원칙이 서로 상충됨을 인식했다: "윤리적으로 최선인 행위, 즉 우리가 선이나 미덕이라 부르는 행위는 모든 점에서 자연의 생존 경쟁에서 살아 남는 데 도움이 되는 행동양식과는 정반대다. 윤리학에서는 비정한 이기심 대신 인내를, 경쟁자를 밀어내고 짓밟는 대신 동료를 존중하고 도와야 한다고 말한다. 윤리는 적자생존보다는 다수의 생존을 지향한다. 즉, 존재하기 위해서 투쟁해야 한다는 이론을 부인하는 것이다."5)

따라서 토마스 헉슬리는 "인간은 자연을 윤리의 모델로 삼아서는 결코 안 된다"고 주장했다. 그러나 매우 많은 이론가들은 그에 상반되는 주장을 내세워, 무자비한 투쟁이 자연계의 원칙인 만큼, 그것이 인간 행위의 지표가 되어야 한다고 말한다. 생물학자 하든(Garrett Hardin)은 "어떤 생물 종이 점점 더 성공적이 되면 될수록, 자신의 생존을 위해 물리적 환경이나 다른 생물 종과 투쟁하기보다는 같은 종내에서의 경쟁이 거의 독점적으로 일어난다. 자기와 같은 종을 최대의 적으로 삼을 때 우리는 그 종을 성공적이라고 부르는 것이다. 인간은 바로 이런 식의 성공을 만끽하고 있다. 종내 경쟁(intraspecific competition)은 식인 습관(cannibalism)이나 유아 살해와 같이 잔인할 수 있고, 기사의 마상시합이나 결투처럼 낭만적일 수도 있다. 또 포터(Stephen Potter)의 상대보다 일보 앞서기

(one-upmanship ; 포터가 제안한 경기에서 이기는 규칙＝역주)처럼 미묘할 수도 있다. 그러나 이 모든 것이 같은 목적을 갖고 있다. 즉, 자기 이웃을 희생시켜 자신의 이득을 얻으려는 것이 그 목적인 것이다."[6] 따라서 다윈의 관점에서 윤리학의 기본원칙은 무자비한 것이 되며, 만약 그렇지 않다면 그것은 자연과 모순되는 것이다.

결국, 현대 생물학은 물질주의적 진화론자들이 한쪽 끝에 위치하고, 다른 한쪽 끝에는 근본주의적 창조론자들이 자리잡는, 불행하게도 의견의 양극화 현상을 초래하고 말았다. 양쪽은 모두 다윈주의와 진화를 하나로 취급한다. 즉, 진화론자들은 다윈을 공격하는 것이 진화론을 공격하는 것이라 주장하고, 그 반대로 창조론자들은 다윈이 틀렸으므로 진화론도 틀렸다고 말한다.

그러한 현재의 생물학과는 대조적으로 새 생물학은 여러 단계에서 상당한 통일성을 부여한다. 예를 들면 생명을 자가 통제적 행위자로 정의함으로써 생리학, 자연적인 개체군 조절, 진화의 메커니즘 등을 하나로 묶는다(제2장과 제6장을 보라). 계통 분화 이론은 생태학, 유전학, 고생물학에서 나타나는 자료들을 조화시킨다. 더 나아가서 새 생물학은 인류 원리 안에서 목적성을 상정하는 새 물리학과 일치한다. 그리고 만약 자연계가 지혜와 목적 그리고 미를 융합시키고 있다고 한다면, 예술가와 시인은 당연히 자연을 하나의 모델로 생각할 수 있게 된다. 윤리학 또한 그 원리의 기반을 자연에서 발견할 수 있다.* 궁극적으로 생물학의 새로운 관점은 종교와 과학 사이에 가로놓인 불필요한 대립을 해소시킨다. 다윈은 그의 이론이 자연에 목적성이 존재한다는 증거를 부정했고, 따라서 모든 생명을 지배하는 위대한 정신이 존재한다는 주장을 부정했다고 생각했다 : "페일리(William Paley)가 주장했던 것처럼 자연은 잘 계획된 존재라는 오래 된 관념이 나에게도 매우 결정적으로 작용했지만, 이제 자연선택의 법칙이 발견되고 보니 꼭 그런 것도 아님을 알게 되었다. 우리는,

───────────
＊ 우리는 이 책의 후속 저술에서 이 연관성을 설명하고자 한다.

예를 들어서 이매패류가 지니고 있는 미려한 경첩(hinge)이 마치 사람이 만든 문의 경첩처럼, 반드시 어떤 지적인 존재에 의해서만 만들어진다고 더 이상 주장할 수 없게 되었다. 생물의 다양성이나 자연선택의 행위에 있어서 의도성이 포함되지 않는 것은 마치 바람이 부는 방향에 아무런 의도도 존재하지 않는 것과 같다. 자연계의 모든 것은 정해진 법칙의 결과물인 것이다."7)

그러나 우리는 다윈 이론의 부적절함을 살펴보았다(제6장). 그리고 제7장에서 살펴보았듯이 목적성의 실체는 자연의 배후에 위대한 정신이 있음을 주장한다. 왜냐하면 지성을 갖지 못한 존재가 만약 다른 지성에 의해 통제받지 않는다면 목적을 위해 행동할 수 없기 때문이다. 우리는 다시 한 번 생명의 기원에서 위대한 정신의 증거를 보았다. 생물들의 자연적 위계질서 역시 동일한 결론을 나타낸다. 그런 까닭으로 천문학자 호일(Fred Hoyle)은 다음과 같이 선언한다. "여러 사실들의 상식적인 해석은 초월적 지성이 물리학뿐만 아니라 화학이나 생물학도 지배하고 있으며, 자연에 관해서 언급할 만한 가치가 있는 어떤 맹목적인 힘도 존재하지 않음을 시사한다."8)

오늘날 모든 생물이 지성에 의해 생겨났다고 확신하는 이들은, 동식물들이 자연적으로 생겨났다는 것을 부정해야만 한다고 생각한다. 그 반면에 진화를 확신하는 어떤 사람들은 생물이 물질에서가 아닌 다른 어떤 원인에서 비롯되었다고 생각해서는 안 된다고 느낀다. 한편은 목적성과 신성한 인과율을 거부하고, 다른 한편은 자연적 동기의 역할을 거부한다. 그러나 만약 생물과 무생물을 포함한 전체 자연계가 신의 손 안에 있는 도구라면, 그 어떤 존재도, 마치 셰익스피어가 그의 펜을 움직여 14행 시를 써내듯이, 신(God)과 자연(nature)이 함께 함으로써 새로운 생물 종을 만드는 작업을 방해하지 못했을 것이다. 5세기 무렵의 위대한 신학자 아우구스티누스는 성경의 창세기에 관해서 다음과 같이 주장했다 : "태초에 신은 구체적인 개체로서 모든 생물을 창조한 것이 아니라 미래에 생겨날 존재, 즉 그 동기에 있어서 잠재성을 갖는 개체로서 생물을 창조했다."9) 그는 자신이 잠재적 원리라고 불렀던 진화적 발달과정을 설명하면서 자연의 인과율과 창조주의 인과율 양쪽을 모두 보전하였다. 다른 한 위대한 신학자 아퀴나스(Thomas Aquinas)는 이원적 인과율의 존재 이유를 다음과 같이 설명했다. "신은 스스로 모든 자연물을 만들 수 있지만, 자연물은 또한 어떤 자연적 원인에 의해 생겨날 수도 있다. 왜냐하면 이것은 신성한 능력이 부적합해서가 아니라 오히려 신의 위대한 선(goodness) 때문이다. 즉, 신은 사물들도 그와 닮기를 원했으므로, 사물은 단지 존재할 뿐 아니라 다른 것들의 원인이 될 수 있는 것이다. 사실상 모든 창조물들은 이 두 점에서 신성을 닮는다. ……이리하여 피조물 안에는 질서의 아름다움이 깃들어 있음이 명백하다."10)

현재의 생물학은 여러 종류의 환원주의에 너무 집착함으로써 그 영역이 매우 협소해졌다. 우리는 제1장에서 현대 생물학이 모든 것을 원자 수준으로 환원시키려는 경향을 논했고, 제2장에서는 모든 생명현상을 생화학과 분자적 현상으로만 보려는 시도에 관해서 논한 바 있다. 환원주의의 또 다른 한 형태는 세포를 생물체의 기본단위으로서가 아니라, 생명의 기본단위로 보려고 하는 데에서도 나타난다. 그렇지만 예를 들어서 간세포는 그 혼자서 생존할 수 없으며, 오히려 그 간세포가 어떻게 한 생물체에 종속되어 있는가를 이해할 수 있을 때에만 그 기능이 의미를 갖는다. 환원주의는 의식을 생리적인 현상으로 환원시키려는 데에서도 협소한 태도를 보인다. 환원주의는 반쪽짜리 진리만을 강조한다는 점에서 잘못을 범하고 있다. 심지어 한 생물체에 대한 전반적인 연구에 있어서도 서식처나 생태적 지위, 또는 다른 생물과의 연관성을 무시하고 진행한다면 그것 역시 환원주의에 빠질 수 있다. 생리학자 폰 홀스트(Erich von Holst)는 동물 연구에 대한 두 가지 접근 방식을 구별한다. 그 하나는 한 기관을 다른 모든 것들로부터 떼어내어 그것의 기능을 조사하는 것이며, 다른 것은 생물을 다치지 않고 그대로 두면서 그것이 갖는 기관의 기능을 연구하는 것이다. 폰 홀스트는 이 두 접근 방식이 결합될 때 비로소 "완전한 이론을 낳게 될 것"이라고 주장한다.[11] 어떤 생물도 그것의 자연적 생활조건과 분리해서는 이해될 수 없다. 환경은 생물을 정의하는 한 부분이다. 해부만으로 진행되는 연구는 마치 문장에서 문맥은 고려하지 않고, 한 문장만을 취해서 읽는 것처럼 단지 부분적인 결과만을 낳을 뿐이다. 바로 이 환원주의적 경향 때문에 무시되거나 포기된 생물학 분과도 있다. 동물행동에 대한 연구가 바로 그 예인데, 이 학문은 모든 동물학의 출발점임에도 불구하고 1930년경에 이르러서야 비로소 발전하기 시작했다.

새 생물학은 개체군과 전체 환경에 중점을 둠으로써 환원주의로부터 벗어날 수 있는 효과적인 비방이 된다. 목적성과 정신을 인정함으로써 생물학은 기계론적 설명의 압제로부터 벗어날 수 있게 된다. 그리고 생물계의 위계질서를 인정함으로써 모든 생물을 동등시하려는 경향에 대응할 수 있게 된다.

새 생물학은 현재 알려져 있고 관찰할 수 있는 것에서부터 시작한다. 그것은 우리로 하여금 자연에 아무런 인위적인 것도 부과하도록 하지 않는다. 그러나 현재의 생물학은 **가상적**(imaginary) 자연에서 출발한다. 즉, 기존 생물학은 그것이 보고자 기대하는 것, 그렇지만 자연에는 존재하지 않는 것을 찾고자 부단히 노력한다. 예를 들어서 잘못 적응된 생물, 경쟁, 동물들의 이성적 사고나 언어 등이 그것이다. 심버로프는 "그 이론을 지지하는 실재 자료가 대단히 빈약함에도 불구하고 어떻게 경쟁이 여전히 생태학자들의 사고를 사로잡고 있을 수 있는지에 대한 설명이 필요하다"고 썼다.[12]

실재하지 않는 것을 만성적으로 예측하고 기다리기 때문에 생물학자들은 자연계에서 실제로 발견되는 생물들 사이의 협동관계, 합목적성, 효율성, 환경과의 조화 등을 간과하게 된다. 이런 점들은 대체로 무시되거나 혹은 관찰할 수 없는 가상의 과거가 가정되면서 그 반대쪽의 견해에 맞추어진다. 아름다움과 위계질서는 일상 간과되고 무시된다. 이 점을 단적으로 잘 나타내는 한 예로서 목적지향론(teleonomy)이라는 교묘한 용어의 사용을 들 수 있는데, 이 단어는 자연물 속에 담겨진 목적성의 증거를 부정하기 위한 핑계거리로서 고안되었다.

그리하여 우리는 자연을 있는 그대로 보지 못하고, 실재하지 않는 존재로서 자연을 마음속에 그리게 되었다. 이것은 올바른 과학이 아니다. 가설은 자연과학에서 정당하고 필요한 것이지만, 반드시 한 가지 단서가 따라 붙는다. 즉, 그것은 경험에 근거하고 귀납적 증거와 모순되지 않아야만 하는 것이다. 오래 전에 뉴턴은 실험과학의 원칙에 대해서 다음과 같이 언급했다: "실험철학에서는 정확하거나 혹은 진실에 가까운 현상을 근거로 하여 일반적 귀납에 의해 유추된 명제가 찾아져야 한다. 설령 그것이 상상했던 가정과 모순된다고 해도, 그 가정이 다른 현상에 의해 사실로 밝혀지거나 예외에 속함이 밝혀질 때까지는 그러하다."[13] 생물이 목적성, 경제성, 그리고 협동성을 지님은 논리적으로 분명하다.

새 생물학은 자연에 대한 새로운 인식에서 태어났다. 전통적인 견해에 따르면 "자연의 지혜란 감상적인 주장"이라고 인지되며,[14] 보다 심하게는 자연은 심지어 지혜롭지 않다고 간주되기도 한다. 다윈은 "엉성하고 낭비적이고 실수투성이이고 비열하고 무섭게 잔인한 자연의 피조물들에 관해 악마의 사제가 과연 어떤 책을 쓸 수 있을 것인가!"라고 외쳤다.[15]

그러나 이 책에서 우리들이 살펴보았던 자연은 기술자와 예술가의 모델이 되는 자연이다. 자연은 그 자신이 지니는 단순성, 경제성, 아름다움, 목적성, 조화라는 속성에 의해서 윤리학이나 정치학의 모델이 되기도 한다. 자연의 지혜에 대한 이런 재발견이 새 생물학의 탄생을 필요로 하는 것이다.

주(註)

서 문

1. Edmund W. Sinnott, *Cell and Psyche: The Biology of Purpose* (New York: Harper & Row, 1961), p. 15.
2. Henry Margenau, *The Miracle of Existence* (Woodbridge, Conn.: Ox Bow Press, 1984), p. 32.
3. Ludwig von Bertalanffy, *Modern Theories of Development: An Introduction to Theoretical Biology*, trans. J. H. Woodger (New York: Harper & Row, 1962), p. 22.
4. Ibid., p. 190.
5. Steven M. Stanley, "Darwin Done Over," *The Sciences* 21 (October 1981): 18.
6. Stephen Jay Gould, "Is a New and General Theory of Evolution Emerging?," *Paleobiology* 6 (1980): 120.
7. Ernst Mayr, *The Growth of Biological Thought: Diversity, Evolution, and Inheritance* (Cambridge: Harvard University Press, 1982), p. 73.

1. 패러다임으로서의 물리학

1. Peter Medawar, "A Geometric Model of Reduction and Emergence," in *Studies in the Philosophy of Biology*, ed. F. J. Ayala and T. Dobzhansky (Los Angeles & Berkeley: University of California Press, 1974), p. 62.
2. E. H. Mercer, *The Foundations of Biological Theory* (New York: John Wiley, 1981), p. 1.
3. Similar charts are found in Mercer, p. 15, and Medawar, p. 61.
4. Mercer, p. 14.
5. Heinz R. Pagels, *The Cosmic Code: Quantum Physics as the Language of Nature* (New York: Bantam, 1983), p. 109.
6. Mercer, p. 1.

7. René Descartes, letter to Claude Picot, the French translator of *Principles of Philosophy*, in *Philosophical Works of Descartes*, trans. E. S. Haldane and G. R. T. Ross (Cambridge: Cambridge University Press, 1911), I, p. 211.
8. René Descartes, *Discourse on Method* in *Philosophical Works of Descartes*, I, p. 115.
9. Thomas Hobbes, *Body, Man, and Citizen: Selections from Thomas Hobbes*, ed. Richard S. Peters (New York: Collier, 1962), pp. 77–78.
10. Henry Oldenburg, Letter to Baruch Spinoza, dated London, 27 September 1661, in *The Correspondence of Spinoza*, trans. A. Wolf (London: Allen & Unwin, 1928), p. 80.
11. Isaac Newton, *Principia*, trans. Florian Cajori (Berkeley & Los Angeles: University of California Press, 1934), p. xviii.
12. Pierre Simon Laplace, *A Philosophical Essay on Probabilities*, trans. F. W. Truscott and F. L. Emory (New York: Dover, 1951), p. 4.
13. Mercer, p. 15.
14. Thomas Robert Malthus, *An Essay on the Principle of Population* (1798), ed. Philip Appleman (New York: Norton, 1976), p. 120.
15. Newton, p. 13.
16. Malthus, pp. 118–119.
17. Karl Marx and Friedrich Engels, *Basic Writings on Politics and Philosophy*, trans. Lewis Feuer (Garden City, N.Y.: Doubleday, 1959), p. 43.
18. Sigmund Freud, *A General Introduction to Psychoanalysis*, trans. Joan Riviere (New York: Washington Square Press, 1963), p. 25.
19. Sigmund Freud, *The Future of an Illusion*, trans. W. D. Robson-Scott (Garden City, N.Y.: Doubleday, 1961), p. 80.
20. Freud, *General Introduction*, p. 251.
21. Sigmund Freud, *Civilization and Its Discontents*, trans. James Strachey (New York: Norton, 1962), p. 59.
22. B. F. Skinner, *About Behaviorism* (New York: Knopf, 1974), p. 189.
23. Skinner, p. 104.
24. Edward O. Wilson, *On Human Nature* (Cambridge: Harvard University Press, 1978), p. 16.
25. Ibid., p. 195.
26. Ibid., p. 204.
27. Edward O. Wilson, *Sociobiology: The New Synthesis* (Cambridge: Harvard University Press, 1978), p. 575.
28. Richard Dawkins, *The Selfish Gene* (New York: Oxford University Press, 1976), p. 21.
29. Albert Einstein and Leopold Infeld, *The Evolution of Physics* (New York: Simon & Schuster, 1966), p. 121.
30. Margenau, *Miracle of Existence*, p. 8.
31. William H. Thorpe, *Purpose in a World of Chance* (London: Oxford University

Press, 1978), pp. 9–10.
32. Freeman Dyson, *Disturbing the Universe* (New York: Harper & Row, 1979), p. 248.
33. Richard P. Feynman, *QED* (Princeton, New Jersey: Princeton University Press, 1985), p. 84.
34. Isaac Newton, *Opticks* (New York: Dover, 1952), Query 31, p. 400; Newton, "Rules of Reasoning in Philosophy," in *Principia*, p. 399.
35. Werner Heisenberg, *Physics and Philosophy* (New York: Harper & Row, 1958), p. 28.
36. Eugene Wigner, *Symmetries and Reflections* (Bloomington: Indiana University Press, 1967), p. 189.
37. Max Born, *Physics in My Generation* (London & New York: Pergamon, 1956), p. 48.
38. Dyson, p. 249.
39. Carl F. von Weizsäcker, *The World View of Physics*, trans. Marjorie Grene (Chicago: University of Chicago Press, 1952), p. 33.
40. Heisenberg, p. 186.
41. Margenau, p. 11.
42. Weizsäcker, p. 31.
43. Pagels, p. xiii.
44. Ibid., p. 72.
45. Heisenberg, p. 145.
46. Werner Heisenberg, *Philosophical Problems of Nuclear Science* (Greenwich, Conn.: Fawcett, 1966), p. 98.
47. Dyson, p. 249.
48. Weizsäcker, p. 203.
49. Heisenberg, *Physics and Philosophy*, p. 106.
50. François Jacob, *The Logic of Life: A History of Heredity*, trans. Betty E. Spillman (New York: Pantheon, 1973), p. 307.

2. 생 명

1. J. E. Lovelock, *Gaia: A New Look at Life on Earth* (New York: Oxford University Press, 1979), p. 3.
2. William S. Beck, *Modern Science and the Nature of Life* (New York: Harcourt, 1957), p. 130.
3. Jacob, *The Logic of Life*, p. 299.
4. John Kendrew, *The Thread of Life* (Cambridge: Harvard University Press, 1966), p. 91.

5. N. W. Pirie, "The Meaninglessness of the Terms Life and Living," in *Perspectives in Biochemistry*, ed., J. Needham and D. Green (Cambridge: University of Cambridge Press, 1937).
6. Barry Commoner, "In Defense of Biology," in *Interrelations: The Biological and Physical Sciences*, ed. Robert Blackburn (Chicago: Scott, Foresman, 1966), p. 133.
7. Descartes, *Discourse on Method*, p. 115.
8. René Descartes, from a letter to Henry More, February 5, 1649, quoted by Mirko D. Grmek, "A Survey of the Mechanical Interpretations of Life from the Greek Atomists to the Followers of Descartes," in *Biology, History and Natural Philosophy*, ed. Allen Breck and Wolfgang Yourgau (New York: Plenum, 1972), p. 186; Descartes, *Meditations on First Philosophy*, p. 195.
9. Ludwig von Bertalanffy, "The Model of Open Systems: Beyond Molecular Biology," in *Biology, History and Natural Philosophy*, p. 20.
10. Jacques Monod, BBC Interview, July 1970, quoted in *Beyond Chance and Necessity: A Critical Inquiry into Professor Jacques Monod's Chance and Necessity*, ed. John Lewis (London: Teilhard Centre for the Future, 1974), p. ix.
11. Jacob, *The Logic of Life*, p. 89.
12. Peter Farb, *The Insects* (New York: Time-Life, 1962), p. 58.
13. Edmund Sinnott, *Matter, Mind and Man* (London: Allen & Unwin, 1958), p. 36.
14. Bertalanffy, *Modern Theories of Development*, p. 67.
15. Sinnott, *Matter, Mind and Man*, p. 36.
16. J. S. Haldane, quoted in Sinnott, *Matter, Mind and Man*, p. 38.
17. A. I. Oparin, "The Nature of Life," in *Interrelations: The Biological and Physical Sciences*, p. 200.
18. Ibid., pp. 191-192.
19. Ibid., p. 200.
20. Ibid., pp. 200-201.
21. Jacques Monod, *Chance and Necessity: An Essay on the Natural Philosophy of Modern Biology*, trans. Autryn Wainhouse (New York: Knopf, 1971), pp. 10-11.
22. Oparin, "The Nature of Life," pp. 203-204.
23. Georges Cuvier, letter to Mortrud, *Leçons d'anatomie comparée* (Brussels: Culture et Civilisation, 1969), I, p. xvii.
24. J. Shaxel, *Grundzuge der Theorienbildung in der Biologie* (Jena: Fischer, 1922), p. 308.
25. Paul Weiss, "The Living System," in *Beyond Reductionism: New Perspectives in the Life Sciences*, ed. A. Koestler and J. R. Smythies (Boston: Beacon, 1964), pp. 7-8.
26. Oparin, "The Nature of Life," p. 200.
27. Weiss, "The Living System," pp. 19-20.
28. Jacob, *The Logic of Life*, p. 272.
29. Jakob von Uexküll, quoted by Lucien Cuénot in *Invention et finalité en biologie* (Paris: Flammarion, 1941), p. 222.

30. Weiss, "The Living System," pp. 20-21.
31. Jacob, *The Logic of Life*, pp. 270-271.
32. Bertalanffy, *Modern Theories*, p. 108.
33. Ibid., p. 31.
34. Oparin, "The Nature of Life," p. 201.
35. Ibid., p. 187.
36. Bertalanffy, *Modern Theories*, p. 38.
37. Jacob, *The Logic of Life*, p. 271.
38. Erwin Schrödinger, *Science and Humanism: Physics in Our Time* (Cambridge: Cambridge University Press, 1961), pp. 16-17.
39. Ibid., pp. 20-21.
40. Heisenberg, *Physics and Philosophy*, p. 160. Italics added.
41. Ibid.
42. Harold Hart and Robert Schuetz, *Organic Chemistry: A Short Course* (Boston: Houghton Mifflin, 1972), p. 8.
43. Dyson, *Disturbing the Universe*, p. 248.
44. Mayr, *The Growth of Biological Thought*, p. 63.
45. Ibid.
46. P. B. Medawar and J. S. Medawar, *The Life Sciences: Current Ideas of Biology* (New York: Harper & Row, 1977), p. 165.
47. Ibid.
48. Mayr, *The Growth of Biological Thought*, p. 63.
49. Feynman, *QED*, p. 5.
50. Oparin, "The Nature of Life," p. 199.
51. Jacob, *The Logic of Life*, p. 303.
52. Elizabeth Wood, *Crystals and Light* (Princeton, New Jersey: Van Nostrand, 1964), p. 53.
53. Linus Pauling and Peter Pauling, *Chemistry* (San Francisco: Freeman, 1975), p. 443.
54. Ibid., p. 444.
55. Jacob, *The Logic of Life*, p. 296.
56. Salvador Luria, *Life—The Unfinished Experiment* (New York: Scribner's, 1973), p. 92.
57. Mercer, *The Foundations of Biological Theory*, p. 132.
58. Niels Bohr, "Light and Life," in *Interrelations: The Biological and Physical Sciences*, p. 112.
59. Niko Tinbergen, *Animal Behavior* (New York: Time-Life, 1965), p. 90.
60. David M. Gates, "Heat Transfer in Plants," *Scientific American* 213 (December 1965): 79.
61. Sinnott, *Matter, Mind and Man*, p. 38.

3. 동물과 인간

1. Donald R. Griffin, "Animal Thinking," *American Scientist* 72 (September-October 1984): 456.
2. Descartes, letter to Henry More: see note 8, chap. 2. Italics added.
3. René Descartes, *Treatise on Man*, trans. Thomas S. Hall (Cambridge: Harvard University Press, 1972), pp. 21, 28-29.
4. Ibid., pp. 71, 21.
5. Descartes, *Discourse on Method*, p. 115.
6. Descartes, *Treatise on Man*, pp. 36-37.
7. Thomas H. Huxley, *Method and Results* (New York & London: 1925), pp. 216, 217.
8. Ibid., p. 156.
9. Ibid.
10. *Brain Mechanisms and Consciousness: A Symposium*, ed. Edgar D. Adrian, Frederic Brenner, and Herbert H. Jasper (Oxford: Blackwell, 1956), pp. 404, 446, 423-424.
11. Gordon W. Allport, *Becoming* (New Haven: Yale University Press, 1955), p. 37.
12. Ragnar Granit, "Reflections on the Evolution of the Mind and Environment," in *Mind in Nature: Nobel Conference XVII*, ed. Richard Q. Elvee (San Francisco: Harper & Row, 1982), p. 97.
13. Mayr, *The Growth of Biological Thought*, p. 64.
14. Charles Sherrington, *Man on His Nature* (Cambridge: Cambridge University Press, 1975), p. 230.
15. Gunter S. Stent, "Limits to the Scientific Understanding of Man," *Science* 187 (21 March 1975): 1057.
16. John Eccles, *Facing Reality* (Berlin & New York: Springer-Verlag, 1970), p. 55.
17. Erwin Schrödinger, *What Is Life? & Mind and Matter* (Cambridge: Cambridge University Press, 1967), p. 101.
18. Ibid., pp. 167, 167-168.
19. Eccles, p. 162.
20. Niko Tinbergen, *The Animal in Its World: Explorations of an Ethologist* (Cambridge: Harvard University Press, 1972), I, pp. 123-144.
21. Ibid., pp. 146-195.
22. Otto Koehler, "Non-verbal Thinking," in *Man and Animal: Studies in Behavior*, ed. Friedrich Heinz, trans. M. Nawiasky (New York: St. Martin's Press, 1968), p. 98.
23. Richard K. Davenport and Charles M. Rogers, "Intermodal Equivalence of Stimuli in Apes," *Science* 168 (10 April 1970): 279.
24. Helena Curtis, *Biology* (New York: Worth, 1968), p. 564.

25. Wolfgang Kohler, *The Mentality of Apes*, trans. Ella Winter (New York: Harcourt, Brace, 1931), pp. 305-306.
26. Tinbergen, *Animal Behavior*, p. 21.
27. Donald R. Griffin, *Animal Thinking* (Cambridge: Harvard University Press, 1984), p. 203.
28. Tinbergen, *Animal Behavior*, p. 45.
29. Jacob von Uexküll, quoted by Josef Pieper, *Leisure: The Basis of Culture*, trans. Alexander Dru (New York: Mentor, 1963), pp. 85-86.
30. Niko Tinbergen, *The Study of Instinct* (Folcroft, Pa.: Folcroft Editions, 1969), pp. 25-27.
31. J. Y. Lettvin, H. R. Maturana, W. S. McCulloch, and W. H. Pitts, "What the Frog's Eye Tells the Frog's Brain," *Proceedings of the Institute of Radio Engineers* 47 (November 1959): 1940.
32. Ibid., p. 1940.
33. E. S. Russell, "The Limitations of Analysis in Biology," in *Interrelations: The Biological and Physical Sciences*, p. 59. Italics added.
34. Helmut Tributsch, *How Life Learned to Live: Adaptation in Nature*, trans. Miriam Varon (Cambridge: MIT Press, 1982), p. 204.
35. Ibid., p. 90.
36. Ibid., p. 48.
37. Ibid., p. 58.
38. Ibid., p. 34.
39. Ibid., p. 60.
40. Tinbergen, *The Animal in Its World*, p. 113.
41. W. S. Bristowe, *The World of Spiders* (London: Collins, 1958), p. 240.
42. Richard D. Estes, "Territory's Invisible Walls," in *The Marvels of Animal Behavior*, ed. Thomas B. Allen (Washington, D.C.: National Geographic, 1972), p. 240.
43. Dian Fossey, "Living with Mountain Gorillas," in *The Marvels of Animal Behavior*, ed. Allen, p. 212.
44. Jane Goodall, "My Life Among Wild Chimpanzees," *National Geographic* 124 (August 1963): 296.
45. Tinbergen, *The Study of Instinct*, p. 76.
46. Keller Breland and Marian Breland, "A Field of Applied Animal Psychology," *American Psychologist* 6 (1951): 202-204.
47. Keller Breland and Marian Breland, "The Misbehavior of Organisms," *American Psychologist* 16 (1961): 681.
48. Ibid., p. 682.
49. Ibid., p. 683.
50. Ibid.
51. Ibid., pp. 683, 683-684.
52. Ibid., p. 684.

53. Ibid.
54. Ibid.
55. Keith J. Hayes and Catherine H. Nissen, "Higher Mental Functions of a Home-Raised Chimpanzee," in *Behavior of Nonhuman Primates*, vol. 4, ed. Allan M. Shrier and Fred Stollnitz (New York: Academic Press, 1971), vol. 4, pp. 78–100.
56. H. W. Nissen, "Phylogenetic Comparison," in *Handbook of Experimental Psychology*, ed. S. S. Stevens (New York: Wiley, 1951), p. 377.
57. Griffin, *Animal Thinking*, p. 140.
58. Kohler, pp. 73, 138, 48–49.
59. Jane van Lawick-Goodall, *In the Shadow of Man* (Boston: Houghton Mifflin, 1971), pp. 35–37.
60. W. Kawai, "Newly Acquired Precultural Behavior of the Natural Troop of Japanese Monkeys on Koshima Islet," *Primates* 6 (1965): 1–30.
61. R. Allen Gardner and Beatrice T. Gardner, "Teaching Sign Language to a Chimpanzee," *Science* 165 (15 August 1969): 664–672.
62. Francine G. Patterson, "Linguistic Capabilities of a Lowland Gorilla," in *Language Intervention from Ape to Child*, ed. Richard L. Schiefelbush and John H. Hollis (Baltimore: University Park Press, 1979), pp. 325–356.
63. Herbert S. Terrace, *Nim* (New York: Knopf, 1979). See our bibliography for other references.
64. David Premack, "Language in Chimpanzee?," *Science* 172 (21 May 1971): 808–822.
65. Duane M. Rumbaugh, ed., *Language Learning by a Chimpanzee: The Lana Project* (New York: Academic Press, 1977).
66. Brian B. Boycott, "Learning in the Octopus," *Scientific American* 212 (March 1965): 42–50.
67. Jean Piaget, *Six Psychological Studies*, trans. Anita Tenzer (New York: Vintage, 1968), p. 52.
68. Ibid., p. 10.
69. Jean Piaget, "The Child and Modern Physics," *Scientific American* 196 (March 1957): 47.
70. Ibid., pp. 47–48.
71. Konrad Lorenz, *King Solomon's Ring* (New York: Crowell, 1952), p. 140.
72. Ibid., p. 142.
73. Ibid.
74. Konrad Lorenz, *On Aggression* (New York: Harcourt, & World, 1963), pp. 117–118.
75. Kohler, pp. 320–321.
76. Francine G. Patterson, "Conversations with a Gorilla," *National Geographic* 154 (October 1978): 456, 459.

77. Piaget, "The Child and Modern Physics," p. 49.
78. Ibid., p. 50.
79. Kohler, pp. 28, 30.
80. Herbert G. Birch, "The Role of Motivational Factors in Insightful Problem-Solving," *Journal of Comparative Psychology* 38 (30 May 1945): 298, 302-303.
81. Kohler, p. 30.
82. Ibid., pp. 37, 53.
83. Birch, pp. 298, 302-303.
84. Ibid., p. 314.
85. Kohler, p. 194.
86. Ibid., p. 196.
87. Ibid.
88. Ibid., p. 197.
89. Ibid.
90. E. Sue Savage-Rumbaugh, Duane Rumbaugh, and Sally Boysen, "Linguistically Mediated Tool Use and Exchange by Chimpanzees (*Pan Troglodytes*)," in *Speaking of Apes: A Critical Anthology of Two-Way Communication with Man*, ed. Thomas Sebeok and Jean Umiker-Sebeok (New York: Plenum, 1980), p. 357.
91. Kohler, p. 273.
92. Ibid., pp. 41-42.
93. Robert M. Yerkes, *Chimpanzees: A Laboratory Colony* (New Haven: Yale University Press, 1943).
94. Piaget, *Six Psychological Studies*, p. 12.
95. Benjamin B. Beck, "Cooperative Tool Use by Captive Hamadryas Baboons," *Science* 182 (November 1973): 594.
96. David E. H. Jones, "The Stability of the Bicycle," *Physics Today* 23 (April 1970): 34.
97. Ibid., p. 40.
98. Jane van Lawick-Goodall, "A Preliminary Report on Expressive Movements and Communication in the Gombe Stream Chimpanzees," in *Primate Patterns*, ed. Phyllis Dohlinow (New York: Holt, Rinehart & Winston, 1972), pp. 25-84.
99. Emil W. Menzel, "Spontaneous Invention of Ladders in a Group of Young Chimpanzees," *Folia Primatoligica* 17 (1972): 87-106.
100. David Premack, "The Education of Sarah, a Chimp," *Psychology Today* 4 (September 1970): 55.
101. Herbert S. Terrace, "How Nim Chimpsky Changed My Mind," *Psychology Today* 13 (November 1979): 65-76.
102. Herbert S. Terrace, L. A. Petitto, R. J. Sanders, and T. G. Bever, "Can an Ape Create a Sentence?," *Science* 206 (23 November 1979): 900.
103. Ibid., p. 891.

104. Ibid., pp. 894-895.
105. Terrace, "How Nim Chimpsky Changed My Mind," p. 72.
106. Terrace, *Nim*, pp. 222-223.
107. Ibid., p. 212.
108. Ibid., pp. 150-153.
109. Jean Piaget, *The Construction of Reality in the Child*, trans. Margaret Cook (New York: Basic. 1954), pp. 359-360.
110. Terrace, "Can an Ape Create a Sentence?," p. 900.
111. Thomas A. Sebeok and Jean Umiker-Sebeok, "Performing Animals: Secrets of the Trade," *Psychology Today* 13 (November 1979): 91.
112. Noam Chomsky, quoted in *Time*, 10 March 1980, p. 57.
113. Sheri Lynn Gish, quoted by Leslie Roberts, "Insights into the Animal Mind," *BioScience* 33 (June 1983): 363.
114. Piaget, *Six Psychological Studies*, p. 11.
115. Born, *Physics in My Generation*, p. 48.
116. John Wheeler, "Genesis and Observership," in *Foundational Problems in the Special Sciences*, ed. Robert E. Butts and Jaakko Hintikka (Dordrecht, Holland: Reidel, 1977), pp. 5-6.
117. Wigner, *Symmetries and Reflections*, p. 189.
118. E. S. Russell, *The Interpretation of Development and Heredity: A Study in Biological Method* (Oxford: Oxford University Press, 1930), p. 138.
119. Weizsäcker, *The World View of Physics*, p. 23.
120. Donald R. Griffin, ed., *Animal Mind—Human Mind: Report of the Dahlem Workshop, Berlin 1981* (Berlin & New York: Springer-Verlag, 1982), p. 3.
121. Kathleen Perrin, Assistant Professor of Nursing, private communication, 1984. See also Lois J. Davitz and Joel R. Davitz, "How Do Nurses Feel When Patients Suffer?," *American Journal of Nursing* 75 (September 1975): 1505-1510.

4. 협 동

1. Charles Darwin, "The Linnean Society Papers," in *Darwin: A Norton Critical Edition*, ed. Philip Appleman (New York: Norton, 1970), p. 83.
2. Alfred R. Wallace, "The Linnean Society Papers," p. 92.
3. Thomas H. Huxley, "The Struggle for Existence in Human Society," in *Evolution and Ethics and Other Essays* (New York: Appleton, 1896), p. 200.
4. Alfred, Lord Tennyson, *In Memoriam*, ed. Robert Ross (New York: Norton, 1973), stanza 56, p. 36.
5. Charles Darwin, *The Origin of Species*, 6th ed. (London, 1872; rpt. New York: Mentor, 1958), p. 74.

주(註) 317

6. Daniel Simberloff, "The Great God of Competition," *The Sciences* 24 (July-August 1984): 20.
7. John A. Wiens, "Competition or Peaceful Coexistence?," *Natural History* 92 (March 1983): 34.
8. Ibid.
9. Ibid., p. 30.
10. P. S. Messenger, "Biotic Interactions," *Encyclopaedia Britannica: Macropaedia* (15th ed.), vol. 2, p. 1048.
11. E. J. Kormondy, *Concepts of Ecology* (Englewood Cliffs, N.J.: Prentice-Hall, 1976), p. 143.
12. W. C. Allee, Alfred Emerson, Orlando Park, Thomas Park, and Karl Schmidt, *Principles of Animal Ecology* (Philadelphia: Saunders, 1959), p. 699.
13. Robert Ricklefs, *Ecology* (Newton, Mass.: Chiron Press, 1974), p. 204.
14. Paul Colinvaux, *Introduction to Ecology* (New York: Wiley, 1973), p. 300.
15. Lorenz, *On Aggression*, p. 33.
16. Eugene P. Odum, *Fundamentals of Ecology* (Philadelphia: Saunders, 1971), p. 214.
17. Ibid., p. 216.
18. Frits W. Went, *The Plants* (New York: Time-Life, 1963), p. 168.
19. Frits W. Went, "The Ecology of Desert Plants," *Scientific American* 192 (April 1955): 74.
20. Ibid.
21. Paul Colinvaux, *Why Big Fierce Animals Are Rare: An Ecologist's Perspective* (Princeton: Princeton University Press, 1978), p. 146.
22. Peter Farb, *The Forest* (New York: Time-Life, 1969), p. 116.
23. P. Klopfer, *Habitats and Territories* (New York: Basic Books, 1969), p. 9.
24. Colinvaux, *Introduction to Ecology*, pp. 343-344.
25. G. D. Hale Carpenter, *A Naturalist on Lake Victoria* (London: Unwin, 1920), p. 39.
26. Colinvaux, *Introduction to Ecology*, p. 346.
27. Curtis, *Biology*, p. 747.
28. Charles Elton, *Animal Ecology* (London: Methuen, 1968), p. 86.
29. Ibid., p. 84.
30. Lorenz, p. 35.
31. M. Philip Kahl, "The Stork: A Taste for Survival," in *The Marvels of Animal Behavior*, ed. Allen, p. 267.
32. Nickolas M. Waser and Leslie A. Real, "Effective Mutualism between Sequentially Flowering Plant Species," *Nature* 281 (25 October 1979): 670.
33. Ricklefs, p. 206.
34. Ibid., p. 215.
35. Darwin, *The Origin of Species*, p. 78.
36. Colinvaux, *Why Big Fierce Animals Are Rare*, p. 149.

37. James L. Gould, *Ethology: Mechanisms and Evolution of Behavior* (New York: Norton, 1982), p. 467.
38. Gordon H. Orians, "The Strategy of the Niche," in *Marvels of Animal Behavior*, ed. Allen, p. 171.
39. Colinvaux, *Why Big Fierce Animals Are Rare*, p. 145.
40. Robert H. MacArthur, "Population Ecology of Some Warblers of Northeastern Coniferous Forests," *Ecology* 39, (October 1958): 599, 617.
41. Colinvaux, *Why Big Fierce Animals Are Rare*, pp. 144, 149.
42. Herbert R. Ross, "Principles of Natural Coexistence Indicated by Leafhopper Populations," *Evolution* 11, (June 1957): 113-129.
43. P. Feinsinger, "Organization of a Tropical Guild of Nectarivorous Birds," *Ecological Monographs* 46 (1976): 275-291.
44. R. V. O'Neill, "Niche Segregation in Seven Species of Diplopods," *Ecology* 48 (1967): 983.
45. Ricklefs, p. 204.
46. David Lack, "Competition for Food by Birds of Prey," *Journal of Animal Ecology* 15 (1946): 123-129.
47. H. G. Andrewartha and L. C. Birch, *The Distribution and Abundance of Animals* (Chicago: University of Chicago Press, 1954), pp. 464-465.
48. Lorenz, p. 11.
49. Gould, p. 468. See photograph.
50. Allee et al., p. 699.
51. Colinvaux, *Why Big Fierce Animals Are Rare*, p. 144.
52. Andrewartha and Birch, p. 25.
53. Odum, p. 222.
54. L. David Mech, *The Wolves of Isle Royale: Fauna of the National Parks of the United States* (Washington, D.C.: Government Printing Office, 1966), p. xiii.
55. Adolph Murie, *The Wolves of Mount McKinley: Fauna of the National Parks of the United States* (Washington, D.C.: Government Printing Office, 1944), p. xvii.
56. David Kirk, ed., *Biology Today* (New York: Random House, p. 659.
57. L. B. Slobodkin, "Experimental Populations of Hydrida," in *British Ecological Society Jubilee Symposium* (Oxford: Blackwell, 1964), pp. 131-148. (Also in supplements to *Journal of Ecology*, no. 52, and *Journal of Animal Ecology*, no. 33).
58. Lorenz, p. 25.
59. Mech, p. xii.
60. Murie, pp. 123-124.
61. Thomas C. Cheng, *Symbiosis: Organisms Living Together* (New York: Pegasus, 1970), p. 32.
62. Jean G. Baer, *Animal Parasites*, trans. Kathleen Lyons (New York: McGraw-Hill, 1971), p. 10.
63. Robert L. Smith, *Ecology and Field Biology* (New York: Harper & Row, 1974), p.

주(註) 319

370.
64. Thomas C. Cheng, ed., *Aspects of the Biology of Symbiosis* (Baltimore: University Park Press, 1971), p. 103.
65. David Linicome, "The Goodness of Parasitism: A New Hypothesis," in *Aspects of the Biology of Symbiosis*, pp. 139-227; see also pp. 103-137.
66. G. F. Gause, "Competition for Common Food in Protozoa," in *Readings in Ecology*, ed. Edward J. Kormondy (New York: Prentice-Hall, 1965), pp. 82-85.
67. Robert Axelrod and William D. Hamilton, "The Evolution of Cooperation," *Science* 211 (27 March 1981): 1391.
68. Robert M. May, "A Test of Ideas about Mutualism," *Nature* 307 (February 1984): 410.
69. Lynn Margulis, *Symbiosis in Cell Evolution* (San Francisco: Freeman, 1981), p. 164.
70. Kirk, p. 648.
71. Ibid., p. 649.
72. Cheng, *Aspects of the Biology of Symbiosis*, p. 229; Odum, p. 228.
73. George L. Clarke, *Elements of Ecology* (New York: Wiley, 1954), p. 377.
74. Peter Farb, *Ecology* (New York: Time-Life, 1963), p. 103.
75. Kirk, pp. 658-659.
76. David W. Inouye, "The Ant and the Sunflower," *Natural History* 93 (June 1984): 49.
77. Farb, *Ecology*, p. 104.
78. Clarke, p. 390.
79. George O. Poinar, Jr., "Sealed in Amber," *Natural History* 91 (June 1982): 26, 29-30.
80. Mea Allen, *Darwin and His Flowers: The Key to Natural Selection* (New York: Taplinger, 1977), p. 202
81. Lee R. Dice, *Natural Communities* (Ann Arbor: University of Michigan Press, 1962), p. 300.
82. "Dodo Ecology," *Scientific American* 237 (October 1977): 81-82.
83. Clarke, p. 368.
84. Paul Bucher, *Endosymbiosis of Animals with Plant Microorganisms*, trans. Bertha Mueller (New York: Wiley, 1965), p. 3.
85. Clarke, p. 376.
86. Margulis, p. 167.
87. Odum, p. 232.
88. Curtis, p. 172.
89. Paul R. Burkholder, "Cooperation and Conflict among Primitive Organisms," in *Readings in Ecology*, ed. Kormondy, p. 81.
90. Dice, p. 302.

91. Conrad Limbaugh, "Cleaning Symbiosis," *Scientific American* 205 (August 1961): 42.
92. Ibid. Also see Wolfgang Wickler, *Mimicry in Plants and Animals* (New York: McGraw-Hill, 1968), p. 158.
93. Ibid., p. 48.
94. Ibid., p. 49.
95. Nicolette Perry, *Symbiosis* (Poole, England: Blanford Press, 1983), p. 61.
96. Ricklefs, p. 757.
97. Allen, *Marvels of Animal Behavior*, pp. 174–175.
98. Ibid., p. 195–197.
99. Dice, p. 290.
100. Clarence J. Hylander, *Wildlife Communities: From Tundra to Tropics in North America* (Boston: Houghton Mifflin, 1966), p. 55.
101. Burkholder, p. 77.
102. Margulis, p. 163.
103. Lewis Thomas, "On the Uncertainty of Science," Phi Beta Kappa *Key Reporter* (1980), no. 6, p. 1.
104. Darwin, *The Origin of Species*, p. 83.
105. Tinbergen, *Animal Behavior*, p. 175.
106. Curtis, p. 737.
107. Hans Kruuk, "The Warring Clans of the Hyena," in *Marvels of Animal Behavior*, ed. Allen, p. 252.
108. Kirk, p. 636.
109. Ibid., p. 637.
110. Farb, *Ecology*, p. 41.
111. Lorenz, p. 109.
112. Kirk, p. 637.
113. Norman Owen-Smith, "Territoriality in the White Rhinoceros (*Ceratotherium simum*) Burchell," *Nature* 231 (4 June 1971): 295.
114. Kirk, p. 642.
115. Lorenz, p. 129.
116. Dale F. Lott, "The Way of the Bison: Fighting to Dominate," in *Marvels of Animal Behavior*, ed. Allen, p. 326.
117. Lorenz, p. 123.
118. Ibid., p. 119.
119. Farb, *Ecology*, p. 146.
120. W. C. Allee, *Cooperation among Animals* (New York: Schuman, 1938), p. 212.
121. Darwin, *The Origin of Species*, p. 75.
122. Ibid., p. 77.

123. Ibid., p. 75.
124. Ibid., p. 76.
125. Ibid., p. 79.
126. Ibid., pp. 78-79.
127. Ibid., p. 76.
128. Ibid.
129. Elton, p. 118; Andrewartha and Birch, pp. 22, 464; David Lack, *The Natural Regulation of Animal Numbers* (Oxford: Oxford University Press, 1954), p. 169.
130. Richard M. Laws, "Experiences in the Study of Large Mammals," in *Dynamics of Large Mammal Populations*, ed. Charles Fowler and Tim Smith (New York: Wiley, 1981), p. 27.
131. Charles Fowler, "Comparative Population Dynamics in Large Animals," in *Dynamics of Large Mammal Populations*, ed. Fowler and Smith, pp. 444-445.
132. Kirk, p. 673.
133. Darwin, *The Origin of Species*, p. 76.
134. Owen-Smith, p. 294.
135. Robert Stewart and John Aldrich, "Removal and Repopulation of Breeding Birds in a Spruce-Fir Community," *Auk* 75 (1951): 474.
136. Ibid., p. 481.
137. A. J. Pontin, *Competition and Coexistence of Species* (London: Pitman, 1982), p. 68.
138. Ricklefs, p. 491.
139. Elton, p. 119.
140. Lack, *The Natural Regulation of Animal Numbers*, pp. 29-30, 46.
141. Susan Grant, *Beauty and the Beast* (New York: Scribner's, 1984), pp. 47-49.
142. Y. Ito, *Comparative Ecology*, trans. Jiro Kikkawa (Cambridge: Cambridge University Press, 1978), p. 1.
143. Ibid., p. 53.
144. V. C. Wynne-Edwards, "Self-Regulating Systems in Populations of Animals," *Science* 147 (26 March 1965): 1543.

5. 조 화

1. Darwin, *The Origin of Species*, p. 75. Italics added.
2. Ibid.
3. John E. Weaver and Frederic E. Clements, *Plant Ecology* (New York: McGraw-Hill, 1938), p. 148.
4. Larry S. Underwood, "Outfoxing the Arctic Cold," *Natural History* 92 (December 1983): 46.
5. Ibid.

6. Ibid.
7. Laurence Irving, "Adaptations to the Cold," *Scientific American* 214 (January 1966): 97.
8. Ibid., p. 96.
9. Lynn Rogers, "A Bear in Its Lair," *Natural History* 90 (October 1981): 64.
10. Knut Schmidt-Nielsen, *Animal Physiology* (Cambridge: Cambridge University Press, 1975), p. 281.
11. Cynthia Carey and Richard L. Marsh, "Shivering Finches," *Natural History* 90 (October 1981): 58-59.
12. Bernd Heinrich, "The Energetics of the Bumblebee," *Scientific American* 228 (April 1973): 97.
13. Carey and Marsh, pp. 63, 60.
14. Charles B. Bogert, "How Reptiles Regulate Their Body Temperature," *Scientific American* 200 (April 1959): 105, 107, 112-114.
15. Knut Schimdt-Nielsen and Bodil Schmidt-Nielsen, "The Desert Rat," *Scientific American* 189 (July 1953): 76.
16. George A. Bartholomew and Jack W. Hudson, "Desert Ground Squirrels," *Scientific American* 205 (November 1961): 110, 111, 112.
17. Knut and Bodil Schmidt-Nielsen, p. 73.
18. Ibid., pp. 110-112.
19. William G. Eickmeier, "Desert Resurrection," *Natural History* 93 (January 1984): 41.
20. Went, "The Ecology of Desert Plants," p. 71.
21. Ibid., p. 72.
22. Tributsch, *How Life Learned to Live*, p. 187.
23. Went, *The Plants*, p. 80.
24. Tributsch, p. 28.
25. Elbert L. Little, *The Audubon Society Field Guide to North American Trees: Eastern Region* (New York: Knopf, 1985), p. 326.
26. Charles F. Cooper, "The Ecology of Fire," *Scientific American* 204 (April 1961): 154.
27. Ibid., pp. 154-158.
28. Tributsch, p. 23.
29. D'Arcy Thompson, *On Growth and Form* (Cambridge: Cambridge University Press, 1959), II, pp. 969, 970.
30. Peter N. Witt, "Do We Live in the Best of All Worlds? Spiders Suggest an Answer," *Perspectives in Biology and Medicine* 8 (Summer 1965): 479.
31. Kirk, *Biology Today*, p. 309.
32. Tributsch, p. 147.
33. George Wald, "Life and Light," *Scientific American* 201 (October 1959): 99.

34. Kirk, p. 252.
35. Thomas A. McMahon and John Tyler Bonner, *On Size and Life* (New York: Scientific American Books, 1983), p. 171.
36. Carl Welty, "Birds as Flying Machines," *Scientific American* 192 (March 1955): 88–89.
37. P. B. S. Lissaman and Carl A. Shollenberger, "Formation Flight of Birds," *Science* 168 (22 May 1970): 1003. Also see the excellent article by Peter P. Wegener, "The Science of Flight," *American Scientist* 74 (May–June 1986): 268–278.
38. Mohamed Gad-el-Hak, quoted by Ivars Peterson, "On the Wings of a Dragonfly," *Science News* 128 (10 August 1985): 91.
39. Richard C. Lewontin, "Adaptation," *Scientific American* 239 (September 1978): 220.
40. Milton Hildebrand, "How Animals Run," *Scientific American* 202 (May 1960): 151.
41. Welty, p. 96.
42. P. F. Scholander, "The Wonderful Net," *Scientific American* 196 (April 1957): 102–104.
43. Lewontin, p. 225.
44. Scholander, pp. 98–99.
45. Thompson, p. 950.
46. McMahon and Bonner, pp. 104–105.
47. Keith Copeland, ed., *Aids for the Severely Handicapped* (New York: Grune & Straton, 1974), p. 7.
48. Werner Heisenberg, "The Meaning of Beauty in the Exact Sciences," in *Across the Frontier* (New York: Harper & Row, 1974), p. 175.
49. James Watson, *The Double Helix* (New York: Mentor, 1968), pp. 131, 134.
50. Matthew Scott, quoted by Terence Monmaney, "Life Taking Shape: A Developing View," *Science 85* 6 (September 1985): 15.
51. David Bohm, in *Towards a Theoretical Biology*, ed. C. H. Waddington (Chicago: Aldine, 1969), p. 50.
52. Thompson, p. 981.
53. Welty, p. 90.
54. Kirk, p. 637.
55. John W. Smith, *Theory of Evolution* (Middlesex, England: Penguin, 1958), p. 148.
56. W. H. Thorpe, *Animal Nature and Human Nature* (New York: Doubleday, 1974), p. 204.
57. Joseph Wood Krutch, *The Great Chain of Life* (Boston: Houghton Mifflin, 1978), pp. 99–100.
58. Ibid., p. 102.
59. Hugh Johnson, *The International Book of Trees* (New York: Simon & Schuster,

1973), front flyleaf, p. 9.
60. Sinnott, *Matter, Mind and Man*, p. 141.
61. Adolf Portmann, *Animal Forms and Patterns* (New York: Schocken, 1967), pp. 25, 19-20, 31-32.
62. Charles Darwin, *The Origin of Species*, p. 185.
63. Henri Poincaré, *The Value of Science* (New York: Dover, 1958), p. 8.
64. Charles Darwin, *The Voyage of the Beagle* (New York: Dutton, 1967), p. 11.
65. Edward O. Wilson, "The Biological Diversity Crisis: A Challange to Science," *Issues in Science and Technology* 2 (Fall 1985): 21.
66. Ibid.
67. Preston Cloud, "The Biosphere," *Scientific American* 249 (September 1983): 176.
68. Associated Press Story, Caracas, Venezuela, March 1985.
69. Robert D. Ballard and J. Frederick Grassle, "Return to the Oases of the Deep," *National Geographic* 156 (November 1979): 698.
70. Tributsch, p. 5.
71. Bohm, p. 104.

6. 기 원

1. Gould, "Is a New and General Theory of Evolution Emerging?," p. 120.
2. Colin Patterson, quoted by Tom Bethell, "Agnostic Evolutionists," *Harper's*, February 1985, p. 50.
3. G. Ledyard Stebbins and Francisco J. Ayala, "The Evolution of Darwinism," *Scientific American* 253 (July 1985): 72.
4. Richard Dawkins, "What's All the Fuss About?," review of Niles Eldredge's *Time Frames*, *Nature* 316 (22 August 1985): 683.
5. Darwin, *The Origin of Species*, p. 120.
6. Ibid., p. 29.
7. Niles Eldredge, *Time Frames: The Rethinking of Darwinian Evolution and the Theory of Punctuated Equilibria* (New York: Simon & Schuster, 1985), p. 82.
8. Axelrod and Hamilton, p. 1390.
9. Kinji Imanishi, quoted by Beverly Halstead, "Anti-Darwinism in Japan," *Nature* 317 (17 October 1985): 587.
10. Darwin, *The Origin of Species*, p. 111.
11. Francis Hitching, *The Neck of the Giraffe* (New Haven: Ticknor & Fields, 1982), p. 54.
12. Luther Burbank, quoted by Wilbur Hall, *Partner of Nature* (New York: Appleton-Century, 1939), pp. 97-98.
13. Hitching, p. 54.

주(註) 325

14. Colin Patterson, *Evolution* (Ithaca, N.Y.: Cornell University Press, 1978), p. 11.
15. Theodosius Dobzhansky, *Genetics of the Evolutionary Process* (New York: Columbia University Press, 1970), p. 67.
16. See *The Origin of Species*, chap. 10.
17. Eldredge, p. 28.
18. David M. Raup, "Conflicts between Darwin and Paleontology," *Bulletin Field Museum of Natural History* 50 (January 1979): 24.
19. Steven Stanley, *The New Evolutionary Timetable: Fossils, Genes, and the Origin of Species* (New York: Basic Books, 1981), p. 71.
20. Heribert Nilsson, *Synthetische Artbildung* (Lund, Sweden: Gleerup, 1954), English Summary, p. 1212.
21. Eldredge, p. 145.
22. Darwin, *The Origin of Species*, p. 287.
23. Charles Darwin, *Charles Darwin's Natural Selection: Being the Second Part of His Big Species Book Written from 1856 to 1858*, ed. from manuscript by R. C. Stauffer (Cambridge: Cambridge University Press, 1975), p. 208.
24. Niles Eldredge and Stephen Jay Gould, "Punctuated Equilibria: An Alternative Approach to Phyletic Gradualism," in *Models in Paleobiology*, ed. T. J. M. Schopf (San Francisco: Freeman, Cooper & Co., 1972), pp. 82-115.
25. G. Ledyard Stebbins and Francisco Ayala, "Is a New Evolutionary Synthesis Necessary?," *Science* 213 (28 August 1981): 969.
26. Ernst Mayr, *Population, Species and Evolution* (Cambridge: Harvard University Press, 1970), p. 279.
27. Patterson, *Evolution*, p. 69.
28. Ibid., p. 70.
29. Søren Løvtrup, "On the Falsifiability of Neo-Darwinism," *Evolutionary Theory* 1 (December 1976): 280.
30. Leopold Infeld, *Albert Einstein* (New York: Scribner's, 1950), p. 21.
31. Stanley, *New Evolutionary Timetable*, p. 174.
32. James Valentine, in T. Dobzhansky, F. Ayala, G. L. Stebbins, and J. Valentine, *Evolution* (San Francisco: Freeman, 1977), p. 349.
33. Charles Darwin, *Charles Darwin and T. H. Huxley: Autobiographies*, ed. Gavin de Beer (London: Oxford University Press, 1974), p. 85.
34. David B. Kitts, "Paleontology and Evolutionary Theory," *Evolution* 28 (September 1974): 465.
35. L. C. Birch and P. Ehrlich, "Evolutionary History and Population Biology," *Nature* 214 (22 April 1967): 350.
36. Stanley, *New Evolutionary Timetable*, pp. 6-7.
37. Patterson, *Evolution*, pp. 128-129.
38. Stephen Jay Gould, "Nature's Great Era of Experiments," *Natural History* 92 (July 1983): 18.

39. James Brough, "Time and Evolution," in *Studies on Fossil Vertebrates*, ed. T. Stanley Westoll (London: University of London, 1958), p. 36.
40. Ibid., pp. 27-29, 32-33, 38.
41. Gould, "Nature's Great Era of Experiments," p. 20.
42. Stanley, *New Evolutionary Timetable*, p. xv.
43. G. R. Coope, "Late Cenozoic Fossil Coleoptera: Evolution, and Ecology," *Annual Review of Ecology and Systematics* 10 (1979): 264.
44. Stanley, *New Evolutionary Timetable*, pp. 83-84.
45. Steven Stanley, "Evolution of Life: Evidence of a New Pattern," in *Great Ideas Today 1983*, (Chicago: Encyclopaedia Britannica, 1983), pp. 15-16.
46. Gabriel Dover, quoted by Roger Lewin, "Evolutionary Theory under Fire," *Science* 210 (21 November 1980): 884.
47. Darwin, *The Origin of Species*, p. 90.
48. Stanley, *New Evolutionary Timetable*, p. 85.
49. Eldredge, p. 120.
50. Stanley, "Evolution of Life," p. 20.
51. Charles Darwin, letter to J. D. Hooker, 22 July 1879, in *More Letters of Charles Darwin*, ed. Francis Darwin and A. C. Seward (London: Murray, 1903), II, pp. 20-21.
52. Darwin, *The Origin of Species*, p. 310.
53. Steven Stanley, "Darwin Done Over," *The Sciences* 21 (October 1981): 21.
54. George Gaylord Simpson, *Fossils and the History of Life* (New York: Scientific American Library, 1983), p. 167.
55. Stanley, *New Evolutionary Timetable*, p. 101.
56. Raup, p. 25.
57. Eldredge, p. 144.
58. G. Ledyard Stebbins, Jr., "Cataclysmic Evolution," *Scientific American* 184 (April 1951): 55.
59. Patterson, *Evolution*, p. 51.
60. Stebbins, "Cataclysmic Evolution," p. 58.
61. Ricklefs, *Ecology*, pp. 93-96.
62. Allan C. Wilson, "The Molecular Basis of Evolution," *Scientific American* 253 (October 1985): 170.
63. Roy J. Britten and Eric H. Davidson, "Repetitive and Nonrepetitive DNA Sequences and a Speculation on the Origins of Evolutionary Origins," *Quarterly Review of Biology* 46 (June 1971): 112.
64. Ibid.
65. Ibid.
66. A. C. Wilson, L. R. Maxon, and V. M. Sarich, "Two Types of Molecular Evolution: Evidence from Studies of Interspecific Hybridization," *Proceedings of*

주(註) 327

the National Academy of Sciences (USA) 71 (July 1974): 2847.
67. Bernard Davis, quoted by Roger Lewin, "Molecules Come to Darwin's Aid," *Science* 216 (4 June 1982): 1091.
68. Walter J. Gehring, "The Molecular Basis of Development," *Scientific American* 253 (October 1985): 160.
69. Charles G. Sibley and Jon E. Ahlquist, "Reconstructing Bird Phylogeny by Comparing DNA's," *Scientific American* 254 (February. 1986): 82-92.
70. S. J. O'Brien, W. G. Nash, D. E. Wildt, M. E. Bush, and R. E. Benveniste, "A Molecular Solution to the Riddle of the Giant Panda's Phylogeny," *Nature* 317 (12 September 1985): 140-144.
71. Britten, p. 111.
72. Ibid., p. 112.
73. Ibid., p. 129.
74. Peter Oppenheimer, "Fractals, Computers and DNA," *Semaine internationale de l'image electronique/Deuxième colloque image* (Nice, April 1986).
75. Peter Oppenheimer, "The Genesis Algorithm," *The Sciences* 25 (September-October 1985): 44-47.
76. James W. Valentine and Cathryn A. Campbell, "Genetic Regulation and the Fossil Record," *American Scientist* 63 (November-December 1975): 678.
77. Pere Alberch and R. D. K. Thomas, remarks at the annual meeting of the American Association for the Advancement of Science (1986), reported by Julie Ann Miller and Lisa Davis, *Science News* 129 (7 June 1986): 365.
78. F. J. Ayala, in Dobzhansky, Ayala, Stebbins, and Valentine, *Evolution*, pp. 266-267.
79. Theodosius Dobzhansky, in Dobzhansky, Ayala, Stebbins, and Valentine, *Evolution*, pp. 443-444.
80. A. G. Cairns-Smith, *Genetic Takeover* (Cambridge: Cambridge University Press, 1982), pp. 34-35.
81. Darwin, *The Origin of Species*, p. 129.
82. Eldredge, p. 45.
83. Ibid., p. 13
84. Julian Huxley, from the television program "At Random," transcript in *Evolution after Darwin: Issues in Evolution*, ed. Sol Tax and Charles Callender (Chicago: University of Chicago, 1960), p. 45.
85. François Jacob, *The Possible and the Actual* (Seattle: University of Washington Press, 1982), p. 14.
86. George G. Simpson, *The Meaning of Evolution* (New Haven: Yale University Press, 1949), p. 15.
87. Patterson, *Evolution*, p. 26.
88. Stanley L. Miller and Leslie E. Orgel, *The Origins of Life on the Earth* (New York: Prentice-Hall, 1974), pp. 81-87.

89. Cairns-Smith, pp. 56-59.
90. Robert Shapiro, *Origins: A Skeptic's Guide to the Creation of Life* (New York: Summit Books, 1986), pp. 104, 116.

7. 목적성

1. Charles Darwin, letter to J. D. Hooker, 18 March 1862, in *More Letters of Charles Darwin*, I, p. 198.
2. Dover, "Molecular Drive through Evolution," p. 527.
3. H. Frederick Nijhout, "The Color Patterns of Butterflies and Moths," *Scientific American* 245 (November 81): 140.
4. Lewontin, "Adaptation," p. 215.
5. Norman Newell, "Crises in the History of Life," *Scientific American* 208 (February 1963): 79.
6. Stephen Jay Gould, "The Cosmic Dance of Siva," *Natural History* 93 (August 1984): 14.
7. Ibid., p. 18.
8. Newell, p. 79.
9. Raup, "Conflicts between Darwin and Paleontology," p. 23.
10. Tinbergen, *Animal Behavior*, p. 12.
11. Stephen Jay Gould and Richard Lewontin, "The Spandrels of San Marco and the Panglossian Paradigm: A Critique of the Adaptationist Programme," *Proceedings of the Royal Society London Series B* 205 (1979): 587-588.
12. Jens Clausen, *Stages in the Evolution of Plant Species* (New York & London: Hafner, 1967), pp. 11-53.
13. Eldredge, *Time Frames*, p. 140.
14. Coope, "Late Cenozoic Fossil Coleoptera," p. 264.
15. Alex B. Novikoff, "The Concept of Integrative Levels and Biology," *Science* 101 (2 March 1945): 212-213.
16. Oparin, "The Nature of Life," in *Interrelations*, ed. Blackburn, p. 194.
17. Ayala, "The Autonomy of Biology as a Natural Science," in *Biology, History and Natural Philosophy*, ed. Breck and Yourgrau, p. 7.
18. Julian Huxley, *Evolution in Action* (New York: Harper & Row, 1953), p. 7.
19. Luria, *Life—The Unfinished Experiment*, p. 80.
20. Thomas. H. Huxley, *Lectures and Essays* (New York: Macmillan, 1904), pp. 178-179.
21. Medawar and Medawar, *The Life Sciences*, pp. 11, 12.
22. Monod, *Chance and Necessity*, p. 9.
23. Sinnott, *Cell and Psyche*, p. 46; Sinnott, *Matter, Mind and Matter*, p. 41.

주(註) 329

24. Jacob, *The Logic of Life*, pp. 8, 88.
25. Theodosius Dobzhansky, "Chance and Creativity in Evolution" in *Studies in the Philosophy of Biology*, ed. Ayala and Dobzhansky, p. 330.
26. Thorpe, *Animal Nature and Human Nature*, p. 17.
27. George Gaylord Simpson, "Biology and the Nature of Science," in *Interrelations*, ed. Blackburn, p. 159.
28. Niels Bohr, *Atomic Physics and Human Knowledge* (New York & London: Wiley, 1958), p. 92.
29. Niko Tinbergen, *Social Behavior in Animals* (London & New York: Methuen and Wiley, 1962), p. 2.
30. Ricklefs, *Ecology*, p. 21.
31. Tributsch, *How Life Learned to Live*, p. 22.
32. Tinbergen, *Animal Behavior*, p. 128.
33. Ricklefs, p. 250.
34. John Crook, "The Rites of Spring," in *Marvels of Animal Behavior*, ed. Allen, p. 294
35. Georg Rüppell, *Bird Flight* (New York: Van Nostrand Reinhold, 1975), p. 49.
36. Farb, *The Forest*, p. 13.
37. Adolph Portmann, *Animal Camouflage* (Ann Arbor: University of Michigan Press, 1959), p. 79.
38. Bohr, p. 92.
39. Lorenz, *On Aggression*, p. 231.
40. Griffin, *Animal Thinking*, pp. 88-89.
41. Ricklefs, p. 236.
42. Ayala, in Dobzhansky, Ayala, Stebbins, and Valentine, *Evolution*, p. 503.
43. Tributsch, p. 151.
44. Heinrich Hertel, *Structure—Form—Movement* (New York: Reinhold, 1966), pp. 23-24.
45. Andrée Tetry, *Les outils chez les êtres vivants* (Paris: Gallimard, 1948), p. 312. Our translation.
46. Lucien Cuénot, *Invention et finalité en biologie*, pp. 240-241. Our translation.
47. Ricklefs, p. 319.
48. Stephen Jay Gould, *Ever Since Darwin* (New York: Norton, 1977), pp. 99, 102.
49. Tributsch, p. 59.
50. John W. Kanwisher and Sam H. Ridgway, "The Physiological Ecology of Whales and Porpoises," *Scientific American* 248 (June 1983): 113.
51. McMahon and Bonner, *On Size and Life*, p. 187.
52. Rüppell, p. 43.
53. William Montagna, "The Skin," *Scientific American* 212 (February 1965): 56.

54. Curtis, *Biology*, p. 497.
55. George Wald, "Eye and Camera," *Scientific American* 183 (August 1950): 35.
56. Curtis, p. 607.
57. Rüppell, p. 140.
58. Farb, p. 99.
59. Gates, "Heat Transfer in Plants," pp. 77, 79.
60. Cuénot, p. 245.
61. Mayr, *Growth of Biological Thought*, p. 72.
62. Watson, *The Double Helix*, p. 139.

8. 위계질서

1. Darwin, *More Letters of Charles Darwin*, I, p. 114.
2. Robert Trivers, Foreword to *The Selfish Gene* by Richard Dawkins, p. v. Italics added.
3. Monod, *Chance and Necessity*, p. 41.
4. Simpson, *The Meaning of Evolution*, p. 346.
5. Lynn Margulis and Dorion Sagan, "Stange Fruit on the Tree of Life," *The Sciences* 26 (May-June 1986): 43.
6. Simpson, p. 249.
7. Darwin, *The Origin of Species*, pp. 111, 67.
8. Simpson, p. 62.
9. Stanley, "Evolution of Life," p. 5.
10. Patterson, *Evolution*, p. 4.
11. Dobzhansky, in Dobzhansky, Ayala, Stebbins, and Valentine, *Evolution*, pp. 182-185.
12. Thorpe, *Animal Nature and Human Nature*, p. 17.
13. Charles Darwin, *Descent of Man and Selection in Relation to Sex*, 2nd ed. (1874; rpt. New York: Burt, n.d.), p. 188.
14. Thorpe, p. 20.
15. Paul Davies, *The Accidental Universe* (Cambridge: Cambridge University Press, 1982), pp. 67-68.
16. Ibid., p. 68.
17. Ibid., pp. 70-71.
18. Ibid., p. 91.
19. John D. Barrow and Frank J. Tipler, *The Anthropic Cosmological Principle* (New York: Oxford University Press, 1986), p. 21.
20. George Wald, "Life and Mind in the Universe," *International Journal of Quantum Chemistry: Quantum Biology Symposium* 11 (New York: Wiley, 1984), p. 2.

21. Ibid., p. 7.
22. Cuénot, *Invention et finalité en biologie*, p. 86. Our translation.
23. Patterson, p. 129.
24. Dobzhansky, "Chance and Creativity in Evolution," in *Studies in the Philosophy of Biology*, ed. Ayala and Dobzhansky, p. 310.
25. Darwin, *Charles Darwin and T. H. Huxley: Autobiographies*, p. 54.
26. Max Delbrück, "Mind from Matter?," *American Scientist* 47 (Summer 1978): 353.
27. Louis de Broglie, *Physics and Microphysics* (New York: Pantheon, 1955), p. 210.
28. Brough, "Time and Evolution," p. 27.
29. Dobzhansky, p. 333.
30. John C. Eccles, "Self-Consciousness and the Human Person," Accademia Nazionale dei Lincei Memorie Science Fisiche Mathematiche E Natural, Series 8, forthcoming.
31. Harold Morowitz, *The Wine of Life* (New York: St. Martin's, 1979), pp. 3-6.

9. 새 생물학으로 나아가며

1. Paul Davies, *God and the New Physics* (New York: Simon & Schuster, 1983), p. 8.
2. Harold Morowitz, "Rediscovering the Mind," *Psychology Today* 14 (August 1980): 12.
3. Lionel Stevenson, *Darwin among the Poets* (New York: Russell & Russell, 1963), p. 45.
4. J. W. Burrow, ed., *The Origin of Species*, 1st ed. (1859; rpt. Middlesex, England; Penguin, 1968), pp. 42-43.
5. Huxley, *Evolution and Ethics and Other Essays*, pp. 81-82.
6. Garrett Hardin, *Nature and Man's Fate* (New York: Mentor, 1959), p. 220.
7. Darwin, *Charles Darwin and T. H. Huxley: Autobiographies*, pp. 50-51.
8. Fred Hoyle, quoted by Davies, *The Accidental Universe*, p. 118.
9. Saint Augustine, *The Literal Meaning of Genesis*, trans. John Hammond Taylor (New York: Newman Press, 1982), I, p. 185.
10. St. Thomas Aquinas, *Summa Contra Gentiles*, ed. Vernon Burke, (Notre Dame, Ind.: University of Notre Dame Press, 1975), Bk. 3, Pt. 1, pp. 236-237.
11. Erich von Holst, "The Physiologist and His Experimental Animals," in *Man and Animal*, ed. Friedrich, p. 74.
12. Simberloff, "The Great God of Competition," p. 22.
13. Newton, "Rules of Reasoning in Philosophy" in *Principia*, p. 400.
14. Curtis, *Biology*, p. 10.
15. Darwin, letter to J. D. Hooker, 13 July 1856, in *More Letters of Charles Darwin*, I, p. 94.

참고 문헌

Adrian, Edgar D.; Frederic Brenner; and Herbert H. Jasper, eds. *Brain Mechanisms and Consciousness*. Oxford: Blackwell, 1956.

Allee, W. C. *Cooperation among Animals*. New York: Schuman, 1938.

──, Alfred Emerson, Orlando Park, and Karl Schmidt. *Principles of Animal Ecology*. Philadelphia: Saunders, 1959.

Allen, Mea. *Darwin and His Flowers: The Key to Natural Selection*. New York: Taplinger, 1977.

Allen, Thomas B. *The Marvels of Animal Behavior*. Washington, D.C.: National Geographic, 1972.

Allport, Gordon W. *Becoming*. New Haven: Yale University Press, 1955.

Andrewartha, H. G., and L. C. Birch. *The Distribution and Abundance of Animals*. Chicago: University of Chicago Press, 1954.

Appleman, Philip, ed. *Darwin: A Norton Critical Edition*. New York: Norton, 1970.

Aquinas, Thomas. *Summa Contra Gentiles*. Ed. Vernon Burke. 5 vols. Notre Dame, Ind.: University of Notre Dame Press, 1975.

Augros, Robert M., and George N. Stanciu. *The New Story of Science: Mind and the Universe*. New York: Bantam Books, 1986.

Augustine. *The Literal Meaning of Genesis*. Trans. John Hammond Taylor. 2 vols. New York: Newman Press, 1982.

Axelrod, Robert, and William D. Hamilton. "The Evolution of Cooperation." *Science* 211 (27 March 1981): 1390-1396.

Ayala, F. J., and Theodosius Dobzhansky, eds. *Studies in the Philosophy of Biology*. Los Angeles & Berkeley: University of California Press, 1974.

Baer, Jean G. *Animal Parasites*. Trans. Kathleen Lyons. New York: McGraw-Hill, 1971.

Ballard, Robert D., and J. Frederick Grassle. "Return to the Oases of the Deep." *National Geographic* 156 (November 1979): 689-703.

Barrow, John D., and Frank J. Tipler. *The Anthropic Cosmological Principle*. New York: Oxford University Press, 1986.

Bartholomew, George A., and Jack W. Hudson. "Desert Ground Squirrels." *Scientific American* 205 (November 1961): 107–116.
Beck, Benjamin B. "Cooperative Tool Use by Captive Hamadryas Baboons." *Science* 182 (9 November 1973): 594–597.
Beck, William S. *Modern Science and the Nature of Life.* New York: Harcourt, 1957.
Bertalanffy, Ludwig von. *Modern Theories of Development: An Introduction to Theoretical Biology.* Trans. J. H. Woodger. New York: Harper, 1962.
Bethell, Tom. "Agnostic Evolutionists." *Harper's*, February 1985.
Birch, Herbert G. "The Role of Motivational Factors in Insightful Problem-Solving." *Journal of Comparative Psychology* 38 (30 May 1945): 295–317.
Birch, L. C., and P. Ehrlich. "Evolutionary History and Population Biology." *Nature* 214 (22 April 1967): 349–352.
Blackburn, Robert T., ed. *Interrelations: The Biological and Physical Sciences.* Chicago: Scott, Foresman, 1966.
Bogert, Charles B. "How Reptiles Regulate Their Body Temperature." *Scientific American* 200 (April 1959): 105–120.
Bohr, Niels. *Atomic Physics and Human Knowledge.* New York & London: Wiley, 1958.
Boreske, J. R. *Museum of Comparative Zoology Bulletin* 146 (1974): 1–87.
Born, Max. *Physics in My Generation.* London & New York: Pergamon, 1956.
Boycott, Brian B. "Learning in the Octopus." *Scientific American* 212 (March 1965): 42–50.
Breck, Allen D., and Wolfgang Yourgau, eds. *Biology, History, and Natural Philosophy.* New York: Plenum Press, 1972.
Breland, Keller, and Marian Breland. "A Field of Applied Animal Psychology." *American Psychologist* 6 (1951): 202–204.
―――, and Marian Breland. "The Misbehavior of Organisms." *American Psychologist* 16 (1961): 681–684.
Bristowe, W. S. *The World of Spiders.* London: Collins, 1958.
Britten, Roy J., and Eric H. Davidson. "Repetitive and Nonrepetitive DNA Sequences and a Speculation on the Origins of Evolutionary Origins." *Quarterly Review of Biology* 46 (June 1971): 111–133.
Broglie, Louis de. *Physics and Microphysics.* New York: Pantheon, 1955.
Brough, James. "Time and Evolution." In *Studies on Fossil Vertebrates,* ed. T. Stanley Westoll. London: University of London, 1958, pp. 16–38.
Bucher, Paul. *Endosymbiosis of Animals with Plant Microorganisms.* Trans. Bertha Mueller. New York: Wiley, 1965.
Burrow, J. W., ed. *The Origin of Species.* 1st ed. 1859; rpt. Middlesex, England: Penguin, 1968.
Cairns-Smith, A. G. *Genetic Takeover.* Cambridge: Cambridge University Press, 1982.
Carey, Cynthia, and Richard L. Marsh. "Shivering Finches." *Natural History* 90

(October 1981): 58-63.
Carpenter, G. D. Hale. *A Naturalist on Lake Victoria*. London: Unwin, 1920.
Cheng, Thomas C. *Symbiosis: Organisms Living Together*. New York: Pegasus, 1970.
_____, ed. *Aspects of the Biology of Symbiosis*. Baltimore: University Park Press, 1971.
Clarke, George L. *Elements of Ecology*. New York: Wiley, 1954.
Clausen, Jens. *Stages in the Evolution of Plant Species*. New York & London: Hafner, 1967.
Cloud, Preston. "The Biosphere." *Scientific American* 249 (September 1983): 176-187.
Colinvaux, Paul. *Why Big Fierce Animals Are Rare: An Ecologist's Perspective*. Princeton: Princeton University Press, 1978.
_____. *Introduction to Ecology*. New York: Wiley, 1973.
Coope, G. R. "Late Cenozoic Fossil Coleoptera: Evolution, Biogeography and Ecology." *Annual Review of Ecology and Systematics* 10 (1979): 247-267.
Cooper, Charles F. "The Ecology of Fire." *Scientific American* 204 (April 1961): 150-160.
Copeland, Keith, ed. *Aids for the Severely Handicapped*. New York: Grune & Straton, 1974.
Cuénot, Lucien. *Invention et finalité en biologie*. Paris: Flammarion, 1941.
Curtis, Helena. *Biology*. New York: Worth, 1968.
Cuvier, Georges. *Leçons d'anatomie comparée*. Brussels: Culture et Civilisation, 1969.
Darwin, Charles. *The Voyage of the Beagle*. New York: Dutton, 1967.
_____. *The Origin of Species* (1872). 6th ed. New York: Mentor, 1958.
_____. *The Descent of Man and Selection in Relation to Sex* (1874). 2nd ed. New York: Burt, n.d.
_____. *Charles Darwin's Natural Selection: Being the Second Part of His Big Species Book Written from 1856 to 1858*. Ed. from manuscript by R. C. Stauffer. Cambridge: Cambridge University Press, 1975.
_____. *More Letters of Charles Darwin*. 2 vols. Ed. Francis Darwin and A. C. Seward. London: Murray, 1903.
_____. *Charles Darwin and T. H. Huxley: Autobiographies*. Ed. Gavin de Beer. London: Oxford University Press, 1974.
Davenport, Richard K., and Charles M. Rogers. "Intermodal Equivalence of Stimuli in Apes." *Science* 168 (10 April 1970): 279-281.
Davies, Paul. *The Accidental Universe*. Cambridge: Cambridge University Press, 1982.
_____. *God and the New Physics*. New York: Simon & Schuster, 1983.
Davitz, Lois J., and Joel R. Davitz, "How Do Nurses Feel When Patients Suffer?" *American Journal of Nursing* 75 (September 1975): 1505-1510.

Dawkins, Richard. *The Selfish Gene*. New York: Oxford University Press, 1976.
_____. "What's All the Fuss About?" *Nature* 316 (August 1985): 683–684.
Delbrück, Max. "Mind from Matter?" *American Scholar* 47 (Summer 1978): 339–353.
Descartes, René. *The Philosophical Works of Descartes*. 2 vols. Trans. E. S. Haldane and G. R. T. Ross. Cambridge: Cambridge University Press, 1911.
_____. *Treatise of Man*. Trans. Thomas S. Hall. Cambridge: Harvard University Press, 1972.
Dice, Lee R. *Natural Communities*. Ann Arbor: University of Michigan Press, 1962.
Dobzhansky, Theodosius. *Genetics of the Evolutionary Process*. New York: Columbia University Press, 1970.
_____, F. Ayala, G. L. Stebbins, and J. Valentine. *Evolution*. San Francisco: Freeman, 1977.
Dover, Gabriel. "A Molecular Drive through Evolution." *BioScience* 32 (June 1982): 526–533.
Dyson, Freeman. *Disturbing the Universe*. New York: Harper & Row, 1979.
Eccles, John. *Facing Reality*. Berlin & New York: Springer-Verlag, 1970.
_____. "Self-Consciousness and the Human Person." Accademia Nazionale dei Lincei Memorie Science Fisiche Mathematiche E Natural, Series 8. Forthcoming
Eickmeier, William G. "Desert Resurrection." *Natural History* 93 (January 1984): 36–41.
Einstein, Albert, and Leopold Infeld. *The Evolution of Physics*. New York: Simon & Schuster, 1966.
Eldredge, Niles. *Time Frames: The Rethinking of Darwinian Evolution and the Theory of Punctuated Equilibria*. New York: Simon & Schuster, 1985.
_____, and Stephen Jay Gould. "Punctuated Equilibria: An Alternative Approach to Phyletic Gradualism." In *Models in Paleobiology*, ed. T. J. M. Schopf. San Francisco: Freeman, Cooper & Co., 1972, pp. 82–115.
Elton, Charles. *Animal Ecology*. London: Methuen, 1968.
Elvee, Richard Q., ed. *Mind in Nature: Nobel Conference XVII*. San Francisco: Harper & Row, 1982.
Farb, Peter. *Ecology*. New York: Time-Life, 1963.
_____. *The Insects*. New York: Time-Life, 1962.
_____. *The Forest*. New York: Time-Life, 1969.
Feinsinger, P. "Organization of a Tropical Guild of Nectarivorous Birds." *Ecological Monographs* 46 (1976): 275–291.
Feynman, Richard P. *QED*. Princeton, N.J.: Princeton University Press, 1985.
Fowler, Charles, and Tim Smith, eds. *Dynamics of Large Mammal Populations*. New York: Wiley, 1981.
Freud, Sigmund. *The Future of an Illusion*. Trans. W. D. Robson-Scott. Garden City,

참고 문헌 337

N.Y.: Doubleday, 1961.

――――. *Civilization and Its Discontents.* Trans. James Strachey. New York: Norton, 1962.

――――. *A General Introduction to Psychoanalysis.* Trans. Joan Riviere. New York: Washington Square Press, 1963.

Friedrich, Heinz, ed. *Man and Animal: Studies in Behavior.* Trans. M. Nawiasky. New York: St. Martin's, 1968.

Gardner, R. Allen, and Beatrice T. Gardner. "Teaching Sign Language to a Chimpanzee." *Science* 165 (15 August 1969): 664-672.

Gates, David M. "Heat Transfer in Plants." *Scientific American* 213 (December 1965): 76-84.

Gehring, Walter J. "The Molecular Basis of Development." *Scientific American* 253 (October 1985): 152B-162.

Goodall, Jane. "My Life among Wild Chimpanzees." *National Geographic* 124 (August 1963): 272-308.

Gould, James L. *Ethology: Mechanisms and Evolution of Behavior.* New York: Norton, 1982.

Gould, Stephen Jay. *Ever Since Darwin.* New York: Norton, 1977.

――――. "Is a New and General Theory of Evolution Emerging?" *Paleobiology* 6 (1980): 119-130.

――――. "Nature's Great Era of Experiments." *Natural History* 92 (July 1983): 12-21.

――――. "The Cosmic Dance of Siva." *Natural History* 93 (August 1984): 14-19.

――――, and Richard Lewontin. "The Spandrels of San Marco and the Panglossian Paradigm: A Critique of the Adaptationist Programme." *Proceedings of the Royal Society London Series B* 205 (1979): 581-598.

Grant, Susan. *Beauty and the Beast.* New York: Scribner's, 1984.

Griffin, Donald R. *Animal Thinking.* Cambridge: Harvard University Press, 1984.

――――. "Animal Thinking." *American Scientist* 72 (September-October 1984): 456-464.

――――, ed. *Animal Mind—Human Mind: Report of the Dahlem Workshop, Berlin 1981.* Berlin & New York: Springer-Verlag, 1982.

Hall, Wilbur. *Partner of Nature.* New York: Appleton-Century, 1939.

Halstead, Beverly. "Anti-Darwinism in Japan." *Nature* 317 (17 October 1985): 587-589.

Hardin, Garrett. *Nature and Man's Fate.* New York: Mentor, 1959.

Hart, Harold, and Robert D. Schuetz. *Organic Chemistry: A Short Course.* Boston: Houghton Mifflin, 1972.

Hayes, Keith J., and Catherine H. Nissen. "Higher Mental Functions of a Home-Raised Chimpanzee." In *Behavior of Nonhuman Primates*, vol. 4, ed. Allan M.

Shrier and Fred Stollnitz. New York: Academic Press, 1971, pp. 78–100.

Heinrich, Bernd. "The Energetics of the Bumblebee." *Scientific American* 228 (April 1973): 97–102.

Heinz, Friedrich, ed. *Man and Animal: Studies in Behavior.* Trans. M. Nawiasky. New York: St. Martin's Press, 1968.

Heisenberg, Werner. *Physics and Philosophy.* New York: Harper & Row, 1958.

_____. *Philosophical Problems of Nuclear Science.* Greenwich, Conn.: Fawcett, 1966.

_____. *Across the Frontier.* New York: Harper & Row, 1974.

Hertel, Heinrich. *Structure—Form—Movement.* New York: Reinhold, 1966.

Hildebrand, Milton. "How Animals Run." *Scientific American* 202 (May 1960): 148–157.

Hitching, Francis. *The Neck of the Giraffe.* New Haven: Ticknor & Fields, 1982.

Hobbes, Thomas. *Body, Man, and Citizen: Selections from Thomas Hobbes.* Ed. Richard S. Peters. New York: Collier, 1962.

Huxley, Julian. *Evolution in Action.* New York: Harper & Row, 1953.

Huxley, Thomas H. "The Struggle for Existence in Human Society." In *Evolution and Ethics and Other Essays.* New York: Appleton, 1896.

_____. *Method and Results.* New York & London: Appleton, 1925.

_____. *Lectures and Essays.* New York: Macmillan, 1904.

Hylander, Clarence J. *Wildlife Communities: From Tundra to Tropics in North America.* Boston: Houghton Mifflin, 1966.

Infeld, Leopold. *Albert Einstein.* New York: Scribner's, 1950.

Inouye, David W. "The Ant and the Sunflower." *Natural History* 93 (June 1984): 49–52.

Irving, Laurence. "Adaptations to the Cold." *Scientific American* 214 (January 1966): 94–101.

Ito, Y. *Comparative Ecology.* Trans. Jiro Kikkawa. Cambridge: Cambridge University Press, 1978.

Jacob, François. *The Logic of Life: A History of Heredity.* Trans. Betty E. Spillman. New York: Pantheon Books, 1973.

_____. *The Possible and the Actual.* Seattle: University of Washington Press, 1982.

Johnson, Hugh. *The International Book of Trees.* New York: Simon & Schuster, 1973.

Jones, David E. H. "The Stability of the Bicycle." *Physics Today* 23 (April 1970): 34–40.

Kanwisher, John W., and Sam H. Ridgway. "The Physiological Ecology of Whales and Porpoises." *Scientific American* 248 (June 1983): 110–120.

Kawai, W. "Newly Acquired Precultural Behavior of the Natural Troop of Japanese Monkeys on Koshima Islet," *Primates* 6 (1965): 1–30.

Kendrew, John. *The Thread of Life.* Cambridge: Harvard University Press, 1966.

Kirk, David, ed. *Biology Today.* New York: Random House, 1975.

Kitts, David B. "Paleontology and Evolutionary Theory." *Evolution* 28 (September 1974): 458–472.

Klopfer, P. *Habitats and Territories.* New York: Basic Books, 1969.

Koestler, Arthur, and J. R. Smythies, eds. *Beyond Reductionism: New Perspectives in the Life Sciences.* Boston: Beacon Press, 1971.

Kohler, Wolfgang. *The Mentality of Apes.* Trans. Ella Winter. New York: Harcourt, Brace, 1931.

Kormondy, Edward J. *Concepts of Ecology.* Englewood Cliffs, N.J.: Prentice-Hall, 1976.

―――, ed. *Readings in Ecology.* New York: Prentice-Hall, 1965.

Krutch, Joseph Wood. *The Great Chain of Life.* Boston: Houghton Mifflin, 1978.

Lack, David. "Competition for Food by Birds of Prey." *Journal of Animal Ecology* 15 (1946): 123–129.

―――. *The Natural Regulation of Animal Numbers.* Oxford: Oxford University Press, 1954.

Lambert, David, and the Diagram Group. *Field Guide to Prehistoric Life.* New York: Facts on File, 1985.

Laplace, Pierre Simon. *A Philosophical Essay on Probabilities.* Trans. F. W. Truscott and F. L. Emory. New York: Dover, 1951.

Lawick-Goodall, Jane van. *In the Shadow of Man.* Boston: Houghton Mifflin, 1971.

―――. "A Preliminary Report on Expressive Movements and Communication in the Gombe Stream Chimpanzees." In *Primate Patterns,* ed. Phyllis Dohlinow. New York: Holt, Rinehart & Winston, 1972, pp. 25–84.

Lettvin, J. Y.; H. R. Maturana; W. S. McCulloch; and W. H. Pitts. "What the Frog's Eye Tells the Frog's Brain." *Proceedings of the Institute of Radio Engineers* 47 (November 1959): 1940–1951.

Lewin, Roger. "Evolutionary Theory Under Fire." *Science* 210 (21 November 1980): 883–887.

―――. "Molecules Come to Darwin's Aid." *Science* 216 (4 June 1982): 1091–1092.

Lewis, John, ed. *Beyond Chance and Necessity: A Critical Inquiry into Professor Jacques Monod's Chance and Necessity.* London: Teilhard Centre for the Future, 1974.

Lewontin, Richard C. "Adaptation." *Scientific American* 239 (September 1978): 212–230.

Limbaugh, Conrad. "Cleaning Symbiosis." *Scientific American* 205 (August 1961): 42–49.

Lissaman, P. B. S., and Carl A. Shollenberger. "Formation Flight of Birds." *Science* 168 (22 May 1970): 1003–1005.

Little, Elbert L. *The Audubon Society Field Guide to North American Trees: Eastern Region.* New York: Knopf, 1985.

Lorenz, Konrad. *King Solomon's Ring.* New York: Crowell, 1952.

―――. *On Aggression.* New York: Harcourt, Brace & World, 1963.

Lovelock, J. E. *Gaia: A New Look at Life on Earth.* New York: Oxford University Press, 1979.

Løvtrup, Søren. "On the Falsifiability of Neo-Darwinism." *Evolutionary Theory* 1 (December 1976): 267-283.

Luria, Salvador E. *Life—The Unfinished Experiment.* New York: Scribner's, 1973.

MacArthur, Robert H. "Population Ecology of Some Warblers of Northeastern Coniferous Forests." *Ecology* 39 (October 1958): 599-619.

McMahon, Thomas A., and John Tyler Bonner. *On Size and Life.* New York: Scientific American Books, 1983.

Malthus, Thomas Robert. *An Essay on the Principle of Population* (1798). Ed. Philip Appleman. New York: Norton, 1976.

Margenau, Henry. *The Miracle of Existence.* Woodbridge, Conn.: Ox Bow Press, 1984.

Margulis, Lynn. *Symbiosis in Cell Evolution.* San Francisco: Freeman, 1981.

_____, and Dorion Sagan. "Strange Fruit on the Tree of Life." *The Sciences* 26 (May-June 1986): 38-45.

Marx, Karl, and Friedrich Engels. *Basic Writings on Politics and Philosophy.* Trans. Lewis Feuer. Garden City, N.Y.: Doubleday, 1959.

May, Robert M. "A Test of Ideas about Mutualism." *Nature* 307 (2 February 1984): 410-411.

Mayr, Ernst. *Population, Species and Evolution.* Cambridge: Harvard University Press, 1970.

_____. *The Growth of Biological Thought: Diversity, Evolution, and Inheritance.* Cambridge: Harvard University Press, 1982.

Mech, David L. *The Wolves of Isle Royale: Fauna of the National Parks of the United States.* Washington, D.C.: Government Printing Office, 1966.

Medawar, P. B., and J. S. Medawar. *The Life Sciences: Current Ideas of Biology.* New York: Harper & Row, 1977.

Menzel, Emil W. "Spontaneous Invention of Ladders in a Group of Young Chimpanzees." *Folia Primatoligica* 17 (1972): 87-106.

Mercer, E. H. *The Foundations of Biological Theory.* New York: Wiley, 1981.

Messenger, P. S. "Biotic Interactions." In *Encyclopaedia Britannica: Macropaedia* (15th ed.), vol. 2, pp. 1044-1052.

Miller, Stanley L., and Leslie E. Orgel. *The Origins of Life on the Earth.* New York: Prentice-Hall, 1974.

Monmaney, Terence. "Life Taking Shape: A Developing View." *Science 85* 6 (September 1985): 14-16.

Monod, Jacques. *Chance and Necessity: An Essay on the Natural Philosophy of Modern Biology.* Trans. Autryn Wainhouse. New York: Knopf, 1971.

Montagna, William. "The Skin." *Scientific American* 212 (February 1965): 56-66.

Morowitz, Harold. *The Wine of Life.* New York: St. Martin's, 1979.

_____. "Rediscovering the Mind." *Psychology Today* 14 (August 1980).

Murie, Adolph. *The Wolves of Mount McKinley: Fauna of the National Parks of the United States.* Washington, D.C.: Government Printing Office, 1944.

Newell, Norman. "Crises in the History of Life." *Scientific American* 208 (February 1963): 76-92.

Newton, Isaac. *Principia.* Trans. Florian Cajori. Berkeley & Los Angeles: University of California Press, 1934.

_____. *Opticks.* New York: Dover, 1952.

Nijhout, Frederick H. "The Color Patterns of Butterflies and Moths." *Scientific American* 245 (November 1981): 139-151.

Nilsson, Heribert. *Synthetische Artbildung.* Lund, Sweden: Gleerup, 1954.

Nissen, H. W. "Phylogenetic Comparison." In *Handbook of Experimental Psychology,* ed. S. S. Stevens. New York: Wiley, 1951, pp. 347-386.

Novikoff, Alex B. "The Concept of Integrative Levels and Biology." *Science* 101 (2 March 1945): 209-215.

O'Brien, S. J.; W. G. Nash, D. E. Wildt; M. E. Bush; and R. E. Benveniste. "A Molecular Solution to the Riddle of the Giant Panda's Phylogeny." *Nature* 317 (12 September 1985): 140-144.

Odum, Eugene P. *Fundamentals of Ecology.* Philadelphia: Saunders, 1971.

O'Neill, R. V. "Niche Segregation in Seven Species of Diplopods." *Ecology* 48 (1967): 983.

Oppenheimer, Peter. "The Genesis Algorithm." *The Sciences* 25 (September-October 1985): 44-47.

_____. "Fractals, Computers and DNA." *Semaine internationale de l'image electronique/Deuxième colloque image.* Nice, April 1986.

Owen-Smith, Norman. "Territoriality in the White Rhinoceros (*Ceratotherium simum*) Burchell." *Nature* 231 (4 June 1971): 294-296.

Pagels, Heinz R. *The Cosmic Code: Quantum Physics as the Language of Nature.* New York: Bantam Books, 1983.

Patterson, Colin. *Evolution.* Ithaca, N.Y.: Cornell University Press, 1978.

Patterson, Francine G. "Conversations with a Gorilla." *National Geographic* 154 (October 1978): 438-465.

_____. "Linguistic Capabilities of a Lowland Gorilla." In *Language Intervention from Ape to Child,* ed. Richard L. Schiefelbusch and John H. Hollis. Baltimore: University Park Press, 1979, pp. 325-356.

Pauling, Linus, and Peter Pauling. *Chemistry.* San Francisco: Freeman, 1975.

Peterson, Ivars. "On the Wings of a Dragonfly." *Science News* 128 (10 August 1985): 90-91.

Perry, Nicolette. *Symbiosis.* Poole, England: Blanford Press, 1983.

Piaget, Jean. *The Construction of Reality in the Child.* Trans. Margaret Cook. New

York: Basic, 1954.

————. *Six Psychological Studies.* Trans. Anita Tenzer. New York: Vintage, 1968.

————. "The Child and Modern Physics." *Scientific American* 196 (March 1957): 46–51.

Pieper, Josef. *Leisure: The Basis of Culture.* Trans. Alexander Dru. New York: Mentor, 1963.

Pirie, N. W. "The Meaninglessness of the Terms Life and Living." In *Perspectives in Biochemistry,* ed. J. Needham and D. Green. Cambridge: Cambridge University Press, 1937.

Poinar, George O. Jr. "Sealed in Amber." *Natural History* 91 (June 1982): 26–30.

Poincaré, Henri. *The Value of Science.* New York: Dover, 1958.

Pontin, A. J. *Competition and Coexistence of Species.* London: Pitman, 1982.

Portmann, Adolph. *Animal Camouflage.* Ann Arbor: University of Michigan Press, 1959.

————. *Animal Forms and Patterns.* New York: Schocken, 1967.

Premack, David. "The Education of Sarah, a Chimp." *Psychology Today* (September 1970).

————. "Language in Champanzee?" *Science* 172 (21 May 1971): 808–822.

Raup, David M. "Conflicts between Darwin and Paleontology." *Bulletin Field Museum of Natural History* 50 (January 1979): 22–29.

Ricklefs, Robert. *Ecology.* Newton, Mass.: Chiron Press, 1974.

Roberts, Leslie. "Insights into the Animal Mind." *BioScience* 33 (June 1983): 362–364.

Rogers, Lynn. "A Bear in Its Lair." *Natural History* 90 (October 1981): 64–70.

Ross, Herbert R. "Principles of Natural Coexistence Indicated by Leafhopper Populations." *Evolution* 11 (June 1957): 113–129.

Rumbaugh, Duane, ed. *Language Learning by a Chimpanzee: The Lana Project.* New York: Academic Press, 1977.

Rüppell, Georg. *Bird Flight.* New York: Van Nostrand Reinhold, 1975.

Russell, E. S. *The Interpretation of Development and Heredity: A Study in Biological Method.* Oxford: Oxford University Press, 1930.

Savage-Rumbaugh, E. Sue; Duane Rumbaugh; and Sally Boysen. "Linguistically Mediated Tool Use and Exchange by Chimpanzees (*Pan Troglodytes*)." In *Speaking of Apes: A Critical Anthology of Two-Way Communication with Man,* ed. Thomas Sebeok and Jean Umiker-Sebeok. New York: Plenum, 1980.

Schmidt-Nielsen, Knut. *Animal Physiology.* Cambridge: Cambridge University Press, 1975.

————, and Bodil Schmidt-Nielsen. "The Desert Rat." *Scientific American* 189 (January 1953): 73–78.

Scholander, P. F. "The Wonderful Net." *Scientific American* 196 (April 1957): 96–107.

Schrödinger, Erwin. *Science and Humanism: Physics in Our Time*. Cambridge: Cambridge University Press, 1961.

_____. *What Is Life? and Mind and Matter*. Cambridge: Cambridge University Press, 1967.

Sebeok, Thomas A., and Jean Umiker-Sebeok. "Performing Animals: Secrets of the Trade." *Psychology Today* 13 (November 1979).

Shapiro, Robert. *Origins: A Skeptic's Guide to the Creation of Life*. New York: Summit Books, 1986.

Shaxel, J. *Grundzuge der Theorienbildung in der Biologie*. Jena: Fischer, 1922.

Sherrington, Charles. *Man on His Nature*. Cambridge: Cambridge University Press, 1975.

Sibley, Charles G., and Jon E. Ahlquist. "Reconstructing Bird Phylogeny by Comparing DNA's." *Scientific American* 254 (February 1986): 82-92.

Simberloff, Daniel. "The Great God of Competition." *The Sciences* 24 (July-August 1984): 17-22.

Simpson, George G. *The Meaning of Evolution*. New Haven: Yale University Press, 1949.

_____. *Fossils and the History of Life*. New York: Scientific American Library, 1983.

Sinnott, Edmund W. *Cell and Psyche: The Biology of Purpose*. New York: Harper & Row, 1961.

_____. *Matter, Mind and Man*. London: Allen & Unwin, 1958.

Skinner, B. F. *About Behaviorism*. New York: Knopf, 1974.

Slobodkin, L. B. "Experimental Populations of Hydrida." In *British Ecological Society Jubilee Symposium*. Oxford: Blackwell, 1964, pp. 131-148.

Smith, John W. *Theory of Evolution*. Middlesex, England: Penguin, 1958.

Smith, Robert L. *Ecology and Field Biology*. New York: Harper & Row, 1974.

Spinoza, Baruch. *The Correspondence of Spinoza*. Trans. A. Wolf. Allen & Unwin, 1928.

Stanley, Steven. *The New Evolutionary Timetable: Fossils, Genes, and the Origin of Species*. New York: Basic Books, 1981.

_____. "Darwin Done Over." *The Sciences* 21 (October 1981): 18-23.

_____. "Evolution of Life: Evidence of a New Pattern." In *Great Ideas Today 1983*. Chicago: Encyclopaedia Britannica, 1983, pp. 2-54.

Stebbins, G. Ledyard. "Cataclysmic Evolution." *Scientific American* 184 (April 1951): 54-59.

_____, and Francisco Ayala. "Is a New Evolutionary Synthesis Necessary?" *Science* 213 (28 August 1981): 967-971.

_____, and Francisco J. Ayala. "The Evolution of Darwinism." *Scientific American* 253 (July 1985): 72-82.

Stent, Gunther S. "Limits to the Scientific Understanding of Man." *Science* 187 (21 March 1975): 1052-1057.

Stevenson, Lionel. *Darwin among the Poets.* New York: Russell & Russell, 1963.
Stewart, Robert, and John Aldrich. "Removal and Repopulation of Breeding Birds in a Spruce-Fir Community." *Auk* 75 (1951): 471–482.
Tax, Sol, and Charles Callender, eds. *Evolution after Darwin: Issues in Evolution.* Chicago: University of Chicago Press, 1960.
Tennyson, Alfred Lord. *In Memoriam.* Ed. Robert Ross. New York: Norton, 1973.
Terrace, Herbert S. *Nim.* New York: Knopf, 1979.
——. "How Nim Chimpsky Changed My Mind." *Psychology Today* 13 (November 1979).
——, L. A. Petitto, R. J. Sanders, and T. G. Bever. "Can an Ape Create a Sentence?." *Science* 206 (23 November 1979): 891–901.
Tetry, Andrée. *Les outils chez les êtres vivants.* Paris: Gallimard, 1948.
Thomas, Lewis. "On the Uncertainty of Science." *Key Reporter*, no. 6 (1980).
Thompson, D'Arcy. *On Growth and Form.* 2 vols. Cambridge: Cambridge University Press, 1959.
Thorpe, W. H. *Animal Nature and Human Nature.* New York: Doubleday, 1974.
——. *Purpose in a World of Chance.* London: Oxford University Press, 1978.
Tinbergen, Niko. *Social Behavior in Animals.* London & New York: Methuen and Wiley, 1962.
——. *The Study of Instinct.* Folcroft, Pa.: Folcroft Editions, 1969.
——. *Animal Behavior.* New York: Time-Life, 1965.
——. *The Animal in Its World: Explorations of an Ethologist.* 2 vols. Cambridge: Harvard University Press, 1972.
Tributsch, Helmut. *How Life Learned to Live: Adaptation in Nature.* Trans. Miriam Varon. Cambridge: MIT Press, 1982.
Underwood, Larry S. "Outfoxing the Arctic Cold." *Natural History* 92 (December 1983): 38–46.
Valentine, James W., and Cathryn A. Campbell. "Genetic Regulation and the Fossil Record." *American Scientist* 63 (November–December 1975): 673–689.
Waddington, C. H., ed. *Towards a Theoretical Biology.* Chicago: Aldine, 1969.
Wald, George. "Eye and Camera." *Scientific American* 183 (August 1950): 32–41.
——. "Life and Light." *Scientific American* 201 (October 1959): 92–108.
——. "Life and Mind in the Universe." *International Journal of Quantum Chemistry: Quantum Biology Symposium* 11 New York: Wiley, 1984, pp. 1–15.
Waser, Nickolas M., and Leslie A. Real. "Effective Mutualism between Sequentially Flowering Plant Species." *Nature* 281 (25 October 1979): 670–672.
Watson, James. *The Double Helix.* New York: Mentor, 1968.
Weaver, John E., and Frederic E. Clements. *Plant Ecology.* New York: McGraw-Hill, 1938.
Wegener, Peter P. "The Science of Flight." *American Scientist* 74 (May–June 1986):

268-278.
Weizsäcker, Carl F. von. *The World View of Physics*. Trans. Marjorie Grene. Chicago: University of Chicago Press, 1952.
Wells, H. G.; Julian S. Huxley; and G. P. Wells. *The Science of Life*. London: Doubleday, Doran and Co., 1931.
Welty, Carl. "Birds as Flying Machines." *Scientific American* 192 (March 1955): 88-96.
Went, Frits W. "The Ecology of Desert Plants." *Scientific American* 192 (April 1955): 68-75.
_____. *The Plants*. New York: Time-Life, 1963.
Wheeler, John. "Genesis and Observership." In *Foundational Problems in the Special Sciences*, ed. Robert E. Butts and Jaakko Hintikka. Dordrecht, Holland: Reidel, 1977.
Wickler, Wolfgang. *Mimicry in Plants and Animals*. New York: McGraw-Hill, 1968.
Wiens, John A. "Competition or Peaceful Coexistence?" *Natural History* 92 (March 1983): 30-34.
Wigner, Eugene. *Symmetries and Reflections*. Bloomington: Indiana University Press, 1967.
Wilson, Allan C. "The Molecular Basis of Evolution." *Scientific American* 253 (October 1985): 164-173.
_____, L. R. Maxon, and V. M. Sarich. "Two Types of Molecular Evolution: Evidence from Studies of Interspecific Hybridization." *Proceedings of the National Academy of Sciences (USA)* 71 (July 1974): 2843-2847.
Wilson, Edward O. *Sociobiology: The New Synthesis*. Cambridge: Harvard University Press, 1978.
_____. *On Human Nature*. Cambridge: Harvard University Press, 1978.
_____. "The Biological Diversity Crisis: A Challenge to Science." *Issues in Science and Technology* 2 (Fall 1985): 20-29.
Witt, Peter N. "Do We Live in the Best of All Worlds? Spiders Suggest an Answer." *Perspectives in Biology and Medicine* 8 (Summer 1965): 475-487.
Wood, Elizabeth. *Crystals and Light*. Princeton, N.J.: Van Nostrand, 1964.
Wynne-Edwards, V. C. "Self-Regulating Systems in Populations of Animals." *Science* 147 (26 March 1965): 1543-1548.
Yerkes, Robert M. *Chimpanzees: A Laboratory Colony*. New Haven: Yale University Press, 1943.

찾아보기

【ㄱ】

가델호크(Mohamed Gad-el-Hak) 194
가마우지 130
가설적 과거 220
감각 인식 71~77
개구리의 시각 84~85
개미 147
개체군 생장 169~175
  메추리와 미국쑥 173
  성숙 개시 171
  세력권 제한 172~173
  자손의 수 173
거미줄 192
게링(Walter Gehring) 241
결정체 59
경쟁 123~144, 163~168
  심버로프 124, 305
  엘드리지 212
  인위적~ 144
  자연이 어떻게 회피하는가 125
    ~145, 162~168

정의 126
계통적 분화 245~248
고래의 지방층 278
고릴라 89
곰 180
과학
  비통일성 299
  선과 악 304~306
  통일성 302
  편견 220~221
  환원주의 304~305
관습화된 몸짓 164, 167
관찰자 24, 115~117
구돌(Jane Goodall) 89
굴드(Stephen Jay Gould)
  멸종 258
  적응주의자들의 논리 259~260
  통합설 12, 209
  화석 기록의 경향 224, 226
균근 153
그라니트(Ragnar Granit) 70
그라슬(Frederick Grassle) 208
그레이트 이스턴(Great Eastern)

198
그리핀(Donald Griffin) 67, 80, 118, 270
기계 모델
  동물에 대한~ 67~70
  생물에 대한~ 34~50
기생 143
기시(Sheri Lynn Gish) 114
긴지 이마니시 213
꿀벌 134~135

【ㄴ】

나무
  아름다움 202
  증산작용 282
  형태 187
나비
  날개 형태 257
  번데기 36
  분산 기작 163
낙지 80
남극의 어류 181
노비코프(Alex Novikoff) 261
뇌 71~74
뉴엘(Norman Newell) 258
뉴턴(Isaac Newton) 17, 23~24, 306
니이하우트(Frederick H. Nijhout) 257
님(Nim) 111

【ㄷ】

다수체 236
다윈(Charles Darwin)
  개체군 생장 169~171
  난과 나방 150
  생물의 우월성 289
  수확의 원리 135
  아름다움 203
  위계성 284~286
  ~의 논리 212
  ~의 주장 169
  이론 221
  자연선택 211~212, 228
  자연의 지혜롭지 않음 306
  자연의 투쟁 123, 176
  잘 계획된 존재라는 주장 302~303
  적응적 변화 256
  정신 294
  종내 투쟁 162
  코끼리 170
다이슨(Freeman Dyson) 23, 27
다이시(Lee Dice) 159
다형현상 238, 260
단속적 평형설 210, 244
대폭발(Big Bang) 249, 255
데이비드슨(Eric Davidson) 240, 243
데이비스(Bernard Davis) 241
데이비스(Paul Davies) 290~

291, 299
데카르트(René Descartes) 16,
34, 67~68, 119~120
델브뤼크(Max Delbrück) 294
도도새 151
도마뱀 183
도버(Gabriel Dover) 228, 256
도브잔스키(Theodosius Dobzhansky)
249, 264, 294, 295
도킨스(Richard Dawkins) 21,
210
돌고래 114
동물
  개념화 95~108
  개별성 89
  세력권 89, 163~167
  억제 167~169
  언어 96, 110~114
  인식 78~85, 88~91
  지능 95~115
  통찰력 109
  투쟁 138~141, 164~167
  행동 77~94
  행위자로서의~ 81~86
드 브로이(Louis de Broglie) 294
DNA
  규약에 의한 암호 252~253
  잉여~ 242~243

【ㄹ】

라우프(David Raup)
  적응 259
  점진주의 234
  화석 기록 215
라플라스(Pierre Laplace) 17, 70
래슐리(K. S. Lashley) 70
랙(David Lack) 138, 173
러브록(James Lovelock) 31
러셀(E. S. Russell) 85~86
럼보(Duane Rumbaugh) 106
로렌츠(Konrad Lorenz)
  관습화된 몸짓 164, 167
  동물의 억제 본능 167~169
  동물의 투쟁 140
  목적성 269
  생태적 지위 128
  습격 본능 99~100
  포식자 142
로스(Richard M. Laws) 171
로저스(Lynn Rogers) 180
뢰브트럽(Søren Løvtrup) 218
루리아(Salvador Luria) 62, 262
뤼펠(Georg Rüppell) 268, 279~
281
르원틴(Richard Lewontin) 197,
257, 259
리(Egbert G. Leigh) 194
리사먼(P. B. S. Lissaman) 194
리클레프(Robert Ricklefs) 125,

172, 266~267

【ㅁ】

마게노(Henry Margenau) 11, 22, 25
마굴리스(Lynn Margulis) 145, 153, 161, 285
마르크스(Karl Marx) 19
마이어(Ernst Mayr) 12, 55~56, 70, 217
매카서(Robert MacArthur) 137~138
맥슨(L. R. Maxon) 241
맬서스(Thomas Malthus) 18
머리(Adolph Murie) 141, 143
머서(E. H. Mercer) 15, 16, 18, 62
메더워(Peter Medawar) 15, 56, 263
메신저(P. S. Messenger) 125
메이(Robert May) 145
메추리 173
메치(David Mech) 141, 143
멸종 258
모노(Jacques Monod) 35, 43, 263, 284
모로위츠(Harold Morowitz) 296, 299
목적성
  기관의~ 272~277

생물에서의~ 261~283
시기를 맞춘 생식의~ 267~268
~에 의해 질서정연한 자연 283
위장색 269
일시적 구조물의~ 267
몬타냐(William Montagna) 279
물질
  생물에의 종속 290~294
  ~의 형태 252~255
물질대사 과정 249
물질주의 프로그램 15~24
뮤어(John Muir) 202
미국쑥 173
밀러-우레이 실험 254

【ㅂ】

바이러스 60~64
바이스(Paul Weiss) 45~47
바이츠제커(Carl von Weizsäcker) 25, 27, 117
박테리아 153~154
반사행동 90
반추동물 154~155
배로(John Barrow) 292
밸라드(Robert Ballard) 208
밸런타인(James W. Valentine) 221, 245
버뱅크(Luther Burbank) 213
버치(L. C. Birch) 222
버크홀더(Paul Burkholder) 160

벌새 138
베르탈란피(Ludwig von Bertalanffy)
  기계 모델 34
  기계론적 설명 48~49
  생물의 독자성 47
  생물학에서의 혁명 11~12
  생장 38
베어(Jean G. Baer) 143
베크(Benjamin Beck) 108
베크(William Beck) 32
벤트(Frits Went) 129
보른(Max Born) 24, 115
보어(Niels Bohr) 63, 265, 269
본능 88
봄(David Bohm) 200, 208
부러진 날개 전법 271
북극여우 177
분산 기작 162
분해자 161
불가사리 142
브리튼(Roy Britten) 240, 243
브릴랜드 부부(Keller & Marian Breland) 92~94
비기계론적 모델 115~122
비소네트(T. H. Bissonette) 194
비이성적 연합 121
비협동적 식물 129
뼈 192, 201
뿔땅다람쥐 183

【ㅅ】

사리히(V. M. Sarich) 241
사육되는 고양이 134
살아 있는 화석 229~233
삼림 화재 187~188
새
  깃털 279
  비행 193~196
  털갈이 268
새건(Dorian Sagan) 285
새로운 진화론 235~248
생기론 49~50
생명
  정의 48~49
  토론하기를 꺼림 31~33
생명의 기원 251~255
  ~과 신 251, 255
  밀러-우레이 실험 254
생물
  ~의 다양성 204~208
  ~의 상호 의존성 158~162
  ~의 평등성 284~286
  자발성 257
생물의 다양성 204~208
생물의 역사 224~227, 292
  인간에서의 절정 296~297
생물의 위계성 250
생물학
  물리학의 연장 15~16
  물리학적 설명 86~87

~에서의 혁명 11~12
생식력의 차이 217
생식의 시기 적절성 268
생장 38~39
생태적 지위 128, 168
생태적 천이 157~158
샤스칼(J. Shaxel) 44
서식처 131~133
선택 120
성도태 201
세력권 원리 163~167
세정 공생 155~15
세포 45~47
셔보크(Thomas Sebeok) 113
셔피로(Robert Shapiro) 254
셰링턴(Charles Sherrington) 70
소립자 57~58
소프(W. H. Thorpe) 22, 264, 288, 290
솔새 137~138
숄렌버거(Carl Shollenberger) 194
수분 134~135, 150
수확의 원리 135
슈뢰딩거(Erwin Schrödinger) 50, 74
슈미트닐센(Knut Schmidt-Nielsen) 181, 184
스미스(John M. Smith) 201
스미스(Robert L. Smith) 144
스콧(Matthew Scott) 200
스키너(B. F. Skinner) 20

스탠리(Steven Stanley)
다윈과 화석 223
살아 있는 화석 229~231
종분화 286
진화론에서의 대변화 12
창조론 221
화석 기록 227, 233
스테빈스(G. Ledyard Stebbins) 210, 217, 236
스텐트(Gunther Stent) 71
스튜어트(Robert Stewart) 172
스티븐슨(Lionel Stevenson) 300
시넛(Edmund Sinnott)
꽃의 생장 38~39
목적성 264
생물학적 혁명 11
식물의 생식 36
아름다움 202
자가 조절 65
시블리(Charles Sibley) 241
식물과 동물의 협동 159~160
신
~과 다윈주의 251
생명의 기원 251, 255
신성한 예술가 255, 298
자연에 대한 방향 제시 304
심버로프(Daniel Simberloff) 124, 305
심프슨(George C. Simpson) 251, 265, 285

【ㅇ】

아름다움
  다윈 203
  봄 200
  시넛 202
  톰슨 201
  포트먼 202
  하이젠베르크 200
  트리부치 208
아얄라(Francisco J. Ayala) 210,
  217, 262
아우구스티누스(Augustinus) 303
아인슈타인(Albert Einstein) 21
아카시아(*Acacia*) 147
아퀴나스(Thomas Aquinas) 304
아타카마 사막 186
알퀴스트(Jon Ahlquist) 241
앤드루서(H. G. Andrewartha)
  138, 141
앨리(W. C. Allee) 125
양자론 24~28
어류
  ~의 점액 278~279
  ~의 측면 199
어린애
  인과관계 102~104
어윈(Terry Erwin) 205
언더우드(Larry Underwood) 177
에를리히(Paul Ehrlich) 222
에스터스(Richard Estes) 89

에클스(John Eccles) 75, 295
에테르 219~220
엘드리지(Niles Eldredge)
  경쟁 212
  다윈주의와 신 251
  정체현상 231
  화석 기록 215~216
  화석과 점진주의 234
엘턴(Charles Elton) 133
역류 교환 179, 197
염색체 배증 236
영국왕립학회 16
오덤(Eugene Odum) 141
오윈스미스(Norman Owen-Smith)
  165
오파린(Aleksandr Oparin)
  기계론적 관점 48
  목적성 261~262
  사이버네틱스적인 장난감 44
  에너지 생성 39~41
  유기물질 59
  필요한 물질대사 45
오펜하이머(Peter Oppenheimer)
  244
올드리치(John Aldrich) 172
올포트(Gordon Allport) 70
우드(Elizabeth Wood) 59
우점 계급구조 165
월드(George Wald) 193, 292
월리스(Alfred Wallace) 123, 126
왓슨(James Watson) 200

웨인(John Weins) 124
웰티(Carl Welty) 194
위그너(Eugene Wigner) 24
위장색 269
윈에드워즈(V. C. Wynne-Edwards) 175
윌슨(Allan Wilson) 239~240
윌슨(Edward Wilson) 20, 204
유기적 형태 50~66
육식동물 131, 136~137
윤리학과 다윈주의 300~302
이론
　~과 다윈 221
　검증할 수 없는~ 217~221
　반증 219
이리 141, 143
이성체 53
이원론 76
이주 134
이토(Y. Ito) 174
인간
　패러다임으로서의~ 115~122
인류의 원리 255, 292
인펠트(Leopold Infeld) 220

【ㅈ】

자아 70
자연
　아름다움 200~208
　효율성과 경제성 189~199

자연선택
　다윈 211~212
　~에 대한 비판 212~216
　~의 의미 300
　제2 방어선 216~221
　화석 기록 228~229
자전거의 물리학 109
자코브(François Jacob)
　결정체 59
　기계가 아닌 생물 35
　다윈주의와 신 251
　목적성 264
　박테리아 세포 61
　생명의 정의 32~33
　세포 46~50
　환원될 수 없는 생물학 30
적응(또한 조화를 보라) 256~261
　~과 위계질서 285~288
　다윈 256
적응주의자들의 논리 259
점돌연변이 239~240
점진주의
　~와 화석 227
정신
　기계론적 설명 299
　신에 의한 창조 295~296
　~에 대한 다윈의 생각 294
조류(藻類)의 공생 151~153
조절 유전자 240~246
조합 138

조화
  곰 180
  나무 형태 186~188
  남극의 어류 181
  도마뱀 183
  북극여우 177
  뿔땅다람쥐 183
  사막식물 185~186
  삼림 화재 187~188
  체온의 차이 179~182
  캥거루쥐 184
  폐어 183
존스(David E. H. Jones) 109
존슨(Hugh Johnson) 202
종 285~287
종분화
  마이어 217
  염색체 배증 236
  조절 유전자 240~246
지의류 153, 158
진화
  가상의 과거 220
  계통적 분화 245~248
  다수체 236
  다형현상 238
  단속적 평형설 210, 244
  물질대사 과정 249
  분자적 접근 241~243
  생물의 위계성 250
  ~의 사실 248~250
  잉여 DNA 242~243

점돌연변이 239~240
제2 방어선 216~220
조절 유전자 240~245
통합설 209~210

【ㅊ】

창조론 221
창조론자 302
체온의 차이 179~182
체체파리 131
쳉(Thomas Cheng) 143
초신성 290
촉매제 42~43
촘스키(Noam Chomsky) 114
출현주의 56
칠면조 암컷 100~101
침팬지
  개성 89
  도구 104~109
  문제해결 108
  줄을 잡아당기는 실험 104
  지능 95~96
  헝겊 인형에 대한 공포 101

【ㅋ】

카우스(Elliott Coues) 201
칼바리아(Calvaria)나무 151~152
캠블(Cathryn Campbell) 245

캥거루쥐 184
커크(David Kirk)
　개미와 아카시아 147
　공생 145
　성도태 201
　세력권 164～165
　우점 계급구조 165
　포식 141
커티스(Helena Curtis) 80, 154, 163, 280
켄드류(John Kendrew) 33
코끼리 159, 170
코머너(Barry Commoner) 33
코먼디(E. J. Kormondy) 125
코뿔소 166
코플랜드(Keith Copeland) 198
콜러(Wolfgang Kohler)
　유인원의 정서 80
　침팬지와 도구 104～109
　헝겊 인형에 대한 침팬지의 공포 101
콜린버(Paul Colinvaux) 126, 136, 138, 140
쿠에넛(Lucien Cuénot) 276, 283, 292
쿠프(G. R. Coope) 227
퀴비에(Georges Cuvier) 44, 223
큐비(Lawrence Kubie) 70
크루치(Joseph Krutch) 201
크룩(Hans Kruuk) 164
키츠(David Kitts) 222

【ㅌ】

테러스(Herbert Terrace) 111, 113
테트리(Andrée Tetry) 276
토마스(Lewis Thomas) 162
톰슨(D'Arcy Thompson) 192, 197, 201
트리버스(Robert Trivers) 284
트리부치(Helmut Tributsch) 86～87, 186, 190, 208
티플러(Frank Tipler) 292
틴버겐(Nikolaas Tinbergen)
　나나니벌 78
　동물의 세계 83
　동물의 유연성 89
　목적성 266
　분산 기작 162～163
　생물과 기계 64
　잠재적 자극과 실제적 자극 83～84
　적응 259

【ㅍ】

파르브(Peter Farb) 35
파인먼(Richard Feynman) 23, 57
패터슨(Colin Patterson)
　검증할 수 없는 이론 217～218
　생물의 역사 292～294
　생식력의 차이 217～218
　염색체 배증 236

종 287
통합설 210
화석의 연대 측정 224
페이겔스(Heinz Pagels) 16, 26
폐어 183
포시(Dian Fossey) 89
포식 141～143
포트먼(Adolf Portmann) 202
포퍼(Karl Popper) 219
폰 육스퀼(Jakob von Uexküll) 46, 83
폴링(Linus Pauling) 60
프로이트(Sigmund Freud) 19
피리(N. W. Pirie) 33
피리새 130
피부 279～280
피아제(Jean Piaget)
  감각운동적 지능 112～113, 115
  개념화 97～99
  어린애와 원인 102～104

【ㅎ】

하든(Garrett Hardin) 301
하마 158～159
하이젠베르크(Werner Heisenberg)
  물질의 형태 52
  생물학과 심리학 28
  아름다움 200
  양자론 24
  양자적 실체 27

잠재성 25
하트(Harold Hart) 53
학습된 행동 168
해면동물 146
해밀턴(William Hamilton) 145, 213
행동주의 69, 91～94
헉슬리(Julian Huxley) 251
헉슬리(T. H. Huxley)
  검투사에 비유되는 동물 123
  기계로서의 동물 69
  목적성 262
  윤리학과 다윈주의 301
헤브(D. O. Hebb) 69
헤이스와 니센(Hayes & Nissen) 95
협동
  관습화된 몸짓 164, 167
  동물과 식물 159
  먹이 147～149
  무시된 연구 145
  보호 155
  분산 기작 162
  분해자 161
  세력권 원리 163～167
  우점 계급구조 165
  은신처 146～147
  이동 149～150
  종간～ 145～169
  종내～ 162～169
  코뿔소 165

하마 158~159
형태
  물질의~ 50~55, 252~255
  ~의 위계성 287~290
호일(Fred Hoyle) 303
홀데인(J. S. Haldane) 39
화석
  연대 측정 223~224
화석 기록 221~235
  ~과 자연선택 234
  ~과 점진주의 215~216, 227,
234
멸종 258
방산현상 231~234
장기적 경향 226~227
정체현상 226~231
환원주의 55~56, 304
효소 42~43
휠러(John Wheeler) 116
힐데브란트(Milton Hildebrand) 196

새로운 생물학──자연 속의 지혜의 발견	
지은이	로버트 어그로스·조지 스탠시우
옮긴이	오인혜·김희백
펴낸이	이 은 범
펴낸곳	(주)범양사 출판부 서울특별시 용산구 동빙고동 7-14 전화 7993-851~5 Fax 798-5548
등 록	1978. 11. 10. 제2-25호
사서함	서울 중앙우체국 사서함 89호
우편대체	010041-31-1260363
펴낸날	1994. 6. 28. 제1판 제1쇄 1999. 4. 20. 제1판 제3쇄 값 9,000원